한국해양학회
50년사

The Korean Society of Oceanography
The 50th Anniversary

한국해양학회
50년사

(사) 한국해양학회 엮음

 지성사

발간사

|

김웅서

제26대 한국해양학회장

　우리나라 해양학 발전의 견인차 역할을 해온 한국해양학회가 2016년에 50주년을 맞이하였습니다. 공자는 『논어』에서 나이 50이면 하늘의 이치를 깨닫는다 하여 지천명이라 했습니다. 천명이란 우주만물을 지배하는 하늘의 원리입니다. 이제 한국해양학회는 바다의 이치를 깨닫는 지해명(知海命)의 나이가 되었습니다.

　한국해양학회는 1966년 7월 2일 발족되었습니다. 학회 설립 계기는 유네스코 한국위원회와 한국해양과학위원회(KOC, 현재 한국해양학위원회)가 공동으로 1965년 12월 16~18일 국립수산진흥원(현재 국립수산과학원)에서 개최한 제1회 해양과학 심포지엄이었습니다. 이 심포지엄에서 학회의 필요성이 제기되었고, KOC 위원들을 중심으로 설립을 위한 구체적인 논의가 시작되었습니다. 이듬해인 1966년 6월 30일부터 7월 2일까지 국립수산진흥원에서 열린 제2차 해양과학 심포지엄 마지막 날, 부산 해운대 동백섬에 있던 부산수산대학(현재 부경대학교) 임해연구소에서 한국해양학회(The Oceanological Society of Korea) 창립총회가 열려 회장에 이병돈 박사님(부산수산대), 부회장에 최상 박사님(원자력연구소)이 선출되었습니다. 당시 학회 사무국은 유네스코한국위원회에 있었으며, 학회지 발간, 사무국 운영 등의 지원을 받았습니다. 1966년 발족된 한국해양학회는 규모가 커지면서 1993년 8월 16일 한국해양학계를 대표하는 법인체로 변모하였습니다. 제14대 회장단(회장 허형택 박사님)을 중심으로 과학기술처에 법인설립 허가신청서를 제출하여 승인받음으로써 사단법인 한국해양학회(The Korean Society of Oceanography)가 된 것입니다.

한국해양학회 발족 당시 우리나라 국민소득은 1인당 120달러였고, 2015년에는 2만 7천 달러였습니다. 학회 창립 당시 회원은 70명이었고, 2016년 현재 총 회원 숫자가 2,100명에 달하며, 그 가운데 자격을 유지하고 있는 회원은 1,832명입니다. 산술적으로 보면 50년 사이 국민소득은 225배 성장하였고, 학회 회원 수는 약 30배 늘었습니다. 1950년대 초반 한국전쟁으로 황무지에서 출발한 우리나라 경제 성장 역사를 돌이켜보면 해양과학기술의 기여가 적지 않았습니다. 조선, 해운·항만, 수산 등 해양관련 산업이 국가 발전을 이끌어왔다고 해도 과언이 아닐 것입니다. 그 바탕에는 우리 학회 회원님들의 숨은 노력이 밑받침된 것은 자명합니다.

많은 분들의 헌신적인 노력이 없었다면 50년이라는 결코 짧지 않은 기간의 역사를 정리할 수 없었을 것입니다. 한국해양학회가 30주년을 맞이하던 해 30년사 발간 작업이 진행되었습니다. 그러나 아쉽게도 발간되지 못하였고, 그나마 당시의 자료를 백방으로 찾아보았으나 남아 있는 것이 없었습니다. 50년사를 어떻게 만들어야 하나 막막하던 차에 한국해양학회 관련 초창기 자료는 한상복 박사님께서, 이후 자료는 부경대학교 허성회 교수님께서 소중하게 보관하고 있던 것을 제공해주셔서 50년사의 근간을 만들 수 있었습니다. 또한 제20대 한국해양학회장을 역임하셨던 인하대학교 최중기 명예교수님께서 50년사 편찬위원장을 흔쾌히 맡아주시고, 해군사관학교 최영호 명예교수님께서 편집위원장을 맡아 큰 역할을 해주셨습니다. 국립수산과학원 서영상 박사님과 오션테크 홍성두 대표이사께서는 학회 50년사 출간에 재정적으로 많은 도움을 주셨고, 윤석현 박사께서는 편집 과정에 큰 도움을 주셨습니다. 이 밖에도 많은 분들이 집필 등으로 50년사를 같이 만들어주셨습니다. 원고를 주신 분들은 50년사 곳곳에 성함을 밝혀놓았습니다.

50년사를 만들기 위해 나름 노력하였으나, 50년이란 긴 세월을 짧은 시간에 정리하려니 부족한 부분이 많습니다. 모든 자료를 수집해 분석하여 역사를 기록하여야 마땅하지만, 체계적으로 정리되지 못했더라도 되도록 많이 담으려 노력했습니다. 향후 60주년, 길게는 100주년을 대비하여 학회 관련 자료를 한 곳에 모아놓으면 후일 역사를 기록하는데 도움이 될 것이기 때문입니다. 지면의 한계로 담지 못한 자료는 모두 파일로 저장하여 학회에 남겨놓았습니다.

부부가 50년을 같이 살면 금혼식을 맞이합니다. 금은 금속 가운데 가장 귀하고 성질이 변하지 않아서 50주년의 상징이 되었을 것입니다. 50주년을 맞은 한국해양학회가 누구나 좋아하는 학술단체로 금처럼 오래도록 변하지 않고 발전했으면 합니다.

2016년 10월 26일

『한국해양학회 50년사』는 학회 50주년을 맞이하여 2016년 비매품으로 발간되었습니다.
한국해양학회 50년의 역사는 우리나라 해양학의 역사라고 해도 지나친 말이 아닙니다.
이에 많은 분들이 보실 수 있도록 도서출판 지성사에서 50년사를 요약하여 다시 발간하게 되었습니다.

편찬사

|

최중기

편찬위원장

한국해양학회 창립 50주년을 맞이하여 학회의 지난 50년간의 활동을 정리하는 『한국해양학회 50년사』를 편찬하는 것은 뜻깊은 일이 아닐 수 없다. 학회 창립 당시 국제적으로 제고된 해양학 연구의 필요성과 선구자들의 높은 뜻과 의욕은 학회 발전의 초석이 되었고, 이를 근간으로 발전된 해양학에 대한 후학들의 열정과 관심이 오늘의 한국해양학회를 이루었다. 한마디로 한국해양학회의 발전 과정은 우리나라 해양학 발전의 역사라 해도 과언이 아니다. 그렇기 때문에『한국해양학회 50년사』를 편찬하는 일은 그만큼 더 조심스럽고, 충분한 시간과 준비가 필요한 일이었다.

학회에서도 그 중요성을 인식하여 학회 30주년을 맞이한 지난 1996년부터 자료 수집활동을 시작한 바 있고, 1998년에는 평의원회에서도 '학회 50년사 준비위원회'를 발족하자는 결의를 한 바 있다. 또 2014년에도 '학회 50년 준비위원회'가 구성되었던 적 있다. 그러나 확인 결과 수집된 자료는 남아 있지 않았고, 준비위원회 활동은 시작되지 않은 상태였다. 2009년 학회 사무소 이전 과정에서 학회지 이외 자료는 거의 남아 있지 않았다.

2015년 총회에서 편찬위원장으로 요청을 받은 후, 2016년 1월에 처음 편찬위원 모임을 가졌다. 그때는 이미 정년퇴임으로 연구실을 정리하면서 보관해오던 학회 관련 자료를 깨끗이 정리한 상태였다. 고작 있는 것이라곤 학회장 재임 시 발행했던 학회 소식지 몇 권과 기념으로 간직해온 일부 자료가 전부였다. 편찬위원장으로 위촉 받고 보니 앞날이 아득했다. 그러던 중에 학회에 대한 열정이 많으셨던 한상복 선생님께서 한수당자연환경연구원 자료실에 보관되어 있던 해양학회 창립 당시의 초기 자료를 제공해주셨고, 총무간사 시절부터 자료정리에 철저했던 부경대학교 허성회 전 부회장이 오랫동안 보관해온 1984년 이후의 자료를 제공해주어 큰 힘이 되었다. 그러자 남은 것은 예정된 시간과의 싸움이었다. 6월부터 시작해 불과 4개월밖에 되지 않은 단기간에 걸쳐 학회 50년사를 정리한다는 것 자체가 무리였다. 그럼에도 불구하고 역대 회장님들을 포함해 국내는 물론 해외에 계신 분들까지 귀한 글을 보내 주셨다. 이런 열정과 정성이 있었기에 보람을 느끼며 한국해양학회 50년의 역사를 정리할 수 있었다.

편찬 과정에선 가능한 한 자료를 확인하고 사실을 정리하는 데 노력하였다. 이번 작업은 학회의 창립 역사와 발전 과정을 정확히 기록하고, 나아가 미래에 대한 비전 제시 등을 목표로 하였지만, 학회가 걸어온 족적에 깃든 역사적 의미를 분석하고 제시하기에는 시간이 너무 부족하였다. 다만, 지금으로써는 남아 있는 자료를 최대한 기록으로 남기는 데 의미를 둘 수밖에 없었다. 그중 일부 초기 자료의 모호성이 있었으나, 이는 유네스코한국위원회 자료를 근거로 확인이 가능했고, 개인적인 문의를 통해서도 확인할 수 있었다.

이번 50년사를 편찬하면서 참으로 아쉬운 점은 우리 학회에 기록용으로 보관된 사진이 너무나 부족하다는 것이었다. 초기 역사를 직접 확인할 학회의 단체 사진이 거의 없었고, 그 이후에도 기록사진이 거의 없어 사진으로 연표를 만들려던 최초의 시도는 수정이 불가피했다. 또한 1972~1983년 사이의 기록도 거의 없어 학회지에 실린 「휘보」에서 그 일부 자료만 정리할 수밖에 없었다. 향후 이 시기의 자료를 좀 더 발굴할 필요가 있고, 무엇보다 사진 자료를 충분히 확보할 수 있는 방안이 강구되길 바란다.

한국해양학회의 지난 50년을 정리하면서 많은 선·후배님들의 자랑스러운 역사를 좀 더 발굴하지 못했고, 후학들을 위한 방향도 다채롭게 제시하지 못한 아쉬움이 있다. 그럼에도 불구하고 학회의 역사적인 편찬작업을 함께한 김웅서 회장과 편집에 수고를 아끼지 않은 최영호 편집위원장, 귀한 자료를 제공해주신 한상복 선생님과 허성회 교수님, 그리고 바쁜 시간을 할애해 집필해주신 여러분께 깊이 감사드리며, 출판을 지원하고 수고한 국립수산과학원의 서영상 박사님과 윤석현 박사께 감사드리며, 자료정리를 도와준 학회사무소의 문혜영 총무간사와 안지혜 편집간사에게도 고마움을 전한다.

2016년 10월 26일

【 학회 연혁 : 50년 발자취 】

1966년 7월 2일 유네스코한국위원회 주최 제2차 해양과학 심포지엄에서 참석자 66명이
한국해양학회 창립, 초대 회장 이병돈(부산수산대학)
명동 유네스코한국위원회에 학회 사무소 개소

1966년 12월 『한국해양학회지』1권 1호 창간호 발행(유네스코한국위원회 지원)

1967년 8월 제3차 해양과학 심포지엄 공동개최 및 제2차 총회, 2대 회장 최상(KIST)

1968년 3월 서울대학교 문리과대학에 해양학과 창설

1969년 7월 제5차 해양과학 심포지엄 및 제4차 총회, 3대 회장 최상(한국과학기술연구소)
유임

1970년

1971년 7월 제7차 해양과학 심포지엄 및 제6차 총회, 4대 회장 이병돈 재선임

1972년 3월 학회 사무소, 동숭동 서울대학교 해양학과로 이전

1973년 3월 학회 제1회 학술발표회 서울대학교 해양학과에서 개최

1973년 8월 학회 제2회 학술발표회 및 제8차 총회, 5대 회장 김종수(국립지질조사소)

1973년 10월 한국해양개발연구소(KORDI) 설립

1974년 5월, 10월 제1회 춘·추계 정기학술발표회 개최

1975년 1월 학회 사무소, 서울대학교 관악캠퍼스로 이전, 뉴스레터 발간

1975년 5월 정부 석유개발 기금에서 학회 신탁기금 유치

1975년 10월 제2회 추계 학술발표회 및 제10차 총회, 6대 회장 김완수(서울대학교)

1976년 10월 한국해양학회 창립 10주년 기념강연회

1977년 10월 한국해양학회 제12차 총회, 7대 회장 이병돈(선박해양연구소)

1979년 10월 한국해양학회 제14차 총회, 8대 회장 이석우(주식회사 해양과학기술)

1980년

1981년 10월 한국해양학회 공로상 제정
제1회 공로상 수상자 부회장 한희수(국립수산진흥원)

1981년 11월	한국해양학회 제16차 총회, 9대 회장 장선덕(부산수산대학교)
1983년 10월	한국해양학회 제18차 총회, 10대 회장 박용안(서울대학교)
1983년 10월	한국해양학회 학술상 제정 제1회 학술상 수상자 부회장 박주석(국립수산진흥원)
1985년 11월	한국해양학회 제20차 총회, 11대 회장 박주석(국립수산진흥원)
1986년 10월	한국해양학회 창립 20주년 기념심포지엄 개최 『한국해양학회지』연 4회 발행
1987년 11월	한국해양학회 제22차 총회 및 정관 개정, 12대 회장 유광일(한양대학교)
1989년 11월	한국해양학회 제24차 총회, 13대 회장 심재형(서울대학교)
1990년 ● 1991년 11월	한국해양학회 제2차 총회, 14대 회장 허형택(한국해양연구소)
1992년-1993년	한국해양학회 내 물리해양학분과, 생물해양학분과, 지질해양학분과, 화학해양학분과를 기본 분과로 공인
1993년 8월	한국해양학회 사단법인으로 과학기술처 인가 및 등기, 평의원회 신설
1993년 10월	『해양학용어집』발간
1993년 11월	사단법인 한국해양학회 제1차 총회, 15대 회장 정종률(서울대학교)
1994년 5월	학회 약수상 신설 및 학술상을 약수상으로 명칭 개칭
1995년 11월	(사) 한국해양학회 제3차 총회, 16대 회장 박병권(한국해양연구원)
1996년 3월	『한국해양학회지』를 영문학회지 *Journal of Korean Society of Oceanography*로 개칭하여 연 4회 발간하고, 국문학회지 『바다 The Sea』지 창간
1996년 10월	한국해양학회 창립 30주년 기념 국제심포지엄 개최
1997년 10월	(사) 한국해양학회 제5차 총회, 17대 회장 홍성윤(부경대학교)
1998년 10월	'세계 해양의 해' 기념 해양수산 공동학술대회 개최
1999년 1월	한국해양과학기술협의회 발족
1999년 10월	(사) 한국해양학회 제7차 총회, 18대 회장 오임상(서울대학교)

2000년		
	2000년 5월	삼각학위상 제정
	2001년 11월	(사) 한국해양학회 제9차 총회, 19대 회장 양한섭(부경대학교)
	2003년 11월	(사) 한국해양학회 제11차 총회, 20대 회장 최중기(인하대학교)
	2005년 1월	한국해양연구원과 통합 영문학회지 *OSJ* 발간 개시
	2005년 5월	한국해양과학기술협의회 제1회 공동학술대회 개최
	2005년 10월	『해양과학용어사전』 발간
	2005년 11월	(사) 한국해양학회 제13차 총회, 21대 회장 변상경(한국해양연구원)
	2006년 5월	서붕기술상 제정
	2006년 10월	한국해양학회 창립 40주년 기념심포지엄 개최
	2007년 11월	(사) 한국해양학회 제15차 총회, 22대 회장 김대철(부경대학교)
	2008년 8월	평생업적상, 젊은 과학자 우수논문상, 박사학위 우수논문상 제정
	2009년 5월	학회 사무소, 양재동 한국해양과학기술진흥원으로 이전
	2009년 5월	중국해양학회와 해양과학 기술협력 협약 체결
	2009년 11월	(사) 한국해양학회 제17차 총회, 23대 회장 박철(충남대학교)
2010년	2010년 6월	제1회 한·중 해양과학 공동심포지엄 개최
	2011년 11월	(사) 한국해양학회 제19차 총회, 24대 회장 노영재(충남대학교)
	2013년 11월	(사) 한국해양학회 제21차 총회, 25대 회장 이동섭(부산대학교)
	2014년 5월	*OSJ* 영문학회지 SCIE로 등재
	2014년 7월	사단법인 등록을 해양수산부로 변경
	2015년 10월	Springer 출판사에서 *The East Sea* 발간
	2015년 11월	(사) 한국해양학회 제23차 총회, 26대 회장 김웅서(한국해양과학기술원)
	2016년 10월	한국해양학회 창립 50주년 기념행사 및 특별 심포지엄

【 한국해양학회 로고 】

1984년 학회 로고

1994년 학회 로고

1997년 학회 로고

한국해양학회 로고

2016년 50주년 기념로고 A

2016년 50주년 기념로고 B

• 50주년 기념로고 디자인: 김영준

【 조직표 】

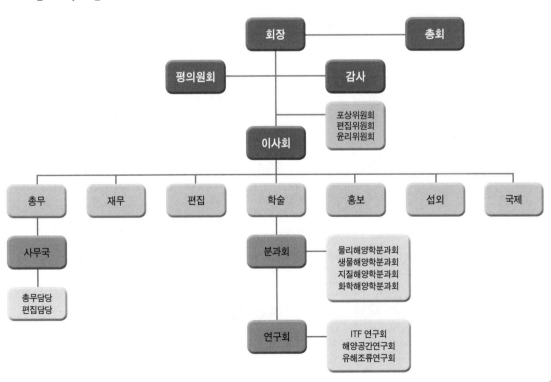

【 역대 학회장 】

1대 학회장
이병돈

2,3대 학회장
최 상

4대 학회장
이병돈

5대 학회장
김종수

6대 학회장
김완수

7대 학회장
이병돈

8대 학회장
이석우

9대 학회장
장선덕

10대 학회장
박용안

11대 학회장
박주석

12대 학회장
유광일

13대 학회장
심재형

14대 학회장
허형택

15대 학회장
정종률

16대 학회장
박병권

17대 학회장
홍성윤

18대 학회장
오임상

19대 학회장
양한섭

20대 학회장
최중기

21대 학회장
변상경

22대 학회장
김대철

23대 학회장
박 철

24대 학회장
노영재

25대 학회장
이동섭

26대 학회장
김웅서

【 한 장으로 보는 학회 역사 】

창립총회(1966년 7월 2일)

창립회칙 표지

창립 학회지

사단법인 설립 허가증
(1993년 8월, 과학기술처)

사단법인 설립 허가증
(2014년 7월 법인 변경, 해양수산부)

【 행사 사진 】

▲ 1966년 부산수산대학 해운대 임해연구소에서의 학회 창립 총회
(단상의 오른쪽이 최상 한국해양과학위원회 위원장, 왼쪽은 유네스코한국위원회 기획부 원창훈 부장)

▲ 1973년 한국해양학회 연구발표회

▲ 1976년 한국해양학회 추계 학술발표회
(서울대학교 관악캠퍼스)

▲ 1976년 해양학회 이사회

▲ 1978년 한국해양학회 추계 연구발표회 (허성회 회원의 발표)

▲ 1996년 30주년 기념식 포스터

▲ 2000년 석·박사학위 논문발표회

▲ 2000년 추계 학술발표회

▲ 2001년 석·박사학위 논문발표회

▲ 2001년 추계 학술발표회

▲ 2002년 삼각학위논문상 시상

▲ 2003년 국제심포지엄 및 추계 학술대회

▲ 2004년 12월 한국해양연구원·한국해양학회
Ocean Science Journal 공동 발행 조인식

▲ 2004년 8월 한국해양학회와 한국해양연구원이 공동주최한
'새만금 해양환경 공동심포지엄' (프레스센터)

▲ 2004년 추계 학술대회

▲ 2005년 5월 제1회 한국해양과학기술협의회
공동학술대회

▲ 2005년 8월 원전온배수 관련 어업손실 평가를 위한
해양조사 표준지침(안)에 대한 공청회

▲ 2006년 서붕기술상 출연 전달식
(왼쪽 변상경 회장, 오른쪽 이석우 전 회장)

▲ 2006년 추계 학술대회시 박태수 교수님 초청 강연 후
(왼쪽부터 양한섭, 최중기, 방익찬, 이흥재, 이태원, 서해립 회원,
박태수 교수님, 박철, 차성식 회원)

▲ 2007년 24차 IOC 총회 참석
(왼쪽부터 앞줄에 서장원, 변상경, 최효진, 허식, 뒷줄 서영상, 고경만)

▲ 2009년 1월 한국해양학회, 대한지질학회 공동주최
'동해·독도 종합 심포지엄'

▲ 2010년 추계 학술발표대회 만찬

▲ 2011년 한국해양학회와 인하대학교 서해연안 환경연구센터
공동주최 '인천만 조력발전 타당성 검토' 토론회

▲ 2011년 제1회 한국지구과학학회 연합합동 워크숍

▲ 2011년 해양지질분과회 모임

▲ 2012년 3차 이사회

▲ 2011년 한국해양학위원회의 PICES 소위원회 회의

▲ 2012년 춘계 학술대회

▲ 2012년 한·중 심포지엄

▲ 2012년 11월 한국해양학회 주최 해양과학정책포럼
(왼쪽부터 최동림, 최재선, 권문상, 제종길(전 국회의원),이희일, 석문식,
조용갑, 김봉채, 전동철 회원)

▲ 2013년 2차 이사회

▲ 2013년 총회에서 25대 학회 임원 인준

▲ 2013년 3차 이사회

▲ 2013년 9월 한국해양학위원회(KOC) 활성화 방안 공청회

▲ 2013년 동해 영문판 작성 워크숍

▲ 2013년 한국해양학회 신년교류회

▲ 2013년 지구과학연합회 합동 워크숍

▲ 2013년 추계 학술발표대회

▲ 2013년 춘계 평의원회

▲ 2013년 한국해양학위원회 정기총회

▲ 2013년 한·중 심포지엄

▲ 2013년 해양물리분과 모임

▲ 2013년 해양지질분과 모임

▲ 2013년 해양화학분과 모임

▲ 2014년 2차 이사회

▲ 2014년 3차 이사회

▲ 2014년 *OSJ* SCIE 등재 기념식

▲ 2014년 신년교례회

▲ 2014년 춘계 평의원회

▲ 2015년 2차 이사회

▲ 2015년 신년교례회

▲ 2015년 한·중 심포지엄

▲ 2016년 1차 이사회

▲ 2016년 한국 해양과학협의회 공동심포지엄

▲ 2016년 50년사 편집회의

▲ 2016년 신년교례회

▲ 2016년 학회 미래 발전 좌담회

▲ 2016년 학회 자료 전달식(허성회 교수)

▲ 창립 50주년 기념 2016년 추계 학술발표대회

차례 |

1부

한국해양학회 50년, 그 역사의 현장

2부

학회 주요 사업

1부

–

한국해양학회 50년,
그 역사의 현장

1. 한국해양학회 창립 배경과 과정

우리나라 초기 해양조사 활동

『삼국사기』, 『조선왕조실록』 등에는 바닷물 빛깔이 변했다는 오늘날의 적조현상과 같은 해양현상과 해양생물에 관한 기록이 있다. 그러나 이러한 해양현상에 관한 사실만 기록으로 남아 있을 뿐 과학적인 접근은 없다. 해양생물에 관한 문헌은 조선시대 후기에 이르러서 실학의 영향을 받은 유배객들이 현지인의 도움과 관찰로 기록한 '어보(魚譜)'가 있을 뿐이다. 김려(1766~1821)는 조선 후기의 문인학자로 1801년 신유사옥에 연루, 경상도 진해로 유배되어 진해 앞바다에 서식하는 72종의 어패류에 대한 명칭과 형태, 습성, 맛, 포획 방법 등을 특이한 어류를 중심으로 소개하는 『우해이어보牛海異魚譜』를 1803년에 저술하였다. 같은 시기에 정약전(1760~1816) 또한 신유사옥으로 전라도 흑산도로 유배되어 흑산도 주변에서 서식하는 어류 155종의 명칭과 형태, 습성 등에 대한 자세한 관찰과 현지인의 도움으로 어류에 대한 백과사전적인 『자산어보玆山魚譜』를 1814년에 저술하였다. 이 두 권의 어보가 우리나라 최초의 '어류백과사전'이라 할 수 있다. 그러나 이를 과학적인 문헌으로 평가하기는 어렵다.

우리나라에서 과학적인 해양조사가 최초로 이루어진 것은 1915년 6월 당시 조선총독부 수산과에서 수산조합에 위촉하여 연안에서 관측을 시작한 것이 처음이다. 그 이후 1921년 조선중앙수산시험장 설립을 계기로 1921년부터 한국근해 해황조사를 정기적으로 수행하는 정선해양관측을 실시한 뒤 「해양조사연보(海洋調査年報, Data report)」를 발간하여 배포한 것이 체계적인 해양조사활동의 시초라고 할 수 있다. 이를 바탕으로 Nishida(1930), Kokubo(1932), Aikawa(1934),

Kurashige(1943) 등이 해양학 논문을 발표하였고, 러시아 학자 Skvortzow(1931)가 대한해협 조사 후 식물플랑크톤 신종을 발표하기도 하였다.

우리나라 어류 연구 역사에 어류학자 정문기 박사의 업적을 빼놓을 수 없다. 1929년 동경제국대학 농학부 수산과를 졸업한 정문기 박사는 이후 1938년부터 평북 수산시험장장, 경기도 수산시험장장, 전남 수산시험장장 등을 역임하였고, 해방 후에는 초대 중앙수산시험장장을 역임하였다. 이 기간 동안『조선어명보』(1934),『조선명태어보』(1936),『한국어보』(1954),『한국동물도감 어류편』(1961),『한국어도보』(1977) 등을 저술함으로써 우리나라 어류 연구의 기초를 세우고,『새로운 해양지식』(1961) 등을 편찬하여 바다에 대한 해양학 지식을 소개하였다. 한편, 1946년 승격된 부산수산대학의 박태수는 한국해협의 플랑크톤 연구로 1956년 해양학 논문을 발간하였다. 그리고 1949년에 재발족한 중앙수산시험장은 해방과 한국전쟁으로 인해 중단된 근해 해양관측을 정부 지원으로 1950년 말부터 다시 함으로써 해방 이전처럼 정규적인 해양조사를 수행하였다. 이때부터 우리나라는 해양조사 자료를 자체적으로 확보하기 시작하였다.

한국해양학회 창립 배경

1945년 발족된 유네스코는 1950년대 들어서 해양과학에 대한 중요성을 인식하였다. 이에 국제적인 해양조사에 관심을 갖고 1959년부터 인도양에서 국제공동조사를 하면서 1950년대 후반부터 국제적인 해양과학회의가 자주 열렸다. 우리나라도 1959년 1월 중앙수산시험장의 배동환이 베트남 사이공에서 개최된 동남아시아 해양과학 전문가 회의에 참석하여 국제합동해양관측을 제안하였고, 1960년 7월 유네스코 주최로 덴마크 코펜하겐에서 개최된 제1차 국제해양과학회의에 당시 해무청 지철근 수산국장과 중앙수산검사소 정문기 소장이 참석하였다. 유네스코 본부는 제1차 국제해양과학회의 결과를 바탕으로 1961년 10월 파리에서 유네스코 산하 정부간해양학위원회(IOC, Intergovernmental Oceanographic Commission) 창립총회를 개최하였다. 이 회의에 우리나라 대표로 배동환과 당시 프랑스에서 연구 중이던 이영철 박사가 참석하였다. 유네스코 본부는 회원국들에게 IOC 가입을 독려하고 해양학위원회 설립을 주문하였다. 1954년 설립된 유네스코한국위원회에서도 이 제안을 받아들여 1961년 한국해양과학위원회(KOC)를 설치하였다. KOC는 해양과학의 국제교류 및 협력증진, 조사연구사업의 협의와 조정, 해양과학의 교육 및 관련사업의 강화 등을 목표로 설정하였다. 초대 위원장은 당시 문교부 차관이던 이민재 서울대 교수가 선임되었다.

1962년 2월 필리핀 마닐라에서 개최된 제2차 유네스코 동남아지역 해양과학 전문가 회의에서 쿠로시오 해역에 대한 공동조사 안을 채택하여 IOC 총회에 상정하였다. 1959년 시작된 인도양 국제공동조사가 1965년에 종료될 계획이었다. 그래서 1962년 9월 유네스코 본부에서 개최된 제2차 IOC 총회에서 쿠로시오 해역 공동조사 안이 채택된 것이다. 이때 한국 대표로 이민재, 배동환, 이영철, 이석우 등이 참석하였다. 1962년 10월 서울에서 개최된 제10차 아시아태평양 수산위원회(APFIC, Asia-Pacific Fishery Commission)에서도 쿠로시오 해역 국가들의 공동해양조사 참여를 권장하였다. 1963년 10월 도쿄에서 개최된 제1차 쿠로시오 해역 해양과학 전문가 회의에서 조사 해역을 구체적으로 명시하였다. 즉, 적도에서 북위 43도와 동경 160도로 둘러싸인 곳으로 정하여 제3차 IOC 총회 안건으로 상정하였다. 1964년 7월 개최된 제3차 IOC 총회에서 CSK사업(Cooperative Study of the Kuroshio and Adjacent Regions)을 최종적으로 결정하고, 해당 회원국들에게 강력히 참여를 권고하였다.

유네스코한국위원회는 한국해양과학위원회(KOC)와 국제해양조사사업인 CSK

사업 참여를 결정하였다. 뿐만 아니라 1965년 8월경 국립수산진흥원과 수로국에 2월과 8월 두 차례에 걸쳐 우리나라 근해의 정해진 선에서 수심 1,000m까지 국제적인 수준에 달하는 해양조사를 수행할 수 있도록 요청하였고 예산도 확보하였다. 동해와 서해는 국립수산진흥원에서 담당하고, 수로국은 남해만 담당하도록 조정하였다. 그때까지 수심 200m까지만 조사하던 해양조사가 1,000m로 확장되면서 이를 준비하는 과정에서 우리나라 해양조사에 커다란 진전을 가져왔다.

1965년 2월 마닐라에서 개최된 제1차 CSK 국제조정관회의에서 한국, 일본, 소련, 미국, 대만, 필리핀, 홍콩 등 7개국 참여 대표들이 매년 2회 이상 공동으로 책임해역을 동시에 관측하고 방법도 통일하기로 합의하였다. 이때 한국 국가조정관은 국립수산진흥원 해양조사과 한희수 과장이었다. 우리나라에서는 1965년 8월에 새로 건조한 국립수산진흥원의 북한산호가 동해 관측을 담당하고, 계림호는 서해를, 수로국의 제1수로호가 남해 관측을 담당함으로써 CSK사업 해양조사가 시작되었다. 협력기관은 국립중앙관상대, 부산수산대학, 원자력원, 서울대학교 문리과 대학 등이었고, 후원기관은 유네스코한국위원회와 한국해양과학위원회였다. 이 기관들은 적극 협력하였다. 그리하여 1965년 11월에 개최된 제4차 IOC 총회와 제2차 CSK 국제조종관회의에서 우리나라도 국제공동해양조사에서 중요한 역할을 하고 있다는 것을 입증할 수 있었다. (창립 배경에 관한 위의 내용은 한수당자연환경연구원 자료를 정리한 것임.)

한편, 유네스코는 해양연구조사사업의 일환으로 개발도상국의 해양학자 양성 프로그램을 실시하였다. 이에 따라 유네스코한국위원회는 우리나라의 많은 학자들을 해양선진국에 파견하여 장단기 훈련과정에 참여시키고 국제회의에 참가할 기회를 제공함으로써 우리나라 해양과학 기반을 조성하였다. 1962년 10월에 유네스코한국위원회는 전국 해양관계 연구기관 대표와 해양과학자를 초청하여 해양과학 워크숍을 개최하여 우리나라 해양과학의 발전 방향을 모색하였다. 그 일환으로 양재목, 신광윤, 허종수, 김훈수, 박원천, 공영, 김인배, 엄규백, 허형택, 장지환, 박상윤, 장선덕, 노홍길, 박정흠, 홍승명, 추교승, 강제원, 최현일, 심재형 등 20여 명의 국내 전문가들이 1960년대 초·중반에 실시된 해양과학 훈련과정, 해양생물학 전문과정 및 선상훈련과정, 또는 해양지질 연수 등에 유네스코 후원으로 해외연수에 참여하여 경험을 쌓게 되었다. (위의 내용은 허형택 전 회장 글을 참고함.)

해양과학 심포지엄과 한국해양학회 창립 과정

CSK사업이 유네스코의 주관사업으로 1965년부터 정규적으로 시행되면서 해양과학에 대한 수요가 급격히 증가하자 CSK사업의 성공을 위한 국내 해양학자의 양성이 시급한 과제가 되었다. 이를 위한 준비단계로 유네스코한국위원회는 제1회 해양과학 심포지엄을 한국해양과학위원회와 1965년 12월 16~18일 부산 영도에 있는 국립수산진흥원에서 공동으로 개최하였다. 이 심포지엄을 계기로 참가한 관련 학자들 사이에 자연스럽게 학회의 필요성을 공감하였고, KOC위원들을 중심으로 해양학회 설립을 위한 구체적인 논의가 시작되었다. 당시 KOC위원장을 맡고 있던 원자력연구소의 최상 박사와 1965년 초 미국에서 해양학 박사학위를 받고 부산수산대학으로 복귀한 이병돈 교수를 중심으로 국립수산진흥원의 한희수와 수로국의 이석우, 국립지질조사소의 김종수, 유네스코한국위원회 기획부의 해양과학 담당 간사인 허형택 등으로 한국해양학회 창립준비모임이 구성되어 (창립준비위원회) 해양학회 설립을 구체화하기 시작하였다.

이 모임에 앞서 1959년에 창립된 우리나라 최초의 한국해양학회(The Korean Oceanographic Society: KOC)가 있었다. 당시 중앙수산검사소 소장으로 재직하던 정문기 박사가 중심이 되어 1959년 3월 27일에 서울 종로구 원남동의 중앙수산검사소에서 창립총회를 갖고 초대 회장으로 정문기 소장을 선출하고, 부회장으로 서울대학교 권영대 교수와 최기철 교수, 그리고 임원으로 이민재, 이종진, 정태영, 양원택 교수 등을 선출해서 만든 학회였다. 그러나 이 학회는 발족 이후 연구발표회나 학회지 발간 등 별다른 활동이 없었다. 단지 1960년 유네스코한국위원회에서 출판한 *UNESCO Korean Survey*라는 책자에 이런 내용이 간단히 소개되었을 뿐이다. 따라서 새로운 해양학회의 창립은 시대적인 요구일 수밖에 없었다. (위의 내용은 한수당자연환경연구원 자료를 참고함.)

유네스코한국위원회와 KOC는 제2차 해양과학 심포지엄을 1966년 6월 30일부터 7월 2일까지 부산 영도에 있는 국립수산진흥원과 부산수산대학 해운대임해연구소에서 공동 개최하였고, 한국해양학회 창립준비위원회는 심포지엄 마지막 날에 학회 창립총회를 가졌다. 제2차 심포지엄의 첫째 날과 둘째 날은 국립수산진흥원에서 열렸으며, 이때 최상, 정태화가 한국연안 수역의 기초 생산, 한희수가 쿠로시오 국제공동조사 보고, 이석우가 한국연안의 수온과 기온의 계절변화, 이병돈이 영문으로 남극 주변의 요각류 분포를 발표하였고, 중앙관상대의 한관수는 비인만 앞 해상의 최대 심해파에 대하여, 김종수는 해저광물자원과 한국에서의 탐사 계획 등을 각각 발표하였다. 심포지엄 마지막 날인 7월 2일 부산수산대학 해운대임해연구소에서 한국해양학회(The Oceanological Society of Korea) 창립총회를 갖고 초대 회장에 이병돈, 부회장에 최상, 감사에 이석우, 총무간사에 허형택, 편집간사에 박정홍을 각각 선출하였다. 이사로는 이정환, 이석우, 한희수, 양재목, 정희관, 허종수, 원종훈, 한관수, 홍순우 등이 선임되었다. 편집위원장은 이병돈, 편집위원으로는 최상, 이석우, 원종훈, 홍순우 등 5명을 선출하였다. 사무국은 유네스코한국위원회에 두었다. 이때 유네스코한국위원회의 원창훈 기획부장은 학회가 자립할 때까지 학회지 발간 및 학회 사무국 운영 등 재정지원을 유네스코한국위원회가 하겠노라 약속하였다.

1966년 12월 유네스코한국위원회의 지원으로 『한국해양학회지』 창간호(제1권 1~2호)를 발간하였다. 이때 발표된 창립회원은 총 70명이었는데, 국립수산진흥원 32명, 부산수산대학 10명, 교통부수로국 7명, 국립지질조사소 5명, 원자력연구소 3명, 포항수산대학 2명, 그 외 서울대학교, 연세대학교, 전남대학교, 중앙관상대 등 11개 기관에서 각 1명씩 동참하였다. 해외에선 미국 오레곤주립대학의 박길호 박사가 창립회원으로 참여하였다. 학회의 고문으로는 수산계의 오정근, 이봉래, 전철웅, 지철근, 정태영, 학계의 이민재, 정문기가 추대되었다. 한편, 학회는 창립과 함께 한국물리학회, 화학회 등 8개 자연과학 관련 학회로 구성된 한국자연과학협회(협회장 권영대)의 정회원으로 정식 등록되었다.

유네스코한국위원회 제3차 해양과학 심포지엄은 1967년 8월 2~5일 국립수산진흥원과 부산수산대학 임해연구소에서 열렸다. 이때 한국해양학회는 유네스코한국위원회와 한국해양과학위원회와 함께 심포지엄 공동주최 기관으로 나섰는데, 이로써 처음으로 심포지엄을 개최하게 되었다. 이 심포지엄에서 3편의 논문발표, 2편의 해외 연수 보고, 3편의 국제회의 참가 보고가 있었다. 특히, 이 자리에서 이병돈 회장은 제5차 IOC 총회 참가 보고와 함께 종합적인 해양연구소 설립의 필요성을 주장하였다. 심포지엄의 마지막 날인 1967년 8월 4일 한국해양학회 제2차 정기총회가 개최되어 임원 개선이 있었다. 회장에 최상, 부회장에 이병돈을 각각 선출하였고, 김인배, 김진면, 서형수가 신임 임원으로 참여하였다. 총무간사로는 이해관, 편집간사로는 정태화가 새로 임명되었다. 편집위원장은 최상 회장이 맡았는데, 바로 그해에 유네스코한국위원회 지원으로 『한국해양학회지』 2권 1, 2호가 발행되었다.

2. 한국해양학회 발전 과정

유네스코한국위원회 시대

한국해양학회 창립은 시대적이며 지정학적 요청에 따른 것이었다. 우리나라는 삼면이 바다로 둘러싸여 있어서 바다에 대한 국민들의 관심이 높았다. 1920년대부터 근대적인 해양조사가 이루어져 해양학 지식이 축적되었고, 바다에 대한 해양학적 연구와 교육의 중요성을 정부도 인식하고 있었다. 이런 관심과 인식이 밑바탕이 되어 전후의 어려움에도 불구하고 국립수산진흥원에서 해양조사선을 새로이 건조하고 국제회의에 공무원을 파견하는 등 바다에 대한 적극적인 관심을 가질 무렵, 때마침 유네스코를 통한 해양학에 대한 국제적 관심이 높아지는 추세였고, 쿠로시오 국제해양조사가 시작되면서 이를 후원하는 유네스코한국위원회의 적극적인 뒷받침에 의해 한국해양학회가 창립되었다.

당시에는 국립수산진흥원과 수로국에 해양조사를 담당하는 연구자가 극소수였다. 또한 대학교와 연구소에도 소수의 해양학자만 있을 뿐 창립 당시에는 해양학을 교육할 전담 교육기관도 없었고, 해양연구를 전담할 연구소도 없었다. 학회 회원 수가 적을 수밖에 없어서 학회의 자립은 생각조차 할 수 없는 형편이었다. 그러던 중 다행히 국제적으로 쿠로시오 공동조사 사업이 시작되어 이에 기관들이 적극적으로 학회에 참여하게 되었다. 유네스코한국위원회가 창립 이전부터 1971년까지 매년 해양과학 심포지엄 개최를 독려하고 해양과학자들의 참여를 유도함으로써 회원 수는 해마다 증가하였다. 뿐만 아니라 유네스코한국위원회가 학회의 사무와 재정을 전적으로 뒷받침해준 덕분에 학회로선 안정적인 학회지 발간과 학회 체계를 초기에 정착시킬 수 있었다.

학회 독립과 학계 발전

1968년 서울대학교에 해양학과가 창설되었고, 해외에서 해양학을 공부한 학자들이 입국하였다. 대학원이 생긴 1972년 이후부터 해양학 연구자들이 날로 증가하면서 한국해양학회 사무국을 서울대학교 해양학과에 유치할 수 있었다. 이후 유네스코의 해양과학 심포지엄 틀에서 벗어나 연례적인 학술연구발표회를 갖게 되면서, 학회가 독자적인 발전을 꾀하게 되었다. 한편, 우리 학회의 오랜 노력과 학계의 부단한 요청으로 1973년 10월 한국해양개발연구소(KORDI)가 한국과학기술연구소(KIST) 내에 설립되었다. 한국해양개발연구소는 정부의 해외 우수 두뇌 유치 계획에 따라 해외 거주 해양과학자들을 유치하였고, 젊은 과학자들을 해외에 파견시켜 선진 해양과학기술을 습득 후 학위를 취득하도록 하였다. 이런 일련의 노력으로 인해 국내에도 해양학자들이 증가하고 학회의 회원 수도 매년 10~20명씩 증가하였다. 창립 10주년이 되던 1976년에는 회원 수가 140명 이상이었고, 1980년에는 200명을 넘어섰다. 잇달아 연례 학술발표도 증가하여 1974년부터는 지금처럼 학술발표회를 춘계와 추계로 나눠 개최하기 시작하였다.

1970년대 후반 들어서 한국해양개발연구소의 연구활동도 증가되었고, 국내에서 발생하는 해양오염 문제도 크게 주목되었다. 해양관련 개발사업이 급격히 증가하자 해양학 관련 전문인력의 수요도 증가되어, 1979년 한 해에 인하대학교, 충남대학교 등 2개 대학교에 해양학과가 개설된 데 이어, 1980년대 초에는 제주대학교, 부경대학교, 한양대학교, 전남대학교, 부산대학교 등에도 해양학과가 개설되었다. 그에 따라 해외에서 입국한 해양학자들과 국내에서 공부한 2세대 해양학자들이 대거 대학에 자리를 잡으면서 학회 회원들도 크게 늘어났다. 그와 더불어 연구 논문 편수도 대폭 증가하였다. 1984년까지 연 2회 발간하던 학회지를 1985년에는 3회, 1986년 이후부터는 연 4회 발간하게 되었다.

창립 20주년이 되는 1986년에는 학회 회원 수가 329명에 이르렀다. 회원 수 증가에 따라 1989년 회칙 개정을 통하여 이사 규모를 50명으로 늘이고 분야별로 이사 수를 배정하였다. 이후 해양학과를 둔 대학마다 대학원이 개설되면서 회원 수가 매년 40~50명씩 증가하다가 1991년에는 회원 수가 500명이 넘었다. 잇달아 학술발표도 증가하여 1992년부터는 학술대회 일정을 하루에서 이틀로 연장해야 했고, 학술연구발표 수도 춘·추계 학술발표회 때마다 각각 60여 편에 이를 정도였다. 1992년부터 분과별 학술활동과 친목활동을 위하여 분과회가 공식적으로 인정되어 물리해양학분과회를 필두로 생물해양학분과회, 지질해양학분과회, 화학해양학분과회가 설립되어 분야별 학술활동도 이루어지기 시작하였다.

사단법인 출범

1993년 8월 과학기술처에서 사단법인 인가를 받아 한국해양학회는 법인단체로 등록하여 정식으로 법적인 단체로 활동하게 되었고, 영문 명칭도 'The Korean Society of Oceanography'로 개칭하였다. 그 일환으로 조직도 이사회 역할을 평의원회가 하게 되었고, 이사회는 학회 운영을 위한 10인의 이사로 구성되었다. 법인 출범에 따라 1994년 학회 시행세칙과 포상규정과 시상세칙, 임원선출 규정 등이 제정되어 학회의 조직 및 운영체계를 확립하였다.

1996년부터 학회는 학회지의 SCI 등록을 위하여 학회지를 영문학회지와 국문학회지로 나누어 발간하기 시작하였다. 영문학회지 명칭은 'Journal of the Korean Society of Oceanography'로 종래의 발행 권수를 이어받아 연 4회 발간하고, 국문학회지로 『바다The Sea』를 새로 창간하였다. 1998년부터 『바다』지도 연 4회 발간되어 학회지가 연간 총 8회 나오게 되었다. 1996년 학회 30주년 창립 기념사업으로 '21세기 해양연구의 전략과 목표'란 주제로 국제심포지엄을 개최하여 IOC사무총장을 비롯한 미국, 캐나다, 일본 등 각국 해양학회 회장, 부회장이 참석하여 자국의 21세기 해양연구정책을 소개하였다. 1998년에는 국제해양의 해를 기념하여 해양수산 관련 5개학회가 공동 연구발표회를 가져 한국해양학회는 110편의 논문을 발표하는 높은 참여율을 보였다. 1996년 해양수산부가 창설되어 바다에 대한 관심이 증가되고 관련산업이 증가하면서 한국해양학회에 가입하는 회원도 크게 증가하여 1998년 한 해에 100명이 신규로 가입하였고, 2000년이 되면서 회원 수가 1,000명이 넘게 되었다. 회원 증가에 따라 학술대회 발표수도 늘어 2004년 춘계 발표 시에는 총 212편의 연구발표가 있었다. 1999년 해양수산부 요청으로 한국해양학회를 포함한 해양수산관련 6개 학회(현재는 수산과학회가 빠지고 한국항해항만학회가 새로 가입)가 해양과학기술협의회를 구성하여, 2005년부터 춘계 공동학술발표회와 각종 심포지엄을 개최해오고 있다. 한편, 해양수산부 발족 이전부터 각 대학 해양학과와 우리 학회의 관심 사항이었던 정부 직제 내 해양직 신설이 학회의 끊임없는 노력으로 2006년에 이루어졌다. 이 시기에 우리 학회는 정부의 Marine Technology(일명 MT) 지정사업과 MT 로드맵 작성에 많은 회원들이 참여하여 해양과학기술이 정부 중요 연구사업으로 추진되는 데 기여하였다.

한편, 한국해양학회 영문학회지의 SCI 등록을 위한 노력의 일환으로 우리 학회는 2005년부터 한국해양연구원과 공동으로 통합 영문학회지 *Ocean Science Journal*을 발간하기 시작하여 10년간 두 기관의 많은 노력으로 *OSJ*가 2014년 SCIE로 등록되었다.

시상과 대외 교류의 확대

2008년 정부조직 개편으로 해양수산부가 국토해양부로 통합되면서 해양과학 기술 정책의 후퇴를 염려하였으나 정부의 해양과학기술 정책은 지속되어 우리 학회 활동도 크게 위축되지 않았다. 회원 수가 꾸준히 증가하고, 학술발표대회에서 논문 발표 수도 2009년 춘계에만 317편에 이르는 등 양적으로 큰 성장을 이루었다. 이러한 양적인 성장에 더하여 질적인 성장의 필요성을 느낀 회원들과 학회 이사회는 2000년 학위 예정자를 격려하기 위한 삼각학위상을 신설하였고, 2006년 해양학을 실용화하거나 해양기술 개발에 기여한 회원을 격려하기 위한 서붕기술상이 제정되었으며, 2008년엔 평생업적공로상, 젊은 과학자 우수논문상, 박사학위 우수논문상, 우수학생 포스터상 등이 신설되어 우수 연구자들을 격려하였다. 2009년에는 영문학회지 *OSJ*에 우수한 논문을 게재한 연구자 및 우수 심사자를 격려하기 위한 상도 신설하였다. 이러한 상들은 기존부터 진행해오던 학술상인 약수상 및 과총 우수논문상 등과 함께 학회의 질적인 발전을 가져왔다.

창립 초기부터 한국해양학회는 대외적으로 한국자연과학협회, 한국과학기술단체총연합회(과총) 등에 가입했고, 1999년 해양과학기술협의회, 2005년 지구과학협의회 등에 참여했다. 국제기구로는 IUGG한국위원회에 오랫동안 참여해왔으며, IOC, PICES 등에 회원들이 정부 대표로 또는 개인별로 참여해왔다. 2007년에 한국 GLOBEC/IMBER위원회 구성에 참여하였고, 2009년 중국해양학회와 해양과학기술교류 협약서를 체결하였다. 그 결과로 매년 중국해양학회와 공동심포지엄을 개최하고 있다(현재는 격년제로 개최). 2010년에는 기초과학협의체(KGU)와 세계자연보전연맹(IUCN)에 가입하였고, 최근에는 PICES 활동지원 등 국제관계와 대외활동에도 많은 관심을 기울이고 있다.

한편, 학술 발전을 위하여 학회지 발간, 학술대회 개최 이외에도 1993년 『해양

과학용어집』을 발간하였고, 2005년에는 『해양과학용어사전』을 발간하여 해양과
학기술 용어의 해설과 표준화를 시도하였다. 2015년에는 학회 회원들이 참여하
여 동해 연구를 총정리한 *The East Sea*를 Springer 출판사에서 발간하여 동해
연구의 성과와 중요성을 밝혔다. 이외에도 학회에서 동해 명칭에 관한 연구용역,
해양환경 기준 설정을 위한 용역 등 공익적인 목적의 해양학 관련 각종 연구용역
을 수행하면서 학회의 연구용역 기능을 확장하고 있다.

3. 조직 변화와 회원 증가

조직 변화

1966년 창립 당시 학회를 이끌어갈 조직으로 회장에 부산수산대학의 이병돈 교수, 부회장에는 원자력연구소의 최상 실장이 선출되었다. 이사에는 이정환, 이석우, 한희수, 양재목, 정희관, 허종수, 원종훈, 한관수, 홍순우 회원 등 11명이었고 이들로 구성된 이사회가 있었다. 감사로는 이석우 회원이 선출되었다. 이를 뒷받침할 사무국에는 총무간사 허형택과 편집간사 박정홍이 임명되었고, 이병돈, 최상, 이석우, 원종훈, 홍순우 이사로 구성된 편집위원회가 있었다. 이외에 오정근, 이민재, 이봉래, 정문기, 정태영, 전철웅, 지철근 등 학계와 수산계의 원로들이 학회의 고문으로 추대되었다. 학회 설립 후 한국자연과학협회(협회장 권영대)에 정회원으로 가입하였다. 1년 후 개편된 이사회에서 회장에는 최상, 부회장에는 이병돈이 교체 선출되었고, 새롭게 김인배, 김진면, 서형수 이사가 선출되어 이사회가 총 10명으로 구성되었으며, 감사로는 허종수가 선출되었다. 사무국도 총무간사로 유네스코 한국위원회의 이해관, 편집간사로 원자력연구소의 정태화가 각각 새로 임명되었다. 편집위원회는 위원장만 최상 회장으로 교체되고 위원들은 전원 유임되었다.

1967년 1월에는 한국과학기술단체총연합회가 정식으로 발족함에 따라 한국해양학회도 정회원으로 가입하였다. 1969년에 시작된 3대 이사회는 김종수, 김완수, 이창기 이사가 새로 선출되어 총 11명으로 구성되었고, 회장, 부회장은 유임되었다. 사무국에 새로이 한상복 편집간사가 임명되었다. 1971년 제4대 회장에는 이병돈, 부회장에는 최상으로 다시 교체되었고, 이사회는 강호진, 장선덕이 새로이 선출되어 총 11명으로 구성되었다. 사무국은 편집간사만 교체되어 정태화가 재임명되었다가 나중에 홍성윤으로 교체되었다. 1973년 제5대 회장에 한국지질조사연구소의 김종수, 부회장에 서울대학교 김완수, 부산수산대학교 장선덕 회원이 선출되고, 새로이 박용안, 박주석, 변충규, 손태준, 유광일, 장지원, 홍승명 회원이 이사로 선출되어 이사회가 총 15명으로 구성되었고, 이석우 이사가 감사로 선출되었다. 사무국이 서울대학교로 이전하면서 총무간사에 한평진, 편집간사에 김동엽이 각각 임명되었다. 이후 학회 총무간사는 2002년까지 서울대학교 해양학과 조교가 겸임하는 것으로 관례화되었으며, 편집간사도 서울대학교 해양학과 대학원생이 맡는 것이 관례화되었다.

1975년 6대 회장으로 서울대학교 김완수 교수가 선출되었다. 부회장은 장선덕 부회장이 유임되었고, 이석우 부회장이 새로 선출되었다. 유성규, 이종화, 정종률 등이 신임 이사로 선출됨으로써 이사회는 총 20명으로 구성되었다. 감사는 수로국의 홍승명 과장이 새로 선출되었다. 1977년 7대 회장은 한국선박해양연구소 이병돈 부소장이 다시 선출되고, 부회장은 유임되었다. 김승우, 노홍길, 심재형 회원이 새로운 이사로 선출되어 이사회는 총 20명으로 계속 유지되었다. 1979년 8대 회장은 한국해양과학기술주식회사의 이석우 대표, 부회장에는 국립수산진흥원의 한희수 과장, 서울대학교의 박용안 교수가 각각 선출되었다. 새로 공영, 김구, 박병권, 박청길, 이광우, 이삼석, 추교승, 허형택 회원 등이 이사로 선출되어 이사회는 총 30명으로 늘었다. 1981년 9대 회장에는 부산수산대학교의 장선덕 교수가 선출되고, 부회장에 국립수산진흥원의 박주석 부장, 한양대학교의 유광일 교수가 각각 선출되었다. 새로 곽희상, 김복기, 나정렬, 안희수, 오재경, 이태원, 이홍재, 조규대, 조성권 회원 등이 이사로 선출되었으며, 이사회는 29명으로 구성되었다. 감사로는 승영호 회원이 선출되었다. 1983년 10대 회장에 서울대학교의 박용안 교수가 선출되고, 부회장에 박주석, 허형택 이사가 선출되고, 이사회는

30명으로 구성되었다. 감사로는 조규장 회원이 선출되었다.

1985년 5월 2000년을 향한 중장기 연구과제에 관한 종합 조정을 목적으로 임시로 물리·생물·화학·지질 분과위원회 조정위원을 구성하여 분야별 연구과제를 선정하기로 하였다. 이때 처음으로 분과위원회별 논의가 있었다. 1985년 9월 이사회에서는 학회 학술활동 기능을 강화하기 위하여 분과위원회를 조직하는 문제를 두고 총회에서 논의한 결과 원칙적으로는 조직하기로 하였다. 그러나 구체적인 안은 추후 논의하기로 하였다. 1985년 제11대 회장에 국립수산진흥원의 박주석 부장이 선출되고, 부회장에 서울대학교의 정종률 교수와 한국해양개발연구소의 이광우 실장이 선출되었으며, 감사에는 제주대학교의 박용향 교수가 선출되었다. 이때 이사회는 총회의 결의로 40명으로 구성하였다. 1987년 8월 학회 수상자 추천을 위하여 심사위원회가 처음으로 구성되었다. 1987년 제12대 회장에 한양대학교 유광일 교수가 선출되고, 부회장에 서울대학교 심재형 교수와 국립수산진흥원의 공영 과장이 선출되었으며, 감사에는 한국해양연구소의 박병권 실장이 선출되었다. 1987년 발족한 환경과학협의회에 5명의 이사를 추천하였다. 1989년 11월 회칙 개정에 따라 이사회를 50명으로 구성하였다. 이사는 물리해양학 분야 15명, 생물해양학 분야 15명, 지질해양학 분야 10명, 화학해양학 분야 5명 등 총 45명을 분야별로 선출하였고, 나머지 5명의 이사는 회장단이 추천하였다. 1989년 11월 정기총회에서 개정된 회칙에 의거 회원 직선제에 의해 50명의 이사가 선출되었다. 새로운 이사진에 의해 제13대 회장에 서울대학교 심재형 교수, 부회장에 한국해양연구소 박병권 소장, 한양대학교 나정렬 교수, 감사에는 한상복 회원이 선출되었다. 총무이사에는 고철환, 편집이사에는 조성권 회원이 임명되었다. 학회의 직통전화는 1989년 10월에 처음 개통되었다.

1990년 2월 1차 이사회에서 학회 법인체 등록에 관한 건이 처음으로 논의되었고, 제반 절차에 관해서는 회장단에 일임하였다. 이때 한국해양학연구위원회

(KSCOR) 설립에 관한 건을 한국해양연구소에서 추진하는 것에 동의하였다. 한편, 학회 내 해양생물분과회의 설치안이 이사회에서 투표결과 7:2로 부결되었다. 1991년 11월 회칙에 의거 처음으로 포상위원회를 구성하여 학술상 시상을 논의하였다. 1991년 11월 정기총회에서 제14대 회장으로 한국해양연구소 허형택 연구위원이 선출되었고, 부회장에 국립수산진흥원 포항연구소 임기봉 소장과 서울대학교 조성권 교수, 총무이사에 이창복, 편집이사에 고철환 교수가 임명되었다. 감사로는 한국해양연구소의 강시환 책임연구원이 선출되었다. 분과회 모임이 시작되자 11월에 해양지질 및 지구물리학 분야 회원들이 모여 MGG모임을 정기적으로 갖기로 하였다. 12월에 개최된 물리해양학 연구회는 부산에서의 첫 모임에서 2편의 논문을 발표하였고, 물리해양학 발전에 크게 기여한 추교승 회원에게 감사패를 증정하였다. 1992년 1월 1차 이사회에서 학회운영 시행세칙을 만들고, 간사도 정식 임원으로 공식화하기로 하였다. 2차 이사회에서는 각종 위원회 운영, 분과회 구성과 운영, 사무국 운영 등에 관한 학회운영 세칙을 의결하고, 학회의 재정을 확보하는 한편, 효율적인 기금 마련을 위하여 사단법인 설립을 본격적으로 추진하기로 하였다. 또한 해양수산과학협의회 가입을 결정하였다. 1992년 11월 물리해양학분과회(48명)가 처음으로 이사회 인준을 받았고, 잇달아 1993년 2월 생물해양학분과회(98명)가 인준을 받았으며, 4월에는 지질해양학분과회가 인준을 받았다.

1993년 5월 임시총회에서 사단법인 정관을 채택한 이후 과학기술처에 법인 설립 신청을 하였고, 8월에 설립허가서가 나와서 법인 등기를 마쳤다. 이로써 한국해양학회는 사단법인 한국해양학회로 명칭이 변경되었고, 영문명도 The Oceanological Society of Korea에서 The Korean Society of Oceanography로 변경되었다. 새로운 사단법인 정관에 의거하여 부회장이 2명에서 4명으로 증원되고, 기존의 이사회가 평의원회로 개칭되었으며, 실무이사회도 10명으로 구성되었다. 평의원 구성은 50인으로 물리·생물 분과회에서 각 15인, 지질분과에서 10인, 화학분과에서 5인을 선임하고 나머지 5인은 회장이 선임하기로 하였다. 1993년 11월 사단법인 첫 정기총회에서 제15대 회장에 서울대학교 정종률 교수가 선출되고, 서울대학교 김구, 한국해양연구소 김종만, 장순근, 해양오염관리국 이창섭 회원이 부회장으로 선임되었으며, 감사로 이홍재, 이형선 회원이 선출되었다. 편집위원회(위원장 나정렬)는 11명, 포상위원회(위원장 정종률)는 9명으로 각각 구성하였다. 1994년 5월 사단법인 한국해양학회 시행세칙과 포상규정, 특별학술상인 약수상 수상세칙이 제정되었다. 1995년 제16대 회장에 한국해양연구소의 박병권 소장이 선출되고, 부회장에 봉종헌, 오재경, 한상준, 홍성윤 회원이 선임되었고, 감사에 김대철, 김철수 회원이 선출되었다. 총무이사에는 김경렬 이사, 편집이사에는 오임상 이사가 각각 선임되었다. 1996년 창립 30주년을 기념하기 위한 조직위원회가 현직 이사를 중심으로 구성되어 국제심포지엄을 준비하였다. 한편, 11월 평의원회에서 학회 임원 선출 규정을 승인하여 임원 선출 절차를 정하였다. 1997년 제17대 회장으로는 부경대학교 홍성윤 교수가 선출되고, 감사에 변상경, 우경식 회원이 각각 선출되었다. 부회장은 김승우, 오임상, 이재학, 한상복 회원이 선임되고, 총무이사는 최중기, 편집이사는 이창복 이사가 선임되었다. 주목할 점 중 하나는 1998년 2월 평의원회에서 학회 50년사 준비를 위한 편찬준비위원회를 두기로 결의한 일이다. 그러나 아쉽게도 이후 후속 조치가 없어 학회 50년사 편찬작업은 진행되지 못하였다. 12월 이사회에서는 회원관리를 위한 명부 전산화 작업을 오임상 부회장에게 일임하였다. 한국해양학회와 수산학회가 공동으로 한국 GLOBEC위원회를 구성하기로 하여 심재형, 한상복, 오임상, 김수암 회원을 준비위원으로 추천하였다.

1998년 9월 특허청에서 지적재산권을 보호하기 위하여 우리 학회를 특허법 제30조 제1항 제1호, 실용신안법 제5조 제1항 제1호에 의해 특허출원 인정 학술단체로 지정하였다. 1998년 10월 평의원회에서 평의원 수를 정원의 10%로 개정하기로 하여 총회에서 정관 개정이 통과되었으며, 해양환경보존분과의 설치를 승인함으로써 기존의 기본 4대 분과 외 전문분과가 처음으로 설치되었다. 1999년 1월 해양수산부가 추진한 한국해양과학기술협의회에 회원단체로 가입하여 5개 학회로 협의회를 구성하였다. 1999년 10월 정기총회에서 이사회 구성 정족수가 10인에서 15인으로 변경되는 정관 개정이 통과되고, 제18대 회장으로 오임상 서울대 교수가 취임하였다. 국제담당 부회장에는 변상경, 학술담당 부회장에는 최중기, 양한섭, 이창복 부회장이 선임되고, 총무이사에는 김철수, 편집이사에는 김기현, 사업이사에는 이원호, 재무이사에는 문창호 회원이 각각 선임되었으며, 감사에는 서해립, 조병철 회원이 선출되었다. 또한 물리분야 평의원 25명, 생물분야 평의원 25명, 지질분야 평의원 18명, 화학분야 평의원 9명, 회장 위촉 5명 등 총 82명의 평의원이 선출되었다. 이러한 평의원회는 전임 회장단 10명, 물리분야 22명, 생물분야 22명, 지질분야 14명, 화학분야 7명, 회장 추천 7명 등 총 82명으로 구성하기로 한 결의에 따른 선출이었다. 1999년 12월 평의원회에서는 학회 발전을 위한 재정 확보를 위하여 '해양학회 발전기금위원회(위원장 정종률)'를 발족하였고, 2001년 5월에는 '해양과학용어사전위원회'가 승인되었다. 2001년 4월부터 서울대학교 해양학과 조교가 겸직하였던 총무간사를 독자적인 전임 총무간사로 채용하기 시작하였다. 2001년 11월 총회에서 제19대 회장으로 부경대학교 양한섭 교수가 취임하고, 부회장으로 이홍재, 홍재상, 박수철, 양재삼 회원, 편집이사에 김경렬 회원, 총무이사에 한명수 회원 등 14명의 이사가 선임되었다, 감사에는 전동철, 양성렬 회원이 선출되었다. 2003년 총회에서 제20대 회장에 인하대학교 최중기 교수가 인준되고, 부회장에 석문식, 김학균, 김대철, 김기현 회원, 총무이사에 이재학 회원 등 이사진이 선임되었으며, 서울대학교 김경렬 교수가 편집위원장으로 유임되었다. 감사로는 양성렬, 박철 회원이 선출되었다. 2004년 이사회와 평의원회에서 한국해양학회 영문지와 한국해양연구원 *OPR*(*Ocean and Polar Research*)지와의 통합을 위한 실무위원회(위원장 김경렬) 구성을 결의하였다. 2004년 2월 해양생물분과 모임에서 해양생명공학분과 설립에 관한 준비모임이 논의되어 준비위원장으로 한국해양연구원 장만 회원이 선임되었다. 2004년 5월 개최된 평의원회에서 해양원격탐사 분과회와 해양생명공학 분과회가 전문분과로 승인되었다. 6월 이사회에서 해양환경 영향평가 기준제도를 마련하기 위한 학회대책소위원회(위원장 김학균)가 구성되었다. 또한 2005년 7월 이사회에서 대국민 해양교육을 통해 해양학의 지평을 넓히기 위한 해양교육훈련 소위원회가 김기현 부회장, 조병철, 조양기, 최진용 회원으로 구성되었다. 이사회가 추진하였던 회원들과 임원들의 연회비를 기부금으로 처리하는 방안이 기재부와 국세청의 법인세법 34조항에 의거 2005년 7월 승인되었다. 지구과학회와 올림피아드 개최를 위한 지구과학협의회 구성이 논의되었다. 2005년 총회에서 제21대 회장에 한국해양연구원 변상경 원장이 인준되고, 부회장에 김철수, 허성회, 이필용, 석봉출 회원, 총무이사에 신홍렬, 편집이사에 이재학 회원 등 15인의 이사가 선임되었다. 감사에 박철 회원과 정해진 회원이 선출되었으며, 101명의 평의원이 선출되었다. 2006년 9월 이사회에서는 전문분과에 해양정책분과를 개설하는 것에 대한 논의가 있었다. 또한 학회 회원들의 경조사에 관한 규정 논의도 있었는데, 원로 회원들의 학술대회 참가비는 면하기로 하였다. 2006년 12월 허성회 부회장, 신홍렬 총무이사, 노영재 이사가 해외 파견 등으로 사임하여 김수암 부회장, 강석구 총무이사, 박문진 국제이사가 새로 선임되었다. 2007년 5월 이사회에서 한국학술단체연합회 가입에 관한 논의와 중국해양학회와의 교류에 관한 논의가 있었으며, 한국 GLOBEC/IMBER위원회를 인준하였다.

  2007년 1월 총회에서 제22대 회장에 부경대학교 김대철 교수가 인준되었으며, 부회장에 노영재, 이필용, 한명수, 이희일 회원, 총무이사에 장경일, 편집이사에 정해진 회원 등 이사 15명이 선임되었으며, 감사에 김영규, 최진우 회원이 선출되었다. 2008년 5월 이사회에서 학회 연구발전기금, 교육발전기금, 논문집 발전기금 등 발전기금을 모금하고 학회 근조기를 제작하기로 결의하였다. 2008년 11월 이사회에서 중국해양학회와 교류각서를 교환하기로 결정하였다. 평의원회에서는 '젊은 과학자 최우수논문상' 수상세칙을 개정하고, 학회 「윤리헌장」과 윤리위원회 규정과 기금 규정을 신설하였다. 2009년 2월 이사회에서 학회 사무소를 한국해양수산기술진흥원에서 제공하는 서초구 양재동 공간으로 이전하기로 결의한 뒤 2월 14일 한국해양수산기술진흥원(원장 권문상)과 협약을 맺고 5월에 이전하였다. 2009년 5월 중국해양학회 왕수광 회장 일행이 내한하여 중국해양학회와 해양과학기술 교류합의서를 체결하였다. 5월 창원에서 개최된 공동학술발표대회 기간 중 우리 학회 여성회원이 중심이 된 한국여성해양포럼(회장 이희일)이 창립되었다. 2009년 총회에서 제23대 회장으로 충남대학교 박철 교수가 인준되고, 부회장에 장경일, 최우정, 안인영, 한현철 회원이 부회장으로, 총무이사에 전동철, 편집이사에 정해진 회원 등 이사진 14인이 선임되었다. 감사에는 최진우, 김영규 회원이 선출되고, 평의원 120명도 선출되었다. 2010년 이사회에서 윤리위원회를 구성하고, 한국해양학회 용역연구관리 규정안과 연구비관리 세부업무 지침안을 만들었다. 또한 세계자연보전연맹(IUCN)에 가입을 추진하기로 하였으며, 기초과학협의체(KGU)에도 가입하기로 하였다.

2011년 총회에서 제24대 회장으로 충남대학교 노영재 교수가 인준되고, 부회장에 전동철, 서해립, 박미옥, 전승수 회원이, 총무이사에 강동진, 편집이사에 심원준 회원 등 14명의 이사가 선임되었으며, 감사에 남승일 회원이 선출되었다. 2012년 이사회에서 사무소 운영의 개선방안 논의 후 상근 편집간사 1인을 추가 고용하기로 하였으며 사무소 운영을 위한 직원 인사관리지침을 제정하였다. 2013년 기금, 지원금 기부자 예우 및 전시 광고료에 대한 지침을 정하여 기금 기부자 및 지원금 기부자에 대한 예우를 명시하였다. 2013년 평의원회에서 김규범 회원을 감사로 선출하고, 우수논문상 수상세칙을 개정하였으며, 2012년부터 준비해온 정관개정 및 시행규칙을 의결하여 주무관청을 해양수산부로 변경하기로 하였다. 2013년 총회에서는 부산대학교 이동섭 교수가 제25대 회장으로 인준되고, 부회장으로 서영상, 현정호, 김웅서, 이창식 회원, 총무이사에 조양기, 편집이사에 심원준 회원 등 14명의 이사진이 선임되었다. 감사로는 이윤호 회원이 선출되었다. 2014년 이사회에서 '해양학 용어사전'과 '50주년 기념사업'을 추진하기로 하였다. 정관개정 후속 조치에 따른 회원 규정, 사무국운영 규정, 인사관리지침을 이사회에서 의결하였다. 2015년 이사회에서 차기 회장을 변경된 정관에 의거하여 선관위 온라인 투표로 선출하기로 하였고, 학술지 발간 규정을 제정하였다. 2015년 총회에서 제26대 회장에 한국해양과학기술원 김웅서 책임연구원이 선출되고, 부회장에 조양기, 최광식, 이기택, 박찬홍 회원, 총무이사에 주세종 회원, 편집이사에강동진 회원 등 14명의 이사가 선임되었다. 감사에 김부근 회원이 선출되었다. 한국해양학회 50주년 행사 편찬위원장에 최중기 전 회장, 편집위원장에 최영호 회원을 위촉하였다. 유해조류연구회를 전문분과로 설치하기로 결의하였다.

회원 증가

1966년 7월 창립 당시 회원은 70명이었다. 창립회원은 국립수산진흥원에 속한 회원이 32명으로 가장 많았고, 부산수산대학 10명, 교통부 수로국 7명, 국립지질조사소 5명, 원자력연구소 3명, 포항수산초급대학 2명, 미국오레곤주립대학 1명, 서울대학교 1명, 연세대학교 1명, 전남대학교 1명, 여수수산전문학교 1명, 군산수산초급대학 1명, 수산개발공사 1명, 한국원양어업협회 1명, 부산공업고등

전문학교 1명, 경남고등학교 1명, 국립중앙관상대에 1명 등 모두 17개 기관에 소속되었다. 이때 미국 오레곤주립대학에 재직 중이던 박길호 박사가 심포지엄에서 발표 후 창립회원으로 참여하였다. 1967년에는 78명으로 약간의 증가가 있었고, 1968년 서울대학교에 해양학과가 설립되고 해양학에 대한 관심이 높아지면서 13명의 회원이 새로 가입하고, 국립수산진흥원에서 6명, 부산수산대학에서 5명이 새로운 회원으로 가입하는 등 회원 수가 114명으로 증가되었다. 이후 매년 10~20명씩 증가하여 1979년에 회원이 총 192명이었다. 1980년에는 회원 수가 200명을 넘어섰고, 이후 매년 15~30명씩 증가하여 1983년에는 260명, 1984년 272명, 1985년 294명, 창립 20주년이 되는 1986년에는 회원 수가 329명에 이르렀다. 이후 해양학과가 설치된 각 대학에 대학원이 설치되면서 회원 수가 더 증가세를 보였다. 1990년대 들어서 더욱 증가하여 1991년에 회원 62명이 증가하였고, 1993년 64명, 1996년 68명, 1997년 81명, 1998년 100명이 넘는 회원이 새로 가입하였다. 이 시기에는 회원 수가 빠르게 증가되었지만, 회비 미납 등으로 회

[1] 연도별 회원 수

연도	회원 수(명)
1966	78
1970	120
1975	183
1980	219
1985	290
1990	391
1995	596
2000	1021
2005	1223
2010	1257
2016	2142

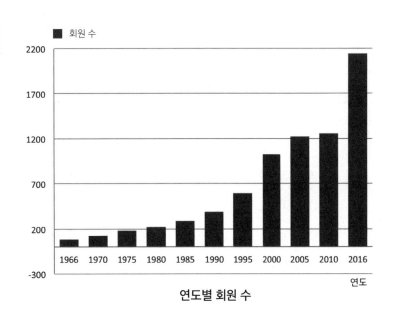

연도별 회원 수

[2] 기관별 회원 수 (2016년 9월 기준)

연구소	565	
대학	344	1003
대학생	659	
기업	220	
국가기관	168	
미분류	186	중고등학교 포함
계	2142	

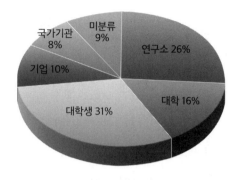

기간별 회원 분포

[3] 지역별 회원 수 (2016년 9월 기준)

지역	회원 수
서울 · 경기	766
경상도 · 부산	506
전라도 · 광주	241
인천	181
충청도 · 대전	174
제주	70
강원	44
국외	13
미분류	147
계	2142

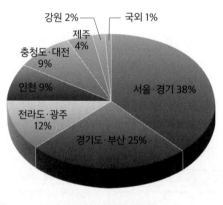

지역별 회원 분포

원에서 제외되는 회원도 1년에 15~20명에 이르러 전체 회원 수는 2000년이 되어서 1,000명을 넘어섰다. 2000년 이후 회원 증가세가 감소되어 2000년에는 21명, 2001년 45명, 2002년 29명, 2003년 23명, 2004년 41명, 2005년 15명 등이 새로 가입하였다. 2016년 현재 회원 수는 2,100명에 달하며, 회원자격을 유지하고 있는 회원 수가 총 1,800여 명에 이르는 대규모 학회로 발전하였다.

2부

–

학회 주요 사업

1. 학회지 발간

어느 학회이든 학회지 발간은 주력사업 중 하나이다. 한국해양학회도 1966년 7월 창립과 함께 학회지 발간을 위하여 회장과 이사들의 노력이 있었고, 특히 유네스코한국위원회의 도움으로 같은 해 12월 30일 창간호가 발행되었다. 창간호에는 논문 3편과 휘보 2편이 게재되었다. 이들 논문 중에는 수준 높은 영문 논문 2편이 실렸고, 휘보에는 제2회 해양과학 심포지엄 개최 내용이 정리되었다. 학회지는 유네스코한국위원회 기획부의 도움으로 1971년까지 지속되었으며, 연 2회 발행하였다. 초기 편집위원장은 학회장이 맡아 중추적인 역할을 하였다. 초대 편집위원장은 이병돈 회장, 2대 편집위원장은 최상 회장이 각각 맡았고, 이석우, 원종훈, 홍순우 회원이 편집위원으로 활동하였다. 제3대 편집간사를 맡았던 한상복 회원은 1969년부터 학회지를 전 세계 70여개 해양학 연구기관에 배포하느라 고생하였다. 그 덕분에 해당 해양기관에서도 오랫동안 상호교환 차원에서 학회지를 보내왔다. 학회지는 1984년까지 연 2회로 발행되다가 1985년부터는 연 3회, 1986년 이후부터는 연 4회 발간되었다. 21권 1호부터 종래의 공판인쇄에서 옵셋인쇄로 바뀌었고 종이도 양질을 사용하였다. 1994년부터는 게재료를 면당 5,000원에서 1만 원으로 인상하였다.

1990년대 중반 들어 정부 부처와 대학 및 연구기관에서 연구자들의 실적 평가에 SCI 논문 실적이 중요한 연구 성과로 평가되기 시작하였다. 1995년 10월 이사회는 학회지의 SCI(Scientific Citation Index) 등록조건을 만족시키기 위하여 1996년부터 영문학회지를 연 4회 발간하고 국문학회지는 연 2회 발간하기로 결의하였다. 영문학회지는 종래의 학회지 권수를 이어받아 31권 1호로 하고 학회지 명칭은 'Journal of the Korean Society of Oceanography'로 정하였다. 국문학회지는 국문 명칭을 '바다'로 정하고, 영문으로 'The Sea'를 쓰기로 하였다. 1997년 회원들의 동의를 받아 32권 1호부터 학회지 크기를 46배판에서 A4 크기로 늘리고 표지도 바꾸었다. 같은 해 한국해양학회지의 DB구축에 관한 사항을 오임상 부회장에게 일임하였다. 1998년 국문학회지를 1년에 4번으로 증간하여 영문학회지 포함하여 학회지를 연간 8회 발간하게 되었고, 이 해에 학회 인터넷 홈페이지도 처음으로 개설하게 되었다. 1999년에는 SCI 등재를 위하여 수산학회의 영문학회지와 우리 학회의 영문학회지를 공동발간하는 안이 추진되었으나, 회원들의 투표 결과 과반수를 얻지 못하여 폐기되었다.

1999년에 게재료가 쪽당 2만 원으로 인상되었고, 2000년에는 신속심사제도가 신설되어 저자가 신속심사를 희망할 경우 편당 10만 원의 신속심사료를 내면 심사를 신속하게 진행하였다. 2003년 추계 학술발표대회 기간 중 열린 평의원회에서 한국해양학회 영문학회지와 한국해양연구원의 학술지 *OPR*(*Ocean and Polar Research*)을 통합하는 추진안을 마련하기 위해 실무위원회가 구성되었다. 우리 학회의 실무위원으로 김경렬 편집이사, 이상호, 이동섭 회원이 위촉되어 한국해양연구원의 실무위원과 공동으로 통합시 제호, 발간형태, 발행인 병기 문제, 편집규정, 발간비용, 운영, 홍보방안 등 제반사항에 관하여 협의하였다. 2004년 6월 18일 개최된 이사회에서 학회지 통합에 대한 실무위원회 추진안에 대한 보고와 토의가 있었다. 이에 앞서 5월 14일 춘계 학술발표대회 기간 중 개최된 임시총회에서 통합 추진안에 대한 간략한 보고가 있었다. 이사회와 임시총회에서 추진안에 대한 긍정적인 검토가 이루어진 후 한국해양연구원과 본격적인 협의가 이루어져 2004년 12월 9일 한국해양연구원에서 우리 학회 최중기 회장과 한국해양연구원 변상경 원장 간에 통합 영문학회지 *Ocean Science Journal*(*OSJ*) 공동발간을 위한 협약서 조인식이 있었다. 후속 조치로 *OSJ* 초대 편집위원장으로 한국해양연구원 이재학 박사가 선임되었고, *OSJ*의 권수는 한국해양학회 영문학회지 권수를 이어받아 40권 1호로 하였다. *OSJ* 실무는 한국해양연구원 문헌정보팀이 맡는 것으로 결정하고, 전자투고가 가능하도록 *OSJ* 자체 홈페이지를 제작하여 우리 학회와 한국해양연구원 홈페이지에서 모두 연결 가능하도록 하였다. 한국해양연구원 학술정보팀은 *OSJ* 홈페이지를 제작하여 온라인 투고 및 심사 시스템을 구축하여 신속하고 엄정한 심사가 이루어지도록 하였다. 또한 e-journal DB를 통하여 이용자들에게 *OSJ* 최신호와 『바다』지의 원문을 제공하였다. 2006년 『바다』지는 학술진흥재단 등재학술지로 선정되었다.

한편, 2005년 12월 *OSJ*는 연구재단 등재지로 선정되었고, 이듬해에 국제저명 인용색인 SCOPUS에 등재되었다. 2대 편집위원장은 한국해양연구원과 학회에서 번갈아 추천한다는 합의에 따라 서울대학교 정해진 교수가 맡았다. 2009년에 Springer 출판사를 통해서 출판 및 해외 배포가 될 수 있도록 협약을 체결함으로써 국제화가 시작되었다. *OSJ* 논문 투고 수가 평균 연 56편까지 증가하고, 탈락률도 창간 후 처음으로 50%를 넘었다. 창간 이후 수년 간 0.1 수준에 머물던 비공식 영향력지수(Impact Factor)도 이 시기에 이르러 0.6까지 상승하였다. *OSJ* 3대 편집위원장은 한국해양과학기술원 심원준 박사가 맡았다. 가장 중요한 목표는 SCI 등재였다. SCI 등재를 위해 기존에 발간된 *OSJ* 논문의 주요 내용, 연구지역 분포, 투고논문 수, 국가 비율, 연구 분야 비율, 탈락률, 영향력지수 변동은 물론, 편집위원의 발표 SCI 논문 수, 논문 피인용지수, h-index까지 정량적으로 분석하여 *OSJ*의 장점을 부각하고 기존 SCI 등재지들과 차별성을 강조하여, 2012년 6월 *OSJ*를 등재 신청하였다. 이러한 노력의 결과 *OSJ*는 2014년 5월을 기점으로 2012년 발간호부터 SCI에 등재되었다. (SCI 관련 내용은 한국해양과학기술원 심원준 박사 원고에서 발췌.)

Ocean Science Journal 의 탄생을 회고하며

김경렬(광주과학기술원 석좌교수)

2014년 가을 정기 해양학회 모임 중에 참으로 기쁜 행사가 하나 있었다. 바로 우리 해양학자들 모두의 학술잡지인 *Ocean Science Journal*이 국제수준의 SCI급 논문으로 공인된 것을 축하하는 행사였다. 물론 많은 사람들의 수고로 얻은 귀중한 학술적 열매였고, 이를 위해 노력을 아끼지 않은 여러분들에 대한 소개가 그 모임 때 당연히 있어서 이를 재차 거론할 필요는 없어 보인다. 그런데 얼마 전 내게 이번 해양학회 50주년 기념 책자에 수록할 글의 청탁이 날아들었다. 평소 해양학회를 위해 별로 큰일을 하지 못한 나인지라 주저하는 마음이 없지 않았다. 하지만 청탁을 받고 난 뒤, 지나온 시간을 되짚어보았다. 그랬더니 *Ocean Science Journal*이 탄생하는 데 산파역할을 했던 사람들 중 한 사람이란 자부는 할 수 있을 것 같았다. 차제에 바로 그 시절에 있었던 몇몇 이야기를 회고해볼까 하는 마음에서 작은 붓을 들었다. 좋은 일은 나누면 나눌수록 더 의미가 깊어진다는 얘기가 있지 않던가! 그래서 좋은 일이기에 몇몇 분은 실명 그대로 쓴 것을 양해해주셨으면 한다.

이야기를 하자면, 옛날로 제법 시간을 거슬러 올라가야 할 것 같다. 그러니까 때는 한국해양연구소(KORDI) 변상경 신임원장이 취임하던 2002년이다. 변 원장이 소장으로 취임한 당시 한국해양연구소가 창립 30주년 기념을 위한 여러 계획을 준비하고 있을 때였다. 변 원장은 소장으로 취임하자마자 즉시 해양학과가 설치된 전국의 대학을 순방하며 앞으로의 발전을 위한 의견을 허심탄회하게 주고받았다. 이전 회장단 시절까지는 없었던 새로운 추진이었다.

이를 계기로 서울대학교를 방문한 변 원장과 나는 여러 이야기를 나눴다. 그리고 답례로 서울대학교 교수들이 함께 한국해양연구소를 방문했는데, 그때 서울대학교 교목인 느티나무를 한 그루 식수한 적 있다. 그런데 자세히 보면 그 느티나무가 약간 비스듬히 묘한 자세를 취하고 있다. 해양연구소에 기증할 느티나무 한 그루를 운송하는 과정에서 제법 큰 가지 하나를 잘라버린 탓이다. 만약 해양연구소에 나무를 잘 가꾸는 전문가가 있다는 것을 미리 알았더라면 그렇게 하지 않아도 되었을 텐데 하는 아쉬움이 있다. 그러나 우리가 찾아낸 묘책은 가져가야 할 느티나무를 약간 비스듬히 서 있는 자세로 심는 것이었다. 당시 변 원장은 정원의 좋은 곳을 특별히 마련해주었다. 지금 보니 그 나무는 제법 큰 나무로 자랐는데, 이는 곧 그간의 세월이 많이 흘렀음을 말해준다. 이런 대화의 장이 마련된 자리에서 당시 해양학회 편집위원장을 맡고 있던 나는 변 원장과 우리나라 해양학 미래를 위해서 SCI급의 학술잡지를 하나 발전시키는 데 힘을 모으면 어떻겠냐는 이야기를 나눴다. 이것이 계기가 되어 결실을 보게 된 것이 오늘날의 *Ocean Science Journal* 탄생인 것이다.

당시 우리 학회와 한국해양연구소는 독자적으로 여러 학술잡지들을 출판하고 있었다. 해양학회에서 발간하는 *Journal of the Korean Society of Oceanography*는 해양학자들 전체 노력을 반영하는 학술잡지였다. 그러나 당시 우리 학회의 열악한 재정상황에서 몇몇 사람들의 개인적인, 그리고 헌신적인 노력에 의해 어렵게 발간되는 실정이었다. 한편, 해양연구소는 자체의 인력과 재원 등 좋은 여건을 확보하고 있었지만 해양연구소에서 발간하는 학술잡지는 기관지라는 한계를 극복하고 좋은 학술잡지로 도약해야 하는 과제를 안고 있었다. 이는 당시 소장으로 취임한 변 원장이 해양연구소 창설 30주년을 앞두고 이루어야 할 중요한 과제이기도 했다. 이런 상황에서 서로의 장점을 살리는 윈윈(Win-Win) 전략으로 힘을 합쳐 하나의 학술잡지로 발전시키면 좋지 않을까 하는 논의가 시작된 것이다.

물론 극복해야 할 과제가 적지 않았다. 논의가 시작된 이후, 우리 학회는 학회대로, 연구소는 연구소대로 각자의 의견을 수렴하는 수많은 절차를 거쳐야 했다. 뿐만 아니라 적절한 잡지명을 찾기 위한 설문조사도 여러 차례 거치지 않으면 안 되는, 어려운 과정도 극복해야 했다. 그런 과정에서 우리 해양학계에 좋은 학술 잡지를 하나를 발전시켜야 한다는 해양학자들의 염원이 서서히 힘을 발휘하면서 마침내 우리 학회와 해양연구소가 결단을 내렸다. 각자의 학술잡지인 『바다』와 *Ocean and Polar Research*는 현행대로 유지하기로 하고, 이 외의 모든 노력은 *Ocean Science Journal*에 함께 집중하자는 것이었다. 사실 지질학 분야에서는 이런 노력이 일찍부터 이루어져 *Geosciences Journal*이란 잡지가 발간되어 이미 어느 정도 도약 단계를 걷고 있던 때였다. 우리 학술지의 이름이 *Ocean Science Journal*로 결정되는 데는 바로 이런 지질학계의 앞선 노력이 영향을 준 것이 사실이다.

그러나 이런 결정은 해양연구소의 동의를 거치고 우리 학회 총회에서 인준을 최종적으로 받아야 했다. 당연하고도 중요한 결정사항이었다. 당시 우리 학회에서는 중요한 오피니언 리더(opinion leader) 몇 분이 계셨다. 그중 한 분이 한상복 선생님이셨다. 선생님과 함께 2~3시간을 차를 타고 동행하다가 함께 보낼 기회가 때마침 생겼다. 선생님의 양해가 꼭 필요하다고 생각한 이유가 있었다. 당시 해양학회가 발간하고 있던 *Journal of the Korean Society of Oceanography*에는 이 잡지가 자리를 잡아가는 과정에서 선생님이 쏟으신 수많은 애정과 헌신이 깊숙이 투영되어 있었기 때문이다. 그런데 바로 이 잡지를 대신할 새로운 잡지를 만들겠다는 말씀을 드려야 했던 것이다. 저간의 사정과 함께 선생님께 차근차근 왜 새로운 잡지로 변신이 필요한지를 말씀드렸을 때 선생님은 열정적으로 이런 노력에 찬성을 표하시며 적극적으로 격려해주셨을 뿐만 아니라 당연히 평의원회 및 총회에서의 통과에도 아주 큰 도움을 주셨다. 이 자리를 빌려 선생님의 지원과 격

2002년 서울대학교 해양학과 교수들의 한국해양연구소
(현 한국해양과학기술원) 방문 기념식수(느티나무)

려에 다시 한 번 깊이 감사의 말씀을 전하고 싶다. 그리고 특히 실무적으로 큰 도움을 주신 분들이 있다. 우리 학회에서는 강동진 박사, 해양연구소에서는 이재학 박사의 숨은 노력이다. 차제에 두 분께 다시 한 번 깊은 감사의 마음을 전한다.

이렇게 많은 분들의 노력과 성원에 힘입어 탄생한 *Ocean Science Journal*이 잘 성장하여 이제는 국제수준의 좋은 학술잡지로 자리매김하고 있다. 때때로 국제적으로 유수한 출판기관으로부터 *Ocean Science Journal*을 소개하는 이메일이 올 때마다 너무도 가슴 벅차고 기쁘다. 이제 창립 50주년을 맞이한 우리 해양학회가 더욱 더 발전해 나아가는데 *Ocean Science Journal*이 하나의 큰 기둥 역할을 할 것이라 굳게 믿고 또 기대한다. 미래를 향한 우리 해양학회의 무궁한 발전을 다시 한 번 기원하며, 지나온 시간의 흐름을 되짚어 쓴 나의 붓을 내려놓는다.

OSJ 창간에서 SCI 등재까지

|

심원준(한국해양과학기술원 책임연구원)

2011년 가을 어느 날이었다. 집에서 아이들과 먹을 삼겹살을 열심히 굽고 있을 때, 한 통의 전화를 받았다. 전화기 너머로는 노영재 당시 해양학회장과 이윤호 한국해양연구원(현 한국해양과학기술원) 미래전략실장이 자리를 함께하고 있었다. 통화의 요지는 필자에게 *Ocean Science Journal*(*OSJ*)의 3대 편집위원장을 맡아 달라는 요청이었다. 아울러 임기 중 *OSJ*가 확대과학기술인용색인(Science Citation Index Expanded; 이하 SCI)에 등재되었으면 좋겠다는 두 분의 희망사항도 포함되어 있었다. 필자는 당시 과중한 업무의 부하를 줄이려고 하던 때이기도 했지만, 주요 연구 분야가 순수 해양학의 본류와는 거리가 있어 편집위원장직을 계속 고사하였다. 하지만 통화는 끈질겼다. 불판 위에 올린 삼겹살이 새까맣게 탈 정도로 무려 30분 넘게 이어졌고, 결국엔 거듭된 협박과 읍소로 편집위원장 직을 수락할 수밖에 없었다. 또한 *OSJ* 편집위원장 임기가 해양학회 다른 이사직의 곱절인 4년이란 사실도 뒤늦게 알았지만 상황을 되돌릴 수 없었다.

*OSJ*는 한마디로 출생의 비밀을 간직한 학술지라고 할 수 있다. *OSJ*란 이름을 달고 세상에 태어난 날짜를 기준으로 하면, *OSJ*의 생일은 2005년 3월 31일, 창간호가 발행되던 날이다. 그런데 *OSJ* 창간호는 지금까지 발행되던 해양학회지의 권과 호를 승계하여 40권 1호였다. 때문에 호적에 기재된 날짜로 따지자면, *OSJ*는 해양학회지 발간 첫해인 1966년을 출생년도로 봐야 한다. 군이 해양학회지의 적자와 서자를 구분하여 차별하려는 이야기가 아니다. 해양학회지의 권과 호를 이어받은 계승적 의미를 이해할 필요가 있다는 뜻이다. *OSJ*는 그 출생의 비밀만큼이나 큰 출산 고통을 겪은 과거를 갖고 있다.

해양학회와 해양연구원 간의 영문 해양학술지의 공동발간이 본격적으로 논의된 것은 필자가 해양연구원에 선임연구원으로 근무를 시작한 이듬해인 2004년으로 거슬러 올라간다. 공동발간의 계기를 이해하려면 해양학회지의 과거를 되짚어봐야 한다. 1966년 해양학회 창립과 함께 『한국해양학회지』가 창간되었고, 국내 해양학 연구 결과를 세계와 공유하자는 취지에서 학회에서는 창간 30년 만인 1996년에 영문지인 *Journal of the Korean Society of Oceanography*(*JKSO*)와 국문지로 나눠 발간하기로 하였다. 이때 『한국해양학회지』의 권과 호는 *JKSO*가 승계하였고, 국문지 『바다 The Sea』는 1996년 4월을 창간호로 시작하였다. 야심차게 국문지와 영문지로 이원화하여 발간을 시작한 초기에는 학회 회원들에게 우리 학회도 영문지를 발간한다는 자부심을 갖게 했다. 그러나 시간이 지나면서 환경 변화에 따른 큰 파도에 직면하게 된다.

정부, 학교, 연구소의 연구과제 성과 평가는 물론, 교수와 연구원의 채용과 개별 연구 성과 평가 시 활용되는 정량적 지표가 논문이 게재된 학술지의 SCI 등재 여부에 큰 영향을 받도록 변한 것이다. 이 정책은 우리나라의 SCI 등재 학술지의 발표 논문 수가 2000년 이후 급증하는 효과를 가져왔다. 하지만 반대로 SCI에 등재되지 못한 많은 국내 과학학술지가 고사하는 대가를 톡톡히 치러야 했다. 무엇보다 국제 학술지와 경쟁해야 하는 영문학술지들이 직격탄을 맞았다. 국문도 어렵지만 그보다 더 힘들게 논문을 영문으로 작성했는데도 SCI 등재 학술지에 비해 평가점수를 박하게 주는 국내 영문학술지에 투고할 이유가 없는 것이다. 해양학회 *JKSO*도 불합리한 지적 포탄을 피해갈 수 없었다. 그 후 나날이 투고 논문 수가 줄어들었고, 국문학술지도 사정이 어려워지기는 마찬가지였다.

하지만 위기는 기회라고 하지 않았던가! 해양학회지에 닥친 시련은 오히려 새로운 돌파구를 적극적으로 마련하는 계기가 되었다. 해양연구원에서 1979년부터 『해양연구개발소보』를 시작으로 2001년에 개명하여 발간하던 학술지인 *Ocean*

Polar Research(*OPR*)와『한국해양학회지』가 통합된 것이다. 해양연구원의 자체 발생 학술지인 *OPR*은 논문 게재가 빠르고 게재료도 없어 많은 연구원들의 논문 투고로 게재 논문 수가『한국해양학회지』보다 항상 많았던 것으로 기억한다. 그런데 좋기만 한 것은 아니었다. 이것이 오히려 통합에 걸림돌이 된 것이다. *JKSO*와 *OPR* 통합 논의가 해양연구원 내부 전산망에서 토론에 부쳐지자 부정적인 의견이 매우 우세했다. 반대 의견의 핵심은 '쪽박을 차고 곤경에 처한 *JKSO*를 잘나가는 *OPR*이 받아들이는 것은 손해다'라는 이야기였다. 우리나라의 연구자층은 선진국에 비해 매우 얇기 때문에 유사한 학회와 학술지는 가능한 한 통합을 해야 한다는 것이 필자의 평소 지론이었기에 적극적으로 찬성했지만, 최소한 토론방 내에서는 이런 의견이 극히 소수의견에 지나지 않았다. 그래도 당시 최중기 해양학회장, 변상경 해양연구원장, 김경렬 해양학회 편집위원장이 함께 모여 각고의 노력으로 해양학계의 공동발전이라는 대의를 좇아 2004년 11월 해양학회와 해양연구원 간에 영문학회지인 *OSJ*의 공동발간 협약체결을 이끌어냈다.

이렇게 주위의 반대와 기대 속에서 탄생한 *OSJ*는 해양연구원의 이재학 박사를 초대 편집위원장으로 첫 항해를 시작한다. 이 시기는 창간된 *OSJ*가 학문적 토대를 튼튼히 한 시기이다. 편집위원이 재구성되었고, 편집간사는 해양연구원 해양과학도서관의 도서 및 출판 전문가들이 맡았으며, *OSJ*의 편집과 디자인도 대폭 개선되었다. *OSJ*의 진격은 가장 힘든 산고를 겪는 초기 과정에서부터 이미 시작된 것인지도 모른다. 창간호가 발간된 2005년 12월에 *OSJ*는 연구재단 등재지로 선정되었고, 바로 이듬해에 국제저명 인용색인인 SCOPUS에 등재되는 쾌거를 올렸다. 2대 편집위원장은 해양연구원과 학회에서 번갈아 추천한다는 합의에 따라 서울대 정해진 교수가 맡았다. 이 시기는 *OSJ*의 안정적인 발전기에 해당한다. 2009년에 Springer 출판사를 통해서 출판 및 해외 배포가 될 수 있도록 협약을 체결함으로써 국제화를 위한 행보를 시작하게 된다. *OSJ*의 투고논문 수가 연 평균

56편까지 증가하고, 탈락률도 창간 후 처음으로 50%를 넘었다. 창간 이후 수년 간 0.1 수준에 머물던 비공식 영향력지수(Impact Factor)도 이 시기에 이르러 0.6까지 상승한다. 가속도를 유지하며 점차 속력을 올리던 중에 *OSJ*의 3대 편집위원장을 맡게 된 필자에게 맡겨진 마지막 임무 중 하나는 SCI 등재였다.

환경 관련 다른 학회 임원을 맡으면서 해당 학회 학술지의 SCI 등재를 도왔던 경험이 있던 필자는 편집위원장 임기 시작 전인 2011년 말에 *OSJ* 최신호를 들고 과학편집인 워크숍에 참석했다. SCI 등재를 바라던 국내 30여개 학회의 편집위원장이 참석한 워크숍에서 우리 *OSJ*를 타 학술지와 면밀히 비교 분석한 결과 자신감이 생겼다. 톰슨로이터에 SCI 등재 신청을 하면, 원칙상 약 2년의 평가 기간이 소요되고 탈락할 경우에는 2년 간 등재 신청을 할 수 없다. 다시 말해 한 번 신청해서 탈락하면 재신청까지 4년의 시간이 필요한 것이다. 또한 평가는 등재를 신청한 시점 이후의 평가 기간에 발간된 *OSJ*를 중심으로 평가하며, 과거 발간 정보는 참고사항일 뿐이다. 기존에 발간된 *OSJ* 논문의 주요 내용, 연구지역 분포, 투고논문 수, 국가 비율, 연구 분야 비율, 탈락률, 영향력지수 변동은 물론, 편집위원들의 발표 SCI 논문 수, 논문 피인용지수, h-index까지 정량적으로 분석하여 *OSJ*만의 장점을 부각하고 기존 SCI 등재지들과의 차별성을 강조하는 방향으로 신청서가 만들어졌다. 이 과정에서 기술편집이사인 해양연구원의 한종엽 도서관장과 해양연구원의 권성국 편집간사가 중요한 역할을 하였다. 자료 분석 결과를 바탕으로 마침내 2012년 6월에 *OSJ*를 등재 신청하였다.

일상적인 연구업무와 *OSJ* 편집위원장 임무(임기 4년 간 110편/년 논문이 *OSJ*에 투고!)를 동시에 처리하던 필자는 학회 회원 한 명으로부터 Web of Science에서 논문검색 중 *OSJ* 논문이 올라왔다는 이메일 제보를 2014년 5월경에 받았다. 확인 결과 사실이었다. 비로소 *OSJ*는 2014년 5월을 기점으로 2012년 발간호부터 SCI에 등재된 것이다. 톰슨로이터에서 Springer에 공식 통보를 했는데, 우리에게 공식 통보가 되기 전에 *OSJ*의 PDF 원문을 이미 업로드하기 시작한 것이다. 해양학계와 학회 회원들의 염원이 이루어지는 순간이었다.

　뜻깊게 발행되는『한국해양학회 50년사』에 *OSJ*의 짧은 역사를 게재하며 해양학회에 소박한 교훈 하나를 남긴다. '분열'이나 '다툼'은 엄두도 낼 수 없는 큰 기쁨을 '협력'이 가져다줄 수 있다는 것! 우리 학회의 얼굴인 학술지를 부끄럽지 않게 키우는 일은 이제 회원들 모두의 몫이다. 필자는 국문지로 남은 *OPR*과『바다』지의 공동발간도 머지않은 장래에 이루어지리라 믿는다.

2. 학술대회 개최

학회의 가장 중요한 기능 중 하나가 학술발표대회이다. 학회는 학술발표대회를 통하여 연구 성과를 공개하고 토론하며 교류하면서 그 나라의 관련분야 학문 발전을 이끈다. 한국해양학회는 유네스코한국위원회의 해양과학 심포지엄을 통하여 발족되었고, 초기 5년간 회원들이 그 심포지엄을 통하여 연구 성과를 발표함으로써 학회가 빠른 성장을 할 수 있었다.

한국해양학회가 유네스코한국위원회와 한국해양과학위원회(KOC)와 공동으로 1967년 8월 2~5일 국립수산진흥원과 부산수산대학 임해연구소에서 제3회 해양과학 심포지엄을 개최한 것이 공식적인 첫 학술발표 행사였다. 공동주최였지만 준비와 재정은 대부분 유네스코한국위원회가 지원하여 이루어졌다. 논문 발표는 최상(한국과학기술원) 회원의 '한국해역 표층수의 철, 동, 코발트의 합금량' 외 2편이 있었고, 해외 연수 보고 2건, 국내 해양물리 탐사 보고 1건, 국제회의 참가 보고 3건이 있었다. 이 중 한 건은 교통부 수로국 이석우 회원의 태평양과학회의 참가 논문 발표 소개이며, 다른 한 건은 국립수산진흥원 한희수 해양조사과장의 '제4차 쿠로시오 국제합동조사 조정관회의 참석 개요' 보고였고, 마지막은 이병돈 회장의 '제5차 정부간해양학위원회 총회에 다녀와서' 보고였다. 심포지엄 마지막 날인 1967년 8월 4일 정기총회가 열렸다. 대부분 학회 총회가 학술발표 기간 중에 열리는 전통이 1966년과 1967년에 세워졌다. 한국해양학회와 유네스코한국위원회, 한국해양과학위원회가 공동으로 주최하는 학술심포지엄은 1971년까지 이어졌다. 이때까지 유네스코한국위원회는 심포지엄 개최를 위하여 전적인 지원을 아끼지 않았다. 1968년 제4회 심포지엄에서는 쿠로시오 공동조사 관련 9편의 논문이 발표되었고, 제5회 심포지엄에서는 170여 명이 참석하여 12편의 논문과 국제해양 탐사 계획 보고, 쿠로시오 조사 선상훈련 보고 등 4건의 보고와 과학기술처 전상근 회원의 해양자원 종합조사 연구계획 수립안이 소개된 후 한국의 해양과학 발전을 위한 패널 토론이 있었다. 이 토론에서 정부에 한국해양연구소 설립을 적극 건의하기로 하였다. 1970년 제6차 심포지엄에는 80여 명이 참석하여 18편의 논문을 발표하고, IOC 등 국제회의 참석 보고 및 해외 연수 보고 6건이 있었다. 그 외 '국제법적 측면에서 본 한국의 해양개발문제'에 대해 박춘호 회원의 발표가 있었다.

제7회 해양과학 심포지엄은 1971년 7월 국립수산진흥원에서 개최되었다. 1971년은 한국해양학회의 발전을 이끌었던 유네스코한국위원회의 한국해양과학위원회 설치 10주년을 맞이하는 해여서 심포지엄에 앞서 국내외 해양과학 관계자가 모여 성대한 기념식을 가졌다. 심포지엄에서는 미국 워싱턴대학의 F. A. Richards 교수의 특별강연과 11편의 논문 발표, 1편의 국제심포지엄 및 3편의 국제회의 참가 보고가 있었다.

1972년에 한국해양학회 사무실을 유네스코한국위원회에서 서울대학교 문리과대학 해양학과로 옮기고, 학회가 자립을 시작하였다. 그러나 이해에 최상 회장이 지병으로 타계하여 1972년 학술발표대회는 1973년 3월에 단독으로 서울대학교에서 개최되었다. 공영 회원의 '동해의 열구조' 외 11편의 논문이 발표되었다. 8월에는 1973년 연차 학술발표회가 국립수산진흥원에서 개최되어 5편의 연구발표와 이병돈 회장의 IOC 제8차 총회 참석 보고가 있었다.

1974년부터 현재처럼 연 2회 춘계와 추계 학술발표회가 시작되었다. 춘계 연구발표회는 5월에 서울대학교에서 개최되어 미국 오레곤대학의 박길호 박사 외 1편의 특별강연과 5편의 논문 발표가 있었다. 10월에 국립수산진흥원에서 열린 추계 연구발표회에서는 7편의 연구발표가 있었다. 이후 매년 춘계와 추계 연구발표회에서 각각 8~12편의 연구발표와 IOC 등 해양학 관련 국제회의 참석 보고가 지속되었다. 1978년 11월에는 한국선박해양연구소에서 처음으로 연구발표회가 개최되었다.

1980년 춘계 연구발표회에서 패널 토론이 개최되어 KOC 부활, KODC 운영에 관한 건, 해양과학 관계기관장 협의체 구성 및 공동연구과제 개발에 관한 건이 논의되었다. 1982년 군산수산전문대학에서 개최된 춘계 연구발표회에서 처음으로 15편의 논문이 발표되었고, 1983년 춘계 연구발표회에서 21편이, 1984년 춘계에는 33편이 발표되는 등 논문 발표가 양적 증가를 보이기 시작하였다. 이와 같은 증가는 1968년에 해양학과가 개설된 서울대학교 외에 1979년 인하대학교와 충남대학교에 해양학과가 개설되고 이어서 제주대학교, 한양대학교, 부산수산대학교, 전남대학교 등에 해양학과가 개설되면서 대학 연구자들이 활발히 연구 결과를 발표하기 시작한 것에 기인하였다. 이러한 증가 추세는 각 대학 해양학과에서 대학원생들이 활발하게 논문을 발표하면서 지속되었다. 1985년 춘계에는 미국 텍사스 A&M대학교 박태수 교수의 '한국해양연구 및 교육의 발전에 관한 제언' 외 특별강연 2편과 37편의 연구발표가 있었다. 1986년에는 학회 창립 20주년을 기념하여 정기총회와 추계 학술발표회를 실시하고, 2편의 특별강연과 5편의 특별심포지엄 발표와 37편의 연구발표가 있었다.

1992년 7월 3차 이사회(회장 허형택)에서 학술대회 일정을 지금까지 해오던 1일에서 2일로 연장하기로 하였고, 추계 연구발표회부터 포스터 발표가 도입되어 5편의 포스터 발표를 포함하여 47편이 발표되었다. 1993년에는 춘계에 57편, 추계에 68편 발표 등 포스터 발표로 학회 발표가 양적으로 더욱 활성화되었다. 1995년 춘계학회부터 학술발표회 참가자 증가에 따른 경비 부담을 줄이기 위하여 등록비를 받기로 하여 학생은 5천 원, 일반 회원은 1만 원의 등록비를 받기로 하였다.

1996년 추계에는 포스터 19편을 포함하여 71편이 발표되었고, 이때 학회 창립 30주년을 기념하여 '21세기 해양연구의 전략과 목표'에 관한 국제심포지엄이 개최되어 해외로부터 해양학 분야 연구소장 및 학회장들이 초청되어 우리 학회 창립 30주년을 축하하고, 각국의 해양학 연구 동향을 소개하였다. 1997년부터 우수 포스터 발표상을 시상함으로써 포스터 발표가 양적으로나 질적으로 향상되었다. 이해 추계에 38편의 포스터를 포함하여 92편이 발표되었다.

1998년 추계에는 '국제해양의 해'를 기념하여 한국수산학회 등 수산관련 4개 학회와 공동연구발표회를 가져 우리 학회는 110편의 논문을 발표하고, 300명이 넘는 회원이 참석하여 성황을 이루었다. 2001년 추계에는 포스터 발표 70편을 포함하여 134편의 연구 결과가 발표되었고, 2003년 춘계에는 포스터 발표가 100편이 넘어 총 160편이 발표되었다. 2004년 춘계에는 구두 발표가 94편에 달하였고 포스터 발표는 118편에 이르러 총 212편에 이르는 많은 연구발표가 이루어졌다. 2005년 춘계부터 한국해양과학기술협의회의 5개 학회의 공동학술대회가 시작되어 한국해양학회 연구발표만 2005년 230편, 2006년 242편, 2007년 275편이 발표되었고, 2009년 춘계에 317편, 2010년 춘계 348편 발표 등 300편이 넘는 대규모 연구발표회로 발전되었다.

지난 50년간 한국해양학회의 연구발표회는 10여 편의 심포지엄 연구발표에서 시작되어 이제는 10개가 넘는 특별세션 개설과 300편이 넘는 많은 연구발표로 회원들의 학술교류의 장으로 확실하게 자리 잡았고, 한국해양학의 발전에 크게 기여하고 있으며, 해양학이 해양 관련 연구의 중심에 있음을 보여주고 있다.

한국해양학회 학술대회 개최 및 실적

학술대회명	개최장소	개최일	발표논문(편)	참가자(명)
1972년차 대회 연구발표회	서울대학교 문리과대학	1973. 3. 23	12	
1973년차 대회 연구발표회	국립수산진흥원	1973. 8. 24 ~ 8. 25	5	
1974년 춘계 연구발표회	서울대학교 해양학과	1974. 5. 11	7	
1974년 추계 연구발표회	국립수산진흥원	1974. 10. 25	7	
1975년 춘계 연구발표회			8	
1975년 추계 연구발표회			12	
1976년 춘계 연구발표회			6	
1976년 추계 연구발표회			8	
1978년 춘계 연구발표회			11	
1978년 추계 연구발표회			11	
1979년 춘계 연구발표회			11	
1979년 추계 연구발표회			15	
1980년 춘계 연구발표회	국립수산진흥원	1980. 4. 25	10	
1980년 추계 연구발표회			11	208
1981년 춘계 연구발표회			9	
1981년 추계 연구발표회			11	
1982년 춘계 연구발표회			15	
1982년 추계 연구발표회			12	
1983년 춘계 연구발표회			21	
1983년 추계 연구발표회			21	
1984년 춘계 연구발표회	해군사관학교 통해관	1984. 4. 28	33	121
1984년 추계 연구발표회			26	
1985년 춘계 연구발표회	국립수산진흥원	1985. 5. 4	39	
1985년 추계 연구발표회 및 정기총회	서울대학교 교수회관	1985. 11. 9	23	
1986년 춘계 연구발표회	제주대학교 해양학과	1986. 4. 25	34	151
한국해양학회 창립 20주년 기념행사 및 1986년도 정기총회·추계 연구발표회	한국해양개발연구소(반월)	1986. 10. 31 ~ 11. 1	44	201

학술대회명	개최장소	개최일	발표논문(편)	참가자(명)
1988년 춘계 연구발표회	군산대학교	1988. 5. 14	26	121
1988년 추계 연구발표회	서울대학교	1988. 11. 11 ~ 11. 13	31	
1989년 춘계 연구발표회	해군사관학교	1989. 4. 29	33	101
1989년 추계 연구발표회	한양대학교 반월 캠퍼스	1989. 11. 4	35	151
1990년 춘계 연구발표회	충남대학교 해양학과	1990. 4. 28	40	161
1990년 추계 연구발표회	한국해양연구소	1990. 10. 26 ~ 10. 27	36	
1991년 춘계 연구발표회	부산수산대학교	1991. 5. 11	31	171
1991년 추계 연구발표회	서울대학교 교수회관	1991. 11. 2	45	200
1992년 춘계 연구발표회	국립수산진흥원	1992. 5. 2	43	200
1992년 추계 연구발표회	인하대학교	1992. 11. 6 ~ 11. 7	47	
1993년 춘계 연구발표회	전남대학교	1993. 4. 30 ~ 5. 1	57	300
1993년 추계 연구발표회	한국해양연구소	1993. 11. 5 ~ 11. 6	68	350
1994년 춘계 연구발표회	제주대학교	1994. 5. 6 ~ 5. 7	66	
1994년 추계 연구발표회	서울대학교	1994. 11. 11 ~ 11. 12	36	350
1995년 춘계 학술발표회	부산대학교	1995. 5. 3 ~ 5. 4	56	380
1995년 추계 학술발표회	한양대학교	1995. 11. 3 ~ 11. 4	50	450
1996년 춘계 학술발표회	부산수산대학교 해양과학공동연구소	1996. 4. 26 ~ 4. 27		
1996년 추계 학술발표회	서울대학교	1996. 11. 1	71	
1997년 춘계 학술발표회	군산대학교	1997. 5. 2 ~ 5. 3	68	약 300
1997년 추계 학술발표회	인하대학교	1997. 10. 31 ~ 11. 1	91	약 300
1998년 춘계 학술발표회	충남대학교	1998. 5. 1 ~ 5. 2	92	약 300
1998년 추계 국제 해양의 해 기념 공동학술발표회	여수대학교 둔덕캠퍼스	1998. 10. 23 ~ 10. 24	245	600
1999년 춘계 학술발표회	한국해양대학교	1999. 5. 7 ~ 5. 8	250	250
1999년 추계 학술발표회	목포대학교	1999. 10. 22 ~ 10. 23	133	230
2000년 춘계 학술발표회	인하대학교	2000. 5. 12 ~ 5. 13	97	260
2000년 추계 학술발표회	서울대학교 교수회관	2000. 10. 27 ~ 10. 28	83	300
2001년 춘계 학술발표회	국립수산진흥원	2001. 5. 11 ~ 5. 12	106	350

학술대회명	개최장소	개최일	발표논문(편)	참가자(명)
2001년 추계 학술발표회	한국해양연구원	2001. 11. 02 ~ 11. 03	134	
2002년 춘계 학술발표대회 및 심포지엄	전남대학교 국제회의동	2002. 5. 9 ~ 5. 11	126	350
2002년 추계 학술발표대회 및 심포지엄	한양대학교 한양종합기술연구원	2002. 11. 14 ~ 11. 15	99	300
2003년 춘계 학술발표대회 및 국제심포지엄	제주대학교	2003. 5. 15 ~ 5. 16	160	
2003년 추계 학술발표대회 및 황해국제심포지엄	한국해양연구원	2003. 11. 6 ~ 11. 7	130	
2004년 춘계 학술발표대회 및 심포지엄	부경대학교	2004. 5. 13 ~ 5. 14	212	350
2004년 추계 학술발표대회 및 심포지엄	인하대학교	2004. 11. 4 ~ 11. 5		178
2005년 한국해양과학기술협의회 공동학술대회	부산 BEXCO	2005. 5. 12 ~ 5. 13	230	
2005년 추계 학술발표대회 및 심포지엄	한국해양연구원(안산)	2005. 11. 3 ~ 11. 4	242	400
2006년 한국해양과학기술협의회 공동학술대회	부산 BEXCO	2006. 5. 15 ~ 5. 16	242	
2006년 추계 학술발표대회 및 심포지엄	충남대학교	2006. 11. 2 ~ 11. 3	236	
2007년 한국해양과학기술협의회 공동학술대회	서울 COEX	2007. 5. 31 ~ 6. 1	275	
2007년 추계 학술발표대회	군산대학교	2007. 11. 9	231	
2008년 한국해양과학기술협의회 공동학술대회	제주 ICC	2008. 5. 29 ~ 5. 30	214	
2008년 추계 학술발표대회	한국해양연구원	2008. 11. 6 ~ 11. 7		
2009년 한국해양과학기술협의회 공동학술대회	창원 컨벤션센터	2009. 5. 28 ~ 5. 29	317	

학술대회명	개최장소	개최일	발표논문(편)	참가자(명)
2009년 추계 학술발표대회	대전 한국지질자원연구원	2009. 11. 5 ~ 11. 6	202	
2010년 한국해양과학기술협의회 공동학술대회	제주 컨벤션센터	2010. 6. 3 ~ 6. 4	348	
2010년 추계 학술발표대회	부산대학교 부산캠퍼스	2010. 11. 4 ~ 11. 5	257	
2011년 한국해양과학기술협의회 공동학술대회	부산 벡스코	2011. 6. 2 ~ 6. 3	277	
2011년 추계 학술발표대회	서울대학교	2011. 11. 3 ~ 11. 4	172	
2012년 한국해양과학기술협의회 공동학술대회	대구 엑스코	2012. 5. 31 ~ 6. 1	257	1345(공동)
2012년 추계 학술발표대회	전남대학교 여수캠퍼스	2012. 11. 1 ~ 11. 2	217	340
2013년 한국해양과학기술협의회 공동학술대회	제주 국제컨벤션센터(ICC)	2013. 5. 23 ~ 5. 24	341	396
2013년 추계 학술발표대회	안산 한양대학교 ERICA 캠퍼스	2013. 11. 7 ~ 11. 8	229	394
2014년 한국해양과학기술협의회 공동학술대회	부산 BEXCO	2014. 5. 22 ~ 5. 23	223	1377(공동)
2014년 추계 학술발표대회	진해 해군사관학교	2014. 11. 6 ~ 11. 7	202	351
2015년 한국해양과학기술협의회 공동학술대회	제주 ICC	2015. 5. 21 ~ 5. 22	396	1728(공동)
2015년 추계 학술발표대회	군산 새만금컨벤션센터	2015. 11. 5 ~ 11. 6	252	379
2016년 한국해양과학기술협의회 공동학술대회	부산 BEXCO	2016. 5. 19 ~ 5. 20	318	1800(공동)
2016년 추계 학술발표대회	여수 엑스포컨벤션	2016. 10. 26 ~ 10. 28	335	509

연도별 학술대회 발표 논문 편수

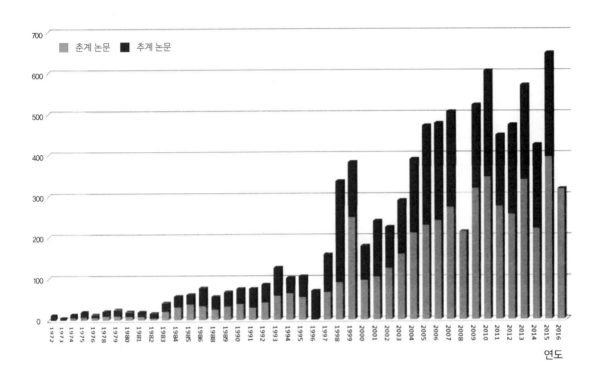

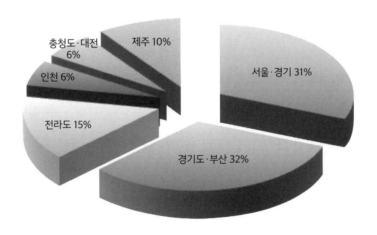

지역별 학술대회 개최 실적

3. 심포지엄, 워크숍, 특별강연회 개최

한국해양학회 창립은 유네스코한국위원회의 해양과학 심포지엄이 계기가 되었다. 1965년 유네스코한국위원회의 제1차 해양과학 심포지엄에서 해양학회 설립의 필요성이 논의된 후 1966년 제2차 심포지엄에서 학회가 창립되었고, 1967년 제3차 심포지엄부터 1971년 제7차 심포지엄에 이르기까지 유네스코한국위원회와 한국해양학회, 한국해양과학위원회가 함께 부산 소재 국립수산진흥원에서 해양과학 심포지엄을 공동으로 주최하였다. 제1차 해양과학 심포지엄은 쿠로시오 공동조사와 관련된 연구 내용을 한희수, 이석우, 허종수, 최상, 홍순우, 유광일 등이 발표하였다. 제2차 대회는 총 6편이 최상, 정태화, 한희수, 이석우, 이병돈, 한관수, 김종수 등에 의해 일차생산력, 쿠로시오 공동조사 보고, 한국연안 수온과 기온의 계절변화, 드레이크해협의 요각류의 분포, 해상심해파, 해저광물자원 등 다양한 주제가 발표되었다.

1967년 8월에 개최된 제3차 해양과학 심포지엄에서는 최상의 한국해역 표층수의 철, 동 및 코발트의 합금량, 김종수의 경북포항지구 해양물리탐사 보고, 이창기 등은 한국근해해류에 관한 조사 연구, 이석우는 한국연안의 해면 부진동 등을 발표하였고, 강제원과 엄규백은 각각 일본과 유네스코 해양생물학 연수 보고를 하였다. 이석우는 제11차 태평양과학회의 참가 보고를 하였고, 이병돈은 제5차 IOC 총회 참가 보고를 하였다. 1968년 3월에 개최된 제4차 해양과학 심포지엄에는 105명의 회원이 참가하여 쿠로시오 공동조사 심포지엄에 대비한 9개 주제를 발표하였다. 최상은 식물플랑크톤 분포, 이석우는 대한해협에서의 평균해수면 변동, 이창기는 황해에서의 표류병 실험 결과, 한희수와 공영은 동해에서 꽁치와 해양조건 관계, 허종수는 한국연안해역의 요각류 분포, 박주석은 한국주변해역의 모악류 분포, 홍성윤은 한국연안에서의 크릴새우류 분포, 정부관 등은 저서어류의 분포, 주우일은 조기에 대한 연구 등을 각각 발표하였다.

1969년 7월에 개최된 제5차 해양과학 심포지엄에서는 공영의 한국 남해 해황의 계절변동, 장선덕의 내만의 해황변동, 김봉안의 동해안 꽁치의 분포 및 산란에 대하여, 유성규의 먹이생물 사용 시의 문제점, 임기봉의 샤쓰난 해역의 GEK 측정결과에 대하여, 최위경의 해양호기성 세균분류, 원종훈의 쿠로시오 표준해수에 대하여, 박상윤의 한국동남해역 표면수의 AOU 분포에 대하여, 최상의 한국해역 식물플랑크톤의 양과 분포, 김종수의 대륙붕해저지질과 광물자원, 한상복의 한국근해 수괴분석에 관한 연구, 임두병의 한국해협의 저층냉수에 관하여 등 총 12편의 연구발표와 과학기술처 전상근의 해양자원종합조사계획 수립에 대한 발표, 이해관의 국제해양탐사 10개년 계획 발표 후 최상 등 6명의 한국의 해양과학 발전을 위한 패널 토론이 있었고, 추교승의 쿠로시오 선상훈련과정, 김종수의 해양지구 및 지구물리학 선상훈련과정 보고가 있었다. 마지막으로 원종훈의 해양화학분야 일본 연수 보고가 있었다. 패널 토론에서는 최상의 해양연구소 건립의 필요성과 김종수의 해양조사선의 다목적 이용을 제안하는 내용이 있었다.

1970년 7월에 개최된 제6차 해양과학 심포지엄에서는 쿠로시오 공동조사 결과를 발표하는 자리였고, 80명의 회원이 참석한 가운데 25편의 연구결과가 발표되었다. 공영의 남해연안의 전선 수역에 대한 연구, 임주열, 이미자의 한국연안의 난자치어 출현과 분포에 대하여, 허종수의 한국연안 요각류 분포, 박주석의 수괴와 모악류의 분포 관계, 김남장의 서해연안의 해저퇴적물 연구, 동형일의 한국해협 표류병 실험 결과, 최상의 대한해협의 표층 식물플랑크톤 조사 결과 보고, 김훈수의 한국에서의 해류와 게의 지리적 분포 연구, 장선덕의 남해연안수의 유동, 원종훈의 남해연안수의 화학적 조성, 강제원 등의 경남 웅동지구 김밭의 병해, 원종훈 등의 김밭 동계 수질의 조수간만에 따른 변동, 정성호의 해상예보구역 세분화와 소형선박 조난 실태, 강영철의 연평도 근해의 조류, 한상복의 한국근해 수온의 장주기 변동, 이석우의 인천 외항의 안정성 조사연구 등이 발표되었고, 박춘호의 국제법적 측면에서 본 한국의 해양개발 문제, 박청길의 한국해협의 수온 염분의 단주기 변동, 이삼석의 진해만의 요각류 연구 등이 발표되었다. 유네스코한국위원회와 KOC, 한국해양학회의 공동 해양과학 심포지엄의 마지막인 제7차 해양과학 심포지엄은 1971년 7월 12일 국립수산진흥원에서 개최되었다. 이 심포지엄은 한국해양과학위원회(KOC) 창립 10주년을 기념하는 심포지엄이었다. 이때 미국 워싱턴 대학의 F.A. Richards 교수를 초청하여 해양에서의 산소소모와 산소고갈에 대한 특별강연을 가졌으며, 공영의 한국 근해역 전선대의 구조변동에 관한 연구, 장선덕의 아열대해역의 반류에 관하여, 지이동의 해안토목공사와 조석관측자료의 이용, 장지원의 고리해역에 있어서 염료 확산 실험, 김승우의 한국 서해해저 퇴적물의 연구, 최상의 동해 해저토의 지화학적 성분의 함량과 분포, 임기봉의 한국남해안의 수역분포와 정망어장형성에 관하여, 이창기의 대한해협 최심부의 측류 관측 결과에 대하여, 황진풍의 기상교란에 의한 해면변화조사, 이응호의 수산 건조제품의 정미분석 및 조직에 대하여 등 12편의 연구발표와 IOC 참가 보고 등 3편의 국제회의 참가 보고가 있었다.

1972년 이후 한국해양학회 단독으로 운영되면서 심포지엄은 정례 학술대회로 바뀌었고 심포지엄 명칭의 행사는 드물게 개최되었다. 1974년 5월 춘계 연구발표회에서는 미국 EG&E의 안충승 박사의 산업적 응용을 위한 해양연구의 근래 동향과 미국 오레곤주립대학의 박길호 박사의 베링해에서의 이산화탄소 체계에 관한 강연 등 2편의 특별강연이 있었다. 1979년 4월 부산수산대학교에서 개최된 춘계 연구발표회에서 이병돈의 WESTPAC 계획, 김종수의 세계해양지질조사 동향, 유광일의 남극의 생물량에 관하여, 허종수의 남극시험조사 결과보고 등 4편의 특별강연회가 있었다. 1983년 추계 연구발표회에서는 한국해양학회 학술상을 수상한 박주석 회원의 '한국 근해의 부유생물과 적조연구'란 주제의 기념강연이 있었다. 1985년 한국해양학회와 인하대학교 해양학과가 공동으로 'C-14 방법에 의한 일차생산력 측정방법'에 대한 워크숍을 개최하였다

1986년 한국해양학회 창립 20주년을 맞이하여 20주년 기념 심포지엄이 개최되었다. 해양물리 분야에서는 김구 회원의 한국근해의 해류와 해수 특성, 수산해양학 분야에서는 공영 회원의 한국 근해의 수괴와 어업자원 생물의 분포 이동, 해양생태학 분야에서는 최중기 회원의 한국 근해의 플랑크톤과 기초생산력, 해양지질학 분야에선 박용안 회원의 한국 연근해역 해저의 쇄설광물 자원의 잠재성, 해양오염 분야에선 박주석 회장의 한국 연안의 해양 오염도 변화와 대책 등 5가지 주제가 우리나라 해양학 분야의 당면한 연구과제로 발표되었다.

1991년 11월 30일 한국과 일본 간 한·일 해양심포지엄이 우리 학회와 서울대학교 해양연구소와 공동주최로 개최되었다. 이 심포지엄에는 한국과 일본의 해양학자 및 관계자 70여 명이 참석하여 동해의 해류의 순환, 해저분지의 형성에 관한 13편의 논문을 발표하고 토론하였다.

1992년 추계 연구발표회에 한반도 주변의 해양물리학 연구과제에 대한 특별강연으로 승영호 회원의 한반도 주변의 수괴와 해수순환, 한상복 회원의 한반도 주변의 해상관측, 이석우 회원의 한국연안 해양학의 현황과 과제 등 3편의 특별강연이 있었다. 1993년 춘계 연구발표회에서는 해양오염 관련 특별심포지엄으로 이동수 회원의 우리나라 주변해역의 오염현황과 오염도, 노부호 환경처 수질보전 과장의 우리나라 폐기물 해양 배출제도와 국제 동향, 박용철 회원의 폐기물 해양배출에 대한 해양환경적 고찰 등 3편의 발표와 토론이 진행되었다. 1993년 추계 연구발표회에서는 이광우 회원의 황해의 환경보전을 위한 국제협력 연구의 현황과 전망, 오임상 회원의 황해의 이용과 재난방지를 위한 국제협력의 필요성 등 '황해연구와 국제협력'이라는 주제의 특별강연 2편이 있었다. 1994년 춘계 학술

발표회에서는 미국 콜로라도대학교의 Kantha 교수의 'Modelling and remote sensing in the Seas around Korea'와 전라남도 농업박물관의 김정호 관장의 '역사상의 한반도 표류 기록'에 관한 특별강연이 있었다.

1995년 춘계 학술발표회에서는 전진 부산광역시 종합개발사업기획단장의 '해양개발과 환경보전-부산광역시 개발사업을 중심으로'와 김학균 회원의 '한국수산진흥과 연안환경보전'에 관한 특별강연 2편이 있었다. 1995년 추계 학술발표회에서는 한국해양연구소 송원오 소장의 '한국해양연구소의 발전방향'과 수로국 조세연 국장의 '수로국의 해양발전에 관한 청사진과 발전 계획'이란 2편의 특별강연이 있었다.

1996년 춘계 학술발표회에서는 허형택 회원의 '북태평양 해양과학기구(PICES)의 역할과 과제', 김구 회원의 '동해의 역동적 해수순환에 관하여-CREAMS 결과와 전망', 김경렬 회원의 'JGOFS 개념에서 바라본 한국연안에서의 탄소순환계 연구', 오재호 회원의 '한반도 장마집중 감시(KORMEX)사업' 등 4편의 특별강연이 있었다. 1996년 10월 31일 한국해양학회 창립 30주년 기념 국제심포지엄은 '21세기 해양연구의 전략과 목표'란 주제로 미국해양학회장 Robert A. Duce 텍사스 A&M대학교 교수의 '21세기 해양연구의 key-파트너십', 캐나다 기상해양학회 회장 M. Beland Cerca 소장의 '다음 10년간 캐나다의 해양연구', 프랑스 IFREMER 해양연구소 P. David 소장의 '프랑스 해양과학기술에 대한 21세기 준비 계획', 독일 알프레드-베그너 연구소 M. M. Tilzen 소장의 '지구환경 변화 이해를 위한 극지 연구에 대한 계획', 일본해양학회 부회장인 아키라 타니구치 동북대학교 교수의 '21세기 지구해양환경 이해를 위한 생물해양학의 역할', 한국해양학회 회장인 박병권 한국해양연구소 소장의 '21세기 해양과학을 위한 목표와 전략', 중국 제1해양연구소의 Yeli Yuan 소장의 '한중해양과학공동연구센터의 역할 소개' 등 7편의 발표와 토론이 진행되어 30주년 기념 국제심포지엄은 성황리에 끝났다.

1997년 춘계 학술발표회에서는 조성권 회원의 '동해의 열림과 닫힘-순차층서학적 의미'와 이홍재 회원의 '대마난류에 대한 새로운 고찰' 등 2편의 특별강연이 있었다. 1998년 춘계 학술발표회에서는 김수암 회원의 'GLOBEC의 연구활동에 대한 동향'과 이지현 회원의 '연안통합관리의 개념 및 우리나라 연안역 통합관리 체제 구축방안'을 주제로 한 특별강연이 있었다. 1998년 추계 학술발표회에서는 '세계 해양의 해'를 기념하기 위하여 '신 해양질서 개편에 대한 대책'이라는 주제로 박용안 회원의 '신 해양법과 대륙붕의 한계 설정에 대하여', 박덕배 해양수산부 과장의 '세계 해양질서와 우리나라 주변국의 어업관계', 박병권 회원의 '신 해양질서 형성에 따른 해양개발의 방향', 김창식 회원의 '가상해양환경의 분석' 등 4편의 특별강연회를 개최하였다. 1998년 12월 11일에는 해양수산부가 후원하고 해양관련 6개 학회가 공동주최한 해양과학기술 학술발표대회가 개최되어 오임상 회원이 '21세기 해양과학 발전방향'과 고철환 회원의 '해양환경기준개선안에 관한 고찰' 등 2편의 발표가 있었다.

1999년 춘계 학술발표회에서 박병권 회원의 '해양지질과 해양지구물리학의 새로운 방향'이란 강연과 이광우 회원의 '21세기를 향한 화학해양학의 방향'이라는 2편의 특별강연이 있었다. 1999년 10월 해양과학의 대중화사업의 일환으로 목포대학교에서 서남해안의 갯벌이란 주제로 임병선 목포대 교수의 목포 갯벌 현황, 장진호 회원의 함평갯벌의 퇴적과 침식, 홍재상 회원의 갯벌의 생태적 기능, 이용수 회원의 우리나라 갯벌의 생물다양성, 해양수산개발원 이흥동 박사의 목포 갯벌의 경제성 등 5편의 특별강연이 있었다. 1999년 추계 학술발표회 특별강연으로는 홍승용 해양수산부 차관의 'Ocean Korea 21' 강연이 있었고, 일본 동경수산대학의 마코토 오모리 교수의 '일본 동물플랑크톤의 연구 역사와 최근동향'에 대한 강연이 있었다.

2000년 춘계 학술발표회 특별강연으로 문승의 기상청장의 '새로운 천년 선진기상 도약'과 한상복 회원의 '한국해양학 발전 방향' 등 2편의 강연이 있었다. 2000년 추계 학술발표대회에서는 일본 큐슈대학의 윤종환 교수의 '동해의 심층수와 중층수의 형성과 확산에 대하여'와 한국해양대학 김영구 교수의 '독도문제와 한국의 해양정책에 대하여' 라는 2편의 특별강연이 있었다. 또한 새만금사업 관련 '새만금 사업에 관한 해양학적 고찰'이란 주제로 특별심포지엄을 개최하여 최강원 회원의 '새만금사업의 개요', 이상호 회원의 '새만금 연안역의 해수 순환', 양재삼 회원의 '새만금 해역의 물질 수지'와 제종길 회원의 '새만금 사업이 해양저서동물에 미치는 영향', 전승수 회원의 '새만금 방조제 완성후의 퇴적환경 변화 예측', 나기환 회원의 '새만금 사업이 해양수산자원에 미치는 영향에 대한 고찰' 등 7편의 발표와 회원들의 적극적인 토론이 있었다. 특히, 이 심포지엄은 대규모로 간척되고 있는 새만금사업의 문제점을 검토하기 위한 심포지엄으로 많은 회원들이 새만금사업으로 인한 환경영향에 대한 우려를 표시하였다.

2001년 해양과학기술협의회와 한국해양학회가 공동으로 주최한 해양과학기술심포지엄에서 인하대학교 최중기 교수는 '매립에 의한 해양환경 영향'이라는 주제로 발표하였다. 2001년 11월 추계 학술발표회에서 한국해양수산개발원의 이정욱 원장이 '해양학 연구의 시대적 의의와 소망'이란 특별강연을 하였고, 이어 '서태평양 종합 대양 연구' 특별심포지엄이 개최되어 이상묵 회원 외 8편의 논문이 발표되고 종합 토론이 있었다. 2002년 춘계 학술발표대회에서 '지구온난화가 한반도 주변 해양환경에 미치는 영향'이란 주제의 워크숍이 개최되어 김철호, 이기택, 강동진, 박종화, 강영실 등 5명의 회원이 분야별 발표를 하였고, 김수암 회원이 이들 발표를 종합하였다.

2002년 추계 학술발표대회에서는 해양수산부와 공동으로 '해양환경 보전을 위한 모니터링 시스템의 개선 및 발전 방향'이란 주제의 심포지엄을 개최하여 해양수산부 박광열 과장의 '우리나라 해양환경정책의 추진현황과 향후 계획', 해양경찰청 이봉길 국장의 '유류 오염실태와 방지 대책', 정해진 회원의 '우리나라 적조연구 현황과 향후 연구방향', 김규범 회원의 '해저 지하수 유출이 해양오염 및 적조에 미치는 영향', 오재룡 회원의 '유기오염 물질의 오염현황과 대응방안', 이병권 회원의 '연안해역 중금속 오염평가와 규제에 대한 국내외 동향', 이재학 회원의 '해양환경 보전을 위한 생물학적 모니터링의 필요성' 등 총 7편의 주제 발표와 분야별 토론자들의 적극적 토론이 있었다.

2003년 춘계 학술발표대회에서 '양자강 샨샤댐 건설이 해양환경에 미치는 영향'이란 주제로 국제심포지엄이 개최되었다. 홍기훈 회원, 일본 큐슈대학의 Takeshi Matsuno 교수, 최중기 회원, 장창익 회원, 일본 나가사키대학의 Joji Ishizaka 교수, 대만 선약센대학의 Chen-Tung Arthur Chen 교수, 이창복 회원 등 7명의 주제 발표가 있었다. 2003년 추계 학술발표대회에서는 해양수산부와 공동으로 'The present and the future of the Yellow Sea'란 주제로 국제심포지엄을 개최하여 해양환경 분야에서 중국 제1해양연구소의 Yeli Yuan 교수, Xuefa Shi 교수, Fangli Qiao 교수, 중국과학원 해양연구소의 Rong Wang 교수와 김창식, 조양기, 최중기, 이희일 회원 등 8편의 연구발표가 있었고, 환경기술개발 분야에선 큐슈대 Tetsuo Yanagi 교수, 양동범, 박명길, 양재삼 회원 등의 4편의 연구발표가 있었다. 또 황해 해양연구 네트워크 분야에선 미국 해군연구소의 Sonia Gallegos, 한·중센터의 Tan Gong-Ke, 안유환, 정희동, 이동영 회원 등 5편의 연구 소개도 있었다.

2004년 춘계 학술발표대회에서는 '해일과 방재'에 대한 심포지엄이 개최되어 일본 기상청의 M. Higaki 박사, 강용균, 임관창, 하경자, 이동규, 이호준, 이동영, 강시환 회원의 발표가 있었다. 2004년 8월에는 우리 학회와 한국해양연구원이 '새만금 해양환경변화'에 대한 심포지엄을 서울프레스센터에서 공동으로 개최하여 새만금사업 시행으로 인한 해양환경 변화에 대한 정확한 규명과 이해를 돕고자 하였다. 이 심포지엄에서 일본 나가사키대학 나가다 학장의 'Ariake만 생태계 해양환경 변화와 영향에 대한 조사연구와 대책' 발표와 이홍재 새만금연구사업단 단장의 연구결과 발표가 있었다. 2004년 추계 학술발표대회에서는 '연안생태계 보전과 해양환경영향 평가'란 주제의 특별심포지엄이 개최되었는데, 이때 해양수산부 방태진 과장의 '해양생태계 보존 및 관리에 관한 법률안' 및 양재삼 회원의 '해양환경영향평가 제도의 현황, 문제점, 해결방안' 외 4편의 연구결과가 발표되었다. 2005년 춘계 공동학술대회에서 '해양강국으로 가는 길'이란 주제의 공동심포지엄에서 변상경 회원의 '21세기 초인류 해양과학' 발표 외 5인의 발표가 있었고, 오임상 회원의 사회로 열띤 토론회가 있었다. 2005년 8월 한국수산학회와 공동으로 국회도서관에서 '원전 온배수 관련 어업손실평가를 위한 해양조사 표준지침안' 공청회를 개최하였다. 해양조사 분야 책임을 맡은 노영재 회원을 중심으로 해양물리, 해양생태 및 해양수질환경 분야 조사 표준안을 발표하였고, 온배수에 의한 어업 피해범위 설정을 위한 새로운 개념의 방법을 제시하여 활발한 토론이 전개되었다. 2005년도 추계 학술발표대회에서 '중장기 국가해양과학 연구주제'란 주제로 특별심포지엄이 열려 해양연구원 오위영 책임연구원의 '해양과학기술 후속조치 및 활성화 방안' 발표 외 5편의 해양과학기술 발전과 추진에 대한 연구발표가 있었다. 2006년 춘계 공동학술대회에서 '바다, 우리의 미래'라는 주제로 공동심포지엄이 개최되었다.

2006년 11월 한국해양학회 창립 40주년 기념 특별심포지엄이 개최되었다. 이 심포지엄 주제는 '아시아에서 해양학 활동의 현황'이었다. 이때 일본해양학회장 Shiro Imawaki 교수의 '일본의 해양학 활동 현황', 중국 국가해양국의 Dake Chen 박사의 '중국의 해양학 활동현황', 한국해양수산개발원 이원갑 박사의 '한국의 해양정책 현황' 및 독일 알프레드-베그너 극지해양연구소의 N. Biebow 박사의 '독일 극지연구에 대한 소개'와 이희일 회원의 '미래국가유망기술 21' 발표가 각각 있었다.

2007년도 춘계 공동학술대회에서는 '바다, 우리의 성장동력'이란 주제로 공동 심포지엄을 개최하였다. 또한 '해양과 기후변화'라는 주제로 공동워크숍이 개최되어 제1부에서는 '현재 추진되는 주요 해양부문 기후변화 대응기술'에 관련한 3편의 연구결과가 발표되었고, 제2부 '우리나라 기후변화 협약 연구개발 및 해양 분야 대책'에 대한 3편의 발표가 있었다. 그리고 제3부에서는 해양학회 초청으로 초빙된 스크립스해양연구소 기후센터의 Arthur Miller 박사의 IPCC 4차 보고서를 조망한 특별강연이 있었다. 2007년 추계 학술발표대회 때 열린 특별심포지엄에서는 프랑스 Villfranche 해양연구소 Paul Nival 교수의 '해양생태 모델링'과 Louis Legendre 교수의 '해양표영생태계 먹이망의 구조와 기능에 대한 재고'란 주제 발표가 있있다. 2008년 추계 학술발표대회에서는 박용안 대륙붕한계위원회 위원의 '유엔해양법 76조와 대륙붕한계위원회에 관하여'란 특별강연과 김영석 국토해양부 해양정책국장의 '현 국가해양정책'에 대한 특별강연이 있었다.

2009년 춘계 공동학술대회에서는 '바다, 창조 그리고 2012 여수엑스포'를 주제로 공동심포지엄이 개최되었다. 2009년 4월 한국해양학회와 서울대학교 해양연구소가 공동으로 제15차 PAMS(Pacific-Asian Marginal Seas) 회의가 부산에서 개최되어 총 7개국 140여 명이 참가하여 성황을 이루었다. 북태평양과 인도네시아해로부터 오호츠크해에 이르는 북태평양 연해의 해양순환, 기후변동, 생지화학물질순환 등에 관한 주제로 많은 연구발표와 미래 연구방향에 대한 토의가 있었다. 2009년 5월 27일 한·중 해양학회의 해양과학기술협력 협약체결차 내한한 중국해양학회 왕수광 회장의 '양국의 해양과학기술협력의 필요성'에 관한 특별강연이 29일에 있었다. 2009년 추계 학술발표대회에서는 변상경 회원의 'Artic Northeast passage relevant to the development of natural resources', 예상욱 회원의 'The flavor of El Nino in a changing climate' 특별강연이 있었다.

2010년도 춘계 공동학술대회에서 '바다, 변화와 대응 그리고 녹색미래'란 주제로 공동심포지엄이 개최되었고, 한국해양학회와 한국해안해양공학회 공동주관의 '강조류 해역의 구난활동을 위한 해양환경 예측' 공동워크숍이 개최되어 강석구 회원의 '백령도 인근 조석, 조류 특성'에 관한 발표 등 10편의 논문이 발표되었다. 2010년 6월 2일에는 제주에서 한·중해양학회가 공동주최하는 제1차 한·중해양과학 공동심포지엄이 '적조와 해양 독성 생물'이란 주제로 개최되었다. 2010년 추계 학술발표대회 특별강연으로 스크립스 해양연구소의 박태수 교수의 '나의 학문 인생'에 대한 특별강연과 농림수산식품부의 박덕배 전 차관의 특별강연이 있었다. 2011년 2월 7일에는 서울대 호암관에서 한국해양학회와 인하대학교 서해 연안환경연구센터가 공동주최한 '인천만 조력발전 타당성 검토 토론회'가 개최되어 '조력발전의 효율성 및 경제성'과 '조력발전이 해양환경 및 생태에 미치는 영향'에 대한 주제 발표와 토론이 활발하게 진행되었다.

2011년 춘계 공동학술대회에서 '우리의 바다, 새 시대를 열다'란 주제로 공동심포지엄이 개최되었다. 2011년 11월 추계 학술발표대회에서 이홍재 회원의 평생업적상 특별강연이 있었다. 또한 2011년 11월 제2차 한·중 해양과학 공동심포지엄이 중국 샤먼에서 개최되었다. 제3차 한·중 공동심포지엄은 2012년 5월 대구에서 '기후변화에 따른 황해 생태계 건강: 현황과 전망'이란 주제로 개최되었다. 2013년 1월 31일 동해 해양학 영문판 발간을 위한 워크숍이 개최되었다. 2013년 5월 춘계 공동학술대회에서는 '미래해양과학기술 발전전략'이란 주제로 공동워크숍이 개최되었다. 2013년 2월에는 한국지구과학학회연합회 합동 워크숍이 '하나밖에 없는 지구에 닥쳐오는 재앙'이란 주제로 개최되어 이상묵 회원의 '지구와 생명의 공진으로 바라본 인류의 미래'와 강석구 회원의 '바다로부터의 경고: 해수면 상승'이란 발표가 있었다. 2013년 8월에는 한중해양학회가 공동주최하는 제4차 한·중해양과학 공동심포지엄이 '기후변화 속에서 황해, 동중국해에서의 해양과정에 대한 영향'이란 주제로 개최되었다. 2013년 추계 학술발표대회에서 김경렬 회원의 평생업적상 특별강연이 있었다. 2014년 춘계 공동학술대회에서 공동심포지엄이 '바다, 미래창조의 터전'이란 주제로 개최되었고, 우리 학회와 해양공학회가 공동으로 '심해환경과 자원'이란 주제로 공동워크숍을 개최하였다. 또한 해양환경에너지학회와 공동으로 '해양환경 방사능'에 관한 공동워크숍을 개최하였다. 또한 2014년 5월 27일에는 지구과학학회연합회와 '지구와 우주에 대한 과학적 이해는 안전하고 풍요로운 미래 사회의 출발점'이란 주제로 합동워크숍을 개최하여 김경렬 회원의 '아름다운 지구' 발표가 있었다. 2014년 10월에는 한국해양학회가 주최하는 2014 아시아해양생물학 심포지엄이 제주에서 개최되었다. 2015년 춘계 공동학술대회에서는 '바다, 끝없는 도전, 새로운 적응'이란 주제로 공동심포지엄이 개최되었고, 한국해양공학회와 공동으로 '첨단해양관측 장비'에 대한 공동워크숍을 개최하였다. 2015년 11월 추계 학술발표대회에서 최중기 회원의 '부유생태계 장기 변동 연구 방법론'에 대한 평생업적상 특별강연이 있었다. 한·중 해양학회 공동심포지엄이 2015년 11월 5일 군산에서 '경제발전을 위한 해양과학의 역할'이란 주제로 개최되었다.

2016년 추계 학술발표대회는 학회 창립 50주년을 맞이하여 특별 심포지엄, 창립 50주년 기념식이 같이 열렸다. 장소는 2012년 '살아 있는 바다, 숨 쉬는 연안'이라는 주제로 세계박람회가 열렸던 여수엑스포컨벤션센터였다. 특별 심포지엄에는 정부간해양학위원회(IOC) 사무총장 등 국제적으로 저명한 해양관련 전문가가 다수 참석하였다. 한편, 만찬 때는 허형택 박사 등 해양학계 원로분들의 회고담을 듣는 시간이 마련되었다.

4. 기타 발간물

『해양학용어집』과『해양과학용어사전』발간

해양학은 바다에 관한 물리, 화학, 생물, 지질해양학적 기초연구를 통하여 바다에서 일어나는 제 현상을 규명하고 정의하는 학문이다. 따라서 해양학과 관련된 전문용어가 다양하고, 특수 용어들이 많아 해양학 내에서도 다른 분야의 용어를 쉽게 이해하기 어렵다. 1990년대 들어서 국내에서도 해양학이 장족의 발전을 하고 해양학에 대한 일반인들의 관심이 높아짐에 따라 대부분 영어로 기술된 해양학 용어의 번역 작업의 필요성이 크게 늘었다.

한국해양학회는 1990년부터『해양학용어집』편찬을 추진하기 시작해 1991년 8월 31일 이사회는 '해양학용어집 편집위원회' 구성을 당시 학회장이던 심재형 회장에게 일임하였다. 심재형 회장은 편집위원장을 맡아 2년여에 걸쳐 30명의 해양학용어제정위원들과 헌신적인 노력 끝에 8000개에 가까운 영문용어를 취사선택한 후 국문용어 표제어로 지정하였으며, 이 자료를 8명으로 구성된 심의위원들의 심의를 거쳐서 영한·한영 용어집 초고를 작성해 학계 중진 50명의 감수를 받았다. 그 결과『해양학용어집』이 세상에 빛을 보게 되었는데, 출판은 동화기술출판사가 맡았고, 1993년 7월에 한국해양학회 편찬으로 발간하였다.

실제로 1996년 해양수산부가 설립된 이후 해양과학기술 관련 사업과 업무가 크게 증가함에 따라 외래어로 표기된 대부분의 해양과학 관련 용어와 의미에 대한 정확한 의미와 뜻풀이에 대한 요구가 높아졌다. 실무자용으로 제한된 용어 풀이 정도로 쓰어진『해양용어사전』(조창선 엮음)이 시중에 있으나 이 사전은 해양과학 전반에 걸친 표제어의 부족, 표제어 채택에 대한 학술적 이견 등이 있어 해양과학

연구자들 사이에서 널리 이용되지 못하였다.

　2000년 최중기 부회장의 제안으로 해양학 제 분야와 해양공학, 수산해양학, 해양생명공학, 해양원격탐사까지 포함하는 해양과학기술 전반에 걸친 『해양과학용어사전』을 학회 이름으로 편찬하기로 결의하였다. 2000년 8월 21일 이사회에서 해양과학용어사전 편찬 건을 최중기 부회장에게 일임하기로 결정한 뒤, 앞서 1993년 『해양학용어집』을 편찬한 바 있는 심재형 전 회장을 편찬위원장으로 선정하고, 최중기 부회장을 실무책임자로 구성한 '해양과학용어사전 편찬준비위원회'와 '자문위원회'를 각각 구성한 안건을 2001년 3월 이사회와 5월 평의원회에서 승인받았다. 이후 전문분야별로 10인의 책임위원을 위촉하고, 용어 선정 및 집필위원으로 81명의 전문가를 위촉하여 12,000여 용어를 정선, 표준화하여 간단 명료한 해설을 요청하였다. 필요한 경비는 당시 한국해양수산개발원(KMI)에서 운영하던 해양수산부의 '2001년 수산특정과제'에 오임상 회장 명의로 2년 과제로 지원요청하여 원고비와 회의비 등을 충당하였다.

　2002년과 2003년에 걸쳐 대부분의 원고가 취합된 다음 38명의 검토위원에게 검토를 요청하여 정리하였다. 그러나 예상했던 일부 분야의 원고가 제대로 취합

되지 않았다. 다시 1년 뒤인 2004년 전체 원고를 취합 정리하여 2005년 최종 검토를 마치고, 인하대학교 국어학자인 박덕유 교수에게 우리말 감수를 요청한 후 2005년 5월경 모든 원고 정리를 매듭지었다. 그 후 여러 출판사를 접촉한 결과 『생물과학용어사전』을 발간한 바 있는 아카데미서적이 관심을 보였다. 상의 결과, 출판비용은 학회에서 최소 비용을 부담해야 한다는 조건을 제시했다. 그러나 양질의 용어사전을 발간하기 위해서는 최소 600만 원의 비용이 필요했지만, 이사회에서는 학회가 별도로 부담하기엔 학회 재정이 어렵다고 결정하였다. 대신 (사)삼각해양과학진흥회 오임상 이사장이 지원하기로 하고 학회 이사회의 승인을 받아 편집권은 학회가 갖고, 판권을 (사)삼각해양과학진흥회에 넘겼다. 이런 과정을 거쳐 『해양과학용어사전』은 2005년 10월 한국해양학회편으로 아카데미서적에서 출판되었다.

한국해양학회 창립 50주년 기념 『동해 해양학』 영문책자 발간

한국해양학회는 창립 50주년을 기념하고 한국의 해양학 연구와 발전을 세계에 홍보하며 동해에 대한 과학적 이해를 증진하기 위해 영문저서 『동해 해양학 *Oceanography of the East Sea (Japan Sea)*』을 세계 유수 출판사인 Springer에서 발간하였다. 우리나라 해양학자 54명과 러시아 과학자 2명이 저자로 참여한 이 책은 총 460쪽 분량으로 구성되어 있으며, 서울대학교 장경일 교수를 포함한 국내 과학자 6명과 미국 로드아일랜드대학교 Mark Wimbush 명예교수가 편집을 담당하였다. 그동안 동해의 해양학적 현상을 단편적으로 소개한 책은 있었지만, 『동해 해양학』처럼 동해와 관련해 해양물리·해양화학·해양생물·해양지질 등 해양학 전반에 걸쳐 연구한 내용을 체계적으로 담은 것은 이 책이 처음이다. 앞으로 이 책은 동해에 대한 해양과학적 이해를 증진시킬 뿐만 아니라, 영문 제목이 동해를 일본해에 앞서 병기하고 있어 동해(East Sea)란 명칭을 전 세계에 알리는 효과도 클 것이라 기대한다.

동해는 면적이 약 1백만km^2, 평균 수심이 약 1,700m인 북서태평양과 연결되어 있고, 작지만 깊은 바다로 대양에 나타나는 해양 현상을 모두 보여주고 있어 대양의 축소판이라 불린다. 동해 남서부는 세계적으로도 생물 생산력이 가장 높은 바다 가운데 한 곳이다. 동해는 기후변화에 따른 해수의 온난화와 무산소화, 해양산성화, 어종 변화 등이 빠르고 두드러지게 나타나는 바다여서, '기후변화에 관한 정부간 위원회(IPCC)' 보고서에도 수록되었다. 『동해 해양학』은 우리 해양학자들의 노력과 정부 지원의 소중한 결실이다.

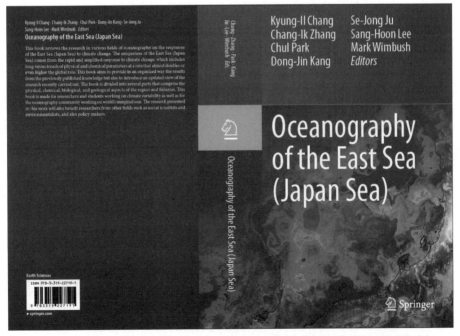

책의 표지 사진은 우리 기술로 개발한 최초의 정지궤도위성인 '천리안'에서 얻은 동해의 엽록소 분포 모습이다.

5. 시상 및 수상

한국해양학회에서는 여러 가지 상을 시상하고 있다. 학회 차원에서 공식적으로 처음 상을 제정한 것은 1966년 학회 발족 15년 뒤인 1981년(회장 이석우)이었다. 첫 상은 학회 발전에 기여한 회원을 시상하기 위한 '공로상'이었고, 이사회 결의를 거쳐 제정하였다. 첫 수상자는 한희수 부회장이었다. 국립수산과학원의 해양과장으로 재직하면서 우리나라의 국제 쿠로시오 공동조사 사업 책임자로 많은 역할을 했던 한희수 부회장은 한국해양학회 창립에도 적극 참여했을 뿐 아니라, 정선해양관측 사업 등 각종 해양조사활동에서도 많은 업적을 인정받아 공로상 수상자로 선정되었다. 두 번째 수상자는 이병돈 초대 회장이었다. 학회 창립과 4대, 7대 회장을 역임하면서 학회의 초기 발전에 기여한 공로로 이병돈 초대 회장은 1983년 공로상을 수상하였다. 이후부터 공로상은 학회장을 역임한 분들에게 2년에 한 번씩 시상되었다. 특히 2001년 공로상 수상자는 학회장이 아닌 해양수산부 홍승용 차관이었다. 홍승용 차관이 '오션코리아 21 정책' 수립에 기여한 공로를 인정받았던 것이다. 이후 한상복, 김승우, 한종엽, 강동진, 나정열, 정해진, 심원준 회원이 부회장 또는 편집위원장 및 *OSJ* 발간 실무자로서 공로를 각각 인정받아 공로상을 수상하였다.

공로상 제정 2년 뒤인 1983년(회장 박용안) '학술상'도 제정하였다. 학술상의 첫 수상자는 박주석 회원이었다. 박주석 회원은 국립수산진흥원에 재직하면서 쿠로시오 공동조사 사업에 참여해 수괴지표종인 모악류를 연구하여 우수한 연구 실적을 쌓았고, 적조 연구에도 많은 연구 성과를 인정받아 학술상을 수상하였다. 이후 1987년에 학회장을 역임한 서울대학교의 박용안 회원이 해양지질학 학술 발전에 기여한 업적을 인정받아 두 번째 학술상 수상자로 선정되었다. 1995년부터 학술상은 '약수상'으로 명칭이 바뀌어 시상되고 있다.

'한국해양학회지 우수논문상'은 학회지 발전 차원에서 1년간 학회지에 발표한 논문들 중 매년 최우수논문을 선정하여 시상하는 상으로, 1991년(회장 심재형)에 제정되었다. 첫 수상자는 한양대학교의 나정열 회원이었다. 1991년 이후부터는 물리, 지질/화학, 생물 분야로 돌아가며 매년 시상하고 있는데, 현재까지 총 23명의 회원이 수상하였다.

'약수상'은 제9대 회장을 역임한 부산수산대학교의 장선덕 회원이 출연한 기금에서 시작되었다. 1994년 장선덕 회원은 해양학 학술 발전에 다년간 기여한 회원을 격려하기 위해 학회에 기금을 출연하였다. 1995년 첫 회 약수상 수상자는 물리해양학 분야의 이홍재 회원이었다. 이후 생물해양학, 지질/화학해양학 분야로 순번제로 돌아가며 수상하다가 최근에는 분야와는 상관없이 전 분야에 걸쳐 학술적 업적이 뛰어난 회원을 선정하여 시상하고 있다. 현재까지 총 18명의 회원이 수상하였다.

또 다른 학술상인 '삼각학위상'은 2000년 당시 오임상 회장이 석·박사학위 수여 예정자를 격려하기 위해 개인 기금을 출연하여 제정한 상이다. 학위 수여 예정자 중 우수논문 발표자를 심사하여 시상하는 제도로, 첫 수상자는 서울대학교 박사학위 수여 예정자였던 강동진 회원이었다. 이후 매년 석사와 박사학위 수여 예정자를 구분하여 시상하고 있으나 때에 따라 박사학위 수여 예정자에게만 시상하는 경우도 있다. 현재까지 총 박사 11명, 석사 6명이 수상하였다.

'서붕기술상'은 2006년 제8대 회장을 역임한 고(故) 이석우 회원이 출연한 기금으로 제정되었다. 특히, 이 상은 해양학을 실용화하거나 해양기술 개발에 기여한 회원을 격려하기 위하여 제정한 상으로, 2007년 한국해양연구원의 이동영 회원이 운용해양학 발전에 기여한 공로를 인정받아 첫 수상자로 선정되었다. 이후 황상철, 이규형, 이윤균, 김홍선 회원이 각각 수상하였다.

2008년과 2009년 이사회(회장 김대철)에서는 여러 형태의 상을 제정한 바 있다. '평생업적공로상'은 2008년 이사회에서 정년을 전후한 회원들 중 평생 이룩한 연구업적이 우수하고 후학을 위한 학술활동에 크게 공헌한 회원을 기리기 위해 제정한 상이다. 첫 수상자는 2008년 서울대학교 교수를 역임한 김구 회원이 수상하였다. 2011년에는 한국해양과학기술원의 이홍재 회원, 2013년에는 서울대학교의 김경렬 회원, 2015년에는 인하대학교의 최중기 회원이 각각 수상한 바 있다.

'젊은 과학자 우수논문상'은 2008년 이사회(회장 김대철)에서 박사 후 과정에 있는 연구자를 대상으로 당해년도에 우수논문을 발표한 우수연구자를 격려하기 위한 상이다. 2008년에 기장서, 김재성 회원이 수상한 이후 매년 시상하고 있다. 현재까지 총 16명의 회원이 수상하였다. '박사학위 우수논문상'도 2008년 이사회에서 박사학위를 받은 회원 중 학위논문이 우수한 회원을 격려하기 위해 제정한 상이다. 첫 시상자는 이용우, 김태완 회원이 공동 수상하였고, 지금까지 거의 매년 시상 중이다. 현재까지 총 16명의 회원이 수상하였다. '우수학생 포스터상' 역시 2008년 이사회에서 학회의 학술발표회에서 우수한 포스터를 전시 발표한 학생회원을 격려하기 위하여 제정한 상으로, 매년 물리·생물·지질·화학해양학 분야로 각각 구분하여 시상하고 있다. 첫 수상자들은 임병희, 문정언, 이정민, 김미주 회원이었고, 현재까지 총 58명이 수상하였다. '분과별 우수논문상'은 2009년 이사회에서 당해년도에 국내외 학술지에 게재한 논문들 중 가장 우수한 논문을 발표한 회원을 격려하기 위하여 제정한 상이다. 2009년 분야별 첫 수상자들이 뽑혔다. 물리해양학 분야에서는 국종성 회원, 생물해양학 분야에서는 기장서 회원, 지질해양학 분야에서는 이광훈 회원, 화학해양학 분야에서는 문효방 회원이 각각 선정되었다. 지금까지 총 19명의 회원이 수상하였다. 또한 2009년 5월 이사회에서는 영문학회지 *OSJ*에 우수한 논문을 게재한 연구자의 연구 의욕 촉진과 연구 수준을 향상시키고, 우수심사자를 격려하기 위하여 *OSJ* Best Paper상, *OSJ* Most

Cited Paper상, *OSJ* Outstanding Reviewer상도 신설하였다.

우리 학회에서는 과학기술처 주관, 국립중앙과학관 주최로 시작한 전국과학전람회에서 1992년부터 지구과학부문에 제정된 '한국해양학회장상'을 시상하고 상금도 수여하고 있다. 2010년부터는 각 대학 해양학과 졸업자 중 우수자 1명에게도 '한국해양학회장상'을 시상하고 있다. 이외에도 매년 학회에서 추천하고 한국과학기술단체총연합회에서 시상하는 '과총 우수논문상'을 1993년부터 해마다 회원들이 수상 중이고, 정부에서 시행하는 과학의 날과 바다의 날에도 학회로부터 우수과학자로 추천받은 회원에게 우수과학자상이 수여되고 있다. 1984년 과학기술처 주관 과학기술진흥유공 포상후보자로 학회에서 추천한 김종수 이사가 '국민훈장 동백장'을 수상하였고, 1992년에는 유광일 전 회장이 추천되어 '국민훈장 모란장'을 수상하였다.

6. 재정과 기금

한국해양학회 재정

한국해양학회 초기 재정은 전적으로 유네스코한국위원회에 의존하였던 것으로 추정된다. 사무국 운영도 유네스코한국위원회 기획부에 속했던 직원이 총무간사 일을 보았고, 해양과학 심포지엄도 주최기관이 유네스코한국위원회였기 때문에 유네스코한국위원회가 경비의 상당 부분을 부담하였을 것으로 보인다. 개최 장소가 국립수산진흥원이었기에 개최 비용 일부는 국립수산진흥원에서 부담하였을 것이다. 초기 학회지 발간과 배포 비용도 유네스코한국위원회에서 부담하였을 것으로 보인다. 한상복 회원이 편집간사로 있었던 1969~1971년 사이에 학회지 배포 비용 중 해외 70여 기관에 배포하는 비용은 서울대학교 문리과대학에서 부담하였다고 한다.

학회에 남아 있는 재정에 관한 자료에 따르면, 1984년 10월부터 1985년 11월 초까지 1년 간 자료에서 회원수입은 정회원 1,249,000원, 특별회원 2,248,600원으로 소계 3,497,600원이었다. 찬조금은 이사 찬조금 540,000원, 회장단 찬조금 80,000원으로 소계 620,000원이었다. 사업수익은 별쇄대금 141,000원, 저자부담금 463,200원, 은행이자 15,392원, 학회지 판매대금 270,200원으로 소계 889,792원이고, 과총 국고보조금이 2,200,000원, 과학재단 국외과학자 초청경비 보조금이 600,000원, 전년도 이월액이 813,179원으로 총수입이 9,328,783원이었다.

같은 기간 지출 자료는 학회지 발간비로 19권 2호 발간비 1,705,000원, 20권 1호 발간비 1,347,500원, 20권 2호 발간비 1,056,000원으로 소계 4,108,500원이었다. 학술발표회 비용으로 1984년 추계 학술발표회에 378,580원, 1985년 춘계 학술발표회에 400,430원, 1985년 추계 학술발표회에 283,760원으로 소계 1,062,770원이었다. 업무비로 통신비 550,750원, 사무비 289,475원, 교통비 21,000원, 학회소식지 108,000원으로 소계 978,365원이 지출되었으며, 인건비로 타자수 120,000원, 편집간사 90,000원, 총무간사 260,000원으로 소계 420,000원이 지출되었다. 과총회비로 100,000원, IUGG회비로 10,000원이 지출되었고, 특별회원에 대한 감사패 100,000원, 전임회장 감사패 20,000원, 한국해양학회 공로상패 40,000원, 공로상 금메달 500,000원, 기타 학회논문 심사료 90,000원, 이사회 경비 156,000원, 경조비 90,500원, 과학의 달 축하광고료 30,000원 등 총 8,341,995원을 지출하였다. 즉 수입은 회원들의 수입과 과총 국고보조가 주였으며, 주 지출은 학회지 발간과 학술대회 비용과 업무비였다.

1986년의 수입예산은 회비수입 460만 원, 찬조금 백만 원, 사업수익 1,500,000원, 국고보조금 3,200,000원으로 총수입 10,300,000원이었고, 지출예산은 학회지 발간에 6,000,000원, 학술발표회 비용 1,200,000원, 업무비 1500,000원, 인건비 500,000원, 기관회비 110,000원, 기타 990,000원으로 총지출이 10,300,000원이었다. 1989년 수입과 지출 예산은 11,200,000원이었다. 이때 과총 지원금이 3600,000원, 교육부 지원금이 1,000,000원, 환경과학협회 지원금이 500,000원으로 국고지원이 총 5,000,000원이 넘었다.

회원의 회비는 초기 자료가 없어 정확히 알 수 없으나, 1996년 이전은 정회원 10,000원, 종신회원 15만 원, 해외회원 15달러, 평의원 30,000원, 이사 50,000원, 부회장 10만 원, 회장 20만 원, 특별회원 가급 30만 원, 나급 20만 원, 다급 10만 원이었다. 1996년 이후는 정회원 15,000원, 종신회원 20만 원, 해외회원 25달러, 평의원 50,000원, 이사 10만 원, 부회장 20만 원, 회장 100만 원, 특별회원 가급 50만 원, 나급 30만 원, 다급 20만 원이었다. 회비는 1998년과 1999년에 일반

회원 회비는 25,000원으로, 이사 회비는 20만 원, 부회장 회비는 50만 원, 회장 회비는 180만 원으로 인상되었다. 그후 2차에 걸쳐 2009년에 일반회원은 3만 원에서 4만 원으로, 평의원은 8만 원에서 10만 원으로, 회장의 연회비는 180만 원에서 200만 원으로 인상하여 학회의 재정 기여도를 높였다. 현재 회비는 일반회원 6만 원, 학생회원 2만 원, 평의원 12만 원, 이사 20만 원, 부회장 50만 원, 회장 300만 원, 특별회원 가급 50만 원, 나급 30만 원, 다급 20만 원 등으로 학회 전체 예산의 40%를 회원들의 회비에 의존하고 있다. 학회관련 연구사업은 간접비를 1985년에 연구비의 5%로 처음 부과하였고, 1999년에 연구용역 간접비를 10%로 인상하였다. 2014년 2월 이사회에서 연구용역 간접비를 1억 이상은 20%, 1억 미만은 25%로 하는 인상안을 결의하였다.

학회 기금 조성 및 회원 기부

학회에 기금이 처음 조성된 것은 1975년이다. 학회 설립 후 9년 만이다. 이 기금은 당시 학회장이었던 김종수 회원(한국지질자원연구소)이 정부의 석유개발기금이 조성되자 관련학회인 우리 학회의 재정을 지원하기 위하여 정부에 요청하여 두 차례에 걸쳐 확보된 것이다. 학회이사회는 이를 기금으로 전환하여 이자율이 높은 투자신탁예금으로 적립한 뒤 이자 일부를 1985년부터 학회상으로 이용하였다. 1993년 2차 이사회(회장 허형택)의 결의로 전년도 이월액 중 1,000만 원을 기금으로 전환하기로 하였고, 같은 해 4월에 추가 적립하였다. 그 결과 2005년 9월경에 '기금1'은 자유신탁예금으로 84,018,179원이 적립되었고, '기금2'는 20,737,854원이 적립되었다. 2005년 9월 이사회에서는 당시 신탁이자가 하락하고 있음을 알고, 이를 오피스텔 또는 부동산 구매 등으로의 전환 논의가 있었으나 적절한 방안을 찾지 못하고 정기예금으로 적립하였다. 그 후 2012년경에 통합기금으로 합해졌는데, 2016년 현재 1억 1천4백만 원이 적립된 상태이다.

두 번째 기금은 1994년 10월 제9대 회장을 역임한 장선덕 회원이 학술상 기금으로 출연한 1,000만 원이다. 이 기금의 이자를 매년 약수상 수상자에게 상금으로 수여하고 있다. 기금의 원금 1,000만 원은 지금도 계속 유지되고 있다. 세 번째 기금은 2000년 당시 오임상 회장이 학위수여 예정자들을 학회 차원에서 격려하기 위하여 출연한 삼각학위상 기금 2,000만 원이다. 두 번째 기금과 마찬가지로 현재까지 이 기금의 이자를 삼각학위상의 상금으로 활용하고 있다. 네 번째 기금은 2006년 제8대 학회장을 역임한 해양개발주식회사의 이석우 회원이 해양학의 실용화를 위해 기술개발에 공로가 있는 회원들의 격려 차원에서 출연한 '서붕기술상' 기금 2,000만 원이다. 역시 매년 이자를 상금으로 수여하고 있다. 다섯 번째 기금은 2008년 제20대 회장을 역임한 최중기 회원이 학위를 마친 젊은 우수과학자들을 격려하기 위하여 출연한 1,200만 원이다. 이 기금은 '젊은 과학자 우수논문상'의 상금으로 활용되어 매년 200만 원씩 수여되었다. 여섯 번째 기금은 2008년부터 학회에서 회원들로부터 모금한 해양연구 발전기금으로, 해양생태기술연구소 100만 원, 정익교 회원 20만 원, 지오시스템리서치 200만 원, 오션테크 300만 원, 노영재 전회장 50만 원, 이필용 회원 50만 원, 오션이엔지 30만 원, 이재학 회원 50만 원, 이규형 회원 200만 원 등 공동으로 출연하여 조성된 기금이다. 일곱 번째 기금은 2008년 시작된 해양논문집 발전기금으로, 정익교 회원 20만 원, 한국해양수산기술진흥원 100만 원, 당시 김대철 회장 100만 원, 이광훈 회원 100만 원, 신용식 회원 50만 원, 이희일 회원 50만 원, 장경일 회원 50만 원, 이재학 회원 50만 원, 환경과학기술 1,000만 원 등을 모은 기금이다. 여덟 번째 기금은 2008년 시작된 해양교육 발전기금으로, 정익교 회원 20만 원, 환경과학기술 1,100만 원, 에코션 200만 원, 지마텍주식회사 200만 원, 정해진 회원 30만 원 등이다. 이후 2015년 지오시스템 리서치의 김홍선 회원이 500만 원을 '서봉기술상' 기금에 추가로 출연하였다.

그 외에도 기금 형태는 아니지만 환경과학기술의 이윤균 회원이 부경대학교 여름학교 지원금으로 500만 원을 지정 기부한 바 있고, 오션테크에서 PICES 젊은 참가자 지원금으로 200만 원을 지원한 바 있다. 그러나 상금을 제외한 학회의 전반적인 재정 상태는 넉넉하지 못해 2000년 5월 12일 인하대학교에서 열린 이사회(회장 오임상) 및 평의원회의 결의로 기금모금위원회(위원장 정종률)를 발족시켜 4년간 활동하였다. 당시 기금모금 위원은 양한섭(부경대학교), 허형택(한국해양연구원), 박용안(서울대학교), 심재형(서울대학교), 박병권(공공기술연구회), 오임상(서울대학교), 양재삼(군산대학교), 한명수(한양대학교), 박철(충남대학교) 회원이었다. 하지만 중지를 모은 기금모금 활동은 실적이 거의 없이 끝났고, 숙원이던 학회 사무실의 독립적인 확보, 학회 사무국 지원 사업은 이루어지지 못하였다.

7. 학회의 용역사업

한국해양학회가 자체 기금으로 발주한 연구사업은 현재까지 없다. 다만, 학회에서 추천하여 연구재단이나 정부에서 지원한 연구사업이나 용역사업이 있다. 그리고 학회가 위탁받아 수행한 연구사업과 용역사업이 있으며, 그 사업들은 학회를 계약기관으로 하고 회원들이 책임연구자로 하여 수행한 용역사업들이다.

학회에서 추천한 첫 번째 연구사업은 1985년 한국과학재단에서 IBRD차관으로 각 학회에 지원한 연구사업으로 심재형 회원이 수행한 '황해 내만역의 해양생태계 분석 연구'였다. 연구재단 연구사업으로는 2013년에 한국연구재단에서 기초연구 진흥을 위한 연구를 요청한 사업으로 박미옥 회원이 수행하였다. 한편, 해양수산부가 설립된 이후 1997년 해양환경 기준개선연구 연구용역사업을 학회에 의뢰한 바 있다. 당시 해양환경보전분과회 준비위원장을 맡았던 고철환 회원이 책임자로 해양환경 공정시험법을 만드는 등의 용역을 수행하였다. 2010년 국토해양부에서 다시 해양환경 기준설정 및 개선방안 연구용역을 요청하여 학회에서 수행한 바 있다. 그 외 2014년 환경부에서 황해 갯벌 해양생태계 보호를 위한 가이드라인 개발 연구용역을 박영철 회원에게 의뢰하여 학회를 통하여 수행하였다. 2002년, 2004년 기상연구소에서 ARGO 자료활용 기반 연구를 요청하여 김구, 노영재 회원이 책임연구를 수행하였다. 2002년 국립해양조사원에서 국가해류도 작성을 위한 기반 기술 연구용역과 2016년 교육용 해류 모식도 표준 템플릿 제작 연구용역을 의뢰하여 2002년에 이재철 회원이 수행한 바 있고, 2016년 박경애 회원이 이를 수행 중이다.

국가출연연구원에서 요청하여 수행한 용역사업은 한국지질자원연구원에서 국제공동해양시추사업(IODP) 제안서 작성 용역을 요청하여 이광훈 회원이 수행한 바 있고, 한국해양연구원에서는 국제해양과학협력 기반구축을 위한 해양학위원회 관련 국제협력 기획연구를 요청받아 1건을 수행한 바 있다. 2011~2015년 해양과학기술진흥원(KIMST)에서 동해 명칭 확산을 위한 국제공동연구 및 국제 활동 지원 사업과 동해-동중국해 관할 수역 주요 분지 규모 해양과정 파악과 현안 해결을 위한 기획 연구용역을 요청하여 학회 차원에서 동해에 관한 국제적인 학술서를 발간한 바 있고, 기획연구도 수행하였다.

그 외 학회의 공신력이 필요한 단체 및 기업의 연구 요청으로 2004~2005년 한국수력원자력이 요청한 원전온배수 관련 어업손실평가 표준지침 개발 연구용역이 학회 차원에서 수행되었고, 2006~2007년 한국학술단체총연합회에서 시행한 사전편찬사업에 우리 학회와 한국학술단체총연합회가 협약을 맺고 오임상 회원이 학술전문용어의 정비 및 표준화 과제를 수행하였다. 2011~2012년 한국가스공사 연구개발원이 요청한 생산기지 선진 해양관리 시스템 구축방안 수립 용역을 수행한 바 있다. 국제대회 조직위에서 요청한 용역사업의 하나로 세계자연보전총회 조직위에서 요청한 동아시아 수산관리국제기구 조성에 관한 연구용역과 황해 생물다양성 보전을 위한 한·중·일 프로젝트가 2011~2012년 2년간 수행되기도 하였다.

지난 50년간 학회를 통하여 수행된 용역사업은 24개에 불과하여 타 학회의 연구용역사업과 비교하면 많지 않은 편이다. 앞으로 해양학 관련 공공적인 성격의 연구용역을 더욱 개발하여 학회 차원에서의 연구를 활발히 수행할 필요가 있다.

8. 해양정책 활동

한국해양학회는 해양학자들이 해양학의 발전을 위하여 학술교류를 목적으로 만든 학술단체이지만, 해양학의 특성상 바다와 관련된 국가정책에 자문해야 할 경우가 많고, 국가 해양정책에 직접 건의할 경우도 적지 않다. 국제적으로 유네스코 산하에는 정부간해양학위원회(IOC)가 있으며, 정부 내에도 국가과학기술위원회 또는 해양정책위원회에 해양학자들이 참여하는 경우가 많다. 우리나라도 국무총리 산하 위원회에 해양수산발전위원회가 있으며, 해양수산부 정책자문단도 두고 있어 많은 해양학자들이 위원으로 참여하고 있다.

한국해양학회는 창립 초기부터 학회 공청회를 통하여 해양연구소 건립의 필요성을 토론하고 정부에 해양연구소의 설립을 건의하여 1973년 해양연구소가 조기에 설립되는 데 기여하였다. 1980년대 중반부터 해양 관련 정부기관에 해양학을 전공한 전문 인력 배치의 필요성을 논의하였고, 해양수산부 발족 이후에는 정부에 해양직 신설을 강력히 요청하여 2005년 이를 성사시키기도 하였다. 한편, 정부조직 개편 시 해양 관련 부서의 설립을 건의하기도 하고, 해양수산부의 존속을 위하여 많은 노력을 기울이기도 하였다. 1991년 11월 학회 이사회(회장 심재형)에서는 해양산업부 신설에 관한 건의서를 정부에 제출하기로 결정한 바 있으며, 1996년 정부조직 개편 전에 학회 전임 회장들이 해양수산부 설립을 위하여 노력한 바 있다. 1998년 1월 21일에는 학회장(홍성윤) 명의로 「해양수산부 개편에 대한 한국해양학회 건의문」을 당시 박권상 정부조직개편위원장 앞으로 발송하고 여러 신문사에 성명서를 보낸 바 있다. 다음의 글은 당시 작성한 건의문이다.

해양수산부 개편에 대한 한국해양학회 건의문

IMF 경제하의 국가경제 위기 극복을 위한 효율적인 정부 운영을 위하여 정부조직에 대한 전반적인 진단과 개편작업은 신정부 출범에 앞서 선행되어야 할 과제로 인식되고 있습니다. 그 일환으로 해양수산부의 개편에 대한 시안이 여러 가지로 지상을 통하여 발표되고 있어, 해양 및 수산 관련 전문가들의 모임인 한국해양학회는 이에 관한 공식적인 의견을 제시하고자 합니다. 주지하시다시피 해양수산부 발족 이전의 해양·수산 업무는 5개부처 3개청에 분산되어 방만한 운영과 형식적인 집행으로 많은 재정 낭비와 비효율적인 관리체계로 운영되어 왔고, 바다의 이용과 보존에 대한 일관된 정책 추진이 원활하지 않아 바다는 각종 사고와 오염 문제로 사회적인 문제로 대두되어 왔고, 이 결과 수산자원의 급격한 감소와 매년 계속되는 적조현상은 국민 건강과 국가경제에 심각한 영향을 주어 왔습니다. 한편, 대외적으로는 1994년 11월 UN해양법 협약이 발효되면서 연안 각국은 자국의 해양자원보호를 극대화하기 위하여 경제적 배타수역(EEZ) 설정 등 해양의 영토화를 위한 각종 조치가 국제적으로 일어나고 있는 현시점에서 우리나라의 국익을 신장하기 위한 해양수산부의 필요성은 절대적인 상황입니다.

이러한 해양자원의 이용과 보전에 관한 대내외적인 큰 환경변화에 대하여 위기의식을 느낀 정부는 1996년 8월 해양수산부를 신설하여 외부 환경변화에 능동적으로 대처하면서 21세기 해양입국을 통한 미래국가발전 전략의 하나로 해양업무에 대한 정책 수립과 집행 기능을 갖는 통괄적인 체제를 갖추게 되었습니다. 그동안 정부는 해양수산부의 신설로 분산 수행되던 해양관련업무를 일원화함으로써 해양의 개발과 보전에 대한 통합적이고 체계적인 추진을 할 수 있게 되었고, 해운항만 및 수산 관련 업무의 중첩성을 피하고 연계성을 강화시킴으로써 경비 절감과 국가경쟁력을 높일 수 있는 기반을 구축할 수 있게 되었습니다. 또한 해양수산부의 신설로 각 부처에 분산되어 집행기능 위주로 한계성을 보였던 해양업무가 이제는 체계적 정책 수립으로 해양 강국건설을 위한 장기적인 대책을 수립할 수 있게 되었으며, 다양한 바다 관련 민원 업무를 한 부처에서 처리할 수 있는 행정체제로 업무의 일괄성을 유지하면서 국익을 위한 해양의 중요성과 국민적 공감대를 형성할 수 있는 계기를 만들 수 있었습니다. 이러한 결과로 해양수산부가 설립된 지 1년 만에 대외적으로는 국제해양법재판소와 UN 대륙붕 한계위원회에 진출할 수 있는 계기를 만들었으며, 일본과 중국의 경제적 배타수역 선언에 대처할 수 있는 대응 전략을 수립할 수 있었습니다.

해양수산부가 신설되는 과정에서 현재까지 업무 관장의 혼선과 불필요한 기구의 존속 등으로 기대 효과에는 100% 못 미치고 있으나 신정부의 노력으로 작고 효율적인 운영을 할 수 있으리라 기대됩니다. 현재 발표되고 있는 시안대로 해양수산부가 해체되어 다시 각 부처로 개편되면 앞에서 제시되었던 여러 문제점이 다시 제기되며, 개편과 분리과정에서 업무의 혼선으로 적어도 수년 이상의 시간이 낭비되고, 이는 IMF 시대의 위기에 대처할 수 있는 꼭 필요한 시간과 겹치게 되어 국가경쟁력 제고에 치명적 영향을 받으며 국고의 큰 낭비가 예상되기 때문에 해양수산부의 전면적인 개편보다는 기구 축소 등의 효율적인 운영책을 검토하는 것이 바람직합니다.

한국해양학회 회원 모두는 신정부가 빠른 시일 내에 IMF 체제의 경제상황을 벗어나 21세기 초에 선진국으로 진입할 수 있는 계기를 만들어 주기를 기대하고 있습니다. 이를 위하여는 작고 효율적인 정부 운영이 필요하다고 인식하면서 우리 국토의 4.5배에 달하는 우리 주변 바다에 대한 효과적인 이용과 관리 방안을 세우고, 이를 과학적으로 추진할 수 있는 근본적인 해양과학과 수산과학 발전을 도모하여 해양산업을 크게 육성함이 필요합니다.

따라서 우리나라가 빠른 시일 내에 일부 비효율성에 비롯된 경제난국을 타개하고 21세기에 선진국으로 도약하기 위하여는 해양수산부를 과거의 비효율적인 정부조직으로 환원시키는 것보다는 해양입국으로 발전할 수 있는 해양업무에 관한 통합관리 체제를 정비하고 앞으로 작고 효율적인 운영을 위한 기구 축소와 개선을 통하여 해양수산부를 보다 강화시키는 것이 보다 바람직하다는 의견을 정부 부처 개편위원회에 제출하는 바입니다.

한국해양학회 회장 홍성윤

2008년 이명박 정부의 '해양수산부'를 '국토해양부'로 통폐합하는 방안에 반대하는 대책위에 참여하여 적극적인 반대 의사를 표명하였다. 2006년 해양수산기술진흥원(KIMST) 설립을 위해서는 해양과학계와 의견을 모았으며, 2009년 한국해양과학기술진흥원(KIMST)이 건설기술평가원과 통합되는 것에 대하여 해양과학기술협의회 소속 4개 학회와 강력한 반대 의견을 국토해양부에 전달하여 이를 저지하기도 하였다. 한편, 각종 법안의 개폐에 관한 학회의 의견을 관계 부처에 전달하였다.

1994년 4월 12일 과학기술처에서는 해양과학 조사제도와 관련한 국내법 절차 규정과 대한민국 국민에 의해 수행되는 해양과학 조사의 결과로 확보된 해양과학 조사자료의 공동 이용체제 구축을 주요 내용으로 하는 해양과학조사법 제정안에 대한 공청회를 개최하였다. 우리 학회에서는 한상복, 나정렬, 이홍재 회원이 토론자로 참석하여 문제점을 지적하였다. 학회에서는 4월 15일 평의원회(회장 정종률)를 소집하여 해양과학조사법 시안이 해양과학기술의 진흥을 도모하려는 입법 취지와는 달리 대부분의 조항들이 실효성이 없을 뿐만 아니라 오히려 역효과를 냄으로써 학회 및 회원들의 해양조사활동을 저해할 우려가 있다는 점에 의견을 같이하여 이에 대한 대책을 세우기 위해 특별소위원회를 구성하기로 결의하였다.

특별소위원회는 4월 21일과 23일 두 차례에 걸쳐 기상청, 국립수산진흥원, 수로국, 한국해양연구소, 한국자원연구소, 한국석유개발공사, 한국해양과학기술주식회사 등의 관련기관과 한국해양학회 이사들이 함께 참여해 개최하였다. 특별소위원회를 거쳐 "해양과학조사법 제정안이 대한민국 국민의 해양과학 조사를 규제하는 요소가 많기 때문에 총체적으로 반대하며, 아울러 향후 법제정이 필요할 때에는 반드시 한국해양학회와 사전 협의를 거치는 것이 바람직하다"는 학회 의견서를 작성하여 과학기술처에 제출하였다.

1998년 4월 이사회에서는 최근 연안환경이 무분별한 개발과 해양오염으로 천혜의 자연환경과 막대한 연안 자원이 손실되고 있는 상황인 점을 들어 강력한 연안역 관리법이 조속히 입법화되어야 한다는 '입법청원서'를 정부와 정당 국회에 보내기로 하였다. 이에 대하여 국회에서는 관련 소관위원회에서 신중히 검토하고 있다는 회신을 보내왔다. 1998년 유네스코한국위원회에서는 유네스코가 지정하는 생물권보전지역을 우리나라에서 확대할 목적으로 신규 생물권보전지역 추천을 우리 학회에 의뢰함에 따라 우리 학회는 강화도에서 전라남도 해남에 이르는 서해안 갯벌을 신규 생물권보전지역으로 지정해줄 것을 요청하였다.

이외에도 갯벌 보존을 위한 습지보전법 제정을 고철환 회원 등이 환경부에 요청하여 법 제정에 참여한 바 있다. 1996년 해양수산부 발족 후 해양환경 관련 중요사항 중 하나인 해양환경 기준개선 용역을 수행하여 해양환경 공정시험 방법을 제시하였고, 2010년에도 이를 새로이 개선한 방안을 용역을 통하여 제시하였다.

한국해양학회는 2004년 6월 개최한 이사회(회장 최중기)에서 우리 학회가 '동해 표기 문제'에 대하여 적극적인 자세로 임하기로 하고 그 대응방안을 논의하고자 학회 홈페이지를 통하여 회원들의 활발한 참여를 구하였다. 이후 동해 표기 문제에 대하여 국내외 각종 학술대회에서 'The East Sea' 표기를 강력히 주장하였다.

2011년부터 2015년까지는 동해 명칭 확산을 위한 국제공동연구 및 국제기구 활동 사업을 펼쳤으며, 2015년 미국 Springer출판사에서 *The East Sea* 책자를 발간하였다.

해양직 신설과 학회의 노력

해양직 신설에 관한 한국해양학회의 관심은 일찍부터 있어 왔다. 1985년 3월 이사회에서 해양학계 발전의 일환으로 해양직 편제에 관한 연구그룹을 편성하기로 한 바 있다. 1996년 김영삼 대통령이 취임 후 해양, 항만, 수산 분야의 통합의 필요성과 유엔 해양법 발효 이후 해양정책의 중요성을 인식하여 정부는 해양수산부를 설립하였다. 처음 출범 시 해양정책실이 포함되어 있었고, 해양정책과 해양환경 부분은 해양수산부의 주요 정책분야로 대두되었다. 그러나 1년이 안 되어 해양정책실은 해양정책국으로 축소되고, 산하에 해양정책과, 해양개발과 등 해양환경과, 3개 과가 생겨났다. 해양정책국 산하의 업무는 대부분 해양학을 기초로 하여 해양개발, 해양환경관리, 해양정책개발 등을 추진하는 업무였다. 무엇보다 이들 업무를 추진하려면 기본적으로 해양학에 대한 지식이 필수적이었다. 그런데 당시 해양정책국엔 해양학을 전공한 전문가가 없었다. 항만직, 수산직, 해운직, 수로직 등 과거 항만청, 수산청, 교통부 수로국 등에서 근무하던 공무원들이 정책국에 와서 새로 업무를 담당하게 되어 업무의 효율성이 떨어졌다. 심지어 해양조사 업무를 전문적으로 담당해야 할 해양조사원까지 해양직이 없었고, 대신 수로직과 측량직이 해양조사 업무를 수행하고 있었다.

1996년 10월 10일 전국 해양학과 학과장들은 해양수산부에 해양직 신설을 요청하는 건의서를 제출하였다. 하지만 이에 대한 회신이 없자 학회에 이를 추진해

줄 것을 요청하였다. 한국해양학회는 1997년 5월 24일 이사회(회장 박병권) 결의로 해양직 신설에 대한 건의문을 청와대를 비롯한 관련부처에 공문 형태로 발송하였다. 그에 대해 기상청은 기상청 내에 해양 관련부서가 신설될 경우에 검토하겠다는 회신을, 총무처는 소관부처인 해양수산부를 비롯한 관련부처의 의견을 수렴하여 그 필요성과 방안을 검토하겠다는 회신을 각각 보내주었고, 해양수산부는 관계부처와 협의하여 추진할 계획이라는 회신을 보내왔다. 그러나 이후에도 해양직 신설 추진은 지지부진하였다. 학회는 다시 4차례(1998년, 1999년, 2000년, 2002년)에 걸쳐 해양직 신설에 대한 건의문과 서명서를 관계부처에 발송하고, 2003년에는 해양수산부 담당 사무관을 초청하여 진행 과정을 듣고 추진을 요청하였다.

아쉽게도 중요한 의견부서인 해양수산부는 그 필요성을 인정하면서도 이를 적극적으로 추진하지 않았다. 할 수 없이 2004년 해양수산부에 거듭 해양직 신설의 필요성을 요청하였으나 여전히 진척이 없었다. 2005년 5월경 최중기 회장은 한국해양수산개발원 이경재 연구원과 함께 해양수산부 김석구 총무과장에게 해양직 신설에 대한 필요성을 상세히 설명하며 적극 요청하였다. 김석구 총무과장은 그 필요성을 공감하고, 이 건을 행정자치부에 적극 요청하겠노라고 약속하였다. 그 후 2005년 7월 8일 중앙인사위원회 인재조사담당관실로부터 검토 및 진행 상황을 서신으로 접수하였고, 2006년 3월 31일 중앙인사위원회 공무원임용령 일부개정안입법예고에서 해양수산계획을 수립하고 해양자원의 적극적인 발굴과 활용을 위하여 해양직렬을 신설한다고 예고하였다. 그로부터 3개월 뒤, 마침내 2006년 6월 12일 공무원임용령 개정을 대통령령으로 공포하여 해양수산직렬 내 일반해양직류를 신설한다는 내용이 포함되었다.

2006년 8월 11일 해양수산부로부터 일반해양직렬 공무원임용시험령 개정 의견에 대한 한국해양학회의 의견을 요청받았다. 2006년 8월 25일 학회는 해양수산부에 공무원임용시험령 개정 의견에 대한 일부 시험과목 변경 등을 포함해 학회의 의견을 제시하였다. 2006년 10월 18일 한국해양학회의 의견이 모두 반영된 일반해양직렬 공무원임용시험령 일부개정령안이 입법예고되었고, 2006년 12월 29일 일부 개정된 일반해양직렬 공무원임용시험령이 대통령령으로 공포되었다. 그러나 해양직 신설 후에도 해양직 충원에 대한 고시가 없었다. 2007년 초 변상경 학회장을 비롯한 대표들이 강무현 장관과의 면담을 신청하여 해양직 채용에 대한 당위성과 시급성을 설명하였다. 이에 대하여 강 장관은 해양직 충원의 필요성을 인정하여 검토하겠다고 하면서도 장관 개인적으로는 기술직인 해양직보다 승진이 잘되는 행정직을 더 권하고 싶다는 의견을 피력하였다. 그 후 해양수산부는 2008년 이명박 정부가 들어서고 해양수산부가 해체될 때까지 해양직 공채 공고를 내지 않았다.

해양수산부는 많은 부서에서 전문기술적인 업무가 대거 필요함에도 기술직 공무원이 많지 않아 제 역할을 못하고 있다. 해양정책과 관련된 해양개발, 영토보존, 해양정책, 해양환경, 해양생태, 연안관리 등은 일반 행정직이 단기간의 업무 습득만으로 정책을 수립하여 수행하기에는 어려움이 적지 않다. 해양수산부가 전문부처로서의 역할을 제대로 하려면 해양학을 전공한 해양직 공무원들이 전문적인 정책을 입안하고 실질적으로 추진해 나갈 때 정책개발과 연관된 해양과학기술을 효과적으로 펼칠 수 있고, 나아가 국제적인 경쟁력도 갖출 수 있으리라고 본다.

:: 해양직 건의

국가기관 내 해양직의 신설을 건의하기 위한 서신을 학회 차원에서 각 정부 유관 기관에 보내기로 결정한다. (총무부, 해양수산부, 국무총리실, 신한국당, 청와대, 기상청, 과기처, 환경부, 국립수산진흥원, 해양경찰청, 해양조사원)

● 1997년도 제4차 이사회 의결

(1997년 5월 13일(화) 17:00~18:00 , 장소 : 서울대학교 해양연구소 회의실)

∷ 해양직 건의문에 대한 관계 기관의 반응

제4차 이사회(5.13) 때 건의된 해양직 신설에 대한 각 정부기관들의 공식적인 반응은 다음과 같았다.

1. **기상청** : 정부시책에 기여하기 위한 해양직 신설을 건의한 점을 충분히 이해하며, 앞으로 청내에 해양관련부서가 신설되어 해양관련업무가 본격적으로 수행될 때는 해양직 신설을 검토

2. **총무처** : 직렬신설은 신중히 검토되어야 할 사안이므로 소관부처인 해양수산부를 비롯 관련부처의 의견을 수렴하여 그 필요성과 방안을 검토하여 향후 인사제도 개선 시 참고

3. **과학기술처** : 총무처 소관으로 판단되어 동 처로 이첩

4. **해양경찰청** : 신설 필요성은 인정. 공무원의 직군, 직렬 및 직류에 관한 사항은 총무처 소관

5. **환경부** : 해양수산부 소관으로 판단되어 해양수산부로 이송, 직접 회신토록 함

6. **해양수산부** : 관계부처와 협의하여 추진할 계획

7. **국립수산진흥원** : 국가공무원법 등의 개정을 요하는 정책적인 사항이므로 해양수산부로 전달

8. **신한국당** : 해양수산부/총무처에서 검토함이 타당하다 판단되어 동 기관으로 이첩

9. **대통령 비서실** : 해양수산부로 이첩

- 2002년 5월 9일 이사회

  1) 해양직 신설에 대한 요청

  2) 한전에 해양기술직 신설 요청

  3) 학술진흥재단에 해양분야 학문분류표 수정 건의

- 2002~2003년도 3차 이사회

  (2002년 6월 27일(목), 충남대 해양학과 세미나실)

  1) 해양직 직제 신설에 관한 상황 설명

  2) 한국학술진흥재단의 학문분류표 수정에 대한 논의

- 2004년 해양수산부 해양직 신설 추진

  우리 학회의 오랜 숙원사업으로 추진하여 왔던 해양수산부 내 해양직 신설이 해양수산부 고위 정책회의에서 최종 결정됨에 따라 정부 내에서 본격적으로 추진하게 되었다. 해양수산부는 해양직군과 해양직렬을 신설하기로 결의하고, 행자부와 중앙인사위원회에 적극적인 협조를 요청하였다.

공무원 임용 시 일반해양직 신설 및 시험과목 확정 시행

1. 안내 취지

　한국해양학회에서는 1996년부터 전국해양 관련 학과장 및 해양 전문가들의 서명과 건의문을 받아 21세기 해양선진국으로의 위상 제고와 국가 해양과학기술발전을 위해 해양수산부와 그 산하기관에 해양 전문직을 신설하여줄 것을 관계기관에 공식적으로 수차례에 걸쳐 건의해왔습니다. 이와 같은 우리들의 노력이 결실을 맺어 중앙인사위원회에서는 일반해양직 신설을 포함한 공무원 임용력(2006.6.12.)과 그에 따른 공무원임용시험령(2006.12.29.)을 대통령령으로 공포하였고 2007년 1월 1일부터 시행에 들어갔습니다. 이에 따라 해양학회에서는 우리들의 오랜 숙원이었던 해양직 신설에 관해 다음과 같이 그간의 경과와 향후 준비사항을 회원들에게 알리고자 합니다.

2. 경과

- 1996년 10월 10일 : 해양수산부에 전국해양 관련 학과장 건의서 제출
- 1997년 5월 24일 : 해양직 신설에 대한 건의문 공문 발송
- 1997년 5월 24일 : 발송한 건의서에 대해 관계기관의 회신
- 1998년 7월 30일 : 해양직 신설 건의서에 대한 자료 협조 요청 공문 발송
- 1999년 12월 20일 : 해양직 신설에 대한 건의문 공문 발송
- 2000년 12월 26일 : 해양직 신설에 대한 건의문 서명 공문 발송
- 2002년 4월 22일 : 해양직 신설 또는 개정 건의문 공문 발송
- 2002년 10월 19일 : 전국해양 관련 학과장 간담회를 개최하여 대책방안 논의
- 2005년 7월 8일 : 중앙인사위원회 인재조사담당관실로부터 검토 및 진행 상황 서신 접수(행정직은 세분화, 기술직은 통합화 방향으로 검토)

- 2006년 3월 31일 : 중앙인사위원회 공무원임용령 일부개정안 입법예고

  (장기적·종합적 시각에서 해양수산계획을 수립하고 해양자원의 적극적 발굴·활용을 위해 해양직렬을 신설함. 종전, 농림수산직군 내의 수산직렬과 교통직군 내의 선박·수로직렬을 통합하여 기술직군 내의 해양직렬 신설 검토)

- 2006년 6월 12일 : 공무원임용령 개정을 대통령령으로 공포

  (해양수산직렬 내 일반해양직류 신설로 내용 수정됨)

- 2006년 8월 11일 : 해양수산부로부터 공무원임용시험령 개정 의견에 대한 학회 의견 요청

- 2006년 8월 25일 : 해양수산부에 공무원임용시험령 개정 의견에 대한 해양학회의 의견 제시

  (관련대학과 기관의 의견을 수렴하여 전임과 현임 회장단 토의를 통해 시험과목 및 교과내용을 결정)

- 2006년 10월 18일 : 공무원임용시험령 일부개정안 입법예고

  (해양학회의 의견이 전부 반영됨)

- 2006년 12월 29일 : 일부 개정된 공무원임용시험령을 대통령령 공포

- 2007년 1월 1일 : 일반해양직류 및 임용시험과목이 포함된 개정된 공무원임용시험령이 시행에 들어감

  (해양학회가 제시한 일반해양직류 시험과목 내용은 공개되어 있지 않으나 향후 시험 출제 시 반영될 것임).

공무원임용시험령(2006.12.29.)

〈특별채용을 위한 자격증 구분표〉

국가기술자격법령상의 기술·기능분야 자격증

직렬	직류	대상 자격증
해양수산	일반해양	기술사 : 해양, 수질관리 기　사 : 해양환경, 해양자원개발, 해양공학, 　　　　수질환경, 자연생태복원 산업기사 : 해양조사, 수질환경, 자연생태복원

6급 이하 및 기능직 채용시험 가산대상 자격증

직렬	직류	자격증
해양수산	일반해양	기술사 : 해양, 수질관리 기　사 : 해양환경, 해양자원개발, 해양공학, 　　　　수질환경, 자연생태복원 산업기사 : 해양조사, 수질환경, 자연생태복원, 잠수 기능사 : 잠수

< 해양학회가 제시한 일반해양직류 시험과목 >

교과목		교 과 내 용
해양학 개론	물리해양학	해수의 물성 및 유동
	지질해양학	해저지형, 해저 퇴적 및 지층, 해저광물 자원
	생물해양학	해양생태계 및 생물상
	화학해양학	해수의 화학적 성질, 유기 및 무기물질 순환
해양 생태학	해양환경요인	물리적, 화학적, 생물학적, 지질학적 환경요인
	영양단계	생산자, 소비자, 분해자의 상호작용
	서식처 특성	하구역, 연안역, 외양역, 극해역, 열대해역
지질 해양학	퇴적학	퇴적물의 기원 및 분포, 퇴적환경
	해저의 형태와 성인	해저지형, 판의 운동 및 경계의 형태, 저탁류
	해저지질자원	표사광상, 해저석유천연가스, 메탄수화물, 심해광물자원
화학 해양학	해수의 조성	해수의 성분, 용존기체
	영양염의 순환	해양 생태계에서 유기물, N·P·C의 순환
	해수 및 퇴적물 화학 분석	해수 수질분석, 퇴적물의 화학적 분석
생물 해양학	식물플랑크톤	일차생산, 식물플랑크톤의 분류, 분포 및 생태
	동물플랑크톤	동물플랑크톤의 분류, 분포 및 생태
	저서생물	저서생물의 분류, 분포 및 생태
	어류	자치어, 어류의 분류, 분포 및 생태
물리 해양학	해수의 물리적 성질	수온, 염분, 밀도
	해양의 순환과 수괴	해수유동과 순환
	조석과 파랑	천해조, 해일, 천해파
	해양의 열수지	해양과 대기의 열 교환, 해상풍
해양 오염학	중금속 및 유기오염물	오염물의 공급원, 분포 및 생물 영향
	부영양화	적조와 생물독성
	유류유출	유출유의 분포, 영향 및 방재
	해양배출 및 투기	오폐수, 온배수, 해양쓰레기, 방사능
해양조사 방법론	선상조사	장비운영, 안전수칙, 기기보정, 시료관리
	연안관측	고정점 관측, 갯벌, 계류
	원격탐사	위성 및 항공기를 이용한 해양관측, 영상분석

9. 대외활동

한·중 해양학회 협력사업

정회수(한국해양과학기술원 책임연구원)

2009년 5월 경남 창원에서 개최된 한국해양학회 춘계 학술대회에서 한국해양학회와 중국해양학회 간 MOU가 체결되었다. 이는 양 학회가 수년 동안 꾸준히 추진해온 노력의 결실로, 한·중 해양학회 공동학술발표대회 개최와 인력 교류 등에 대한 내용을 포함하고 있다. MOU 체결은 한국해양학회가 중국해양학회 대표단을 초청하는 형식으로 이루어졌다. 후속 조치로 한국해양학회 김대철 회장, 박철 차기 회장, 장경일 총무이사 등 대표단 6인이 중국해양학회 초청을 받아 2009년 12월 8~9일 광저우 주하이시에서 개최된 중국해양학회 2009년 학술회의 및 연차총회에 상호방문 형식으로 참석하였다. 이후 현재까지 양국 해양학회 간 상호방문 및 공동해양워크숍 행사가 지속되고 있다.

이러한 한국과 중국 해양학회 간 MOU 체결은 단번에 이루어진 것이 아니다. 이어도, 황해오염, 불법조업 문제 등 한중 양국 간 민감한 해양 현안이 많았던 2007년 당시, 한중 양국의 해양과학기술 교류 및 협력 활성화를 위해 양국 해양학회의 협력 필요성을 간파한 한·중해양과학공동연구센터(CKJORC, 중국 칭다오 소재)가 적극적으로 나서서 양국 해양학회의 협력 필요성을 양국 학회와 정부에 설명하였고, 당시 중국해양학회 회장이었던 왕수광(王曙光) 박사와 한국해양학회 회장인 변상경 박사의 화답이 있었다. 당시 중국해양학회는 한국해양과학 기술자들에게는 생소한 조직이었다. 1979년 설립된 중국해양학회는 공식적으로 중국전국 해양 과학기술자와 해양 관련기관이 자발적으로 참여해서 구성된 학술, 공익법인

사회단체였다. 그렇지만 중국해양학회는 중국국가해양국(SOA)에 소속된 공식조직(organization)이라 기본적으로 SOA의 지도를 받았고, 당시 해양학회장은 전임 SOA 국장인 왕수광 박사였다. 당시 중국해양학회 회원 수는 약 6,800명, 단체 회원 210개 규모로 한국해양학회의 약 6배에 달하는 큰 조직이었다. 지금도 그렇지만 당시 중국해양학회의 관심 분야는 한국해양학회와 크게 다르지 않았다. 2016년 현재, 중국의 해양과학기술은 양적 그리고 질적 측면에서 과거 수년 전과는 비교할 수 없을 정도로 눈부신 성장을 이루었다. 한·중 해양학회 사이에는 지금도 긴밀한 협력이 꾸준히 진행되고 있다. 향후 공동 관심분야와 협력분야를 더욱 발굴·활성화하여 양국 해양학회의 발전에 기여해야 할 것이다.

10. 분야별 연구활동과 성과

물리해양학 분야 활동사

조양기(서울대학교 교수, 현 부회장)

이재학(한국해양과학기술원 책임연구원)

승영호(인하대학교 명예교수)

이호진(한국해양대학교 교수, 현 학술이사)

1. 우리나라 물리해양학 연구발전사

물리해양학은 해수의 물리적 특성과 해수순환을 밝히고 해양에서의 물리과정, 해양과 대기의 상호작용을 주 연구대상으로 한다. 물리해양학 연구는 그 자체의 순수연구 영역 이외에 물리해양학의 지식을 반드시 필요로 하는 지역 및 전 지구적 규모의 기후변동, 해양환경보전, 수산업을 위한 어·해황 현황 및 예보, 안전항해, 해상 및 수중 군사 작전에 이르기까지 광범위한 응용 연구영역을 갖고 있다.

초창기 국내 물리해양학 분야 연구활동은 소형관측선으로 관측이 가능한 하구역과 만을 포함한 연안해역을 대상으로 한 연안 연구에 치중하였으나, 1990년대 들어 대양항해가 가능한 조사선의 보유와 첨단 관측장비 도입으로 동중국해, 태평양, 남빙양으로까지 연구 대상해역을 확장하여 활발한 조사활동이 시작되었다.

국내 물리해양학 연구의 초기인 1960년대에는 연근해 수산활동을 위한 어·해황 현황과 예보를 위한 수산물리와 연안에서 안전항해를 위한 수로업무의 한 부분으로 출발하였다. 1970년대에는 한국해양연구소(구 한국해양개발연구소)의 설립과 대학에 물리해양학 석·박사 과정이 개설되면서 물리해양학 연구와 교육이 본격적으로 시작되었으나 한반도 주변 지역해에 대한 물리 특성과 조석에 관한 연구가 주류를 이루었다. 1980년대에는 외국 해양 전문기관에서 교육 훈련을 받은 많은 해양학자의 귀국과 현대화된 관측기장비의 도입으로 해류관측과 정밀물리 특성 조사가 가능하게 되어 연구의 양과 질에서 큰 발전이 있었다.

1990년대 들어 한국해양연구소의 전용 조사선(온누리호, 이어도호)의 진수로 대양 조사활동이 시작되고 대학공동연구센터의 공동 조사선 건조, 국립수산진흥원과 수로국의 신조선 건조의 착수로 보다 조직적이고 체계적인 대규모 조사와 연구활동이 가능하게 되었다. 2009년에는 국내 최초의 쇄빙연구선인 7500톤 급의 아라온호가 건조되어 남·북극의 극지해역으로 연구 영역이 확대되는 계기를 마련하였으며 2016년에는 장기간 대양 관측 연구가 가능한 5900톤급 대형 해양과학조사선인 이사부호가 건조되었다. 이사부호는 대양에서 55일간 연속 탐사가 가능한 항해 능력을 갖췄으며 해저 8천m까지 탐사 가능한 초정밀 염분·온도·수심 측정기 등 최첨단 관측장비 40여 종을 갖췄다.

대규모 국제공동조사·연구 프로그램인 세계해양대순환실험(World Ocean Circulation Experiment), 열대해양과 전지구대기(Tropical Ocean and Global Atmosphere) 연구에 직접 참여하여 기여를 하고 있으며, 더 나아가 남극 세종기지 주변 해역에서 물리해양학 관측을 매년 실시하는 단계까지 도약하였다. 2001년부터 미국 해양대기국(NOAA)이 주도하는 국제 ARGO(Array for Real-time Geostrophic Oceanography) 사업에 참여하여 꾸준히 동해와 남극해를 중심으로 ARGO 뜰개(buoy)를 투하해왔으며 2004년 말까지 총 65대의 뜰개를 투하하였고, 이후에도 지속적인 관측이 이루어지고 있다. ARGO 관측을 통해 동해에 대해서는 중층순환을 규명하고자 노력하고 있으며, 뜰개가 생산한 자료를 해양예보모델에 동화시켜 해양예보시스템의 개선에 활용하고 있다.

연구 활동의 양과 질의 성장을 가늠하는 하나의 기준으로 한국해양학회지와 주요 국내학회지에 지금까지 발표된 물리해양학 분야의 논문수를 세부 분야별로 구분하여 정리하면 1980년 이전까지는 연 10편 미만의 논문이 발표되었으나 1980년을 기점으로 연 16~20편으로 증가하였고, 1990년대 들어서 20편 이상으로 대폭 증가할 정도로 연구가 빠른 속도로 활발해지고 있다.

2. 물리해양학 분과 연구발표회

물리해양학 분과는 정기학술대회와 별개로 매년 물리해양학 연구 분야의 연구 정보를 교환하고 새로운 연구 방향을 기획하는 분과 모임을 거의 매년 정기적으로 개최해왔다. 한양대학교 나정열 교수와 서울대학교 김구 교수를 중심으로 작은 모임을 시작하여 물리해양학 분과로 발전시켰다. 그동안 개최된 분과 모임 중 기록으로 남아 있는 연구 발표 모임을 한국해양대학교 이호진 교수가 정리하였다.

1) 2003년 물리해양학 분과 모임(분과장: 부산대 이동규 교수)

　주제: 연안역 태풍 재해 및 대책

　일시: 2003년 12월 4일

　장소: 부산대학교

　주요 내용: 2003년 태풍 매미에 의한 태풍 해일 및 남해 연안 피해

　　　　　연안역 태풍 재해 및 대책

　　　　　태풍에 의한 해수면 변동, 파고, 해일 등의 관측결과와 수산 피해

　연구 발표자 및 제목:

　　· 김 구(서울대학교): 태풍 매미 통과 시 동해연안의 급격한 변화

· 정희동(수산과학원): 태풍 매미에 의한 수산 피해 현황

· 이재학(해양연구원): 이어도 해양관측소에서 관측된 태풍매미

· 김종길(해양조사원): 태풍 매미 내습 시 남해안 조석 관측

· 이호만(기상연구소): 연안역 태풍 예측

· 이호준(방재연구소): 해일 피해 대책

· 이동규(부산대학교): 태풍의 동중국해 통과 시 뜰개를 이용한 태풍 관측

· 강석구(해양연구원): 조석모델 활용한 해일고 산정 및 해일예측시스템의 조건

· 이동규(해양연구원): 태풍재해 저감을 위한 해상상태 예보 기술

2) 2004년 물리해양학 분과 모임(분과장: 부산대 이동규 교수)

주제: 동해 관측 연구의 현황과 계획

일시: 2004년 6월 28일

장소: 서울대학교 호암교수회관

연구 발표자 및 제목:

○ 1부: 동해 수행중인 관측 연구사업 소개 및 향후 계획

· 한인성(국립수산과학원): 동해 심해생태계 조사의 소개

· 김현주(한국해양연구원): 해양심층수 자원 및 환경관리

· 김 구(서울대학교): 차세대 핵심 환경기술개발사업 소개

· 남수용((주)지오시스템리서치): 동해 연안역 해류관측 계획

· 이재철(부경대학교): HF radar와 관측부이를 이용한 해류 연구

· 이동규(부산대학교): 위성추적 뜰개를 이용한 동해 해류 연구

· 장경일(한국해양연구원): 동해 남서부 해양조사 및 심층해류 관측

○ 2부: 한국해양연구원 동해연구 기획

· 장경일: 총괄 및 물리분야

· 유신재: 생태분야

· 강석구: 수치모델 분야

3) 2009년 물리해양학 분과 모임(분과장: 한국해양연구원 전동철 박사)

주제: 기후변화 관련 대양 연구사업

일시: 2009년 2월 26일

장소: 부경대학교 해양과학공동연구소

연구 발표자 및 제목:

· 노영재(충남대학교): 한·인도네시아 국제협력

· 명철수((주)에코션): 조력발전 방문협력 사례

· 신창웅(한국해양연구원): 해양과학기지구축 기획연구

· 박명원(국립해양조사원): 북서태평양 관측사례 1

· 전동철(한국해양연구원): 북서태평양 관측사례 2

· 이재학(한국해양연구원): 기후예측연구 추진계획

· 전동철(한국해양연구원): 물리해양학 분과위 ITF 연구회 소개 및 토의

4) 2010년 제1차 물리해양학 분과 모임(분과장: 한국해양연구원 강석구 박사)

주제: 인도네시아 통과류(Indonesian Through Flow) 연구 및 KOGA(Korea Ocean

Gate Program) 사업 소개

일시: 2010년 1월 29일

장소: 국립수산과학원 동해수산연구소

연구 발표자 및 제목:

○ 주제 I: 인도네시아 통과류(ITF) (좌장: 한국해양연구원 김철호)

· 노영재(충남대학교): 인도네시아 ITF 연구 동향

· 국종성(한국해양연구원): Nonlinearity of ENSO-Indian Ocean Coupling

· 전동철(한국해양연구원): ITF 연구프로그램

○ 주제 II: KOGA (좌장: 이홍재)

· 임관창(국립해양조사원): KOGA 추진배경 및 향후계획

· 신창웅(한국해양연구원): KOGA 프로그램에 대한 제언 및 자료 활용

5) 2010년 제 2차 물리해양학 분과 모임(분과장: 한국해양연구원 강석구 박사)

주제: 제2차 한국-인도네시아-미국 ITF 심포지움 보고 및 동해 관측결과 보고,

한일학회 교차개최 일본측 제안 및 물리해양학 발전 방향

일시: 2010년 9월 9일

장소: 국립수산과학원 동해수산연구소

연구 발표자 및 제목:

○ 주제 I: 인도네시아 통과류(ITF) 심포지엄과 동해 관측결과 보고(좌장: 이재학)

· 전동철(한국해양연구원): 제2차 한국-인도네시아-미국 ITF 심포지엄 결과

보고

· 장경일 (서울대학교): Time series measurements of temperature profiles,

current, fluorescence, and dissolved oxygen in the Ulleung

basin

○ 주제 II: 물리해양학 발전 방향(좌장: 강용균)

· 김영규(국방과학연구소): 해군을 위한 해양학 발전 방향

· 노영재(충남대학교): 물리해양학 발전 방향

○ 주제 III: 한일해양학회 교류제안에 대한 분과회 토의 및 종합토론(진행: 강석구)

· 강석구(한국해양연구원): 한일해양학회 교차개최 일본측 제안 및 경과보고

· 석문식(한국해양연구원): 해군해양학 발전 방향 지명토론

· 이홍재(한국해양연구원): 물리해양학 발전 방향 지명토론

· 신홍렬(공주대학교): 한일해양학회 교차개최 제안 지명토론

6) 2011년 물리해양학 분과 모임(분과장: 한국해양연구원 강석구 박사)

주제: 한일해양학회 공동개최/최근 기후변동에 관한 연구/국제해양조사협력

　　　(Argo 관측중심)

일시: 2011년 2월 24일

장소: 국립수산과학원 동해수산연구소

연구 발표자 및 제목:

○ 주제 I: 최근 기후 변동 및 국제해양조사 협력 연구/소개(좌장: 방익찬, 제주대)

· 예상욱(한양대학교): 최근 우리나라 겨울철 기후와 시베리아 고기압 및 극진동과의 상관성

· 석문식(한국해양연구원): 국제 해양조사 협력(Argo 관측조사 중심으로)

○ 주제 II: 한일해양학회 공동개최에 대한 분과 토의(좌장: 승영호, 인하대)

· 강석구(한국해양연구원): 공동학회 개최 경과보고, 제반 예상문제 토의 및 Steering Committee 구성

○ 세부주제 지명토론:

· 윤종환 교수 정년퇴임 세션방식 검토 : 신홍렬(공주대), 김철호(해양연)

· 학문후속세대(학생)참가지원 프로그램 방향 : 장경일(서울대), 이상호(군산대)

· 세션구성 방향 : 이재학(해양연), 노의근(연세대)

· 향후 한일 공동학회 발전 방향 : 승영호(인하대), 노영재(충남대)

· 추계 국내 한국해양학회 물리분야 세션 미개최 문제/정규회원 참가지원/참가비 검토 외 : 강석구(학술이사), 전동철(총무이사)

7) 2012년 물리해양학 분과 모임(분과장: 서울대학교 조양기 교수)

주제: 한국의 해양예측, 오늘과 내일

일시: 2012년 8월 29일

장소: 서울대 호암교수회관 별관 수련관

연구 발표자 및 제목:

- 강기룡(국립기상연구소): 기상청 해양예보 현황과 계획

- 이준수(국립수산과학원): 수산분야 해양 예측 필요성과 계획

- 이은일(국립해양조사원): 국립해양조사원 해양예측시스템 구축현황 및 계획

- 최병주(군산대학교): 미국과 중국의 해양예보

- 김영호(한국해양과학기술원): 유럽과 호주의 해양예보를 중심으로

- 이준수(국립수산과학원): 일본의 해양예측 현황

8) 2013년 제1차 물리해양학 분과 모임(분과장: 서울대학교 조양기 교수)

주제: 해양관측 자료 이용 활성화 방안

일시: 2013년 1월 22일

장소: 부경대학교 해양과학공동연구소

연구 발표자 및 제목:

- 한인성(국립수산과학원): 2013년 수산과학원 해양분야 주요 추진 조사연구 계획

- 유학렬, 정현, 허룡(국립해양조사원) : 2013년 국가해양관측망 구축 및 해양관측계획

- 서장원, 유승협, 김용업, 김우석(기상청): 기상청 해양기상 모니터링 현황 및 활용

- 박철민(환경과학기술): 관할해역 해양정보 공동활용 체계 구축연구사업 소개

· 김윤배(한국해양과학기술원): 2013년 한국해양연구원 동해 해양연구 및 관측
　계획

9) 2013년 제2차 물리해양학 분과 모임(분과장: 서울대학교 조양기 교수)

주제: 해양수치모델의 현재 한계와 극복방안

일시: 2013년 8월 22일

장소: 서울대학교 25-1동

연구 발표자 및 제목:

· (국립기상연구소): 기상청 해양예보 현황과 계획

· 이준수(국립수산과학원): 수산분야 해양 예측 필요성과 계획

· 이은일(국립해양조사원): 국립해양조사원 해양예측시스템 구축현황 및 계획

· 최병주(군산대학교): 미국과 중국의 해양예보

· 김영호(한국해양과학기술원): 유럽과 호주의 해양예보를 중심으로

· 이준수(국립수산과학원): 일본의 해양예측 현황

· 장찬주(한국해양과학기술원): 해양-대기 접합 모델

- 서광호(서울대학교): 해양 기후 예측

- 양지관((주)전략해양): 연안모델

- 김동훈(서울대학교): 표면 경계층 모사

- 김영호(한국해양과학기술원): 해양 모델의 bias

- 장유순(공주대학교): Uncertainities of ocean reanalyses

10) 2014년 물리해양학 분과 모임(분과장: 한국해양과학기술원 박영규 박사)

주제: 해양 기후

일시: 2014년 7월 11일

장소: 한국해양대학교 해양과학기술대학관

연구 발표자 및 제목

- 김영호(한국해양과학기술원): KIOST 기후재분석 자료 및 기후예측체계 소개

- 김형석 교수(한국해양대학교): 태풍 활동의 기후적 변동에서의 해양의 영향

2001년 8월 10일 기상청에서 개최된 물리해양학 분과 사진
(당시 분과장 이재철 교수 제공)

3. 물리해양학 분야 주요 연구 성과

우리나라 물리해양학 지금까지 주요 연구 성과를 황해 및 동중국해와 동해로 나누어 소개한다. 황해 및 동중국해 연구는 한국해양과학기술원의 이재학 박사의 원고를, 동해 연구는 인하대학교 승영호 교수의 원고를 요약하였다.

1. 황해 및 동중국해

한국해양학회의 창립 시기부터 현재까지 주로 해양 관측에 기반한 황해와 동중국해의 물리해양학 분야의 연구 동향을 기술하였다. 개별적 연구 성과들의 구체적인 설명보다는 물리해양학의 연구에 필요한 자료를 확보하기 위한 해양 관측의 경향, 물리해양학 내에서 상대적으로 학술 성과가 두드러졌던 해류, 조석, 수괴 및 혼합 등의 연구 경향을 개괄적으로 기술하였다. 한국해양학회에서 발간하는 학술지를 중심으로 검토하였으며, 일부 해양 관련 연구기관의 보고서와 최근 들어 증가한 우리나라 해양학자들에 의한 국외 학술지의 문헌도 검토 과정에 포함하였으나 문헌의 제시는 초기 연구의 문헌과 두드러진 성과 등에 국한하여 최소화하였다.

한국해양학회에서 발간한 학술지를 『한국해양학회지』(1966~2004), 『바다』(1996~2015) 및 *Ocean Science Journal*(*OSJ*, 2005~2015)로 구분하면 황해와 동중국해의 물리해양학 분야로 검토된 논문은 각각 82, 45, 17편이며, 국내 타 저널에 발표된 논문보다 월등하여 대부분 한국해양학회의 학술지에 논문을 발표해왔음을 알 수 있다. *OSJ*를 제외하면 연평균 약 2편 이상의 논문이 발표된 셈이다. *OSJ*에는 2편 미만인 반면, 외국 저널에 발표하는 논문은 완만하게 증가하는 경향으로 나타났다.

1) 관측 동향

가. 종관적 조사

황해와 동중국해의 물리해양학 연구는 해양학회의 발전과 시간의 틀을 같이하였다. 한국해양학회가 발족되기 전에 UNESCO 한국위원회와 한국해양과학위원회가 후원하고 수산진흥원과 수로국이 참여한 쿠로시오 공동조사(Cooperative Study of the Kuroshio and adjacent regions, CSK)는 국내 해양과학이 진일보하는 데 크게 기여하였다. CSK 조사와 관련된 해양과학 심포지엄을 통하여 해양과학적 논문이 발표되었으며, 제2차 한국해양과학 심포지엄 개최 시 한국해양학회가 창립되었다. 제2차 심포지엄부터 한국해양학회지에 요약문이 발간되었다. 이전까지는 수산과 수로업무에 관련된 물리해양학 분야의 관측에 국한되었던 것에 비하여 CSK 사업을 통하여 황해 및 동중국해의 우리나라 관할 해역에서 해양조사를 실시하고 이 해역 물성의 계절별 종관적 분포 특성과 해류계 이해에 기여를 하였으며, 우리나라의 해양학 발전에 기반을 마련하였고 한국해양학회가 설립되는 배경이 마련된 셈이다.

수산진흥원에서는 격월로 어해황예보를 위한 해양자료 정선 조사를 실시해오고 있으나 우리나라 관할해역의 조사에 한정된 측면이 있다. 해양연구를 목적으로 하는 황해와 동중국해의 종관적 관측은 1980년대에 이르러 국제공동조사의 형태로 수행되기 시작하였다. 1983~1984년에 중국 해양국의 제2해양연구소와 미국 우즈홀해양연구소는 2회에 걸쳐 황해의 해양조사를 수행한 바 있는데 이때는 국내의 해양학자가 참여하지 못하였다. 1986년 1월과 8월에는 중국과학원 해양연구소와 미국 우즈홀해양연구소의 황해 및 동중국해 북부 해역의 해양조사에 국내 여러 기관과 해양학자가 참여하여 실질적인 국제공동조사의 참여가 시작되었다. 조사의 내용은 CTD 관측, 황해 유속계 계류 및 인공위성 추적 부이투하 등이었다.

국내 해양학자가 주도적으로 참여한 국제공동 해양조사는 1990년대에 시작되었다. 1992년 인하대와 중국과학원 해양연구소는 황해 해양자원도 작성을 위하여 2회에 걸쳐 황해의 해양조사를 실시하였으며, 1996~1998년에는 한국해양과학기술원과 중국 해양국 제1해양연구소 공동으로 6회에 걸쳐 계절별 해양조사를 실시하였다. 이 후 해양과학기술원에서는 황해와 동중국해에서 개별적 연구사업의 일환으로 해양조사가 지속되고 있으며 주로 하계에 관측이 집중되는 경향이 있다. 또한 배타적경제수역에 따른 관측 해역이 제한적인 경향으로 변경되었으며 부분적으로 한·중 또는 한·일 공동 연구에 의한 관측이 수행되고 있다.

한국해양과학기술원에서는 1982~1997년 '한국 해역 종합 해양환경도 작성 연구사업'을 수행하고 황해(1982~86), 남해(1986~91), 대한해협(1992~94) 및 동해 남서부(1994~97) 관측과 자료집을 출판한 바 있다. 이 조사에서는 물리해양학 뿐만 아니라 해양생지화학 분야의 자료도 동시에 획득되어 우리나라 관할 해역의 해양학적 특성을 이해하는 기초자료를 체계적으로 확보하였다는 데 의의가 있었다.

나. 시계열 해류 관측

황해에서의 시계열 해류 조사는 극히 미진하여 국내 해양학자보다는 미국 해양학자 주도로 계류 조사가 수행된 바 있다. 1986년 1~4월에는 미국 플로리다주립대 연구팀에 의하여 황해 중심 골과 동쪽 연안역에서 해류계 계류 조사가 수행된 바 있으며, 1995년 7~10월에는 미국 해군 NOO에서 제주도 서쪽 해역에서 해류계 계류 조사를 실시한 바 있었다. 두 조사에 국내 해양학자가 부분적으로 참여하여 조사에 기여를 하였지만 자료 획득보다는 해류계 설치와 운영에 도움을 준 측면이 강하였다. 이후 물리해양학 연구의 목적으로 국내 해양학자 주도의 해류계 계류 관측은 한국해양과학기술원과 제주대, 부경대 등 연구사업에서 황해 남부와 남해에서 간헐적으로 수행되었다.

다. 표층뜰개를 이용한 해류 관측

황해와 동중국해에서 인공위성 추적 표층뜰개를 이용한 라그랑쥐안 해류 조사는 1990년부터 한국해양과학기술원과 국립수산과학원에서 시작하였다. 특히, IOC와 WMO가 추진한 세계해양대순환실험(World Ocean Circulation Experiment, WOCE)의 표층류 프로그램(Surface Velocity Program)에 참여하여 황해와 동중국해의 해류장을 파악하는데 절대적인 기여를 하였다. 2000년대 들어서 한·일 공동연구 사업에서 하계에 동중국해에서 표층뜰개 투하 실험이 계속된 바 있다.

라. 고정점 해양관측망의 확대

물리해양학 연구를 위한 해양 조사의 방법과 시설에서 중요한 진전의 하나는 고정 관측망의 확대다. 국내 최초의 해양과학기지인 이어도 종합해양과학기지가 동중국해에 2003년 완공되었으며 이후 황해에 2009년 가거초 기지, 2014년 소청초 기지가 구축되어 황해 중부 부이와 함께 실시간 분지 규모의 해양관측망이 완성되었다. 한편, 황해와 남해의 연안역에서 해류 등 해상 상태의 실시간 상시 감시를 위한 HF radar 관측망은 2002년 군산대에서 금강하구에 설치한 것을 시작으로 현재까지 국립해양조사원, 군산대, 한국해양과학기술원 등의 참여로 새만금, 여수만, 부산과 대한해협, 백령도 및 제주도 해역에서 꾸준하게 증가하여 운영되고 있다.

2) 주요 연구 동향
가. 조석, 조류 및 해면 변화

황해와 동중국해의 연안역은 조차가 크고 국지적으로 매우 빠른 조류가 있는 곳인 만큼 개발과 항해 등 분야에서 연구 수요가 있어서 조석 및 조류 연구는 상대적으로 활발하고 뚜렷한 성과가 있었던 분야이다. 국내 해양학자에 의한 조석과 조류의 해양학적 연구는 1970년대부터 수행되어 1980년대 중반까지 국지적 해역에서의 조석 관측 자료의 분석 및 수치모델 계산, 분지 전체의 모델연구, 조석시스템의 해석적 연구 등으로 연구 경향이 변하였으며, 최근의 연구는 조석보다 조류의 연구가 우세한 경향이다. 1990년대 이후에는 지역적인 고해상도 모델 연구, 새만금, 시화호, 인천공항 등 대규모 연안 개발에 따른 국지적 또는 분지적 영향 연구도 수행된 바 있다. 최근 세월호 침몰 시 대응 과정에서 대두된 문제는 우리나라와 같이 섬이 많고 연안의 굴곡이 심한 해역에서는 정확한 수심과 지형 변화를 표현할 수 있는 높은 해상도의 조석 및 조류 모델이 필요함을 보여주어 향후 연구의 방향을 시사해주고 있다.

나. 해류 및 순환

황해와 동중국해 물리해양학 분야에서 가장 두드러진 진전은 해양 표층 순환 연구라고 할 수 있다. 해류의 분석은 초기 밀도장에서 간접적 계산과 해류병 투하 자료 분석으로부터 시작하여 시계열 해류계 자료 및 표층 뜰개 이동 궤적 자료 활용 등으로 큰 변화가 있었다. 한국해양과학기술원은 1990년부터 WOCE-SVP 프로그램에 참여하여 수년 간 표층 뜰개를 지속적으로 투하하고 이 해역의 표층 순환 형태를 분석하였다. 이들 자료와 선상 해수 물성 관측 자료를 바탕으로 쿠로시오로부터 분지되어 대마난류와 연결되는 해류 시스템, 제주난류의 존재, 황해난류의 계절별 특성, 양자강 유출 담수(양자강 희석수)의 거동 특성, 황해 남부 전선역 해류 등이 새롭게 해석되었다. 쿠로시오수의 동중국해 유입과정과 황해난류에 대하여는 국내외적으로 지속적으로 논의의 대상이 되어왔다. 쿠로시오로부터 대마난류로 연결되는 수괴 또는 해류시스템은 상이한 연구 결과들로 아직도 다양한 해석이 공존하고 있는 상태다. 한편, 황해난류의 정의와 계절적 존재에 대한 이견은 오랫동안 해결해야 할 문제였다. 국내 해양학자들의 관측 기반 연구결과 뚜렷한 계절변화와 이 해류에 의하여 수송되는 수괴의 계절적 차이가 있음이 받아들여지고 있다. 초기의 연구는 주로 해수 물성 분포의 분석 결과를 활용하였는데 여름철 제주도 북서해역의 순환 형태에 대하여 기존 해류모식도에서 벗어난 새로운 순환 형태가 제시되기 시작하였다.

해양수치모델을 이용한 연구의 정확도가 크게 증가하면서 황해와 동중국해의 해양순환을 이해하는 데 순환모델 연구의 기여는 크고, 특히 관측 자료가 부족한 시기와 지역에서 중요성이 더해지고 있다. 대한해협을 통과하는 대마난류수의 주기원이 겨울에는 쿠로시오역, 여름에는 대만난류의 가능성을 제기하고 있다. 대마난류 수송량의 계절변동성의 주요인이 동중국해 바람의 변화 때문이라는 연구 결과도 제시되고 있다. 겨울철 북서풍에 의한 황해 난류의 형성과정도 수치모델 실험으로 잘 제시되고 있다.

다. 수괴 및 전선

황해와 동중국해는 대륙을 접하고 있는 연해이며 중위도에 위치하는 지리적 특성 때문에 태평양에서 공급된 외해역 고염분수와 담수 유입의 영향을 받은 연안역 저염분수가 공존하며, 수온의 연변화 폭도 큰 특징이 있다. 국립수산과학원에서 수행해온 정선관측 자료의 누적과 1980년대 이후 해양 조사의 증가로 수괴의 연구는 일반화된 경향이다. 수괴의 특성과 일반적 분포에 대한 이해는 이미 잘 알려져 있는 상태다. 그러나 특정 수괴에 대한 분포와 거동의 기작에 대한 연구는 지난 20여 년 사이에 수행되었다. 황해의 대표적인 수괴의 하나인 황해저층냉수에 대한 연구가 상대적으로 많아 형성 과정, 황해 남부에서의 분포 형태 및 기작, 연변화에 대한 연구가 수행되었다. 동중국해에서는 여름철 2000년대 들어서 양자강희석수의 관측이 활발하게 진행되어 저염수가 덩어리 형태로 분포하고 이동하는 것이 파악되었다. 수괴간 경계역에서 형성되는 전선 연구는 조석전선 등 연안역 전선의 연구가 주류를 이루었으며 황해 남부와 제주도 북서쪽 해역의 열염 전선과 남해상의 열염전선의 집중관측 및 물리적 분석의 진전이 있었다. 최근 들어 전선역에서 발생하는 관입과 수온 역전 등 소규모 물리 현상의 연구가 수행된 바 있다.

시간에 따른 변동성 연구에서는 해수 물성과 해수면의 해양 기후학적인 장기 변화를 분석하는 데는 자료의 획득 기간이 충분히 길지 않아 1970년대는 시계열분석을 통한 연변화 형태의 정량화 연구가 주류를 이루었으며 자료 기간과 분석 대상 지점 또는 해역에 따라 유사한 분석 연구가 지속되었다. 2000년대 후반에 들어서 여러 관측 자료와 기후재분석자료를 이용하여 황해와 동중국해에서의 해양 변동성 연구가 비교적 활발하게 진행되고 있으며 다양한 기후지수와 연결하는 해석이 병행되고 있다. 관측 자료에 근거한 해수면과 해수 물성의 장기변동성 연구의 결과들은 정량적으로 동일한 변화율을 보여주지 않고 있지만 표층수온이 상승 중이며 등온선 분포가 북쪽으로 이동하는 경향을 제시하고 있다.

라. 연안 연구

연안의 경우 하구 둑과 방조제가 건설되면서 발생한 환경문제로 사회적인 관심의 대상이 되었지만 상대적으로 많은 연구가 진행되지 못하였다. 하구 연구는 1970년대 후반부터 낙동강 하구의 연구가 많았으며, 댐 또는 방조제 건설을 전후하여 금강 하구에서 집중적으로 연구가 수행되었다. 1990년대 이후부터에는 영산강 하구의 연구가 많이 수행되었다. 우리나라 큰 하구 중 하구 둑이 존재하지 않은 강 중 유일하게 접근 가능한 섬진강은 자연 상태의 하구 현상을 보이고 있어, 최근 많은 연구의 대상이 되고 있다. 특히 섬진강의 경우 개발로 인해 해수의 유입이 과거보다 크게 증가하여 많은 관심의 대상이 되고 있다. 우리나라 서해안에 넓게 분포한 조간대의 경우 과거에는 지질학적 생물학적 연구의 대상이었으나,

조간대의 수온, 열교환, 유속 분포와 같은 물리학적 연구가 크게 증가하고 있다. 조간대에 대한 이러한 물리학적 변화는 갯벌의 형성과 생태변화를 이해하는 데 선행되어야 할 연구 대상이다.

마. 기타 연구

황해와 동중국해의 물리해양학 연구는 대부분 조석, 해류, 수괴 연구가 주류를 이루었으나 최근 관측 장비의 발달과 관측 기회의 다양화로 연구대상 현상이 작아지는 경향을 보여주었다. 남해와 동중국해 전선역에서 수괴 사이의 관입구조 관측과 분석, 위성자료 이용 내부파 관측과 수층의 시계열 유속 자료에 의한 내부파 관측과 분석의 진전이 있었다. 해양 확산 및 혼합의 연구는 초기 조석혼합, 연안역 실험 연구 등에 국한되었으나 2000년대 중반부터 미세 유속시어 측정을 통한 수층 간 혼합연구가 시작되어 수직혼합계수를 정량화할 수 있게 되었다. 해양-대기 경계층과 관련된 연구로 해상풍 산출과 해수면 열속 연구는 연구의 특성상 우리나라 주변 전체 해역을 아우르는 연구로 국내 해양학 및 기상학 연구자에 의하여 수행된 바 있으나 순수한 해양-대기간 물리 과정 연구는 극히 미진한 것으로 나타났다.

3) 향후 연구 방향에 대한 제언

황해와 동중국해의 순환은 관측 자료를 기반으로 계절별 모식도를 제시할 수 있을 만큼 진전이 이루어졌으나 관측 자료에 근거한 순환 형태와 수치모델에 나타난 순환 형태 사이에 일치하지 않는 부분이 있다. 특히, 동중국해에서 대한해협으로 공급되는 고염수의 유입 경로에 대해서는 다양한 주장이 공존하는 만큼 이 분야의 연구가 필요한 상황이다. 뜰개 관측 자료는 유속이 작을 경우에 관측이 잘 되는지의 문제가 제기되고 있는 만큼 수치모델 결과를 검증할 수 있는 다양한 현장 관측과 장기간 시계열 조사 자료의 확보가 필수적이다.

지속적인 분지 규모의 종관적 관측이 필요하지만 배타적경제수역에 따른 인접 국가의 협력이 필요하다. 반면, 국지적 해역에서 작은 규모의 물리해양학 과정에 대한 연구는 독자적 관측이 가능하기 때문에 이 분야의 연구를 개척할 필요가 있다. 특히, 남해 열염전선의 사행의 역학적 분석, 황해 남부와 남해 전선역에서의 미세규모 물리과정, 내부파 발생, 소멸과정과 간섭, 수층 간 혼합과정의 연구는 물리해양학적인 학술적 연구뿐만 아니라 생지화학물질의 수평 및 수직 교환과정 이해와 물질 수지 정량화에 필수적이며 수중음향 분야의 연구와 함께 해군 작전 환경의 이해에 필요한 측면도 있다.

해양-대기 상호작용의 연구는 해양기인 재해와 관련하여 연구의 중요성은 계속 제기되어 왔으나 실질적 연구는 극히 미진하였다. 해무의 발생 연구는 해상 교통과 재난 등에 필수적이며 물리해양 분야뿐만 아니라 기상 분야와 공동으로 관측과 연구를 해야 할 부분이다. 또한 기후변화에 따라 극한 기상 현상 발생이 주목받고 있는바 한반도에서 발생하는 집중호우의 초기 발생에 대한 황해에서의 해양-대기 상호작용의 연구도 관심이 가는 연구주제이다.

해양생지화학적 특이 현상에 대한 물리해양학적 기작 연구의 필요성도 제기된다. 남해의 적조는 매년 반복적으로 유사 해역과 동일 시기에 발생하고 있어 이에 관계가 있는 물리해양적 기작이 있음을 시사하고 있다.

지구온난화에 따른 해양변화의 연구는 황해와 동중국해에서도 비교적 활발하게 진행되고 있지만 대부분 재분석자료와 기후모델의 예측 결과에 의존하고 있다. 이러한 연구의 검증이나 향후 변화경향 분석기 비교 자료로 활용하기 위한 시계열 관측 자료의 생산이 필요하다. 황해와 동중국해에 무인 관측기지의 인프라가 갖추어져 있기 때문에 이를 잘 활용하고 양질의 자료를 생산하기 위한 노력이 병행되어야 할 것이다.

2. 동해

최근 50년 간 동해에서 수행되어 온 물리해양 연구 결과를 정리하였다. 물리해양은 다양한 분야를 포함하고 있으나 해양의 수괴와 해수유동을 중심으로 기술하였다.

1) 동해의 수괴

동해의 수괴에 대한 연구는 50년 전까지만 해도 주로 일본인들에 의해 이루어져 왔다. 동해의 수괴는 동해고유수(동해심층수)와 동해중층수, 대마난류수로 크게 나눌 수 있으며 각각의 수괴는 다시 그 특성 혹은 혼합 정도에 따라 세분할 수 있다. 동해고유수는 동해 밑 대부분의 공간을 채우고 있으며 외부와 고립된 채로 오랫동안 동해에 머물러 있어서 고유 특성을 잘 간직하고 있다고 여겨져 왔다. 그러나 동해고유수는 완전히 균질한 해수가 아니라 그 자체에 미세한 구조를 갖고 있는 것으로 알려져 왔다. 동해중층수는 저염분과 고용존산소로 특징지어지며 동해고유수와 마찬가지로 표층에서 형성되어 침강된 것으로 알려져 왔다. 쿠로시오로부터 동중국해를 통하여 대마난류에 의하여 동해로 운반된 대마난류수는 고염고온의 특징을 갖는데 운반 과정에서 저염의 담수(특히 양자강수) 영향을 받는다.

최근 50년 동안 발전된 해양 장비를 활용한 많은 해양조사를 통하여 동해중층수와 동해고유수의 특성이 더욱 정확하게 밝혀졌다. 특히 CREAMS 해양조사로부터 다음과 같은 결과를 얻었다. 첫째, 동해중층수는 저염고용존산소인 기존의 중층수 외에도 고염고용존산소의 특성을 갖는 다른 성질의 중층수가 있으며 전자는 일본분지 서측, 후자는 일본분지 동측에 존재한다. 이는 동해중층수가 일본분지 서측 표층역에서 형성됨을 의미한다. 둘째, 동해고유수는 기존에 알려진 것보다 더 복잡한 구조를 갖고 있다. 셋째, 동해고유수의 용존산소 최소층이 깊어지고 있다는 기존의 사실을 재확인하였으며 동해고유수의 용존산소가 점점 감소하는 대신 중층수의 용존산소는 증가하고 있다. 이는 동해의 열염순환 시스템이 점점 얕아지고 있음을 강하게 시사하며, 최근 큰 화두가 되고 있는 지구온난화의 영향으로 추정된다. 동해중층수나 동해고유수의 형성해역은 과연 어디인가 하는 문제는 그 후 물리해양학계의 큰 관심거리가 되어왔다. 관측 자료를 통해 보았을 때 블라디보스톡 주변의 해역이 현재까지는 가장 가능성이 크지만 아직도 더 많은 관측이 요구된다. 그 후 이에 대한 수많은 수치 실험이 수행되었으며, 이들 대부분에서는 중층수 형성 해역이 일본분지 서측으로 공통적으로 나타나고 있다.

2) 동해의 해류

동해의 해류에 대한 지식은 최근 50년 전까지만 해도 주로 해양(수괴) 조사로 얻은 밀도 구조에 기반한 역학적 해류계산을 통해 얻어져 왔다. 대한해협과 같이 좁은 해역에서는 양안에서 관측된 해수면 자료를 이용하여 지형류를 계산하기도 하였다. 그 후 최근 50년 간 기술적으로 진전된 유속계를 이용하거나 인공위성 추적 부표 등을 이용하여 해류 관측이 용이해졌다. 유속계를 이용한 관측은 주로 대한해협에서, 동해 내부에서는 주로 위성 부표 추적 방법이 많이 활용되었다. 직접 관측을 보완할 수 있는 방법으로 수치실험도 큰 역할을 하였다. 특히 해협에서 직접 관측을 통해 얻은 정확한 경계조건은 동해 내부의 해류 계산의 정확도를 향상시키는 데에 크게 기여하였다. 최근, 모델 격자망의 세밀화, 자료동화 등과 같은 계산 기법의 향상, 위성 해면고도 관측 등과 같은 입력 자료의 양산으로 인하여 수치 모델의 정확성은 점점 더 커져 해양예보를 시도하는 단계에까지 이르고 있다.

동해 표층 해황을 결정하는 가장 큰 요인은 대한해협을 통한 대마난류수의 유입이다. 그동안 대한해협을 통해 유입하는 수송량은 대한해협을 가로지르는 해수면 경사로부터 유추하거나 한일 해저 케이블을 활용하는 방법 등을 통하여 알려져 왔다. 관측 결과에 의하면 동해로 유입하는 해수 수송량은 연평균 약 2.6Sv이고 하계에 최대 약 3.0Sv, 동계에 최소 약 1.5Sv으로 나타났다.

동해 상층수의 순환에 대하여는 그동안 일본 학자들에 의하여 많은 유형이 제시되어 왔는데 대한해협을 통하여 유입하는 대마난류는 대체적으로 3분지설이 유력하였으나, 대마난류가 한 개의 커다란 주류이며 단지 복잡한 사행을 할 뿐이라는 주장도 있다. 3분지설에서는 일본연안류(Nearshore Current)라 불리는 제1분지가 일본 연안을 따라 북상하고, 그 외해 측에 나란히 북상하는 지류인 원안류(Offshore Current)가 제2분지, 한국 동해안을 따라 북상하다(동한난류) 북위 약 38도에서 이안하여 동/동북동 방향으로 동해를 가로지르는 동한난류 연장해류로 구성된 제3분지가 있다. 동해 북부에서는 시베리아 연안을 따라 남하하는 리만해류가 북한 연안을 따라 계속 남하하다(북한한류) 북향하는 동한난류를 만나 이안(연해주 한류)하여 이 후 동해 내부에서 동-서 방향으로 아극전선을 형성한다고 하였다. 그 후 수치모델 기법이 해양에 본격적으로 적용되면서 일련의 수치 실험에서 3분지설의 가능성이 입증되었다. 이들 수치 실험에 의하면 제1분지가 생기는 이유는 일본 연안을 따라 발달된 얕은 대륙붕 때문으로 설명되는데, 해류는 등 수심선을 따라 흐르려는 성질을 갖기 때문이다. 제2분지는 여름철 수송량의 증가로 발생한 연안장파가 북쪽으로 전파함에 따라 나타나는 것으로 밝혀졌다. 제3분지는 해류의 서안강화 현상으로 설명된다.

최근 인공위성 위치 측정 기술의 발달로 부표추적을 이용한 해류 자료가 많이 축적되었다. 그 결과는 기존의 제3분지설과 다소 다르게 나타났다. 즉, 대마난류는 주로 대한해협 서수도를 통과하여 동한난류를 형성하고 이안한 후 울릉 난수성소용돌이(Ulleung Warm Eddy) 주변을 사행한 후 동해를 가로질러서 유출구(쓰가루, 소야 해협)로 빠져 나가고 일부는 대한해협 동수도를 통하여 동해로 유입하여 일본연안류와 비슷한 흐름을 보이나 북상 중 중간지점(노토반도 부근)에서 외양으로 이안하여 대마난류 주류에 합류한다. 여름철 수송량이 많을 때는 일본연안류가 쓰가루 해협까지 북상하기도 한다. 따라서 동한난류의 연장해류가 지속성 있는 동해의 주 해류라고 볼 수 있다. 이 관측 결과는 일부 수치모델에서도 대체적으로 입증되었다. 실제로 최근의 많은 정밀 수치모델에서도 제2분지는 뚜렷하게 나타나고 있지 않아서 전통적인 3분지설의 수정은 불가피해졌다. 즉, 제2분지는 없으며 제1분지는 다소 불안정하게 존재한다는 것이다.

최근 50년 전까지만 해도 동해 중·심층순환에 대한 정보는 오직 수괴분석을 통하여만 가능했다. 수치실험에서도 중·심층 해류를 계산할 수는 있으나 상층해류에 비해 상대적으로 정확도가 떨어지기 때문에 직접 측정의 필요성이 절실히 요구되어 왔다. 최근 해류계의 심층계류와 Argo 부이 투하 등을 통하여 그동안 베일에 가려졌던 중·심층순환이 어느 정도 밝혀졌다. 이들 결과에 의하면 중·심층 해류는 대체적으로 등수심선에 평행하게 반시계 방향으로 흐르며 해양분지에 따라 수 cm/s 정도의 강한 해류가 나타나기도 하고 수일 내지 수개월의 시간 규모로 진동함이 밝혀졌다. 특히 동일본분지에서는 겨울철에 강한 반시계방향의 독립적인 순환이 나타나는데 이는 겨울철에 지형적 요인으로 발생하는 강한 바람의 영향에 의한 것으로 추정되었다. 해류의 수직 구조를 보면 중·심층에 걸쳐 전반적으로 순압구조를 보이며 해저에서 가장 강하게 나타남으로써 표층 해류와는 역학적으로 연관성이 매우 약할 것으로 추정된다.

동해 해류의 형성 원인을 규명하고자 하는 역학적 연구의 시도도 최근 활발히 진행되고 있다. 대마난류를 북태평양 순환의 일부로 해석하는 연구, 대마난류의 형성 및 계절 변동이 북태평양 바람장의 영향, 동해의 열적 강제력 등을 그 원인으로 제시하고 있다.

3) 단주기 운동

조위관측은 매우 오래전부터 수행되었기 때문에 표면조석 현상은 다른 현상에 비해 상대적으로 비교적 오래전부터 잘 알려져 온 현상이다. 동해의 조석으로 인한 해수면 변화는 매우 미약하다. 조석과 무관한 단주기 운동으로는 동해 전체의 해수진동(basin-scale oscillation)을 들 수 있다. 부산과 일본 하마다를 잇는 해저 케이블의 전압 차이의 시계열 자료로부터 3~5일 주기 수송량의 변동이 발견되었으며 이는 동해 고유진동과 연관되어 있음이 밝혀졌다. 동해 고유진동 외에도 최근 밝혀진 단주기 운동으로 내부 조석파를 들 수 있다. 동해 입구에서 북쪽으로 전파하는 내부 조석파를 발견했는데 이는 동해 입구 수심 변화가 급격한 부근에서 반일주 조석에 의하여 발생된 것으로 추정하였다. 흥미 있는 점은 이 내부 조석파가 수괴에 따라 그 진행 방향이 바뀐다는 것이다. 즉, 울릉 난수성 소용돌이를 만나면 동쪽으로, 독도 냉수성 소용돌이(Dok Cold Eddy)를 만나면 서쪽으로 편향한다. 위성 추적 Argo 부이 자료를 분석하여 동해에서 근관성운동이 강한 계절 변화를 하고 있음을 밝혔다. 가을에 가장 강한 관성운동이 나타나는 이유는 혼합층이 가장 얕고 바람은 상대적으로 강해서 에너지가 표면 부근에 집중될 수 있기 때문으로 추정하였다.

생물해양학 분야 활동사

1.생물해양분과 활동

최광식(제주대학교 교수)
박명길(전남대학교 교수)

한국해양학회에서의 생물해양 분과회의 역사는 1980년대 중반으로 거슬러 올라간다. 1985년 3월 19일 서울대학교에서 개최된 제3차 이사회에서 2000년을 향한 중장기 연구과제의 종합조정에 관한 건으로 4개 분과위원회(물리해양, 화학해양, 생물해양, 지질해양 분과위원회)를 조직하여 분야별로 연구 과제를 선정하기로 결정하였으며, 생물해양 분과위원회는 코디네이터로 심재형(서울대), 유광일(한양대), 허형택(해양연구소), 고철환(서울대), 박주석(국립수산진흥원)이 위원으로 참여하였다. 이 후 여러 과정을 거쳐 1992년에 생물해양분과를 포함한 4개의 분과회가 정식으로 구성되었다. 1993년에 8월에는 숭실대학교에서 약 30여 명의 회원이 참석하여 '해양생물 목록 작성'을 주제로 한 첫 생물분과 모임이 개최되었고, 이후 2006년까지 간헐적으로 생물분과 모임이 이루어졌으나, 그 후부터 최근까지 약 10여년간 생물분과 모임이 전혀 마련되지 않고 있는 실정이다. 한국해양학회의 50주년 역사를 살펴보았을 때 타 분과회와 비교하여 생물분과의 회원 수가 상대적으로 매우 많은 실정임에도 불구하고 다른 분과와 달리 생물해양 분과의 모임이 다소 부진했던 이유로는 여러 요인들이 작용한 것으로 판단된다. 아마도 가장 큰 이유는 생물분과 회원들의 연구 분야 다양성과 관련이 있을 것으로 생각된다. 학회의 초창기와 비교 시 1990년대 이후에는 미생물(박테리아 및 바이러스), 원생생물, 동·식물플랑크톤, 저서생물(해조류 및 무척추동물), 어류 등 다양한 해양생물을 대상으로 하는 학회 회원들의 증가가 특징적이라 할 수 있다. 이처럼 다양한 해양생물들을 대상으로 전통적인 야외 조사에 기초한 생태학, 실험실 배양체(또는 실내 배양 해양동·식물)를 이용한 연구, 해양생물 분류, 분자생물학적인 기법의 해양생물 분야에의 도입 등으로 말미암아 해양생물에 대한 연구는 다루는 생물 종에 있어서 뿐만 아니라 연구 영역의 스펙트럼이 다른 해양 분과와 비교할 수 없을 정도로 다양화된 측면이 있다. 여기에 각 대상 해양생물과 관련된 국내외에서 매년 개최되는 수많은 해양생물 관련 학회들은 생물분과 회원들의 분과 활동에 대한 필요성과 관심을 저감시킨 요인으로 생각된다. 그럼에도 불구하고 한국해양학회 50주년을 기념하여 아래에 그동안의 생물분과 활동을 정리하였으며, 이후에 동·식물플랑크톤, 저서동물, 어류, 적조, 미생물 등과 관련된 우리나라의 연구사를 정리하였다.

생물분과와 관련된 활동내역을 연도별로 정리하면 다음과 같다.

- 1985년도 제3차 이사회(3월 19일 서울대학교 해양학과 세미나실)
  2000년을 향한 중장기 연구과제의 종합조정에 관한 안건을 위한 코디네이터로 생물분과에서는 심재형(서울대), 유광일(한양대), 허형택(해양연구소), 고철환(서울대), 박주석(국립수산진흥원)이 참여하였다.

- 1985년도 제5차 이사회(5월 17일 서울대학교 해양학과 세미나실)
  2000년을 향한 중장기 연구과제의 종합조정에 관한 건으로 개최된 이사회에서 생물해양 분야 대표과제로 '해양생물 생산성 조사'를 선정하였다.

- 1985년도 제7차 이사회 (9월 17일 서울대학교 해양학과 세미나실)
  국제기구의 참가 등 대외적인 활동을 전담하고 학회 학술활동 기능을 강화하기 위해 분과위원회(해양물리학, 화학, 생물, 지질, 해양교육)를 조직하는 문제를 총회 시 토의하기로 하였다.

● 1985년도 제9차 이사회 (11월 9일 서울대학교 교수회관)

국내·외적으로 해양학에 관련된 학술활동이나 행사 등이 많아지는 추세이고, 이에 대한 본 학회의 참여 필요성이 높아짐에 따라 해양학의 각 분야에 대해 본 학회를 대표할 수 있도록 분과회를 조직하는 데 의견이 모아졌고, 각 분과회의 명칭은 회장단에 일임하기로 하였다.

● 1992년 3차 이사회(7월 11일)

분과회 구성 : 해양물리학, 해양화학, 해양생물, 해양지질 분과회

● 1993년도 제1차 이사회 개최

· 해양생물분과회 구성(회원 98명)

· 해양생물연구모임(1993. 2. 19.~20)에 분과회 활동보조금(10만 원) 지급

● 1993년 '해양생물학 분과회 연구모임' 개최(분과회장 : 이태원)

· 일시 : 1993년 8월 27일(금) ~ 28일(토)

· 장소 : 숭실대학교 사회봉사관(서울시 동작구 상도동)

· 주요내용 : 약 30명의 회원이 참석, "해양생물목록작성"을 주제로 8월 27일에는 '해양생물 목록 작성의 필요성(이태원)' 등 4편의 연구발표, 8월 28일은 D-base 작성(이창훈)의 연구발표와 종합 토론이 있었다.

● 1994년 생물해양학분과 연구모임 개최(분과회장 : 이태원)

· 일시 : 1994년 8월 19일(금) ~ 20일(토) 2일간

· 장소 : 경기도 안산소재 중소기업연수원(안산공단 입구)

· 주제 : 동해의 해양생물과 그 생태

· 주요내용 : 약 30명의 회원이 참석, 동해 해양생물의 종합토론 다음으로 현재
수행 중이거나 사업예정인 해양생물 관련 연구과제에 대하여 사업
소개를 하고, 이러한 사업의 공동이용과 참여의 폭을 늘릴 수 있는
방안에 대하여 논의하였다.

● 1995년 생물해양학분과 연구모임 개최(분과회장 : 이태원)

· 일시 : 1995년 8월 18일(금), 19일(토)

· 장소 : 전북 고창군 선운사 관광지 내 산세도호텔

· 주제 : 해양생물의 사육기법과 사육을 통한 생태연구

· 주요내용 :

1) 해산어류의 유전육종(김종수)

2) 수산생물의 생물활성에 미치는 부니의 영향(이정열)

3) 전복의 배양기법(나기환)

4) 온배수를 이용한 양식(이순길)

5) 동물플랑크톤 사육을 통한 연구의 필요성과 그 예(박철)

6) 환경변화에 따른 해조류의 성장(정익교)

● 남해의 생태계 연구 Workshop 개최

· 일시 : 2001. 12. 14(금)~15(토)

· 장소 : 부산 해운대 한화리조트

· 주최 : 한국해양학회 생물분과회

· 주관 : 한국해양학회 생물분과회, 부경대학교 해양과학

· 주요내용 : 이홍재(한국해양연구원) 회원의 '물리연구' 등 총 9명 발표

● 해양생명공학 분과위원회

한국해양학회 생물분과 위원장 주관하에 해양생명공학분과 위원회가 개최되었다. 여러 생물분과 위원의 참석 아래 생물분과 위원장인 한양대학교 한명수 교수의 사회로 진행된 해양생명공학분과 위원회 회의에서 아래와 같은 여러 안건이 토의되었다.

1. 장소 : 한양대학교 생명과학과 501호 세미나실

2. 시간 : 2004년 2월 19일

3. 위원회 모임에 대한 위임 및 건의해주신 분

· 서울대학교 : 강헌중, 안세영

· 한국해양연구원 : 김상진, 김종만, 오재룡, 이윤호, 이원제, 이홍금

· 부경대학교 : 이원재

· 영남대학교 : 김미경

4. 회의 안건

① 위원장 및 총무 선임

· 선임원칙 : 참석자들의 추천으로 선임

· 위원장 : 한국해양연구원 남해특성연구본부 책임연구원 장만 박사

· 총무 : 한국해양연구원 남해특성연구본부 선임연구원 이택견 박사

② 위원회 구성

· 국공립대학, 국립수산과학원, 정부출연연구소, 산업체(제약, 식품회사, bioventure 회사 직원) 등으로 구성함을 원칙으로 한다.

· 해양학회 생물분과 회원들을 대상으로 위원회 참여 유도 후 각계가 고루 참

여할 수 있는 방향으로 위원회를 구성한다.

③ 활동계획 토의

· 입회서 발송, 접수 및 회원 조직

· 위원 선임 및 위원회 구성

· 위원회 회의 소집 및 향후 계획 토의

· 위원회에서 토의하게 될 안건(안)

· 2004년 활동계획 수립

· 석학 강연 추진

· BT training 참여기회 부여

· 향후 발전방향 토의 주제발표

· Road map 작성

· 회원들의 적극적인 참여 유도(활발한 학회 발표 등)

● 2005년 해양생물분과 모임 개최

· 일시 : 2005년 10월 14일(금)

· 장소 : 충남대학교

· 주요내용 : "원전 온배수 관련 어업손실평가를 위한 해양조사 표준 지침 개발"

　　　　　과제(연구책임자 : 노영재 충남대 교수)에 대하여 토론을 통한 의견 수렴

● 2006년 해양생물분과 모임 개최

· 일시 : 2006년 2월 22일 오후 1시 30분~23일 오전 11시

· 장소 : 한국해양연구원 남해연구소(거제)

· 주제 : "해양생태계 기능 연구의 최전선을 가다"

· 초청 연사 : 정해진, 김영옥, 강성호, 김정하, 김동성, 강창근

2. 해양식물플랑크톤의 연구 성과

최중기(인하대학교 명예교수)

노재훈(한국해양과학기술원 책임연구원)

한국해양학회 창립 이전에 우리나라에서 이루어진 식물플랑크톤에 대한 연구는 Skvortzow(1931), Kokubo(1932), Aikawa(1934), Yamada(1938), Kurashige(1943) 등의 외국학자들의 연구와 박태수(1956), 유성규·이삼석(1963) 등 국내학자들의 식물플랑크톤의 종 조성과 분포에 대한 연구가 그 시작이었다. 학회 창립시기인 1960년대에는 최상(1967, 1969), 엄규백·유광일(1967), 이민재 등 (1967) 등에 의해 전국 연안과 대한해협, 서해 중부해역 등에서 식물플랑크톤의 출현과 분포 양상에 대한 연구가 단편적으로 이루어졌다. 그 후 1980년을 전후로 해외에서 공부한 학자들이 귀국하면서 해역별로 식물플랑크톤의 군집 구조 분석 및 환경영향 요인에 대한 생태학적 연구가 활발히 연구되었다. 서해에서는 경기 만(최중기·심재형, 1986, 1988; 현정호·최중기, 1988), 천수만(심재형·이원호, 1979; 심재형 등, 1988), 아산만(이상현 등, 2005; 현봉길 등, 2008; 정병관 등, 2011) 군산해역(조규대 등, 1983), 서해중부해역(심재형·유신재, 1985; 장만·심재형, 1986) 등에서 생태학적 연구가 이루어졌고, 동해남부에서는 심재형·이원호(1983, 1987), 심재형·배세진(1988), 심재형·박용철(1986), 심재형 등(1985, 1989) 등에 의해 생태학적 논문이 발표되었다. 또한 남해에서는 광양만(심재형 등, 1984; 문창호, 1990; 조기안 등, 1994; 윤양호·김성아, 1996; 박미옥 등, 2001), 가막만(심재형, 1980; 임형 등, 1999; 이병돈 등, 1991: 윤양호, 1995, 2000), 여자만(심재형, 1980; 이진환·윤수미, 2000), 득량만(이진환·허형택, 1983; 이진환·이은호, 1999; 윤양호 등, 1999) 등에서 식물플랑크톤과 환경과의 생태학적 연구가 이루어졌다. 이외에도 완도, 나로도, 시아해, 목포연안, 남서해안 등에서는 심재형·박용철(1984), 윤양호(1998, 2001) 등에 의한 식물플랑크톤 분포와 생태학적 연구가 있었다. 제주도 주변 해역에서는 전득산·고유봉(1983), 이준백(1989), 이준백·좌종헌(1990), 이준백 등(1998)에 의해 식물분포와 생태 연구가 이루어졌다.

해역별 해양학적 현상과 연관하여 서해의 조석전선 해역에서 조규대 등(1983)은 군산근해 조석전선 수역에서 플랑크톤 분포 연구를, 최중기(1991), 최중기 등(1995)은 태안해역과 황해 조석전선 수역에서 수괴 특성과 일차생산을 비교하였다. 동해중부 극전선 수역의 식물플랑크톤 연구는 박주석 등(1991), 양한섭 등(1991,1997), 문창호 등(1998) 등은 영양염류 순환과정과 엽록소 분포에 대한 연구를 하였다. 강정훈 등(2004) 현정호 등(2009), 김동선 등(2012), Lim JH 등(2012) 등은 동해에서의 여러 규모의 와동(eddies)에 따라 식물플랑크톤과 영양염 동태가 영향받는다는 것을 밝혀냈다.

식물플랑크톤의 chlorophyll-a 분포에 대하여 크기별 분포가 1980년대부터 연구되었다(심재형·이원호, 1983; 심재형·박용철, 1984; 심재형 등, 1995; 강연식·최중기, 2002; Shim 등, 2008). HPLC를 이용한 색소별 분석을 통한 식물플랑크톤 그룹별 출현상태 연구는 박미옥 등(2001, 2006)과 Kim 등(2010)에 의해 남해와 동해에서 이루어졌다. Flow cytometer를 이용한 극미소플랑크톤의 분포 연구가 동해에서 석문식 등(2002), 노재훈 등(2006), 노태근(2010), Kim 등(2010), 최동한 등(2013) 등에 의해 남조 박테리아 Synechococcus와 Prochlorococcus의 수괴별 분포연구를 기초로 이루어졌다. 분자생물학적 방법을 이용한 극미소플랑크톤의 다양성 연구는 최동한·노재훈(2009), 최동한 등(2013)에 의해 남조박테리아를 대상으로 이루어졌다. 동중국해 북부해역과 북서태평양 등에서 극미소플랑크톤에 대한 연구가 최근에 활발히 이루어져(이영주 등, 2014), 노재훈 등(2005)은 이어도 주변해역의 극미소플랑크톤을 포함한 식물플랑크톤 동태에 대한 연구를 수행하였고, Kim 등(2009)은 식물플랑크톤과 영양염 변동을 분석하였으며, 최동한 등(2012, 2013)은 동중국해의 극미소플랑크톤의 다양성을 분자생물학적 방법으로 분석하고 계절변화를 파악하였다.

해색원격탐사를 이용한 Chlorophyll-a의 분포 연구는 김상우 등(2000), 유신재·김현철(2004), 유신재·박지수(2009), 박영제 등(2014), 박영제(2016) 등에 의해 연구되어 동해에서의 월 평균 변화를 추적할 수 있게 하였다. 유신재·김현철(2004)은 원격탐사 자료를 이용하여 대마난류가 동해 남서부의 춘계 대증식에 영향을 주는 것을 연구하였고, 조 등(2007)은 위성자료를 이용하여 동해 북부에서 황사로 인한 춘계에 초기 대증식이 일어난다는 것을 보여주었다.

일차생산력에 대한 연구는 일찍이 최상·정태화(1965)에 의해 시작되었으나 최상 박사 사후 1980년대 중반까지는 연구자가 없었다. 그 후 서해에서는 정경호 등(1988)에 의해 경기만에서, 최중기 등(1988, 1995)과 강연식 등(1992), 유신재·신경순(1995) 등에 의해 서해 중부해역과 서해 광역 해역에서 현장 측정을 통하여 이루어졌다. 동해에서는 심재형·박용철(1986), 정창수 등(1989), 심재형 등(1992), 박종규(1996) 등에 의해 동해 남부해역의 일차생산력이 측정되었고, 극전선해역과 울릉분지 해역에서 박주석 등(1991)과 곽 등(2013)에 의해 측정되었다. 남해에서는 정창수·양동범(1991)에 의해, 제주도 부근해역에서는 이준백 등(1989) 등에 의해 C-14 방법에 의해 측정되었다. 인공위성의 해색자료를 이용한 엽록소 농도를 기초로 한 일차생산력 추정은 동해에서 김상우 등(2000), 유신재·김현철(2004), 유신재·박지수(2009), 현정호 등(2009), 곽 등(2013) 등에 의해 제시되었다. 서해에서는 손승현 등(2005)에 의해 원격탐사 해색자료를 이용한 월별 일차생산력 추정이 있었다.

신생산력과 재생산 관계는 서해에서는 남부해역에서 양성렬(1994)에 의해, 중부해역에서 심재형 등(1996), 박명길 등(1997)과 조병철 등(2001) 등에 의해, 광역 수역에서 박명길 등(2002, 2004)에 의해 비교되었다. 동해에서는 극전선 수역에서 문창호 등(1998)에 의해, 울릉분지 해역에서 곽 등(2013)에 의해 신생산력과 재생산력이 비교되었다. 식물플랑크톤과 포식자인 소형동물플랑크톤과 중형동물플랑크톤의 관계에 대한 연구는 윤석현·최중기(2008), 양은진 등(2010)에 의해 경기만에서 이루어졌고, 동중국해와 북서태평양에서 최근형 등(2012)과 이창래 등(2012)에 의해 포식영향과 영양관계가 연구되었다.

식물플랑크톤과 환경요인에 대한 장기 자료를 이용하여 기후변화와 환경변화에 의한 식물플랑크톤 군집의 계절변화나 장기생태계 변동을 분석한 연구도 경기만을 중심으로 Jahan 등(2013), Jahan과 최중기(2014) 등에 의해 이루어졌다. 이 외에도 식물플랑크톤 분류에 대한 연구가 조류학회를 중심으로 많이 이루어졌고, 동해, 서해 연안의 원자력 발전소 주변해역의 기초생태계 변동에 관한 연구도 많이 이루어졌다.

한국해양학회 창립 이후 식물플랑크톤에 대한 해양생태학적 또는 생물해양학적 연구는 다른 분야에 비하여 비교적 다양하게 연구되었지만, 아직도 우리나라 주변해역에 대한 기초 연구는 많이 부족한 실정이다. 특히 우리나라 주변해역에서 측정된 일차생산력 자료가 미미하여 원격탐사 자료에 의한 모의된 일차생산력 자료의 정확성을 비교하는 데는 한계가 있다. 이러한 자료의 부족은 생태계 내에서의 탄소의 순환이나 에너지의 흐름 등에 대한 식물플랑크톤의 역할이나 영향정도를 평가하는 데도 제한적일 수밖에 없다. 우리나라도 늦었지만 표영생태계 기능과 기후변화에 따른 장기 생태계 변동을 파악하기 위해 중요 해역들을 대상으로 JGOFS식 연구와 GLOBEC/IMBER식 연구를 집중적으로 수행할 필요가 있다.

3. 동물플랑크톤 연구변천사

강정훈(KIOST 남해연구소 책임연구원)

1995년 교육부 주관으로 작성된 『한국 동식물도감』에 기록된 플랑크톤 연구의 역사는 총 4기로 구분되어 있다. 조선 말기, 일제시대, 해방 이후 그리고 현재 시기이다. 그중 동물플랑크톤 기록이 시작된 시기는 일제시대이다. 이때부터 주요 종류의 수층별 분포특성을 조사하여 난류성과 한류성 플랑크톤으로 구분하였다. 우리나라 학자에 의해 본격적인 조사가 이루어진 시기는 1950년대 후반이고 장소는 남해역이었다. 이 조사를 시작으로 동물플랑크톤의 계절적 특성에 관해 본격적으로 연구된 것으로 알려져 있다. 제4기인 1960년 이후부터 1990년 말까지 이 분야를 다루는 연구자들이 대거 배출되었고, 정부간해양학위원회(IOC: Intergovernmental Oceanographic Commission)의 국제협력사업인 CSK(Cooperated Study of Kuroshio and Adjacent Area)를 통해서 본격적인 동물플랑크톤상 자료가 획득되었다. 뿐만 아니라 이 시기는 대한민국 연안을 중심으로 여러 기관과 대학에 재직 중인 동물플랑크톤 학자들이 동물플랑크톤의 형태학적, 생태학적 및 분류학적 연구를 활발히 수행한 시기이기도 하다. 지역적으로는 인천항 및 경기만 해역, 군산인접해역, 만경 동진강 기수역, 황해내만역, 황해중동부해역, 진해만, 마산만, 부산항과 동해측이 주를 이루었다. 대부분의 연구는 연안역에서의 동물플랑크톤 분포와 계절적 특성 그리고 환경요인과의 변동특성을 이해하려는 목적으로 수행되었다. 또한 분류학적으로 분류가 용이하지 않은 *Acartia*속의 분류학적 연구와 재검토 연구도 일부 수행되었다.

이 시기에는 동물플랑크톤 동정 시 주로 일본도감을 참고하였으나 우리나라 학자에 의해 1995년 『해양동물플랑크톤 도감』(유광일 저)이 발간되었다. 또 이 시기는 수많은 연구자들에 의해 동물플랑크톤 주요 분류군에 대한 검토가 이루어지고

(지각류, 요각류, 단각류, 난바다곤쟁이류, 모악류 등), 동물플랑크톤 분포상도 대략 파악된 상태였지만, 체계적인 종 동정을 위한 도감으로서는 처음 출간된 것이다. 이로써 곳곳에 분산되어 있던 정보들이 한 곳에 정리되어 연구자들의 수고를 덜어주었다.

다음 시기인 제5기(1990년대 말~현재)는 기존에 갖춰진 학문적 성과에 기초하여 국내·외에서 진행 중인 프로그램과 협력연구를 통한 연구 분야들의 도입과 동물플랑크톤 연구의 진화 시기라 할 수 있다. 이 시기는 앞 4기의 연구가 계속 진행 중인 시기로서, 동물플랑크톤 연구는 분야 간 협업을 통해 지역적인 생물상 연구에 더해 시·공간적으로 연구 규모가 확장되는 시기다. 그 대표적인 인식 전환은 해양생물학 및 생물해양학적 분야에서의 동물플랑크톤 지위의 중요성 인식이라 할 수 있다. 동물플랑크톤의 역할과 기능을 잘 이해하는 것은 가장 기초적으로 요구되는 것으로써 분포, 종 다양성 그리고 해양환경과의 관계를 파악하는 것이 해양에서의 생물학적 과정을 해명하는 데 필수적인 것임을 널리 이해하게 된 것이다. 동물플랑크톤의 생물해양학적 과정을 이해하기 위한 기초적 지침서라 할 수 있는 『동물플랑크톤 생태연구법』 번역서(심재형, 김웅서 역)가 출간된 것도 1996년이었다. 이 책 발간으로 현장에서 동물플랑크톤을 이용한 다양한 활용법이 시도되고 적용되었다.

또한 2003년에는 대학원생 수준에 맞춰 쉽게 제작된 안내서 형태의 『플랑크톤 생태학』(심재형 등)이 발간되었다. 책의 내용은 대체로 포괄적이었다. 동물플랑크톤에 관한 전반적인 소개와 현장에서의 채집, 고정, 보존 및 관찰, 계수법, 생물량과 화학조성, 분포, 시·공간적 특성, 천이, 수직이동과 분포, 이차생산, 먹이망 내 지위와 구조, 먹이취득과 에너지 전달, 경쟁과 공생, 그리고 부유성 난과 치어까지의 내용이 다뤄지면서 상세한 설명도 포함된 책이다. 이로써 동물플랑크톤의 종 동정 및 분류의 오류 최소화와 미동정 혹은 미기록 종을 확장해가면서, 그 생물들의 생태학적 지위특성을 파악하기 위한 여러 방법론들이 제시된 셈이다.

우리나라가 참여 중인 대표적 국제협력과제는 크게 보면 GLOBEC program과 PICES meeting 내 주제에 따른 working group들이다. 이는 동물플랑크톤 연구가 지역적인 문제에 국한되지 않다는 것이고, 적극적인 이해나 문제해결을 위해서는 국제적으로 함께 노력하고 연구 결과를 공유해야 한다는 것을 의미한다. 대표적인 marginal seas 중 하나인 황해와 동중국해를 광역해양생태계 관점에서 이해하기 위해서는 한국, 중국, 일본 그리고 북한과의 상호이해와 협력이 필요한 것이다. 그래서 GLOBEC(Global Ocean Ecosystem Monitoring)이 진행되었다. 주요 목표는 집중적인 과학적 모니터링을 토대로 적응전략 및 관리방안을 생태계 수준 유지 관점에서 수립하되, 해양-일차생산력-동물플랑크톤 다양성 및 생물량 그리고 치자어 다양성이 핵심항목에 맞춰져 있다. 이 과정에서 황해해양생태계를 지탱하는 핵심 동물플랑크톤 지표종을 요각류인 *Calanus sinicus*를 고려하여 그 변동 및 분포특성이 국제적으로 연구되었다. 우리나라에서는 *C. sinicus*를 포함한 주요 요각류의 20년간(1980~1999년) 증가 경향이 남획으로 인해 포식자인 어류의 어획생산량이 감소하고, 먹이생물인 엽록소-a 농도의 유지에 의한 것으로 보고되었다. 2010년 GLOBEC 프로그램이 종료된 뒤, IMBER(Integrated Marine Biogeochemistry and Ecosystem Research)가 그 목표를 이어받아 수행 중이다. 대표적인 연구 목표는 해양의 전 지구적인 변화특성을 정의하고 생물 및 화학적 측면의 역할을 이해하는 데 있다. 가장 빠른 속도로 온난화가 진행되는 곳으로 보고된 황해를 대상으로 대표적인 '황해저층냉수괴'의 물리학적 특성변이와 생태계 반응연구가 수행되어 온난화의 진행과 황해저층냉수괴의 반응을 모니터링하기 위한 기초 작업을 완성하였다. 도출된 결과에서 황해저층냉수괴를 중심으로 어류의 대표적 먹이생물인 크릴류와 요각류인 *C. sinicus*의 수직이동특성과 먹이섭식특성의 증거를 확보하였을 뿐만 아니라 중국의 제1 청도해양연구소 팀과 협력연구를 통해 국제저널인 *Acta Oceanologica Sinica* (2013년)에도 게재되는 쾌거를 이루었다. 또한 황해저층냉수괴를 중심으로 한 핵심적인 먹이생물망 구조를 시범적으로 구성하였고, 기후변동과 관련된 생태계 수준의 반응과 관리방안을 수립하는 데에 필요한 기초를 획득하였다.

자연적 기후변동이나 인위적 영향에 따른 동물플랑크톤의 변동성을 잘 이해할 수 있는 구조는 상향 및 하향조절 관점의 장기간 모니터링과 단주기 샘플링이다. 이런 구조를 갖춘 곳은 간척사업이 이루어진 아산만 해양생태계와 다양한 공급원의 담수영향과 난류수 유입세력이 미치는 경남 거제도 장목만 생태계이며, 최소 10년 이상 주간관측(weekly sampling) 혹은 계절별 관측을 통해 관심지역의 생태계 변동성을 보고한 바 있다. 특히 남·서해와 다른 환경적 특징과 생물 생산성을 보이는 동해에서는 지구온난화에 의한 기후변화가 전 지구적 환경문제로 대두되고 있다. 기후변화에 의한 체제변환이나 주요 동물플랑크톤 변동은 어족자원에 미치는 영향을 이해하는 데 도움이 될 수 있다. 1968년부터 2009년까지 40여 년간 동해 동물플랑크톤 연평균 현존량의 장기변동은 점진적으로 증가하였고, 2000년대 들어서는 그 증가양상이 더욱 크게 나타났다. 뿐만 아니라 독도 주변해역에서는 2006년부터 2015년까지의 동물플랑크톤 장기간 변동이 특히 여름철에 증가하는 경향이 뚜렷하였는데, 이는 포식자의 감소와 먹이생물의 증가와 관련이 깊은 것으로 판단되었다.

이렇듯 생태계 구조의 변동성에 대해 언급할 수 있는 장기간 모니터링에 대한 관심이 높아지는 바람에 장기간 조사가 더 이상 해외선진국에서만 보고되는 자료에 국한되지 않았다는 것이 입증되었다. 기후변동에 관한 연구관점에서 볼 때, 시간적 변동성 외에도 공간적인 규모특성이 있다. 그 대표적인 것이 동해의 대표적인 중규모 물리적 강제특성인 난수성 소용돌이 구조와 기후변동의 중심인 북동태평양에서의 엘니뇨, 라니냐 특성에 따른 위도별 특성연구 사례이다. 울릉분지를 중심으로 나타나는 난수성 소용돌이 구조형성 및 소멸에 관여하는 해류의 특성과 연관된 동물플랑크톤 분포특성이 보고되었고, 20세기 대표적인 엘니뇨, 라니냐 시기인 1998년/99년의 북동태평양 위도별 특성이 동물플랑크톤 분포양상과 상관성이 높다고 보고된 바 있다.

PICES(The North Pacific Marine Science Organization)는 2009년부터 FUTURE Scientific Program을 통해 북태평양 인접 6개국이 동일한 주제로 협력연구를 수행 중이다. 대표적인 주제는 장기간 변동성에 민감하게 나타나는 해양학적 과정과 주요생물에 대한 정의이고, 기후변동과 인위적인 해양교란요인들과의 상관성 이해 그리고 압력 혹은 교란요인영향 뒤 회복탄력성을 평가하는 것도 포함하고 있다. 이와 관련하여 우리나라는 외래종과 해파리 침입현황 및 피해평가를 수행하는 working group에 참여하여 우리나라의 현황과 국제적 현황을 공유하는 차원에서의 국제적 활동을 적극적으로 펼치고 있다. 이 과정에서 외래종에 의한 침입을 최소화하는 실질적인 방법을 고민 중이고, 유해생물인 해파리의 형성, 확산 및 유입의 현황을 파악 및 이해함으로써 우리 인간의 활동 및 삶의 질을 유지 혹은 향상하는 데 활용하고 있다.

플랑크톤 연구가 1기에서 5기로의 발전 과정을 기초로 지금은 동물플랑크톤의 분류상 오류를 최소화하는 활동, 다양한 지역 및 시간적 관점의 동물플랑크톤 분포특성, 신규오염현상에 따른 동물플랑크톤의 반응, 기후변동에 따른 종, 개체군 그리고 군집의 변동특성, 그리고 기후변동과 인위적 교란의 병합요인에 대한 동물플랑크톤의 반응 및 회복탄력성 등 다양한 수준과 관점에 대한 연구가 상호 공존하면서 진행되고 있다. 이러한 관점의 핵심은 불확실성이 높은 해양생태계 내 복잡한 생물들 간의 관계함수라 할 수 있다. 잘 제시된 질문에 대한 답변을 하려면 최소화된 분류 및 동정 오류, 대표적인 정량법, 그리고 적절한 분석이 핵심이다. 그러나 우리가 던진 질문의 답을 얻기 힘들 때에는 운용생태학의 범주 중 하나인 중형 폐쇄생태계(mesocosm)를 이용하여 관심대상인 먹이사슬단계를 대표하는 플랑크톤을 포함시켜 실험적으로 평가함으로써 보다 잘 이해할 수 있다. 중형 폐쇄생태계를 이용하여 동물플랑크톤의 상향 및 하향조절 관점의 영향 및 생태학적 과정을 확인한 바 있다.

이처럼 다양한 범주에서의 연구가 높은 수준에서 진행되고 있다. 그럼에도 불구하고 여전히 풀리지 않는 문제들이 잔존한다. 대체 무엇이 자연적 및 인위적인 교란요인에 대한 동물플랑크톤 반응과 회복탄력성을 결정하는 것인가? 생태계는 자연 및 인위적 교란요인에 어떻게 반응하고, 어떻게 변화하는가? 생태계 기반 예측을 위해 구성된 동물플랑크톤 주요종 중심 기초먹이망 역할은 제대로 작동할 수 있는가? 이러한 수준의 질문들을 두고 국제적으로도 깊이 고민 중인데, 이는 종수준보다 개체군 및 군집수준에서 고민해야 할 부분이다. 이러한 물음들에 제대로 답을 하려면 보다 종합적인 접근이 필요하고, 해양화학과 해양물리학의 이해 그리고 해양생물 상호간의 관계적 이해를 기초로 한 종합적인 접근이 요청된다.

4. 해양저서생물 연구사 - 해양저서동물을 중심으로

홍재상(인하대 해양과학과 명예교수)

바다의 밑바닥, 해저에서 생활하는 모든 생물을 일괄하여 저서생물(底棲生物, benthos)이라 한다. 저서성 동물에는 모래나 펄 속에 파묻혀 있거나 반쯤 매몰된 상태로 생활하고 있는 '내생동물'(內生動物, infauna)과 조간대나 해저의 바위에 또는 해저표면 등에 서식하는 '표생동물'(表生動物, epifauna), 그리고 게나 새우처럼 바다에 살고 있되 민첩하게 움직일 수 있는 유영성 저서생물(nektobenthos) 등으로 세분된다.

현재까지 기재된 해양생물종은 대략 230,000종으로 추정한다(Bouchet, 2006). 그러나 최근의 The Census of Marine Life(2000~2010) 조사에 의하면 지구상의 해양생물종 중 70~80%는 아직도 발견되지 않은 채로 남아 있는 것으로 보고된다. 따라서 해양생물학자들이 판단하기에 이 지구상에는 대략 100만~140만 종이 존재한다고 추정한다(Costello et al., 2010). 이들 해양생물종은 표영생물(pelagos)이라기보다는 거의 대부분 저서생물(benthos)이며, 그것도 전체의 98%를 차지한다(*Thurman and Webber*, 1984; Angel, 1993).

1) 우리나라 해양저서동물 연구의 역사

가. 우리나라 해양저서생물 연구사의 개관

우리나라의 자연사나 생물 분류에 대한 고문헌은 적지 않았으리라 생각되나 조선시대 이전의 것은 몇 가지에 지나지 않는다고 하며, 그 내용은 생물의 이름, 간단한 생김새, 효용 가치, 산지 등 실생활에 필요한 사항들이 기록되어 있을 뿐이다. 고려시대인 13세기에 간행된 『향약구급방 鄕藥救急方』, 조선 세종 6~7년 『경상도지리지 慶尙道地理志』(1424~1425), 세종 15년 『향약집성방 鄕藥集成方』(유효통 등, 1433), 『세종실록지리지 世宗實錄地理志』(1454), 예종 원년 『경상도속찬지리지 慶尙道續撰地理志』(1469년), 노사신의 『동국여지승람 東國輿地勝覽』(성종 1470~1494), 중종 25년 『신증동국여지승람 新增東國輿地勝覽』(1530), 광해군 5년 『동의보감 東醫寶鑑』(허준, 1613) 등이 간행되었다.

17세기에 들어오면서 실학의 진흥과 더불어 박물학이 발달하게 되면서 『지봉유설 芝峯類說』(이수광, 1614년 탈고, 1634년 출간), 『물보 物譜』(1770년경 이가환에 의해 초고가 이루어졌고, 1802년에 그의 아들 이재위에 의해 정리·편찬), 『재물보 才物譜』(이만영, 1798), 우리나라 최초의 어보인 『우해이어보 牛海異魚譜』(김려, 1803), 『자산어보 玆山魚譜』(정약전, 1814), 『물명고 物名攷』(유희, 1820년대), 『물명고 物名攷』(정약용, 조선 후기), 『임원경

160

제지林園經濟志』권37~40 「전어지佃漁志」(서유구, 1834~1845 편찬), 『오주연문장전산고五洲衍文長箋散稿』(이규경, 1835~1845) 등이 발간되었다. 이렇게 우리 조상들은 동물분류학에 관련한 많은 기록을 남겼으나, 동물의 수는 많지 않고, 또 표기가 한문 위주로 되어 있다. 분류 방식은 『본초강목本草綱目』(중국 이시진, 1552~1578)에서 충부(蟲部), 인부(鱗部), 개부(介部), 금부(禽部), 수부(獸部), 인부(人部)로 나눈 것과 일맥상통한다.

유럽의 자연 연구와 과학 사상이 우리나라로 전파된 것은 천주교의 전래와 밀접한 관계가 있는데, 이를 통해 우리도 현대적 동물분류학을 접할 기회가 있었으나 천주교의 박해와 서양서적 금단이 다섯 번이나 단행됨으로써 그 기회를 잃고 말았다는 것은 아쉬운 일이 아닐 수 없다(홍이섭, 1944). 우리나라의 동물을 Linne의 방법에 의해 맨 처음으로 분류하기 시작한 것은 오히려 19세기의 유럽인들이었다. 해산 무척추동물의 경우 Adams and Reeve(1850)가 제주 성산포 동쪽으로 80km, 수심 약 100m에서 저서동물인 수종의 연체동물을 채집하여 기록하고 있고, 갑각류에서는 Miers(1879)가 한국해협에서 드렛지로 채집한 집게·게류·새우류·쿠마류 등을 기록함으로써 본격적인 해양생물의 분류학 시대를 열었다.

1910~1945년 사이의 일제 치하에서는 주로 일본인 학자들에 의하여 우리의 동물분류군이 연구되었고, 그중 한국인 학자는 몇 명에 불과하였다. 이 기간 동안 한국인 학자에 의한 해산 무척추동물 연구는 전무하며, 일본인 학자로 시바노보루(芝昇, 연체동물), 우에다 쓰네이치(上田常一, 게류), 요시다 유타카(吉田裕, 새우류), 고바야시 하루지로(小林晴治郎, 기생성 편형동물 및 선형동물), 치바 에이치(千葉英一, 기생성 원생동물) 등이 있으며, 연구 결과는 주로 1923년에 창립된 조선박물학회(朝鮮博物學會)가 발간한 『조선박물학잡지朝鮮博物學雜誌』에 발표하였으며, 한국인 학자는 없다. 『조선박물학잡지』는 주로 일본인들이 주동이 되어 1924년에 창간하여 1944년까지 20년 동안 40호를 발행하면서 우리나라 생물학 분야에 많은 공헌을

하였다. 보고된 논문은 총 266편이며, 그 가운데 동물에 관한 내용이 72%(191편)를 차지하였고, 대부분이 분류와 분포 및 생물상 목록이었는데 해산 무척추동물의 분류군은 절지동물 9편, 원생동물과 편형동물이 각각 8편 정도에 불과하였다.

1945년 광복 후 조선박물학회는 자동적으로 해체되었고, 동년 12월에 얼마 안 되는 한국인 학자들이 모여 조선생물학회를 창립하게 된다. 1949년 서울대학교에 최초의 생물학과 신설을 시작으로 전국에 생물학과 수가 증가하였으나 광복 후의 사회 혼란, 그리고 6·25 동란과 그 후유증으로 1960년까지는 발전하지 못했다. 그 후 1958년 4월에 한국동물학회가 발족되고 학회지 발간이 시작되면서 본격적으로 한국인 학자들에 의해 분류 및 분포, 그리고 생태 연구가 시작되며 많은 미기록 종과 신종이 보고·기재되기 시작한다. 그 결과물로『한국동물명집(三) - 무척추동물편』(향문사, 1971)이, 1997년에는『한국동물명집』(곤충 제외), (한국동물분류학회)이 출간되기에 이른다.

나. 최근 해양저서동물 연구의 현황

위에서 외국 및 우리나라의 해양저서동물 연구와 관련한 연구사를 극히 간략하게 개괄해 보았다. 이어서 1960년대부터『한국해양학회지』와『한국수산학회지』등이 발간되면서 여기에 발표된 해양저서동물 관련 논문을 토대로 최근까지의 연구 현황과 흐름을 분석·고찰하고, 나아가 앞으로의 발전 방향에 대해 제언하고자 한다(재료 및 방법 참조). 지난 50년 동안 본 연구의 조사(1966~2016년 6월 현재)에 포함된 5개 주요 잡지에 발표된 해양저서동물 관련 논문의 총 편수는 647편이었다. 이 기간 동안 연평균 13편의 논문이 발표되었다.

위의 그림에서도 알 수 있듯이, 60년대 중반에서 80년대 초반까지는 아직 연구 인력이 없어 연간 4편 정도를 생산하는 데 그쳤다. 그 후 1986~1995년까지 다소 증가하는 양상을 보여 9편 정도를 생산하다 1996~2010년엔 대략 20편을 상회하

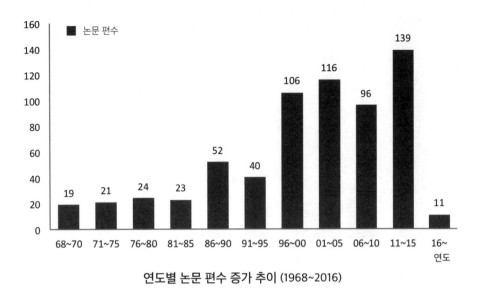

연도별 논문 편수 증가 추이 (1968~2016)

다 2011년 이후엔 28편으로 급상승하는 경향을 보인다.

한편 기간 중 학술지별 논문 편수를 보면 한국수산학회에 발표된 논문 편수가 299편으로 압도적이다. 그다음이 한국해양학회지가 109편으로 뒤를 따른다. 이는 주로 게나 새우류 등의 수산자원의 대상이 되는 상업종이나 또는 굴이나 바지락 등 양식 대상종 중심의 개체 생태 및 개체군 생태학적 연구가 많은 이유 때문이다. 이는 다음에 제시된 학술지별 논문 편수 그림이 잘 보여준다.

한편, 기존의 분석 결과를 살펴보면, 378편이 생태학적 연구로 대부분을 이루며 이외에 분류학, 독성학, 양식학 등이 뒤를 따르는 것으로 나타났다. 생태학 분야 내에서는 생물의 분포를 결정하는 환경요인, 그중에서도 방조제 건설, 해사채취, 온배수 영향, 해안매립 등 인간 활동이나 기타 기후 변화 및 자연재해 등에 기인하는 영향 요인 등에 대한 논문 편수가 많았으며 이들을 총체적으로 평가하는 지수의 개발이나 응용에 대한 연구도 많은 편이었다.

독성학이나 양식 분야 또는 기타 생리 등의 분야를 제외하고 저서동물의 크기별 관련 논문 편수는 대형저서동물이 169편으로 가장 많고, 그다음이 중형저서동물

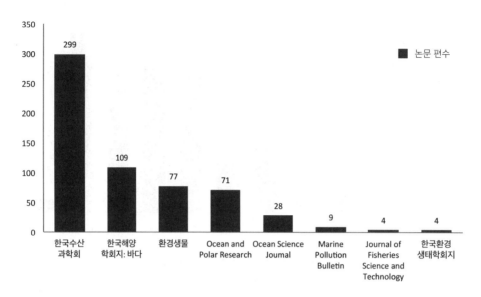

학술지별 논문 편수

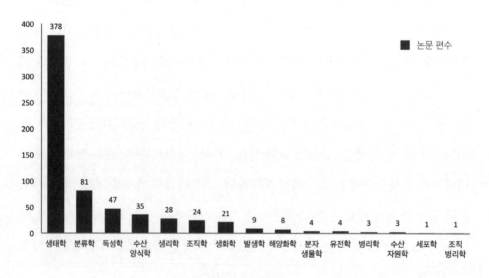

학문분야별 논문 편수

(26편), 그리고 초대형저서동물이 5편이었다. 조사 지역별로 보면 남해(147편)와 서해(137편)가 많고 상대적으로 동해는 59편으로 적었다. 생태군별로 보면 군집 연구가 171편으로 가장 많고, 그다음이 개체를 가지고 수행하는 실험적 연구가 106편, 그리고 개체군 연구 43편으로 그 뒤를 따랐다(아래 그림).

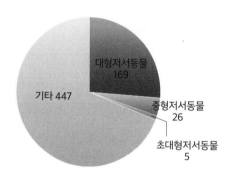

저서생물 크기별 관련 논문 편수

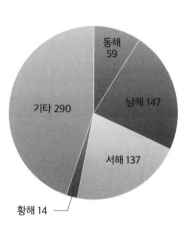

지역별 관련 논문 편수

생태군별 관련 논문 편수

2) 해양저서생물 연구의 발전을 위한 제언

지난 50년 동안 발표된 해양저서동물 관련 논문을 분석한 결과 총 647편이었다. 논문의 발표 추세는 꾸준히 증가하고 있고, 특히 1996년도 이후에 두드러지게 나타나고 있는데 이는 그동안 생산된 연구 인력양성의 증가에 기인하는 것으로 평가된다. 해양저서동물과 관련한 논문은 역시 수산자원이나 양식 등 생물을 주 연구 대상으로 하는 한국수산학회지에 투고하는 비율이 훨씬 높았다. 서해에서는 갯벌 관련 주제가 상대적으로 많았고, 남해안에서는 내만의 생물상 및 환경 평가 그리고 양식 대상종의 개체군 및 실험 생태학적 연구가 많았다. 크기에 따른 구분에서는 예상했던 대로 역시 대형저서동물이 상대적으로 중형이나 초대형저서동물에 대한 연구보다는 많았다. 이러한 결과를 토대로 앞으로의 연구 및 발전 방향에 대해 몇 가지 지적하고 제안하고자 한다.

(1) 정확한 자료의 생산은 과학적 결과를 생산하는 첫걸음이 된다. 모든 조사가 다 그렇듯이 ① 현장조사 → ② 실험실 분석(선별, 동정, 계수 등) → ③ 자료 분석의 모든 과정에서 일어날 수 있는 에러를 가능한 줄여야 한다. 이 중에서 현장조사는 본 조사의 목적을 충분히 반영할 수 있도록 정점의 위치나 조사 강도 등 매우 정교하게 디자인되어야 하며, 실험실 분석에서는 동물군별 선별이나 동정 그리고 계수 등이 매우 수준 높게 적절한 시간 투자와 높은 수준의 전문인력을 필요로 한다. 그렇지 않을 경우 때로는 엄청나게 잘못된 결과를 생산하여 자연 현상의 왜곡을 초래한다.

(2) 생태학적 연구에서는 상대적으로 군집생태학적 연구가 많았는데 주로 군집의 구조와 우점종에 대한 내용들이다. 군집연구는 1차적으로 서식처의 종 조성을 파악하는 것이 주 목적인 군집의 구조 연구와 2차적으로 그들이 수행하는 생태계

내의 기능 연구가 뒤를 따른다. 군집생태학은 조사하려는 서식처에 존재하는 모든 분류군을 섭렵한 후에야 가능한 연구 분야이다. 그렇지 못할 경우 다른 문헌과의 비교가 거의 불가능한 경우가 대부분이고 때로는 학문 발전에 별 도움이 되지 못하는 경우도 많다. 또 한 가지 아쉬운 점이 있다면 정성 연구가 선행되어야 함에도 불구하고 대부분의 군집 연구가 정량 연구에 치우쳐 있다는 것이다. 앞으로 보완해야 할 점이다. 또한 군집연구의 대부분이 구조에 그치고 있으며 기능적 연구나 고찰이 거의 없어 자료의 해석에 한계를 보이는 경우가 많았다.

(3) 생물다양성 연구도 강조되어야 한다. 생물다양성 연구는 생태계 구조를 파악하는 기초가 되며 궁극적으로는 생태계 기능과 서비스와 직접적으로 연결된다. 모든 생태계는 생물다양성이 구조와 기능을 좌우하는 기본 틀을 구성하는데 군집 연구의 결과 해석에서 이 부분에 대한 고찰이 빈약한 편이다. 게다가 군집연구는 생물의 올바른 동정이 핵심이며 생태계 근간을 구성하는 요소가 된다. 그럼에도 최근의 분류학적 체계나 재기재 등에 대한 이해가 부족한 것 같은 느낌을 받는다. 특히 최근에는 기존에 범세계종으로 분류되었던 대부분의 종들이 재분류, 재기재, 재평가되면서 기존 연구의 새로운 해석이 필요한 시점이며 이러한 요인은 생태학 발전에 매우 심각한 장애 요인으로 작용하고 있다. 한 지역의 생물다양성 연구는 알파뿐만 아니라 베타, 감마 다양성 분석까지 시도하는 노력이 필요하다.

(4) 기존 국내문헌의 미인용 사례가 있었던 것도 매우 안타까운 부분이었다. 기존의 문헌은 반드시 고찰하고 이를 바탕으로 발전할 수 있는 계기를 마련해야 한다. 올바른 과학적 방법(scientific method)을 통하여 잘못된 것으로 판단될 경우, 철저한 고찰이 요구되고, 이를 바로잡아야 한다는 것은 기본이다.

5. 수산어류 연구

김수암 (부경대 자원생물학과 교수)

해양학은 다학제간 연구의 면모를 지녔지만, 무엇보다 수산학과는 서로 분리하여 생각할 수 없이 관계가 밀접하다. 수산학에서 다루는 대상이 주로 해양수산생물인데, 이들 생물은 변화하는 해양환경에 다양한 영향을 받으면서 적응하거나 최악의 경우에는 절멸하기 때문이다. 해양학의 역사를 보면, 수산생물의 변동요인을 밝히려는 과학적 호기심이 해양학의 발전으로 이어지는 경우가 자주 있었다. 우리나라에서도 해양학회의 창립 시 수산과 수서생물 연구자들의 노력에 힘입은 바 크다. 수산학, 어류학, 양식학 분야의 과학자들은 해양학회가 탄생하기 훨씬 이전부터 수서생물에 대한 연구를 수행해왔다. 따라서 해양학회가 설립되던 초창기에는 해양학회 내에 수산생물, 플랑크톤, 어류를 전공하는 학자들이 많았고, 수산학자들의 기여가 매우 컸다. 뿐만 아니라 두 학문분야 간의 교류와 대화도 비교적 활발하였다.

당시의 수산생물을 연구하던 선구자적 학자들은 해양학과 수산학 두 분야가 서로 떨어질 수 없다는 불가분의 관계를 가지고 있다는 사실을 지금의 학자들보다 훨씬 더 절실하게 느꼈던 것 같다. 해양학회의 초창기 무렵, 서울대학교 해양학과에 재직하신 수산자원학 전공자인 고(故) 김완수 교수님께서 왕성한 연구활동을 통해 해양학의 한 부분으로서의 수산학 연구방향을 제시하였고, 수산진흥원(현 국립수산과학원)의 공영 박사님은 1960년대부터 수산학을 기후학, 해양학, 통계학, 어구어법학 등을 종합적으로 아우르는 응용생태학의 범주로 판단하여, 국가의 수산정책도 해양학적 지식에 입각해야 한다는 것을 강조하였다. 또한 수산에 대한 학문적 자부심을 가장 값진 전통자산으로 생각하던 부산수산대학교(현 부경대학교)의 학자들도 해양어류의 습성과 해양환경의 관계에 대하여 깊이 연구하였다. 특히 어장학적인 측면에서의 수산해양학을 전공한 조규대 교수님은 일본에서 귀국한 후 열정적으로 후진 양성을 시작하여 18명의 박사를 배출하였고, 제자들과 함께 수산해양학 부문의 연구논문을 다수 저술하는 성과를 이루었다. 해양학에 대한 국가적 관심과 지원이 충분하지 않던 시기에 선도적 위치에서 후진들을 양성하고, 수산해양학을 진흥시킨 세 분의 공로는 결코 과소평가할 수 없을 것이다. 다만, 조금 아쉬운 점은 공영, 조규대 박사님들의 연구결과가 해양학회지에 게재되지 않고, 주로 수산관련학회지에 게재됨으로써 해양학회 회원들의 관심을 충분히 받지 못한 점이다.

한국해양학회는 2016년 창립 50주년을 맞이했다. 그럼에도 해양학회의 활동사 중에 차지하는 수산부문의 활동은 확실히 미미하다. 물론 학자들의 연구 성과 자체가 항상 자국의 학회지만을 통하여 발표되는 것은 아니다. 그리고 한국해양학회지에 게재된 논문의 수와 전공부문이 그 당시 학계 분위기와 회원들의 연구업적을 모두 반영하는 것일 수도 없다. 하지만 학회지를 통한 논문발표가 당시의 학계 상황을 어느 정도 대변하는 바로미터라고 판단하여 한국해양학회지에 발표된 수산과 해양어류 관련 논문의 수를 조사하고, 그 의미를 되짚어 보았다.

한국해양학회의 공식적인 학술지는 국문학술지와 영문학술지 둘로 나뉜다. 그중 전자에 속하는 학술지는 『한국해양학회지』(1966~1995)와 『바다』(1996~현재)가 있고, 후자에는 영문 논문만 게재하는 *Journal of Korean Society of Ocranography*(1995~2004)와 *Ocean Science Journal*(2005~현재)이 있다. 한국해양학회지가 창간된 1966년부터 현재에 이르기까지 총 1,700여 편의 논문이 출간되었다. 그 가운데 수산과 해양어류(어류 분류는 제외) 부문의 논문은 고작 70여 편으로 전체의 5% 미만에 불과하다. 이들 학술지에 게재된 논문을 매 10년씩으로 나누어 전체 논문에 대한 수산과 어류에 대한 비율을 조사한 뒤 시대적으로 구분하면, 다음 그림과 같다. 국문 논문의 경우, 해양학의 초창기인 1966~1985년에는 수산부문의 논문이 전체의 약 8%를 차지하였다. 이후 20년 동안은 수산 분야의 논문 비중이 대폭 감소하여 1.1~3.0%에 그쳤다. 그리고 최근 10년 동안 수산부문의 논문 수가 다시 증가하여 8%대를 유지하였다. 이러한 경향은 영문학술지에도 그대로 반영되어 1996~2005년 사이의 1.7%가 최근에는 4.7%로 향상되었다. 여기에 어류의 미기록 종에 대한 보고기록 11건까지 포함하면, 해양어류의 생물, 생태에 관련된 논문의 수는 27편으로 늘어났고, 전체 논문의 7.8%를 차지하였다. 수산과 해양어류에 관련된 논문의 수가 증가하는 경향은 지구환경의 변화, 특히 '해양기후환경의 변화가 수산자원에 미치는 영향'에 대한 연구가 세계적인 관심분야로 떠오르면서 국내에서도 이 분야에 대한 연구가 활성화되고 있음을 말해준다.

고(故) 김완수 교수님께서 서울대학교를 퇴임하고, 외국으로 떠나신 1980년 이후부터 해양학회 내에서는 수산학에 대한 활동이 급격히 줄어들었다. 해양학계에서는 수산학이 '해양어류를 어획, 관리하여 식량보급과 국가경제에 기여하는 학문'으로만 생각하여 해양학과는 차별을 두는 듯한 인식이 광범위하게 확산되었다. 이러한 관점은 물론 식량안보(food security)와 산업적인 측면에서 타당성이 있으며, 수산의 중요한 요소이기도 하다. 하지만 아이러니컬하게도 국내의 분위기

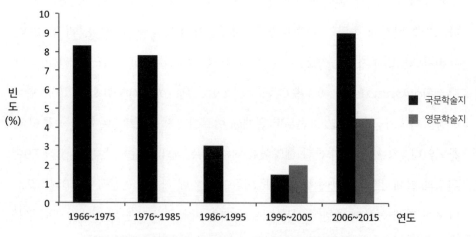

한국해양학회지의 국문학술지와 영문학술지에 게재된
수산과 해양어류 부문 논문 편수의 시대별 비교

(※ 여기서의 빈도는 총 게재 논문 수에 대한 수산과 해양어류 논문 수의 백분율임.)

는 세계의 수산학계가 1980년대에 들어와 겪은 큰 변화에 부응하지 못하였다. 세계 수산학계의 추세는 1970년대까지 유행하던 수산자원량의 변동을 수리적으로 계산하고 해석하는 개체군동태학(population dynamics)에서 해양환경변동에 반응하는 수산생물의 습성, 그리고 그 결과로 미래 자원량 예측과 같은 분야를 연구하는 수산해양학(fisheries oceanography)으로 변화하였다. 그 결과 세계적인 조류에 편승하지 못한 해양학계 내에서의 수산부문 연구는 1980년대와 1990년대에 걸쳐 해양학회지의 수산과 해양어류 부문 논문 수의 급격한 감소로 이어졌고, 수산학을 전공하려는 젊은 학생들의 수도 줄어든 것이다.

과거에는 어업자원관리와 같은 수산학의 사회적 특성 때문에 순수 해양학과는 거리가 있었다. 하지만, 해양에서도 기후변동이 현실적인 문제로 대두되는 1990년대에 들어와서는 수산학의 학문적 주축이 생태계 지식을 기반으로 하는 수산자원관리(ecosystem-based fisheries management)라는 개념으로 발전하는 계기를 마련했다. 해양환경은 항상 변하며 어류를 포함하는 해양의 생물은 이러한 변화에 반응하고 있다는 생태학적 관점에서 볼 때, 수산생물학을 해양의 환경변동과 연계시켜 생각하지 않을 수 없다. 따라서 해양의 먹이망에서 상위 부분을 차지하고 있는 해양어류를 해양생태학의 한 분야로 포함시켜, 해양환경의 생태학적 과정(ecological processes)을 제대로 규명하여야만 생태계 전반의 변동을 설명할 수 있으며, 해양어류의 번성과 상태를 진단, 예측할 수 있는 것이다. 이러한 관점에서 수산해양학(fisheries oceanography)은 국제적으로 해양학의 한 분야로 확실하게 자리매김을 하게 된다. 국내에서도 지난 10여 년간 꾸준히 증가한 이 분야 논문 편수와 젊은 과학자의 증가가 이루어지고 있다. 이는 국제적 추세에 부응하는 국내 연구 분위기를 반영하는 것 같다. 21세기에는 한국해양학회 내에서 기후학뿐만 아니라, 해양학의 타 분야인 물리해양학, 화학해양학, 생물해양학 분야와 함께 공조연구체계를 갖춘 수산해양학 연구가 한층 더 활발히 전개될 전망이다.

6. 우리나라 적조연구

정해진(서울대 지구환경과학부 교수)

적조는 플랑크톤이 대량으로 번식하여 해수의 색깔이 변하는 현상을 말한다. 전 세계 바다를 끼고 있는 거의 모든 나라에서 발생하며 어패류를 대량으로 폐사시키고 사람에게도 피해를 주어 해마다 막대한 산업적 피해를 발생시켜온 심각한 해양환경문제이다. 선진국들은 일찍부터 적조에 대한 연구를 많이 해왔다. 특히 적조는 해양생물뿐만 아니라 해양물리, 화학, 지질학적 환경요인의 영향을 받기 때문에 적조연구는 다학제간 연구가 필수적이어서 적조연구는 '해양학의 꽃'으로 불려왔다. 또한 적조를 모니터링하고, 발생 및 확산을 예측하기 위하여 위성, 로봇, 현장 유전자분석시스템 등 최첨단 장비들이 동원되므로 이들 분야와의 공동연구가 활발히 진행되어왔다. 뿐만 아니라 적조는 수산업, 관광산업, 요식업 등에 큰 피해를 주기 때문에 국민적 관심을 끌어왔다.

우리나라 적조연구는 1995년을 전후로 나눌 수 있다. 1995년 가을에 발생한 코클로디니움(Cochlodinium polykrikoides) 적조는 약 700억의 어민 피해를 발생시켰다. 역설적으로, 바로 이 적조가 우리나라의 가장 큰 환경 및 재난재해 문제의 하나로 부각되게 만든 것이다. 이로 인하여 국가적 차원에서 적조연구에 힘을 쏟기 시작하였다. 그 결과 1994년 이전에 SCI급 국제학술지 논문이 5편 미만이었던 것이 1995~2005년 사이에는 55편으로 급증하였고, 2006~2016년에는 3배나 증가하여 165편으로 늘어났다. 1995년 이전에는 20위권이었던 우리나라의 적조연구가 4위로 도약하여 적조연구의 강국으로 발돋움하였다.

그동안 우리나라는 적조연구 중 적조생물의 생태생리분야와 적조제어 분야에서 선도적 역할을 해왔다. 지난 20년 동안 많은 적조생물들이 광합성뿐만 아니라 다른 생물들을 포식할 수 있는 혼합영양성(mixotroph)이라는 사실이 밝혀졌다. 즉

Documents by country/territory

Compare the document counts for up to 15 countries/territories

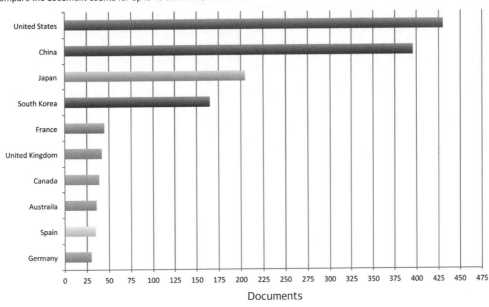

국가별 적조연구 논문 편수 (A) 2006~2016년

Documents by country/territory

Compare the document counts for up to 15 countries/territories

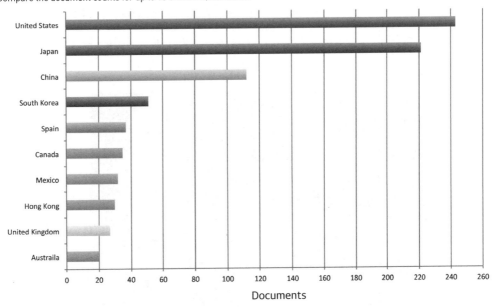

국가별 적조연구 논문 편수 (B) 1995~2005년 (SCOPUS)

이들에 의한 적조가 무기영양염류 농도뿐만 아니라 먹이종류 및 밀도에 영향을 받는다는 사실을 알아낸 것이다. 지금까지 밝혀진 혼합영양 적조생물들은 50~60종 되는데, 이 중 30~40%가 우리나라 해양학자들에 의하여 밝혀졌다. 특히 유해성 코클로디니움과 공생성 심바이오디니움(*Symbiodinium*)이 혼합영양성이라는 사실과, 설사성패독(DSP)을 일으키는 *Dinophysis*를 섬모충을 이용하여 배양할 수 있다는 사실을 밝힌 논문들이 국제학계에 큰 반향을 일으켰다. 적조제어분야도 우리나라가 앞서 있는 분야이다. 특히 우리나라는 현장에 발생한 적조에 황토를 투입하여 상당한 성과를 거두고 있다. 아울러 다양한 적조제어기술 개발에도 힘써왔으며 현장 적용에 와 있는 기술들도 다수 있다.

많은 회원들의 노력으로 우리나라 적조연구의 수준이 세계적 수준이라는 것을 국제적조학계로부터 인정받았다. 이 덕택에 우리나라는 2012년 15차 국제적조학회(15th International conference on Harmful Algae)를 성공적으로 개최하여 국외 참가자들로부터 큰 찬사를 받았다.

또한 적조녹조분야의 top journal인 *Harmful Algae*(Elsevier)에 "Red tides in Korea"라는 제목의 특별호를 발간한 바 있다. 이 특별호에는 우리나라 적조연구

2012년 10월 창원에서 열린 제15차 국제적조학회

*Harmful Algae*에 발간한 특별호 "Red tides in Korea" 표지 (2013년 12월호)

논문 12편이 수록되었다. 한 국가의 적조연구를 top journal에서 특별호로 발간해준 경우는 저널사상 이 특별호가 처음이다.

적조발생을 신속하고 정확하게 예보하는 기술개발은 매우 중요한 분야이다. 이러한 예보를 위해서는 기상-해양환경-해양생물-적조생물로 이어지는 시스템을 잘 이해해야 한다. 또한 해양환경에 대한 적조생물의 반응을 분자생물학적 수준에서 이해하려는 연구가 필요하다. 이러한 연구는 최근 들어 우리나라에서도 활발히 진행되고 있는데, 해양학적 접근이 반드시 필요한 분야이다.

우리나라 적조연구 발전에 있어서 해양학계가 기여한 공은 크다고 생각한다. 앞으로 적조연구에 있어서 해양생물-해양물리-해양화학-해양지질학의 통합적 접근을 통한 적조발생, 유지, 확산, 소멸 메커니즘을 정확하게 밝히는 것이 필요하다. 나아가 이러한 연구결과를 바탕으로 효과적인 적조예보시스템을 갖추는 것이 우리 해양학자들이 국가에 기여할 부분이라고 판단한다.

7. 한국의 해양 미생물 연구 50년사

현정호(한양대 해양융합공학과 교수)

조병철(서울대 지구환경과학부 교수)

이상훈(한국극지연구소 책임연구원)

권개경(한국해양과학기술원 책임연구원)

조장천(인하대 생명과학과 교수)

거의 모든 생물분야의 연구는, 기본적으로 종의 조성과 시공간적 분포 특성 및 조절요인을 이해하기 위한 생태적인 관점에서 시작되었으며, 해양미생물 분야도 그 점에선 예외가 아니다. 생태학을 살아 있는 생물들 간의 또는 생물들과 주변 환경요인들 간의 상호작용에 대한 연구라 정의할 때, 해양미생물 생태학의 큰 두 가지 방향은 미생물 배양을 통해 특정 종들의 계통, 생리 및 생화학 특성을 파악하고 단일 대상종과 환경과의 상호작용(단일종의 생태)을 연구하는 개체(또는 종) 생태학(microbial autecology)과, 다양한 미생물 종과 개체들을 하나의 단위(community)로 묶어 이들 미생물 군집과 주변 환경요인들과의 상호작용을 연구하는 군집 생태학(microbial synecology)으로 구분할 수 있다. 본 난에서는 한국의 해양미생물 50년 연구사를 군집 생태학 분야, 개체 생태학 분야, 그리고 생명/환경공학적 응용기술 분야로 나누어 서술하였다.

1) 군집 생태학적 연구

초기 국내에서의 해양미생물 연구는 주로 군집 생태학적 방법에 근거한 미생물 해양학(microbiological oceanography)으로 분류할 수 있으며, 1990년대에 들어서서 본격적으로 시작되었다고 보는 것이 타당하다. 그 시기는 외국에서 1970~1980년대를 거치면서, 해양에 서식하는 많은 미생물들이 단순한 유기물의 분해자가 아니라 식물플랑크톤(유기물 생산자)과 함께, 해양생태계 내 먹이망 과정과, 탄소순환에서 중요한 역할을 하는 생물요인이라는 점이 부각된 후, 이러한 새로운 사실들을 뒷받침하는 추가적인 연구들을 성공적으로 수행한 해양미생물 연구자(조병철, 김상진, 이상훈 등)들의 귀국과 맞물린다.

기본적으로 미생물 해양학은, 해수의 물리적 요인(수온-염분-밀도 등)과 화학적 요인(용존유기탄소, 무기영양염 및 미량금속) 및 생물적 요인(원생동물 및 바이러스 등)연구들의 고른 발전과 이들 분야와의 긴밀한 정보교류가 전제되어야 한다. 그런 이유로 국내에서의 미생물 해양학은 단기간에 가시적인 연구 성과 달성이 쉽지 않은 점과 논문 편수 위주의 실적평가 관행이 주류를 이뤄온 국내 과학계의 분위기가 더해져, 기후변화(이산화탄소, 수온상승 등)와 생물펌프(biological pump) 또는 미생물 탄소펌프(microbial carbon pump)와 같은 지구적 환경변화에 대한 해양미생물의 반응 및 탄소순환 조절기능을 다루고 있는 국제적 연구 수준에 비해 상당히 뒤떨어진 측면이 있다.

그러나 이러한 한계에도 불구하고, 미생물 해양학 연구는, 해양수산부의 장기해양생태계 모니터링 및 EAST 연구사업, 한국해양과학기술원(KIOST) 및 극지연구소(KOPRI)의 기본사업, 교육부의 BK21 사업 등을 통해 꾸준히 진행되어 왔다. 서울대학교 미생물 해양학 연구실(조병철)과 한양대학교 미생물 생태/생지화학 연구실(현정호)에서는 다양한 해양환경에서 박테리아 생물량, 생산력 및 조절요인(원생동물, 바이러스 및 유/무기 영양원 등)들에 대한 연구들을 수행해 오면서, 수온/수층구조 변화에 따른 해양의 f-ratio 및 생물생산력 변화, 그리고 그로 인한 해양의 수직적 물질 플럭스 조절 가능성(조병철), 기후변화에 따른 용승강도의 변화가 미생물의 호흡 및 생산력에 미칠 수 있는 영향(현정호) 등에 관한 연구성과들을 축적하였다. 또한 KIOST(노재훈, 최동한)에서 이제는 해양의 주요 일차생산자로 인식되는 남조세균(cyanobacteria)에 관한 연구를 수행해 오고 있으며, KOPRI(이상훈, 황청연)에서는 대학과 공동으로 남극 아문젠해 해빙해역의 미생물 생태/생지화학 연구를 꾸준히 진행 중에 있다. 향후, 미생물 해양학 연구는 아라온, 이사부 등 대형연구선의 건조에 힘입어 보다 활성화될것으로 기대된다.

한편, 1980년대 이후 지속적이고, 대규모로 진행된 연안개발(양식장, 인공댐 건설, 갯벌 매립 등)로 인해 연안해양 및 퇴적물로 과도한 유기물의 축적이 일어났다. 한양대학교(현정호)에서는 2000년대 중반 이후, 부영양화가 된 연안 해양환경과 동해의 퇴적물을 대상으로 미생물에 의한 유기물의 분해, 분해경로(호기성 호흡-탈질-산화-철 및 망간환원-황산염 환원 등) 및 조절요인, 그리고 저층유기물 분해와 수층 생산력 간의 상호작용(benthic-pelagic coupling)에 대한 연구를 통해 연안의 수층과 저층의 탄소, 영양염 및 미생물 호흡경로에 관여하는 원소(철, 망간, 황 등)들의 거동과 순환을 밝히기 위한 지구미생물학(geomicrobiology) 분야의 연구를 수행해왔다.

미생물 해양학 및 미생물생지화학(지구미생물학)은, 향후 미생물 유전체 연구와 첨단장비를 이용한 (지)화학 분야의 물질분석 연구, 그리고 위성해양학 분야의 연구와 병행해서, 인간 활동에 따른 지역적 환경오염 및 지구적 기후변화에 따른 미생물의 반응과 기후조절 요인으로서의 미생물의 기능(역할)을 이해하는 데 무엇보다도 중요하다는 각별한 인식하에 연구자의 저변확대 및 타 연구 분야와의 교류가 그 어느 때보다 절실한 해양학의 중요한 연구분야이다.

2) 개체 생태학적 연구

국내 해양미생물학 연구에서 전통적인 배양기법에 의존하는 종 생태학적 연구는 의학/보건/식품 미생물 분야에 비하면 상대적으로 느리게 진행되어왔다. 이는 해양 환경 내에 서식하는 미생물의 0.01% 정도만이 배양가능하다는 기술적 한계와 해양의 전체 생태과정 및 생지화학적 물질순환 과정을 이해하는 데 단일종의 기여도는 상당히 제한적일 수밖에 없다는 해양학적 인식에 기인한 바가 크다. 1990년대 이후 지난 20여 년간 16S rRNA 유전자의 염기서열 분석에서 시작하여 최근의 차세대염기서열 분석(NGS, Next Generation Sequencing)까지 미생물 다양성 연구 방법의 지속적 발전은 미생물을 직접 분리/배양하지 않고도 환경에 서식하는 미생물들의 종 및 군집다양성을 밝힘으로써, 미생물 연구에 획기적인 활성화 방안을 부여하였다.

국내에서는 2000년대 초반 프론티어 사업으로 수행된 '미생물 유전체 연구단'과 대학의 BK21 사업 등을 통해 새로운 생명자원으로서 해양미생물 다양성 확보, 신종 보고 및 이들의 유전체 해독 연구 등이 한국생명공학연구원과 주요대학의 미생물 연구실을 중심으로 수행되었다. 주요 연구멤버로는 김지현(연세대), 배진우(경희대), 윤정훈(성균관대), 이성근(충북대), 전체옥(중앙대), 조병철(서울대), 천종식(서울대) 교수 등을 들 수 있으며, 이들은 수백 종의 신종 해양미생물을 발표하는 한편, 유전체 해독과 기능 연구 등을 통해 새로운 종류의 rhodopsin, 방향족 탄화수소 대사 과정, 고세균(archaea)에 의한 암모니아산화, 혐기성 유류분해 미생물, 해양세균과 바이러스에 대한 메타유전체 해독 연구 등을 수행하고 있다.

16S rDNA의 클로닝으로부터 시작된 비배양 해양미생물에 대한 다양성 연구는 2016년 현재 메타유전체, 메타발현체, 단일세포유전체로 확장되어 전 세계 해역에 걸쳐 연구되고 있다. 그러나 이러한 연구방법론은 배양에 의존하지 않고 생태계에 존재하는 군집의 유전 정보를 확보하는 매우 중요한 방법이지만, 단일 개체 미생물 유전체를 재구성하기엔 불완전하며, 또한 이들의 생리적인 특징을 이해하는 것이 어렵다는 단점을 가진다. 순수배양을 통해 얻어진 미생물로부터 완성된 유전체를 얻을 수 있고, 생리적인 특성의 파악을 통해서 메타유전체로부터 유래된 가설을 입증할 수 있기 때문에, 환경 내에서 이들의 역할을 이해하기 위해서는 해양 환경 내 주요 비배양성 미생물의 배양은 여전히 중요하다. 이러한 점에 착안하여, 인하대학교 분자환경미생물학연구실(조장천)에서는 SAR11, SAR116, OM42, OM60, SAR92 그룹 등 주요 비배양성 해양 미생물을 배양하는 연구를 지

속적으로 수행하고 있으며, 극지연구소(이상훈)에서는 국제공동연구를 통해, 고대 빙하에 동결 보존된 15만 년 전의 박테리아 균주 배양에 성공하여, 고대 미생물의 유전 진화적 특징 및 생명공학적 응용기반을 구축하기 위한 노력을 기울여 왔다.

고효율 배양기법을 통해 다양한 해양/극한 환경에서 비배양성 미생물의 순수 액체 배양을 통한 미생물 개체 생태학 연구는 순수 배양된 해양 미생물의 계통학 적 분석과 분류, 배양세균의 생리생태학적 분석, 유전체 확보와 유전체 진화 연구 및 이들 미생물의 생명공학 및 환경 정화/복원의 관점에서의 활용에 크게 기여할 것으로 기대된다.

3) 생명 및 환경공학적 응용

2000년대 중반 이후 KIOST는 해양생명공학 기술개발 프로그램을 통해, 해 양생명자원의 확보와 활용기술 개발을 위한 해양미생물 연구의 중심축으로 자리매김하였다. 생명자원의 확보·관리 관점에서 해양미생물보존 및 분양센터 (http://www.mebic.re.kr)가 운영되고 있으며, 2002년 파퓨아 뉴기니 해역에서 분리된 초고온 고세균 *Thermococcus onnurineus*를 중심으로 해양미생물의 생리적 특성 규명, 생명공학적 활용을 위한 연구를 진행한 결과, *T. onnurineus* NA1 균주의 유전체 해독 및 후속연구 결과로 DNA 중합효소를 개발하는 한편, 개미산을 에너지원으로 하는 새로운 대사과정을 *Nature*에 보고하였으며, 현재 일산화탄소로부터 수소를 생산하는 연구가 실증단계에서 수행되고 있다(강성균, 이정현 등). 최근에는 다양한 온실가스를 이용하는 해양미생물을 확보하고 이로부터 유용 산물을 얻기 위한 연구가 수행되고 있다(강성균, 이현숙). 또한, KIOST(김상진, 권개경)에서는 국내 해양미생물 연구 초기부터 유류분해 미생물의 확보와 활용에 대한 연구를 수행하면서 5 ring 방향족 탄화수소를 분해하는 *Novosphingobium pentaromativorans*를 보고하였고, 살조미생물에 대한 연구를 통하여 *Kordia algicida*로 명명된 살조미생물을 분리하여 보고함으로써 이들 해양 미생물의 환경공학적 이용기술을 제고하는 노력을 기울여 왔다. 한편, KIOST(이희승, 신희재), KOPRI(이홍금) 및 서울대(오동찬)에서는 해양미생물로부터 생리활성 물질을 개발하기 위한 연구를 지속적으로 진행해 왔으며, 안양대(조기웅), KIOST(이정현, 이현숙, 오철홍, 김윤재)에서는 생촉매로서 해양미생물의 효소를 개발하기 위한 연구도 단속적으로 진행 중에 있다. 최근에는 국립해양생물자원관의 개관을 통해, 국가적 차원에서 해양(미)생물자원을 체계적으로 보전하고 활용하기 위한 시스템을 구축하였다. 생명공학기술의 발달과 함께, 향후 해양에서 부가가치가 높은 미생물 자원의 확보를 위한 연구는 국가적 차원에서 그 중요성이 점점 더해질 것으로 전망된다.

지질해양학 분야 활동사

박용안(서울대학교 명예교수)

김대철(부경대학교 교수)

박찬홍(한국해양과학기술원 책임연구원)

우리나라 지질해양학(Geological Oceanography, Marine Geology) 연구는 1966년 경부터 국립지질조사소에서 시작되었고, 대학교에서의 정규 해양학, 특히 지질해양학의 학부과정 교육은 1968년부터 시작되었다. 다시 말해 서울대학교 문리과대학 이학부 해양학과 초기의 두 분 교수(김완수 교수와 박용안 교수) 중 박용안 교수가 최초로 지질해양학 강의를 시작하면서였다. 이후 1972년 서울대학교 해양학과의 첫 학부 졸업생이 배출되었고, 이어서 대학원에 지질해양학과 해양과학의 석·박사 과정이 개설되었다.

지질해양학의 발전 단계에서 1970년대 후반까지는 틀을 갖추는 초기 단계로 평가된다. 즉, 1972년부터 지질해양학 학사와 석·박사의 인력이 배출되기 시작하였고, 정부출연연구소에서는 지질해양학 연구팀이 국책 연구사업과 연구용역을 활발하게 수행하였다. 이를 기반으로 학술잡지의 논문발표 편수 증가와 학계와 국책연구기관의 해양탐사장비 현대화 등이 1980년대 후반부터 뚜렷해졌다. 이로써 지질해양학의 발전 단계는 1990년대 초에 청년기로 들어섰고, 이후 2000년대 초반에 이르러 장년기에 들어섰다고 평가된다. 2000년대 초기 이후는 조사선 등 인프라의 고도화와 세계적 수준의 연구능력을 갖춘 전문 인력의 맹활약으로 지질해양과학 전체의 수준이 높아지고, 연구 성과는 세계적 수준으로 향상되기 시작하였다.

지질해양분야 활동사에서 우리나라 지질해양학 분야를 이끌어오고 헌신하신 서울대학교 박용안 명예교수님이 1967년 태동기부터 정착단계인 2000년대 초기까지 정리해주셨고, 이어서 2000년대 이후의 분과활동과 해양지구물리탐사 분야를 소개하기로 한다.

1. 우리나라 해양지질학의 태동과 발전(1966~2000)의 역사

박용안(서울대학교 명예교수)

해양지질학(Marine geology)이라는 용어는 지질해양학(Geological Oceanography)이라는 용어와 똑같은 의미인데 전자는 지질학의 관점에서 보는 학문적 전개 방법과 내용에 중점을 둔 것이며, 후자는 거대 종합과학인 해양학의 관점에서 보는 연구방법과 내용에 중점을 둔 것이다. 결국, 연구대상은 바다 밑바닥 해저지층-지각(해안선에서 먼 바다 쪽으로)과 해저지형 및 해저광물자원이다.

그러므로 지질해양학은 육지와 바다의 경계선이 되는 해안선과 해안역(조간대, 해빈, 만 입구, 염하구 등)에서부터 대륙붕과 대륙사면 해저, 깊은 수심의 대양분지 및 대양저산맥의 해저(sea floor)에 관한 기원과 진화, 퇴적환경(기후변동 등) 퇴적층서, 물질기원, 지각 구조(Tectonics) 및 광물자원 부존 등을 연구하는 학문으로 정규적인 해양과학의 한 분야로서 매우 중요한 분야이다. 그런데 육상 지질과 육상지형의 연구방법과 해양지질과 해저지형의 연구방법에는 큰 차이가 있다.

즉, 육상지형과 암층노두(지층)의 관찰과 조사는 직접적인 육안 관찰과 표품채취 및 차량과 도보의 교통수단으로 가능하며 그 조사와 관찰이 해안선에서 한정되지만, 해양지질학은 해안선에서부터 탐사선박을 이용하여야 하며 여러 가지 중장비를 이용하여 해저 물질과 지각의 암석을 채취함으로써 주된 연구가 이루어진다. 넓은 의미의 지질해양학은 해저지층(지각)의 퇴적환경과 층서학 분야, 해저지각의 중력과 자력을 탐사하는 해저지구물리학, 해저지층의 미고생물 함유 퇴적층과 층서 연구 분야인 고해양학, 해저 지각구조 연구를 포함한다.

우리나라 지질해양학의 어제와 오늘 그리고 미래에 관한 기술은 우선적으로 역사적 발전 과정을 객관적으로 기술하여야 할 것이나 개인에 따라 어느 정도 차이점을 나타낼 수 있다. 그래서 본 원고에서의 기술내용은 필자 자신이 38년간 우리나라 해양학계의 원로학자의 한 사람으로 서울대학교에서 봉직하면서 생각하여 오던 것을 정리 요약하는 것이므로 다분히 주관적인 기술이라고 보아도 좋을 것이다. 우리나라 지질해양학의 연구발전 단계를 살펴보고, 오늘의 발전적 연구방향은 어떤 추세인지에 대하여 기술하려 한다.

1) 우리나라 지질해양학 교육의 발전 단계

우리나라 동·서·남 해안의 3면의 바다, 즉 동해, 서해(황해) 및 남해의 지질해양학적인 조사와 연구 및 교육의 시작은 외부로부터의 영향을 받았다고 할 수 있다. 즉, 1940년 후반부터 1970년대에 이르는 동안 미국, 독일, 영국 또는 프랑스를 비롯한 여러 선진국들은 육상에서의 지구과학적 지질 조사와 연구보다는 해안역에서부터 대륙붕과 심해저에 이르는 해역에서 지질해양학의 조사연구 및 교육을 활발하게 수행하였다. 이러한 국제적인 지질해양학적 연구 동향은 1960년대 말 우리나라의 지질해양학적 연구의 시작에 영향을 주었다고 본다.

1966년 9월 헌테크(Huntec) 사의 기술진은 CCOP를 후원하는 계획의 일환으로 우리나라 포항 앞바다에서 에어건(Air Gun)을 사용하여 해상탄성파 탐사를 실시하였는데, 이것이 우리나라 최초의 정규적 해양지구물리탐사라고 사료된다. 이 최초의 정규적 해양지질탐사가 당시의 국립지질조사소 지구물리탐사 팀에 의하여 수행되었다.

이것은 우리나라의 지질해양학 분야의 대학교육과 연구가 전무한 그 당시 상황에서 우리나라의 대학교육이 바다를 대상으로 한 교육과 연구를 시급히 시작하여야 한다는 당위성을 웅변하였다. 즉, 대학 수준의 지질해양학(marine geology) 교육과 연구에 기초한 우수한 두뇌의 과학자 양성과 배출이 시급하게 요청된다는 웅변적인 계기가 된 것이다.

가. 유년기(1966~1990)

1966년 해상탄성파 탐사 이후 1968년과 1969년에 당시 국립지질조사소 연구진은 경기만 근해에서 해상자력 탐사를 실시하였으며, 서해와 남해의 연근해저로부터 퇴적물과 암편 쇄설물질을 채취하였다. 이것은 서해와 남해의 일부 대륙붕을 해양지질학(해저해양학)적으로 조사 연구하는 초기의 과정이다. 1969년 9월에 당시 국립지질조사소에 해양지질부가 발족되어 좀 더 큰 규모의 대륙붕 연근해역의 해저지질 조사와 연구가 실시되기 시작하였고, 1971년에 미국 해군으로부터 '탐양호'(500톤급)를 임대하여 인수받은 해양지질부(김종수 초대 부장)는 대륙붕 연근해역의 해저조사 연구사업을 본격적으로 수행하였다. 그러나 해양지질탐사 전용선박의 미확보 기간에는 국립수산진흥원의 '한라산호' 부산수산대학의 '백경호' 또는 당시 교통부 수로국 수로측량선박을 이용하거나 크고 작은 어선을 임차하여 해저지질 조사를 실시하였다. '탐양호'의 반납 이후, 1977년에는 대륙붕의 연근해저 지질탐사에 적합한 170톤급의 '탐해호'가 건조되었고, 이 선박은 해저(지질)해양학의 조사연구에 필요한 기본적 장비를 갖춘 해저지질탐사 전용선박으로서 서해, 남해 및 동남해역의 내 대륙붕 해저지질도(submarine geological map) 발간을 위한 해저탐사 기본사업에 크게 사용되었다(한국동력자원연구소 1989).

이렇게 우리나라 연근해역의 해저지질 조사 연구를 실시한 당시 유일한 기관인 국립지질조사소 해양지질부 팀은 1976년에 정부출연연구소(자원개발연구소)로 개편되는 와중에 해저지질도 작성을 위한 기본적인 해저지질학적 탐사를 계속 수행하였다.

나. 최초의 해양학과 신설과 해양지질학 교육의 시작

1968년 서울대학교 문리과대학 이학부에 국내 최초의 해양학과(Department of Oceanography) 신설과 동시에 해양지질학 교육의 시작은 국내 최초로 정규 학부

과정의 학과목(해양지질학) 개설에 근원한다. 1972년부터 졸업생이 배출되기 시작하였는데, 3학년부터 전공별로 구분된 해양지질학(지금은 지질해양학 또는 해저해양학이라고 통칭함)을 전공한 졸업생이 배출되고, 대학원 과정의 해양지질학 전공 석사학위 졸업생이 1974년부터 배출되기 시작하였다. 이와 같이 지질해양학 전공분야 교육에 따른 해양학과의 지질해양학 전공분야 학부생, 대학원생 및 교수의 지질해양학적 연구탐사는 서해와 남해 및 동해의 연근해역에 집중되기 시작하였다.

여기서 필자가 강조하고 싶은 요점은, 우리나라 3면의 바다에 관한 해저(지질)해양학의 연구 역사에 관련한 질문에서 어느 시기부터 학문적·전문적 교육의 배경을 가진 연구 인력이 참여하고 공헌하기 시작하였는가에 대한 답은 다음과 같다. 즉, 대학 수준의 정규적 해양지질학 교육을 받고 훈련된 우수한 학부생과 대학원생들의 배출과 양성은 1972년부터 본격적이었다. 특히 필자는 국내 대학교의 해양지질학 교육의 첫 교과목을 결정하고 교육하는 첫 번째 교육자가 된 것이고, 해양지질학 연구의 큰 그림을 제안하고 제시한 해양지질학의 최초 교수로 자리매김한 것으로 보아야 한다. 이로써 오늘날에 우수한 연구 성과를 거두고 교육하는 해양지질학 분야의 인재들은 필자의 해양지질학 교육과 연구의 첫 시작으로부터 유래하였으며, 이제는 세계적 수준의 해양지구물리학의 연구 성과를 거두고 있다고 보아야 한다.

1973년 10월에는 KIST 부설 해양개발연구소가 부속 연구기관으로 발족되었는데, 1973년부터 해양개발연구소(KORDI)의 해양지질연구 팀은 크고 작은 용역연구(해저케이블 설치, 해안침식의 문제, 조력발전 기초조사 및 국방과학연구소의 M project 등)를 수행하는 과정에서 우리나라 해역의 해저지질학 연구에 적극 참여하면서 우리나라 지질해양학 분야 연구용역 역사의 한 부분을 크게 차지하였다. 우리나라 서해, 남해 및 동해 대륙붕과 심해저(동해분지)에 관한 지질해양학 연구의 활발한 분위기는 대학에서의 해양지질학 교육과 연구에 그 중심이 있었고, 이 분위기는 두 개의 정부출연연구소인 한국자원연구소(현 한국지질자원연구원)의 전용선박 항해 일수와 한국해양연구소의 탐사선박의 항해 일수를 분석하여 보면 이해될 수 있다. 결국, 1990년대에 들어와서부터 우리나라 지질해양학 연구의 역사는 유년기를 벗어났다고 보아야 할 것이다.

우리나라 해양학 전체의 연구 역사와 마찬가지로 해저(지질)해양학의 대학교육과 연구역사는 유년기라고 할 수 있는 1960년대와 1980년대에 이르는 약 30여 년 동안 국가정책의 뚜렷한 뒷받침 없이 대학교, 출연연구소(주로 한국자원연구소, 한국해양연구소) 및 민간기업체(예: (주) 한국해양과학기술) 등의 전문기관에 의하여 해안역, 천해저, 대륙붕해저(서해, 남해 및 동해) 및 심해저(동해분지)에 관한 지질해양학 연구와 교육이 꾸준히 수행되었다.

다. 청년기(1990~2000)

1990년부터 2000년은 유년기의 연구 역사를 벗어나 청년기로 전환, 발전하는 시기로 볼 수 있다. 다음의 8가지 요건 내용은 우리나라 해양지질학의 청년기 진입을 의미한다.

(1) 해양지질과 해저지구물리 탐사에 필요한 첨단장비의 구입이 대학교와 출연연구소에서 활발하게 이루어졌다.

(2) '온누리호'와 '탐해2호' 같은 최신의 해양탐사 선박이 건조되었고, 크고 작은 여러 척의 해양탐사 선박이 건조되었다.

(3) 해양학과의 신설이 지방대학교에서 꾸준히 늘어났고, 이에 따른 해양지질연구 능력을 갖춘 인력이 증가하였다.

(4) 지질해양학 전공교수와 국내외 대학교 해양지질학 박사학위 소지자가 증가하였다.

(5) 한국자원연구소와 한국해양연구소 두 기관의 해양지질 연구원(원급과 선임연구 원급)의 증가와 박사후 과정 인력이 증가하였다.

(6) 한국해양학회지에 발표된 지질해양학 분야 논문 편수를 1970년부터 1982년 까지와 1983년 이후 1994년까지로 나누어 보면, 지질해양학 논문의 전체 발 표된 빈도가 각각 13.9%, 86.4%이다. 이로써 1980년대 중반기 이후 지질해 양학의 교육과 연구는 청년기에 들어섰다고 볼 수 있다.

(7) 외국의 학술잡지 *Jour. of Sedimentary Research*, *Marine Geology*, *Jour. of Continental Shelf Research*, *IAS Special Publication*, *Bull. of American Geological Society* 및 *Geomarine Letters* 등에 우리나라 지질 해양학 전공 연구논문 발표 편수가 1985년 이후 상당히 증가되고 있다.

(8) 제3차 아시아 해양지질학 국제회의(International Conference on Asian Marine Geology)가 일본 다음으로 1995년 10월 17~21일에 한국에서 개최되었고, 제 4차 Tidalites 2000의 국제학술회의가 미국(1996년) 다음으로 우리나라에서 2000년 6월 12~14일, 서울대학교 호암교수회관에서 개최되었다.

유일하게 남아 있는 제5차 Tidalites 2000의 국제학술회의 개최 모습은 아래 사진과 같다.

위에 기술한 8가지 요건 내용은 단적으로 한국 지질해양학의 교육과 연구역사와 발자취가 유년기를 벗어나 청년기에 들어섰다는 사실을 의미하며, 2000년대(21세기 초기)에는 장년기에 진입한 것이라고 확신하게 된다.

2) 2000년대 초반 지질해양학계의 현황

2000년대 초반에 이르러 한국해양학회에 속하는 전체 회원 중 지질해양학 분야를 전공연구 분야로 열심히 연구하는 학회 회원 수는 2002년 1월경 약 230여 명이었다. 이러한 인력의 대부분은 대학교(교수와 대학원생), 정부출연연구소(책임연구원, 선임연구원, 원급연구원 및 박사후 과정 등), 정부기관 및 일반기업체의 연구기관 등에 분포하고 있다. 이러한 연구 인력의 분포 내용을 백분율(%)로 나타내면 대학교에 52.8%, 정부출연연구소에 36.9%, 정부기관에 7.6% 및 일반기업 연구기관에 1.7%의 순이다. 우리나라 지질해양학계의 연구 형태와 연구 내용은 순수 학술적 연구목적, 학술적 의미를 가지는 연구용역, 응용 목적의 용역 프로젝트 또는 순수 기업적 측면의 용역 등으로 구분할 수 있다.

1990년대 중반부터 활발하게 수행된 해양지질학의 연구내용과 범위를 구분하여 보면, 대륙붕과 대륙사면의 해저층서를 간접적인 방법인 1) 탄성파 층서(seismic stratigraphy) 연구, 중력시추(gravity core) 장비와 피스톤 시추(piston core) 장비를 이용한 2) 대륙붕과 대륙사면 연구, 3) 동해 심해저의 최상위 지층의 암상(lithofacies)과 퇴적학적 연구, 4) 대륙붕과 대륙사면의 표층 퇴적물 분포와 퇴적상 연구, 5) 연안해빈 쇄설 퇴적물의 분포와 퇴적상 연구, 6) 우리나라 특유의 서해와 남해안의 조수퇴적환경(tidal depositional environments) 연구, 7) 제4기 후기(late Pleistocene)의 해수면 변동 연구, 8) 대륙붕과 대륙사면 및 심해저분지(동해)의 고해양학적 연구, 9) 연구해저와 심해저 퇴적층의 생층서 연구, 10) 해저 세립퇴적물의 분포와 퇴적상 연구, 11) 연구해역과 대륙붕 수괴의 부유물질 분포와 퇴적상

연구, 12) 해안퇴적층(조간대 퇴적층과 해빈퇴적층)의 제4기 층서 설정과 퇴적환경 연구 등 여러 연구 범위로 요약될 수 있다.

특히, 1969년부터 서울대학교 박용안 교수 연구실의 중점연구 프로젝트로 2000년대 초반까지 Tidal sedimentation, Stratigraphy of the pre-Holocene tidal deposit, Holocene tidal depo/environmental natures, Holocene sea-level fluctuation 등의 연구와 교육은 세계적 수준으로 평가되고 있다. 지표가 분명하고 실제적인 예시의 하나를 다음의 그림으로 나타내는바, 우리나라 서·남해 조수 기원 퇴적층(tidal deposits)의 제4기 해양지질학 연구성과(SCI급 국제 학술지와 국내 학술지 발표)를 포괄적으로 보여준다.

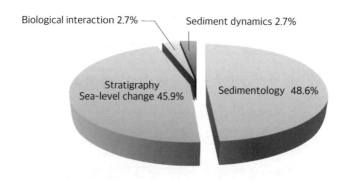

Paper published in 1990s

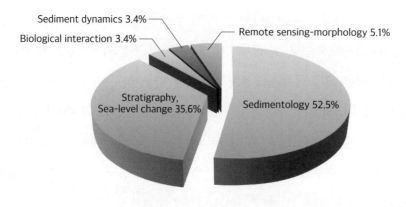

Paper published in 2000s

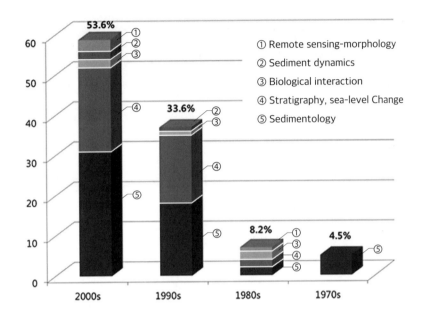

① Remote sensing-morphology
② Sediment dynamics
③ Biological interaction
④ Stratigraphy, sea-level Change
⑤ Sedimentology

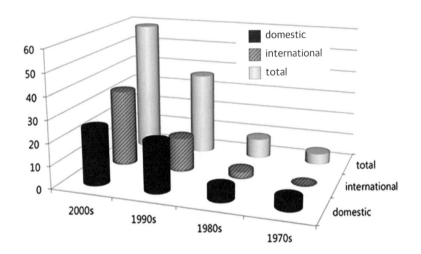

　　그런데 일부의 연구과제는 육상에 발달한 해성층(marine deposits)에 관한 고해양학(paleoceanography)적 연구로 연계되기도 하지만, 위에 기술된 중요 연구과제와 방향에 따른 세부적 연구과제를 요약하면 다음과 같다.

○ 동해 울릉분지의 생층서와 퇴적상 연구

○ 동해 울릉분지 고환경과 화산활동 특성 연구

○ 동해 해저퇴적물의 규편모류 군집과 중금속 함량

○ 낙동강 하구역 해양 퇴적환경 연구

○ 신생대 층서와 해양환경(고환경) 해석

○ 서해 조수환경(조간대-조하대) 퇴적체의 지반공학 요소와 제4기 층서 연구

○ 한국 근해 폭풍해일 연구

○ 서해 조간대 유기물의 생산과 소비에 관한 연구

○ 동해의 지구조적 연구

○ 서해연안, 연근해역의 기초해양환경 연구

○ 서해안 조간대와 연근해저 퇴적물의 지화학적 분석과 오염추적자 연구

○ 동해안 해빈 퇴적체의 제4기 층서와 퇴적환경 연구

○ 금강에서의 물질 수지와 이동에 관한 연구

○ 한강 하구 및 경기만의 퇴적환경

○ 서해 경기만 쇄설물질과 점토물질에 관한 퇴적환경

○ 제주도 주변해역 대륙붕 퇴적물의 광물성분과 지화학적 연구

○ 제주도 주변해역 퇴적물의 특성과 퇴적환경

○ 동남해역 대륙붕의 제4기 탄성파 층서

○ 동남해역 대륙붕 표층 쇄설물질의 퇴적과정 연구

○ 수영만 연안퇴적 이동 연구

○ 해안해저 지형변화 연구

○ 한반도 해저 표층 퇴적물의 분포와 음파감쇠에 관한 연구

○ 황해분지의 진화에 관한 해양퇴적 환경

○ 황해(서해)의 폭풍 퇴적체에 관한 연구

○ 한반도 제4기 후기(125,000년 이후)의 해수면 변동 연구

○ 한반도 제4기의 조수-조간대(tidal flat)의 진화과정, 층서학과 환경, 동력퇴적작
용 등의 연구

수많은 연구 결과는 한국해양학회지를 비롯하여 관련분야 학회지(예 : 대한지질학
회지, 한국제4기학회지)에 발표되며, 또한 기관별로 발간되는 논문집 또는 해양전문
잡지에 발표된다. 그런데 국외의 학술잡지(예 : *Marine Geology, Jour. of Sedimentary
Research, Jour. of Continental Shelf Research* 등)에 발표되는 빈도가 1995년 이후에
더 많아지고 있다.

해양탐사 선박의 보유현황은 지질해양학의 연구능력을 구분하는 데 중요한 지
표가 될 수 있다. 그리고 이러한 선박에 장착된 탐사장비가 해저지질 조사·연구
에 필요한 기본 장비를 갖추고 있다고 보는 우리나라의 중요 탐사선박의 현황은
다음과 같다.

\<표\> 국내의 해양탐사 선박

기관	탐사선(톤수)	건조년도	탐사해역
부산수산대학교	탐양호 (653)	1993	동해·남해
여수수산대학	동백호 (1057)	1993	남해·동중국해
제주대학교	아라호 (990)	1993	남해·동중국해
한국지질자원연구원	탐해2호 (1347)	1996	황해·동중국해
한국해양과학기술원	이사부호(5894)	2016	세계대양
	온누리호 (1422)	1992	동해·남해·남극해·태평양·인도양
	이어도호 (350)	1992	남해·황해·동해
국립해양조사원	해양2000호 (2533)	1996	동해·태평양·황해·동중국해

2. 해양지질분야 최근 활동(2000년대 이후)

박찬홍(한국해양과학기술원 책임연구원)

최근 2000년대 지질해양분과의 활동은 매년 1~2회 세미나를 통한 주제 발표와 토론 형태의 모임을 통해서 지질해양학의 주요 이슈와 지질해양분야의 발전을 모색하는 형태로 활동이 이어져 왔다. 다음은 25대 유동근, 26대 이경은 학술이사의 자료 협조를 받아 활동 내역을 정리한 것이다.

2004년 2월 20일에는 전남대학교 자연과학대학 퇴적학 연구실에서 개최되었으며, 주제발표회와 Round Table Talking이 있었다. 2006년 2월 16일에는 한국해양연구원 남해연구소에서 6개의 주제발표와 남해연구소 및 조사선 견학을 실시하였다. 이때 발표된 주제는 Characteristics of surface sedimentary distribution and sedimentary facies and processes on the southern intertidal flat of Ganghwa island, western coast of Korean peninsula(김종관, 전남대학교), 섬진강과 광양만 부유퇴적물의 분포와 거동(이병관, 부경대학교), Preliminary results of the IODP Exp.311 : Cascadia Margin gas hydrate(김지훈, 한국지질자원연구원), Three-dimensional velocity model and fault geometry in Eastern Taiwan(김광희, 한국해양연구원), Korea IODP update: Current status(이영주, 한국지질자원연구원), ISC(International Sedimentological Congress)에 대한 소개 (전승수, 전남대학교) 등이다

2007년 2월 1일에는 한국지질자원연구원 강당동 1층 트라이아스기룸에서 5개의 주제발표와 토론이 진행되었다. 주제로는 영산강 하구의 퇴적물 특성과 수심변화(김영길, 목포대학교), 조석수로에서 ADCP/LISST를 이용한 파랑의 특성 및 부유 퇴적물 입자 분포의 변화(장태수, 한국지질자원연구원), 동해 한국대지 죽산해산 지역의 제4기 후기 고해양학 연구(박유현, 부산대학교), 펄이 사라지는 곰소만 갯벌: 원

인과 대책(장진호, 목포대학교), 경기만 해사채취에 의한 해저지형 변화 모니터링(신동혁, 한국해양연구원) 등이다.

2009년 9월 11일에는 한국지질자원연구원 트라이아스기룸에서 6개의 주제를 발표하고 토론하였다. 주요 주제는 연안 지형변동 예측시스템 구축을 위한 접근 전략(박준용, 한국해양연구원), 황해 아산만 중앙천퇴의 중·단주기 거동변화 연구(김성필, 한국지질자원연구원), 새만금 영향 해역의 해저지형 변화 연구(권효근, 농어촌공사), 원격탐사 자료의 연안활용 연구(유주형, 한국해양연구원), 동해 울릉분지 코어 퇴적물과 자생탄산염(authigenic carbonate) 광물의 지화학적 특성(임동일, 한국해양연구원), 연안재해에 관한 2009 국제심포지엄 : 소개와 토의(장세원, 한국지질자원연구원) 등이었다.

2010년 12월 23일에는 한국지질자원연구원에서 멀티빔 사용자 모임 발기인회, 해저지질도 작성 연구 세미나 및 해양학회 지질분과 모임 등 특별세션과 함께 3개의 초청강연과 6개의 주제발표 및 해저코어센터 견학 등 다채로운 행사로 진행되었다. 초청강연으로는 대형해양종합조사원 건조와 해저지질연구분야 운영방향(석봉출, 한국해양연구원 종합연구선건조사업단장), 남극에서의 우리나라 지구과학 연구(최문영, 극지지구시스템연구부장), 한국해양기본도사업의 현황과 조사성과의 활용(이은일, 국립해양조사원 해양과학조사연구 실장) 등이 있었고, 주제발표는 하구역종합관리시스템개발연구: 퇴적환경연구(이관홍, 인하대학교 해양학과), 16:20～16:40 아산만 중앙천퇴 조석사주의 퇴적상(장태수, 한국지질자원연구원 석유해저연구본부), 라이더 자료와 GIS를 이용한 연안범람 추정(김성필, 한국지질자원연구원 석유해저연구본부), Regional Background Concentrations of Heavy Metals in Yellow and South Sea coastal sediments(최만식, 충남대학교 해양학과), Beach Morphologic Change along the Sand Starved Shore(박준용, 한국해양연구원 동해연구소), Seasonal and tidal controls on the intertidal channel mobility and their implications for tidal channel architecture(최경식, 전남대학교 지구환경과학부)이었다.

2011년 4월 22일에는 한국지질자원연구원에서 멀티빔 음향측심기의 국내외 기술동향과 사용기법(허신·김주연, 오션테크; 공기수, 한국지질자원연구원; 서영교, 지마텍 ㈜; 홍준표, ㈜UST21)에 대한 주제발표와 연안지형변동연구(BEACH) 모임(주관 : 박준용)이 있었다.

2012년 8월 24일, 한국해양과학기술원 남해연구소 해양시료도서관 강당에서 대학원생들을 중심으로 한 주제발표 Wave-planation surfaces in the mid-western East Sea : a paleogeographic indicator of the Neogene-Quaternary back-arc evolution(김기범, 서울대학교 박사과정), 해운대 연안 표층퇴적물 분포의 계절변화와 이동(정주봉, 부경대학교 박사과정), 동적도 태평양 지역(IODP Exp. 320 Site U1333B) 올리고세-마이오세 풍성기원 입자들의 기원지 추적(이종민, 부산대학교 석사과정), 곰소만 쉐니어의 형태동력학적 특성과 제어요인(오정록, 전남대학교 석사과정) 등이 있었고, 제2부에서는 해양지질시료 인프라 구축과 관련된 세션이 진행되었다. 이 세션에서는 Introduction of KIGAM Marine Core Center(KMCC) and its Core Data Base(C-DB)(진재화, 한국지질자원연구원), 해양시료도서관 코어 저장고 공동활용 방안 연구(임동일, 한국해양과학기술원), 해양시료도서관 견학(임동일, 한국해양과학기술원) 등 주제발표와 토론이 이어졌다.

2013년에는 3차례의 분과 세미나가 개최되었다. 2013년 2월 14일에 한국해양과학기술원(안산) 강당동 서해에서 통섭형 융합적 지질해양 연구에 대한 4개의 주제발표와 제8차 Asian Marine Geology 국제학술회의 개최 관련 토의가 이루어졌으며 발표된 주제는 관할해역 해양정보 공동활용 체계 구축(박철민, 환경과학기술), 관할해역 지질지구조 및 해양지질 조사계획(정갑식, 한국해양과학기술원), 한국지질자원연구원의 해양지질분야 연구과제 현황(김성필, 한국지질자원연구원), 연안지형변동연구 모임 BEACH 소개 및 활성화 방향(박준용, 한국해양과학기술원) 등이었다.

2013년 7월 25일(목)~26일(금)에는 한국극지연구소 본관동 3층 세미나실에서 극지연구활동과 국내 지질해양 연구의 현재와 미래에 대한 주제발표와 분과토론이 실시되었으며, 발표내용은 아라온을 활용한 서북극해 탐사현황 및 향후 국제공동탐사 계획(남승일, 극지연구소), 아라온 기반의 남극 지질해양 연구(유규철, 극지연구소), 장보고기지 건설 현황과 향후 연구 활동(이주한, 극지연구소) 등이었다. 2013년 12월 5일~6일에는 한국지질자원연구원 강당동 트라이아스기룸에서 울진 후정해빈 sand bar 이동 연구(정의영, KIOST), 황해 홀로세 해침에 따른 퇴적환경 변화(민건홍, 지자연), Stratigraphy of late Quaternary deposits using high-resolution seismic profile in the southeastern Yellow Sea(이광수, 지자연), 쇄빙선 아라온호 북극해 탐사연구 활동 및 향후 탐사 계획(남승일, 극지연) 등 4건의 주제발표와 토론이 이루어졌다. 다음날엔 해저코어센터 및 지질박물관 견학도 실시하였다.

2014년 2월 19~20일에는 한국지질자원연구원 인재개발센터 1층 누리홀에서 JET SKI를 이용한 연안지형 조사(박준용, 해양과학기술원), 무인항공(UAV)을 이용한 해양조사(김현성, 해양정보기술), AUV의 현황 및 활용 방안(서영교, 지마텍), Physical and acoustic properties of inner shelf sediments in the South Sea, Korea(배성호, 부경대), Physical properties of sediments in the East Sea: Results from IODP Expedition 346(이광수, 지자연) 등의 주제발표와 국제학술대회 국내 개최 및 분과 발전방향 토의에 이어서 다음날인 12월 20일에는 해저코어센터 및 지질박물관 견학도 실시되었다.

2014년 12월 11~12일 양일간 한국해양과학기술원에서 Paleoceanographic implications and cyclostratigraphy of variations in well-log data from the western slope of the Ulleung Basin, East Sea(박장준, 지자연), IBRV 폴라스턴 북극점해역/로모노스프 중앙해령탐사: ALEX-2014 예비결과(남승일, 극지연구소), Physical and acoustic properties of Heuksan Mud Belt in the southeastern

Yellow Sea, Korea(배성호, 부경대) 등 1부 주제발표에 이어서, 2부에서는 연안지질 콘텐츠 개발 및 국제학술대회(ICAMG) 국내 개최 준비에 대한 발표와 토론이 이어졌다. 2부에서 발표된 주제는 동해 모래해빈 지형 특성(박준용, 해양과학기술원), 사구해안에 보존된 고환경 기록(최광희, 국립환경과학원), 제8차 ICAMG 개최 준비 현황 및 향후 일정(김성필, 한국지질자원연구원), 12월 12일에는 지질분과 발전 방안에 대한 논의가 이루어졌다.

2015년 11월 4일에는 군산대학교 해양학과 세미나실(해양과학대 1호관 5층)에서 연안지질 및 지질재해와 관련된 3개의 주제발표와 우리나라 해저지질도 사업의 어제 그리고 내일(공기수 박사, 지자연), ICAMG-8 개최 결과 및 향후 계획(김성필, 지자연)에 대한 발표와 토론이 있었다. 주제발표로는 서천 다사리 대조차 해안사구에서 산출되는 고폭풍 퇴적층 연구(장태수, 지자연), 한반도 연안퇴적층의 광여기루미네선스 연대측정법 적용사례 연구(김진철, 지자연), 소형 무인항공기를 활용한 국지성 해안재해 대응체계 개발 연구(박준용, 해양연) 등이다.

3. 해양지구물리탐사 분야

김대철(부경대학교 교수)

1) 해양지구물리탐사

한국지질자원연구원 전신인 동력자원연구소(1981~1990) 시절에 최초로 유니붐 등을 이용한 표층지구물리탐사가 시작되었다. 대학에서는 충남대학교에서 3.5KHz subbottom profiler를 이용하여 연안퇴적층의 고해상도 탐사가 있었고 1990년대에 들어와 부경대학교 탐사선 탐양호에 Chirp이 장착되어 본격적인 자료 생산이 시작되었다. Chirp 자료를 바탕으로 동남해역(부산~울산)에 밴드 형태의 광범위한 천부가스층이 발견되었고 수평분포도는 물론 가스함유량 계산도 할 수 있게 되었다. 이외에도 진해만 등 우리나라 연안 여러 곳에 천부가스층이 분포한다는 사실이 밝혀졌다.

한국지질자원연구원과 한국해양과학기술원에서 본격적으로 고해상도 해양지구물리탐사를 하였고, 연구원 기본사업이 해저질도 작성에 필수항목으로 포함되었다. 또한 심해저광물개발사업을 공동으로 추진하여 태평양에 추정 부존량 약 5억 6천만 톤의 독점적인 광구를 확보하였다. 한국지질자원연구원은 1975년부터 관할해역을 대상으로 해저지질도 작성 사업을 수행하고 있고 2004년부터는 국제공동해양시추사업(IODP) 사업을 주관하고 있다. 또한 2005년부터 동해 가스 하이드레이트 사업을 상업생산을 목표로 추진 중이다.

국립해양조사원은 1970년부터 포항, 진해, 묵호, 목포항 등 항만 위주의 수로측량을 시작하였는데 1953년 연보에 수로조사를 시행했던 기록이 남아 있다. 1996년부터 국가해양기본도 조사 사업을 시작하여 기존의 수로측량 외에도 중력, 지자기, 천부지층 탐사 항목이 추가되었다. 2008년부터는 정밀탐사를 시작하여 해저퇴적물 채취, 육상지자기 관측, 노간출암 조사 등이 항목에 포함되었고 수로측량이 단일빔에서 다중빔으로 바뀌게 되었다. 국립해양조사원 해양 2000호에도 Chirp이 장착되고 수로조사항목의 일부가 되어 그물망처럼 촘촘한 자료를 생산하였고, 이 자료는 연구자의 요청에 따라 제공된다.

한국지질자원연구원과 한국해양과학기술원은 자체 해양조사선에 저주파 탄성파탐사장비(에어건)를 장착하여 본격적인 해양지구물리탐사 시대를 열었다. 특히 한국지지질자원연구원 탐해2호는 3차원 탄성파탐사를 할 수 있는 장비를 갖추고 있어 심부퇴적구조를 자세히 연구할 수 있게 되었다. 이 자료의 일부는 우리나라가 유엔 대륙붕한계위원회에 새로운 제안을 하는 데 이용되기도 했다.

2) 지음향탐사

해양퇴적물의 지음향 특성 탐사는 국방과학연구소에서 최초로 시도되었다. 지음향분야에서 가장 필수적인 음파전달속도(속도)는 실제 측정 장비가 없어서 속도에 영향을 주는 변수 중 가장 중요한 퇴적물 입도를 Hamilton의 모델에 넣어서 만들었다. 입도 이외에도 공극율, 전밀도, 입자밀도 등 다른 물리적 성질에 따른 모델이 별도로 있었는데 이런 다른 변수도 측정이 어려워 주로 입도를 이용하여 간접적인 자료를 구했던 것이 효시이다.

1980년대 중반 부경대학교에서 수은기둥을 이용하여 부산 주변 해양퇴적물 음파전달속도 실제 데이터를 생산하였다. 길이 조정이 가능한 액체인 수은을 오실로스코프 상에서 최초 도달 신호를 일치시키는 방식인데 측정자의 숙련도가 중요했다. 이 자료는 Hamilton의 모델과는 다른 한국형 모델을 만드는 데 이용되었다.

1990년대 후반 역시 국방과학연구소의 후원으로 부경대학교에서 다지털 측정 방식을 개발하였다. 이 방식은 측정자의 숙련도에 따른 오차를 줄일 수 있고 디지털 신호처리를 할 수 있어 음파감쇠 등을 측정할 수 있는 새로운 방식이었다. 그 후 현장온도로 속도를 보정하는 퇴적물별 모델도 개발되었으며 한반도 주변 가스 함유퇴적물의 속도도 측정하였다. 하와이대학에서 개발된 현장음파전달속도를 측정하는 장비(Lance)를 이용하여 공동연구의 일환으로 동남해역의 현장음속을 측정하였다. 최근에는 한국지질자원연구원이 독자적으로 개발한 KISAP을 이용하여 동해에서 본격적으로 측정을 시작하였다.

지음향 분야의 최종 산물인 지음향도는 대부분 부경대학교 자료를 이용하여 남해 중부부터 동남해역을 수록하였으며 한국지질자원연구원의 해저지질도 사업의 한 항목으로 포함되어 동해 탐사가 진행 중이며 기존 자료를 이용하여 도면 작성 중에 있다. 한국해양과학기술원 해양방위센터에도 일부 지음향 관련 자료가 있는데 일반에게는 공개되지 않은 자료가 많다.

화학해양학 분야 활동사

신경훈(한양대학교 교수, 화학해양학분야 학술이사)

한국해양학회에서는 1985년 3월 19일 서울대학교에서 개최된 제3차 이사회에서 2000년을 향한 중장기 연구과제의 종합조정에 관한 건으로 4개 분과위원회(물리해양학, 화학해양학, 생물해양학, 지질해양학 분과위원회)를 조직하여 분야별로 연구 과제를 선정하기로 결정하였다. 그중 화학분과위원회는 코디네이터로 김경렬 교수(서울대) 외 이광우 박사(해양연구소), 박청길 교수(부산수산대), 박용철 교수(인하대), 이동수 박사(해양연구소)가 위원으로 참여하였다. 그 후로 2004년에 제1회 화학해양학 분과(분과위원장 양재삼 교수) 회의가 부경대학교에서 개최되어 화학해양학 분과 활성화를 위한 공식적인 모임을 추진하기로 하였다. 같은 해 8월 27~28일 화학해양학 분과회 모임이 전남 화순리조트에서 개최되어 분과 회원 25명이 참석하였는데, 이때 이기택, 김규범, 안순모, 정회수 회원들의 발표와 토론이 활발히 진행되었다. 이듬해 2005년 7월 통영시 모임(충무마리나리조트)에는 40여 명의 회원이 참석하였다. 이창희 박사, 이용우 박사, 신경훈 교수, 함도식 박사가 화학해양학의 다양한 주제들에 대해 발표하였다. 그리고 3년 뒤 2008년 1월 포항공대 모임에는 새로운 회원 자기소개와 '대운하와 화학해양학자의 입장'이란 주제로 발표와 토론이 진행되었고, 2010년 이후부터는 아래와 같이 분과위원회 모임이 개최되었으며, 최신 화학해양학의 발전과 동향에 대한 소개와 다양한 주제로 활발한 발표와 토론이 진행되고 있다.

● 2010년 한국해양학회 화학해양학 분과회

　일시 : 2010년 8월 20~21일

　장소 : 경상대학교 통영캠퍼스 해양생물교육연구센터

발표내용 :

  1) 광주과기원 한승희 교수-해양퇴적물 환경에서의 수은 종변화

  2) 포항공대 해양대학원 황점식 교수-해양유기탄소 순환

                : 방사성탄소동위원소를 중심으로

  3) 부산대학교 노태근 박사-해양수질기준 개선 방안(일반수질)

  4) ㈜네오엔비즈 이종현 박사-해양수질기준 개선 방안(유해물질)

● 2012년 한국해양학회 화학해양학 분과회

  일시 : 2012년 8월 24~25일

  장소 : 포항공과대학교 정보통신연구소 122호

  주제 : 타 분야와의 융합을 통한 해양화학

  발표내용 :

  세션 1: "Iron Chemistry and Biological carbon pump"

    1) 포항공과대학교 최원용 교수-극지 빙하에서 광에 의한 철 생산 메커니즘

    2) 포항공과대학교 황점식 교수-철이 biological carbon pump에 미치는 영향

    3) 충남대학교 최만식 교수-Korea GEOTRACER를 통한 철을 포함한 미량금

        속원소 연구

  세션 2: 젊은 연구자 소개

    1) 한국해양연구원 박근하 박사-Ocean Carbon Cycle

    2) 포항공과대학교 김일남 박사-Ocean Nitrogen Biogeochemistry

    3) 극지연구소 하선용 박사-극지생태계 광보호 물질

  세션 3: 분과 현안 소개 및 토의

    1) 경상대학교 김기범 교수-2012년 겨울 분과위원회 개최 소개

    2) 부산대학교 이동섭 교수-국토해양부 대형과제 EAST-II프로젝트의 중점

해양화학

3) 해양과학기술원 강동진 박사-한국해양과학기술원(KIOST) 소개

세션 4: 해양화학 분과 현안 토론

● **2013년 한국해양학회 화학해양학 분과회(1차)**

일시 : 2013년 2월 22~23일

장소 : 경상대학교 통영캠퍼스

주제 : 원로에게 듣는 한국 해양화학의 나아갈 길

발표내용 :

세션 1: 젊은 연구자 소개

1) 서울대학교 박선영 박사-Oceanic N2O, CO2, CH4 and the isotopic compositions

2) 포항공과대학교 김하련 박사-Inorganic nitrogen cyclings

3) 포항공과대학교 김태욱 박사-Atmospheric depostion in marginal seas

4) 서울대학교 김태훈 박사-Biogeochemistry in the East Sea

세션 2: 원로에게 듣는다

1) 한양대학교 이광우 교수(퇴임)-연사 소개(신경훈 교수)

2) 서울대학교 김경렬 교수-연사 소개(강동진 박사)

3) 충남대학교 김기현 교수-연사 소개(이기택 교수)

세션 3: 해양화학 분과 현안 토론

● **2013년 한국해양학회 화학해양학 분과회(2차)**

일시 : 2013년 8월 26~27일

장소 : 포항공과대학교 환경공학동 대강의실 101호

주제 : 동해 최신 연구결과와 향후 연구 방향

발표내용 :

세션 1: 젊은 연구자 소개

    1) 서울대학교 권은영 교수-북태평양 용존 산소 변동

    2) 포항공과대학교 박기태 박사-Marine Sulfur Cycles

세션 2: 초청 연사 발표

    1) 부산대학교 노태근 박사-동해 Nutrient Dynamics

    2) 해양과학기술원 강동진 박사-동해 Carbon Cycle

    3) 포항공과대학교 강창근 교수-동해 Ecosystem Dynamics

세션 3: 해양화학 분과 현안 토론

- **2015년 한국해양학회 화학해양학 분과회**

일시 : 2015년 8월 25~26일

장소 : 광주과학기술원 세미나실

주제 : 해수 분석값 실험실간 상호 비교 및 분석기기 최신 동향

발표내용 :

세션 1: 분과위원 및 참석자 본인 소개

세션 2: 초청 연사 발표 I

    1) 해양과학기술원 강동진 박사-2010 국내 해수중 영양염 분석 실험실간 상
        호비교실험 연구

    2) 해양과학기술원 노태근 박사-대양 영양염 자료의 상호 비교성 향상을 위
        한 국제동향

세션 3: 초청 연사 발표 II

    1) 비엘텍코리아 하규영 과장-비엘텍코리아 분석기기 최신동향

2) 이엔씨테크놀로지 서범석 과장-이엔씨테크놀로지 분석기기 최신동향

세션 4: 해양화학 분과 현안 토론

2013년 8월 한국해양학회 화학해양학 분과회(포항공과대학교)

1. 화학해양학 분야 연구 소개

CREAMS(Circulation Research of East Asian Marginal Seas)

동해 심층수에 대한 최초의 과학적인 연구는 일본 우다 교수가 수행한 연구로서, 이 연구에 따르면 동해는 수심 약 수백 미터 이하로 내려가면 수온이 매우 차고 용존산소가 풍부한 해수로 이루어져 있어서 "동해고유수"로 명명되었다. 그 후 60여 년 만인 1993년 본격적으로 동해 전체를 연구하는 한국, 일본, 러시아의 국제공동연구(CREAMS; Circulation Research of the East Asian Marginal Seas)가 서울대학교의 김구 교수와 김경렬 교수, 일본 큐슈대학교의 다케마쓰 교수와 윤종환 교수, 러시아의 볼코프 원장이 총괄적인 연구책임자가 되어 러시아 극동수문대기연구소 연구선 크로모프(R/V Khromov)의 부산항 출항으로 시작되었다. 특히 한국의 해

양학자들이 실제 탐사 시 주도적인 역할을 많이 했던 CREAMS 국제공동연구를 통해서 알려진 중요한 결과 중 하나는 동해가 단순히 표층수와 심층 고유수로 나누어졌다고 우다 교수가 제안했던 바다가 아니라 작은 대양과 같이 여러 개의 수층이 존재하는 바다라는 것이었다. 나아가 프레온(염화플루오르화탄소화합물; CFC)의 분포를 볼 때 동해 표층수가 심층까지 지난 수십년 사이 가라앉아 있어 동해 심층수의 주기가 100년 정도에 불과하다는 것을 알 수 있었다. 그러나 무엇보다 놀라운 것은 심해 용존산소의 농도가 1950년대 이후 급격히 감소하고 있으며, 용존산소 최소층이 깊어지고 있다는 연구 결과이다.

이는 최근 지구온난화로 겨울철 심층수의 형성이 약화되어 동해에 얕은 깊이의 중층수가 형성되면서 일어난 현상으로 설명되고 있다. 이와 같은 CREAMS 연구 결과로 인해 동해는 대양에서 일어날 수 있는 미래 변화를 앞서 보여주는 미니대

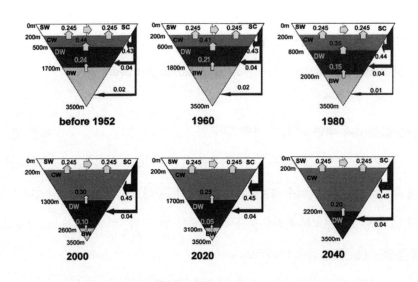

동해의 수층구조의 시간에 따른 변화와 미래 추정을 모사한 상자모형 결과
(Kang et al., 2003, *Geophy. Res. Lett.*)

양(Miniature Ocean)으로, 자연실험실 역할을 할 수 있는 바다로 인식되고 있다. 이와 같은 배경에서 지구온난화와 같은 기후변화가 해양에 미치게 될 영향을 대표하는 예로, 동해 CREAMS 연구 결과가 IPCC 4차 보고서에 소개되었다. 2004년 북태평양과학기구(PICES, North Pacific Marine Science Organization)에서는 동해에 대한 장기적인 연구의 필요성을 인정하여 "EAST(East Asian Seas Time-series)-1"이라는 CREAMS/PICES 프로젝트 공식프로그램으로 발족하게 되었다. 이에 따라 우리나라 해양수산부에서는 2006년부터 지난 10년간 EAST-1사업을 지원하여 2단계까지 사업이 종료되었으며, 현재 연구 범위를 동해를 넘어 동중국해까지 확대하는 기획을 마치고 새로운 도약을 위한 출발을 눈앞에 두고 있다.

2. 국내 해양생지화학 연구기반 조성

한국과학자들에 의한 해양생지화학 연구의 역사는 1990년대 중반 CREAM와 수산과학원 주도의 한국연안 정선관측의 시작이 중요한 전환점(turning point)이었다. 특히 수산과학원은 1994~2000년 사이에 한국 연안의 25개 정선과 207개 정점으로 구성된 한국근해 해양관측(정선해양관측, NIFS Serial Oceaongraphic observations; NSO) 시스템을 유지해오고 있다. 정기적 정점 관측을 통해 해양생지화학 연구에 필수 항목인 용존산소, 영양염류(인삼염, 아질산염, 질산염, 규산염)를 1년에 7회 측정해왔다. 한국근해 해양관측 시스템은 2011년에 PICES(북태평양해양과학기구) 총회에서 POMA(북태평양해양과학기구 해양모니터링 서비스, PICES Ocean Monitoring Service Award)상을 수상함으로써 그 우수성을 국제적으로 인정받았다. 특히, 지난 20년 동안의 한국근해 영양염 농도의 변동으로 한반도 연안으로 유입되는 강의 수질관리 시스템 변화를 추정할 수 있었고, 더 나아가 강의 수질관리 시

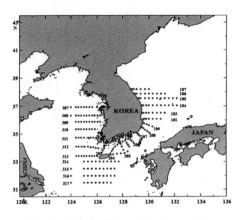

한국근해 해양관측(정선해양관측) 정점도

스템의 변화는 연안 수질의 질적 변동과 생태계 및 해양물질순환 변동을 알 수 있는 계기가 되었다.

3. 향후 화학해양학 연구 방향에 대한 제언

우리나라 해양학 50년 역사 동안 해양화학 분야는 어려운 연구 여건에도 불구하고 선배 과학자들의 지난한 노력 덕분에 2000년대부터 우리의 연구 여건과 인프라가 국제적 수준에 근접하기 시작하였다. 앞으로 잘 갖추어진 연구 여건과 인프라를 이용하여 전 지구적 해양환경 문제해결에 기여할 수 있는 top-notch 연구에 적극적으로 참여할 수 있기를 기대한다. 이와 병행하여 한반도 주변해역 대상으로는 기후변화와 인류기원의 해양환경변화 연구를 통하여 향후 기후변화에 적응할 수 있는 건강한 해양생태계 유지 보존에 기여할 수 있는 연구가 진행되기를 기대한다.

3부

–

한국해양학회를
이끌어 온 사람들

1. 역대 학회장 회고와 추모의 글

한국해양학회 창립을 주도한
초대 회장 이병돈 박사님

홍성윤(부경대학교 명예교수, 제17대 한국해양학회장)

이병돈 박사님은 1928년생으로 청년기에 일제강점기와 한국전쟁기의 고난을 겪었다. 힘들고 어려웠던 시기인 1959년, 이 박사님은 만학의 나이에도 불구하고 재직하던 부산수산대학(현 부경대학교)을 떠나 미국유학길에 올랐다. 당시로는 대단한 결정이었다.

1960년 University of Texas에서 새우류 삼투압 생리를 연구하여 석사학위를 받은 후 Texas A&M University 해양학과로 옮겨 박사과정을 이수하였다. 당시 남극에 기지를 두고 있던 아르헨티나는 자국의 해군과 Texas A&M University와 남극해 해양학 공동연구를 수행 중이었다. 이 박사님은 이 연구의 일환으로, 아르헨티나 남단과 남극 북단 사이에 위치한 Drake Passage의 요각류 생태를 연구하여 1965년 박사학위를 취득했다. 이 공동연구사업에 참여한 연구자로서 1963년과 1964년 3회에 걸쳐 아르헨티나 해군연구선 Capitan Canepa호를 타고 Paradise Harbor에 위치한 아르헨티나 남극기지인 Alimirante Brown Research Station까지 항해했는데, 이는 한국인 최초로 남극대륙 방문이었다. 이때 남극해 연구를 통하여 이 해역의 크릴(krill) 생산력이 엄청난 개발 가능성이 있다는 것을 알았으며, 해양학의 필요성도 절감하여 곧장 해양학 분야에 투신하게 되었다.

이병돈 박사님은 1965년 10월 귀국 후 부산수산대학에 복직하였다. 그때 나는 부산수산대학 졸업 후 대학원에 입학한 상태였고, 첫 회 대학원생으로 한국 근해의

Euphausiids를 전공하였다. 당시 부산수산대학 대학원 수산생물학과의 교과과정은 양식학 및 수산자원학 위주로 편성되어 해양생물학 과목은 개설되지 않았으나, 이병돈 박사님이 무척추동물학, 부유생물학, 해양생태학 등을 신설하여 아주 새로운 교수법으로 강의함으로써 학생들에게 깊은 인상을 갖게 했다. 어류학 위주로 연구되던 해양생물학 분야에서 무척추동물학의 중요성을 언급하였고, 부유생물학도 무척추동물학의 한 분야임을 강조하였다. 참고서적도 거의 전무하던 시절에 영문 교과서와 해양학 서적들을 대거 구입하여 제공함으로써 대학원생들에게 새로운 해양학 분야에 눈 뜨게 해주었다.

1960년대 부산수산대학 해양생물학과에는 어류학 정태영, 수산자원학 김기주, 해조류학 강제원, 양식학 김인배, 해양생물학 이병돈, 어병학 전세규 교수 등이 재직하였다. 이분들은 모두 부산수산대학 선후배들로, 수산생물학 발전에 상당한 열의를 갖고 계셨다. 그 하나로 해수를 실내에서 사용할 수 있는 임해연구소의 필요성을 절감하여, 1967년 어렵게 국고지원을 받아내 해운대 동백섬에 임해연구소를 건립하였다. 그 초대 소장이 당시 이병돈 교수님이었다. 이 박사님은 미국의 저명한 해양생물연구소들이 'Summer School Program'을 통하여 젊은 학도들을 육성하는 데 착안하여 최초로 건립한 부산수산대학 임해연구소를 국내 모든 대학의 생물학과 임해생물 실습에 개방하였다. 매년 여름마다 서울대학교 동물학과 김훈수 교수, 고려대학교 생물학과 김창환 교수, 이화여자대학교 생물학과 노분조 교수, 건국대학교 생물학과 이경로 교수, 서강대학교 생물학과 장진 교수의 가르침을 받는 학생들이 해양생물 채집 및 해양생물학 특강을 수강하기 위하여 방문하였다. 그때마다 이 박사님은 없는 예산을 할애하여 임해연구소의 실습선 '자산호'를 활용하여 어류 및 부유생물 채집 실습 기회도 제공하였고, 성게 알을 수정시켜 난할 과정을 관찰하게 하는 등, 내륙 대학에서는 거의 할 수 없는, 실험 실습을 도왔다. 이렇게 이병돈 박사님이 시작한 해양생물 실습으로 부산수산대학 임해연구소는 당시 우리나라 해양생물학의 산실이었고, 1968년부터는 전국의 생물학과 대학원생들이 우후죽순으로 몰려드는 곳이었다. 이렇게 효시가 된 임해실습으로 인해 부경대학교 해양과학공동연구소가 매년 시행하는 '여름해양학교'는 지금까지 계속되고 있는데, 이는 전적으로 이병돈 박사님의 해양생물학 교육에 대한 열정의 결실이다. 또한 '부산수산대학 임해연구소 보고'라는 논문집도 발간함으로써 후배 교수들의 연구 활동을 선도하였다.

1960년대 우리나라의 해양학은 부산수산대학 교수들과 국립수산진흥원 연구원들이 주축이 되어 주로 수산학에 주안점을 둔 연구였다. 이후 이병돈 박사님은 수산학 발전을 위해 1968년 국립수산진흥원의 한신욱, 허종수 박사, 부산수산대학의 강제원, 원종훈, 김인배, 최위경 교수 등과 함께 한국수산학회를 설립하여 2대 회장을 역임하고『한국수산학회지』도 창간하였다.

이병돈 박사님은 또한 1965년 귀국 후 유네스코한국위원회 내에 설치된 한국해양과학위원회(KOC) 활동에도 적극 참여하였다. 당시 일본 동경대학교에서 해삼 연구로 박사학위를 받고 귀국한 최상 박사(원자력연구소)를 비롯하여, 이석우(수로국), 김종수(지질조사소), 한희수(국립수산진흥원), 허형택(KOC) 등과 함께 한국해양학회 '창립준비위원회'를 구성 후 1966년에 한국해양학회를 창립하였다. 이병돈 박사님은 1대, 4대 및 7대 학회장을 역임하고, 편집위원장도 맡아 1966년 말에『한국해양학회지』를 창간하였다. 뿐만 아니라 쿠로시오국제공동조사(CSK: Cooperative Study of the Kuroshio and Adjacent Regions, 1965~1971) 사업에도 참여하여 동물플랑크톤(주로 Euphausiids)에 관한 연구를 수행하였다.

1973년 11월부터 한국과학기술연구소(KIST) 부설 한국해양개발연구소(KORDI: Korea Ocean Research & Development Institute) 소장으로 부임하여 한국 해양과학 연구의 기반 조성에 크게 기여하였다. 특히 프랑스 국립해양개발연구소(IFREMER)와 한불 국제공동연구계획을 추진하여 연구원들을 프랑스 등지의 대학(학위과정)에 파견하여 많은 해양학 인재 양성에도 주력하였다. 또 1968년 신설된 서울대학교 해양학과에서 해양생태학, 부유생물학 등을 강의함으로써 초창기 한국 해양학 인재 양성에 크게 기여하였다.

1981년 부산수산대학 학장으로 귀임하여 수산학을 해양학의 한 분야로 보려던 교수들과 해양학관을 펼쳐 수산대학을 '종합해양과학대학'으로 변신시키는 계획을 수립하였다. 이를 위해 기초학문 학과들과 해양 및 환경 분야 학과들을 신설하는 등 오늘날의 부경대학교 해양과학대학의 기틀을 마련하였다.

그 후 동의대학교 총장으로 부임하여 재임하던 중 타계하셨다. 돌아가신 지 20여 년이 지났지만, 살아생전 교육, 연구, 행정을 통하여 한국 해양학 발전의 초석을 다지는 데 기여한 이병돈 박사님의 선구적인 업적은 높이 평가되어야 마땅하고, 나날이 새롭게 음미되고 널리 알려져야 한다고 믿는다.

제2, 3대 학회장 최상 박사를 추모하며

이병돈(제1,4,7대 한국해양학회장)

최상 박사는 1927년 1월 21일 경남 함양군 안의면 석천리에서 태어나 1944년 경북 김천공립중학교를 졸업하고 1948년 경성대학 예과를 수료한 뒤 서울대학교 의과대학에 진학했다가 뜻한 바 있어 1949년 일본 동경대학 농학부 수산학과에 입학하여 1952년 졸업과 동시에 동 대학 대학원에 진학하여 연구 경력을 쌓은 뒤 1957년 수료하고 이어 동경대학 농학부 수산학과 수산동물학교실에서 연구원으로 오시마 야수오(大島泰雄) 교수 지도 아래 수산동물 연구를 지속하여 많은 업적, 특히 해삼에 관한 연구로 동경대학에서 농학박사 학위를 받았습니다. 1962년 귀국하여 잠시 부산수산대학 증식학과 부교수로 후학을 위하여 강의와 연구에 열중하시다가 1963년 원자력원 연구관으로 전출하였고 1967년부터는 한국과학기술연구소 수산자원연구실장과 기술정보실장을 역임하였습니다.

그간 서울대학교 문리과대학 강사, FAO 한국협회수산전문위원장, 유네스코한국위원회 해양과학위원장, 과학기술처 과학기술진흥위원, 문교부 교수자격심사위원, 보사부 수질오염방지위원 등 분주하고도 광범위한 학술연구 및 사회활동을 하셨습니다. 더욱이 한국육수학회 부회장, 한국수산학회 이사, 한국동물학회 이사, 한국식품과학회 평의원으로 기타 학회 발전에도 몸과 시간을 아끼지 않았습니다. 박사는 수산동물 및 해양학 분야에서 총 33편의 우수한 논문과 4편의 조사보고서 및 2종류의 단행본을 발간하였습니다.

수산동물 연구는 1952년부터 1961년에 걸쳐 동경대학 농학부 수산학과에서, 해양 및 호소(湖沼)에 관한 연구는 1962년 귀국 후 원자력연구소와 한국과학기술연구소에서 이루어진 것입니다. 수산동물연구 중 처음 발표한 것은 이매패 *Loripes pisidium*의 난발생과정 연구이며, 이 실험은 동경대학 수산실험소에서 착수하였고, 이매패로는 특이하게 한천질(寒天質)에 전락(纏絡)된 알을 낳는 것을 발견했습니다. 이것은 이매패와 복족류 진화상 연관관계를 제시한 중요한 동물학상의 발견이라 하겠습니다. 이어서 갯지렁이류에서도 가장 중요한 산업종인 집갯지렁이 *Diopatra neapolitana*의 난발생과 초기 생활사를 박사가 처음으로 구명하였고, 나아가서 일본 아이치현(愛知縣)의 전지(前芝) 매격(梅藪)연안의 갯지렁이의 분포, 서식환경, 자원량 및 생산량을 밝혔습니다. 이 밖에 유용 이매패 바지락 양식과 그 자원보호관리를 위한 생태학적 연구와 이식실험을 하였고, 이식 후의 성장은 그 환경조건에 달려 있으며 그 조건이 좋으면 성장도 좋고 각형은 이식된 장소의 성장형에 따름을 발견했습니다. 또 바지락의 이동방법 서식환경에 따른 형태변이와 치패의 폐사에 관계되는 환경조건을 밝히고, 그 조건에 대한 치패의 저항성 등을 구명하여 바지락 양식을 위한 기본 문제점을 완전히 해명하였습니다. 무엇보다도 박사가 가장 고생하고 깊이 연구를 경주한 것은 해삼에 대한 것이라 하겠습니다.

종래 동일종이라 생각했던 붉은 해삼과 푸른 해삼은 형태, 생태학적으로 현저한 차이점이 있음을 발견하였고, 이 두 종류의 해삼에 대한 약 6년간의 연구결과를 정리하여 귀국 후 1963년『해삼의 연구』(일본 해문당 발간, 226페이지)라는 단행본을 내었습니다. 이 책은 실로 해삼에 관한 성경이라고 불릴 만큼 귀중한 문헌이며, 아마 현재 세계 저명 해양생물연구기관에는 다 비치되어 있으리라고 확신하는 바입니다. 이 책은 분류, 생태 그리고 증식에 관한 연구의 3편으로 나눠져 있으며, 이 책의 학술적인 가치를 논하기에 앞서 박사 생전의 과학도로서 독창력, 창의성, 정확한 관찰력, 진취성 그리고 인내력을 첫 페이지에서 마지막 페이지에 이르기까지 뚜렷하게 엿볼 수 있습니다. 두 종류의 해삼 증식을 위한 기초생물학적 연구가 완전히 되었고, 또 해삼의 생태와 생리 등을 구명하여 동물학 및 수산학 발전에 많은 공헌을 했습니다. 두족류는 옛날부터 식용으로, 또는 산업적으로 유용한 것인 고로 증식을 위한 시도를 해왔으나 초기 생활사를 포함한 생태학적 연구가 전혀 없었습니다. 최 박사는 두족류 중에서 참오징어, 무늬오징어, 쇠오징어와 날개꼴뚜기와 같은 산업적으로 매우 중요한 종류의 초기 생활사를 밝혔으며 부화치자어의

216

생존율이 높은 사육방법은 동물학계에서 처음으로 연구된 것입니다. 이러한 유생 사육법 이외에 환경요인 변화에 따른 유생 성장 및 먹이의 전환효율, 적정 먹이의 종류와 섭이율(攝餌率) 등을 밝혀 양식에 필요한 기술을 실제적으로 뒷받침하였습니다. 더욱 종래의 오징어 분류에 뼈(甲)의 형태와 그 무륜대율(無輪帶率)을 이용해 왔으나 인공양식 결과 먹이의 질과 양에 따라 무륜대율이 변화함을 알아내어 이것을 분류에 사용함은 옳지 못함을 밝혔고, 또 뼈의 윤맥(輪脈)은 1일에 1조씩 형성되어 동물의 일령형질 형식의 예를 뚜렷하게 제시하고 골격성장에 관한 지식에 많은 공헌을 하였습니다. 비록 발표는 1970년과 1971년에 했으나 일본에서 보리새우 양식에 필요한 기초자료로서 중요한 섭이율, 성장, 먹이의 전환효율 등을 연구하였고, 이 논문은 1972년에 대만에서 중국어로 번역되어 새우 양식에 많은 도움을 주고 있습니다. 1962년 일본에서 금의환향하여 부산수산대학에서 그간의 연구 결과를 정리하는 한편 후진학도들의 연구 지도를 하셨고, 앞서 말한 '해삼의 연구' 출판도 이때 했습니다.

필자와의 개인적인 관계를 말하면, 1959년 제가 도미 유학길에 오르기 전에 최 박사와 서신연락을 가졌었고, 그 뒤 최 박사는 귀국하여 부산수산대학에서 나의 담당과목을 강의하다가 원자력연구소로 전출하셨고 1965년 본인이 귀국하여 최 박사의 담당과목을 다시 맡게 되고, 당시 최 박사께서 사용하시던 연구실과 기물을 고스란히 오늘날까지 쓰고 있어서 남다른 동료 우의에서 더욱 박사의 서거에 애절함을 금치 못하는 바입니다.

1963년부터 원자력연구소에 해양생물실이 창설되어 우리나라 해양의 생태를 파악하고자 처음으로 방사성동위원소(C-14)를 사용하여 동, 서해안 25개 중요어업기지에서 기초생산량을 측정하였고, 지역별 및 계절적인 생산량 변동과 환경 요인과의 관계를 밝혔습니다. 우리나라 유일의 기초생산력 측정이기에 서독의 저명한 생태학자 Gessener 박사도 이 결과에 관심을 표명하여 본인이 그 논문 개요를 번역해 주었습니다. 외국에서는 다 자국의 연안뿐만 아니라 인접해역에 대한 기초생산량을 측정하여 정확히 해양생태를 파악하고 있습니다. 애석하게도 최 박사의 이 연구가 더 지속되어 한국의 해양생물 발달에 더욱더 큰 초석이 되기를 바랐으나 끝내 결실되지 못하고 돌아가심을 안타깝게 생각하며 하루빨리 이의 계승을 위해 젊은 학도가 배출되기를 기대하는 바입니다.

이에 관련하여 최 박사는 한국 근대 식물플랑크톤 연구를 착수하였고, 147종의 규조류(硅藻類)와 22종의 편조류(鞭藻類)에 대한 지리적 및 계절적인 출현종과 양의 변동과 해류와의 관련 등을 밝혀 우리나라 부유생물학 발달에도 많은 공헌을 하였습니다. 최 박사는 해양뿐만 아니라 한강과 의암호 등 육수생태에도 깊은 관심을 가져 한강하류 수역의 기초생산량과 식물플랑크톤 색소량의 계절적인 변화, 수질의 월별 변동 등을 밝혔고, 더욱 나아가서 한강수질 전반에 걸쳐 가장 상세하고 광범위하게 다루어 이것이 수질기준 설정에 필요한 기초자료가 되었습니다.

이 밖에도 의암호 및 그 하류수역의 수질조사는 물론, 일반대장균, 분변성 대장균(糞便性 大腸菌) 및 쌍구균의 월간 출현 경향과 수평 및 수직분포를 밝혔으며, 또 이들 하천 세균이 해양에 유입되면 수질오염을 일으킬 뿐만 아니라 서식하는 어패류와 해조류를 오염시키므로 이들의 담수 및 각종 염분 농도의 해수에 대한 저항실험을 하여 대장균의 생태를 파악했습니다. 이 밖에 고리원자력발전소 설립에 필요한 종합적인 고리해역의 해양조사를 하여 발전소 건립을 도왔습니다.

위와 같은 해양학적 연구 이외에 최 박사는 또한 생물 및 지구화학 분야에도 남달리 관심을 가졌으며 또한 이 분야 연구 개발의 길을 닦았다고 봅니다. 방사선을 이용한 수산물보장법을 조사하였고 온도범위와 방사선조사량 등을 밝혀 실용화 여부를 규명하였습니다. 또 식물성단백질 개발을 위해 잎단백 추출연구를 하여 70종의 우리나라 식물 잎에서 추출한 단백질 양과 아미노산 조성을 밝혔고 잎단백의 순수율 4~13%를 한삼덩굴, 시금치, 열무, 오이, 참외, 감자, 호박, 양호박과 콩 등에서 보았습니다. 우리나라 해저질의 화학성분 분석도 착수하여 우선 동해안 자료 분석 결과만을 발표했습니다.

이상과 같은 연구 업적 외에 낙동강 하구지역의 해태어장 개발과 대형 저수지에서의 어류 생산을 위한 환경조사를 실시하여 수산업 발달에 기여한 바 크며, 각지 연안에서 많이 나는 수질오염에 관심을 가져 환경오염에 관한 세미나에서 그에 관한 주제 발표를 하는 등 실로 최 박사는 분망하고 광범위한 연구와 활동을 학구생활과 아울러 사회생활에도 하였습니다.

해양과학 전반에 대한 연구는 국가적 차원에서 다루어져야 했고, 또한 강력한 국가의 보조로서 이루어지는 만큼 최 박사는 일찍부터 국립해양연구소를 설치하여 국내외 해양학자들을 규합 상호 협력하여 연구와 개발의 실표를 기도한 신념의 소유자였습니다. 작년 말에 시작된 한국해양개발연구소 설립 및 운영계획에 관한 연구가 시작됨과 동시에 최 박사는 병석에 눕게 되었고, 작고하신 직후 이 연구가 완성되어 책자로 나오게 되니 박사에 대한 애절한 마음 금할 수 없습니다. 최 박사의 유지가 간절했던 이 연구소 설립이 하루속히 이루어지고 훌륭한 업적을 올려 한국의 해양개발에 이바지할 수 있도록 우리들이 결속하여 협력하는 길이 박사의 명복을 비는 길이라 믿습니다. 그처럼 소원했고 노력했던 해양연구소의 설립을 목전에 두고 돌아가신 최 박사야말로 우리나라 해양개발의 선구자라 하겠고, 박사가 쌓아온 업적은 영원히 빛나리라 확신합니다.

최 박사는 가셨으나 부인 우경자 여사와 아들 현재, 현우 형제를 남겨 두었습니다. 부디 이들에게 신의 가호가 있기를 기원하며, 먼저 가신 박사의 명복을 다시 한 번 경건히 비는 바입니다.

—

이 글은 1973년 6월에 발간된 『한국해양학회지』 제8권 제1호 1~3쪽에 실린 이영돈 박사가 작성한 최상 박사 추모사입니다.

한국해양학회 제5대 학회장 김종수 박사의 학구적 열정과 실천적 의지

김성필(한국지질자원연구원 센터장)

제5대 회장(1973~1975년)을 역임한 김종수(金鐘洙) 박사(1931~1999년?)는 서울대학교 지질학과에서 학사와 석사를 마치고, 같은 대학교 해양학과에서 '한국 동해 해저지질에 관한 연구'라는 주제로 해양지질학 분야 박사학위를 받았다. 졸업 후 상공부 산하 중앙지질광물연구소 지질과(제련과) 지질조사 담당 촉탁(1955~1960년)과 태백산지구 지하자원 조사단 조사원(1961년)을 거쳐 1962년 국립지질조사소 제련과에 촉탁으로 입소하였다. 그 후 물탐과장 서리(1962년), 탐광부 물탐과장(1962~1969년), 해양지질부장(1969~1971년)을 역임하였고, 국립지질조사소가 국립지질광물연구소로 조직 개편된 후에는 해양개발부장(1971~1976년)을 역임하였다. 1976년 연구소가 「특정연구기관육성법」에 근거하여 과학기술처 산하 자원개발연구소로 바뀐 뒤에는 부소장(1976~1980년)의 중책을 수행하였다. 부소장직을 마친 1981년부터는 같은 연구소 해양지질연구실의 책임연구원 신분으로 돌아와 후배 연구원들에게 귀감이 되는 원로학자로서의 남은 임기를 마치고 1996년 퇴임하였다.

김종수 박사는 1975년 한국해양학회 회장 재임시에는 정부의 석유개발기금에서 학회 지원금을 유치하여 학회의 기금 확보에 노력하여 현재 한국해양학회 기금 중 가장 큰 기금으로 발전하는 데 기여하셨다. 김종수 박사는 1964년 국립지질조사소가 우리나라 최초로 국내 석유부존 가능성을 조사하기 위해 실시한 포항지역의 육상 탄성파 탐사를 이끌었으며, 1970년대부터 1980년대까지 지하수 조사, 광물자원 조사, 땅굴 조사, 원자력발전소 지반 조사 등의 업무에서 중추적인 역할을 담당하였다. 말년에는 지질조사기술이 각종 토목엔지니어링, 지열과 광물 자원탐사, 매립지나 해수침투 지역 등의 환경영향 조사, 문화재 안전관리를 위한 고고학적 유물 조사 같은 다양한 분야에 응용되는 데 큰 역할을 하였다. 이런 업적으로 1984년과 1988년 한국동력자원연구소장 표창을 수상했을 뿐만 아니라 35년을 상회하는 재직 기간 이후에도 퇴직하여 1997년 같은 연구소의 연구위원으로 머물면서 많은 후배들에게 선배로서의 지식과 경험들을 전수해 주었다. 연구위원 생활을 모두 마친 뒤 미국으로 건너가 종교인으로서의 삶을 살았던 김종수 박사는 안타깝게도 미망인 배병옥 여사와 2남 1녀의 자녀를 남기고 너무 일찍 고인이 되셨다.

—

다음은 고(故) 김종수 박사가 생전에 〈중앙일보〉에 남긴 해양개발의 중요성에 관한 기사로, 우리는 고인이 약 50년 전에도 오늘날 우리가 상상하고 기대하는 문제들에 대해 깊이 고민하셨다는 것을 알 수 있다.

....

1970년대는 당초 기대한 대로 여러 방면에서 많은 발전을 이룩한 시대였다. 해양개발 분야에서의 다채로운 발전은 말할 것도 없다. 과연 10년간에 걸쳐 해양 분야에서는 어떤 발전이 있었는가를 적어보면 다음과 같다.

첫째, 해양 자체를 보다 상세히 알기 위한 종합적 기초조사가 활발히 전개되었다. 70년대는 국제해양탐사 10개년인 동시에 우리의 해양조사연구 10개년이기도 하였다. 해저의 지형과 지질, 해수의 평면적 입체적 성질, 해양과 대기와의 관계 등 해양에 대한 광범위한 종합적 기초조사가 우리의 대륙붕해역에서 실시되었던 것이다.

둘째, 대륙붕의 해저광물자원이 개발되어 우리 경제를 크게 윤택하게 해주었다. 해저 광물자원으로서 크게 기대되는 것은 석유와 천연가스이며, 세계적으로 이들 자원을 개발하기 위한 기술이 전체 해양개발을 뒷받침할 기술로 발전되어 왔다. 1979년 말 현재 채굴·채유 및 저유시설이 해저에 설치된 예가 가시화되기에 이르렀다. 이러한 인간의 해저에서의 활동은 인간의 생활 활동권(活動圈)을 해저까지 확대시킨 계기가 되었다. 1969년 말에 벌써 수심 1백10m까지 해저석유채취가 가능했고, 1970년대가 되어서는 기술적으로 어떤 수심에서든 채취가 가능하게 되었다. 석유 외 자원으로는 대륙붕의 사광광물이 개발되기에 이르렀으며, 태평양저(수심 6천m 내외)의 막대한 광물자원까지 개발되고 있는 현실이다.

셋째, 1960년대의 어업형태에서 양식어업으로 많이 전환되었는데, 우선 연해의 천해저가 양식어업의 대상지로 등장하였다. 이와 동시에 해저의 농장도 모습을 드러냈다. 우리의 천해저에서도 시험적인 해저농장이 영위되기에 이른 것은 특기할 만하다. 넷째, 해양에너지를 이용한 발전소가 건설되었다. 우리나라는 간만의 차가 큰 곳으로 알려져 있어 조력발전의 가능성에 대해 일찍부터 주목되어 왔었는데 드디어 실현을 보게 된 것이다. 다섯째, 우리의 생활권이 해저로 확대됨에 따라 해저에 거주를 위한 주택을 위시하여 특수공업시설 연구소 및 군사시설 등이 건설될 수 있는 가능성이 충분해졌다.

끝으로 여섯째로는 해중을 자유로이 다닐 수 있으며, 어떤 특수작업도 할 수 있는 잠수정이 여러 형태로 개발되어 인간의 해중·해저에서의 활동을 수심에 관계없이 가능케 해주었다. 우리나라도 대륙붕 해저에서 활동이 가능한 잠수정을 독자적인 기술로 개발한 것은 아주 다행스런 일이다. 이렇게 우리 육지 면적의 거의 3배에 가까운 대륙붕 해저까지 우리의 생활권이 확대되어 경제활동이 활발해졌으니 경제적으로 70년대는 그야말로 해양개발의 시대였다.

제6대 학회장 김완수 교수님을 회고하며

허성회(부경대학교 해양학과 교수)

내가 김완수 교수님을 처음 만난 것은 서울대학교 해양학과에 입학한 1971년 3월 2일이었다. 입학식이 끝나고 한평진 선배(해양학과 1회 입학생으로 당시 4학년 학생이었음)의 안내로 동숭동에 있는 문리대 캠퍼스에서 구름다리를 건너 공업연구소에 위치한 해양학과 강의실로 갔다. 그곳에서 학과 오리엔테이션 시간을 가졌는데, 당시 학과장이셨던 김완수 교수님께서 인사 말씀을 하셨다.

김완수 교수님은 한국에서 고등학교(경기고등학교)만 졸업하시고 미국으로 유학을 떠나 시애틀에 있는 워싱톤 대학에서 학부과정과 석사과정을 마치셨다. 워싱톤 대학은 수산학 분야로 유명한 대학이다. 그리고 일본 동경대학에서 수산학 박사학위를 취득하신 뒤 1968년 신설된 서울대학교 해양학과의 첫 번째 전임교수로 발령을 받으셨다.

내가 해양학과에 입학한 후 1년 동안은 교양과목을 이수하기 위해 불암동 서울공대 캠퍼스(현재 서울과학기술대학교가 사용하고 있음) 내에 위치한 교양과정부에서 주로 시간을 보낸 탓에 동숭동에 계신 김 교수님을 볼 기회가 거의 없었다.

2학년이 되면서 모든 강의가 동숭동 문리대 캠퍼스(현재 대학로)에서 이루어져서 불암동에 있는 교양과정부까지 갈 필요가 없어졌다. 2학년 1학기부터 전공과목 수강이 본격적으로 시작이 되었다. 당시 해양학과 소속 전임교수로 김완수 교수님과 박용안 교수님 두 분밖에 없었다. 박 교수님은 박사과정을 이수하기 위해 독일에 가 계셔서 김 교수님 혼자서 해양학과를 이끌고 계셨다. 그래서 김 교수님이 담당하시는 과목을 제외하고 거의 모든 전공과목 강의를 시간 강사에 의존했다. 박용안 교수님은 내가 4학년 때 독일에서 귀국하셨다.

일반적으로 학부과정을 이수하는 동안에는 학생들이 학과 교수님과 친해지기 어렵다.

주로 수업 시간에만 뵙고 종강하면 만날 일이 없기 때문이다. 나는 김완수 교수님의 과목을 3개(해양생물학, 수산자원학, 어류학)나 수강했지만 수업 때만 김 교수님을 뵐 정도여서 다른 학생과 마찬가지로 김 교수님과는 개인적인 친분 관계가 없었다. 나의 학부 시절에 김 교수님에 대해 기억나는 것 중 하나는 김 교수님이 폭스바겐(Volkswagen)에서 만든 딱정벌레처럼 생긴 자동차(Beetle)를 타고 다니신 것이다. 당시 우리나라에는 자가용이 아주 귀해 돈 많은 기업체 사장 아니면 자가용을 타고 다니는 사람이 거의 없었고, 대부분 시내버스와 같은 대중교통을 이용하였다. 당시 서울대 교수 중에 자가용을 타고 다닌 분은 김 교수님이 유일하였다. 김 교수님은 학교에 올 때 항상 폭스바겐을 타고 오셨기 때문에 김 교수님이 학교에 계시는지 아니면 외출하셨는지는 갈색 딱정벌레 자동차가 해양학과 건물 옆에 있는지를 보면 금방 알 수 있었다.

내가 학부를 졸업한 1975년 2월 이후 서울대학교는 큰 변화를 겪었다. 1975년 3월부터 관악산 시대가 시작된 것이다. 그동안 여러 곳에 분산되어 있던 단과대학을 모두 관악산 기슭에 모아 제대로 된 종합대학의 형태를 갖추게 된 것이다. 내가 김완수 교수님을 가까이 만나기 시작한 것은 서울대가 관악산으로 이전한 1년 후인 1976년 3월 대학원 석사과정에 들어가면서이다. 해양학은 크게 4분야(물리해양학, 화학해양학, 지질해양학, 생물해양학)로 나누어지는데, 석사과정에 입학하면 한 분야를 선택해야 한다. 그리고 전공에 해당하는 교수님을 지도교수로 정한다. 나는 해양생물인 어류에 관심이 많아서 당시 어류 및 수산학 전공 교수인 김완수 교수님을 지도교수로 정하였다.

대학원생들은 자기가 정한 지도교수의 대학원실에 들어가 생활하며 학위논문을 작성한다. 나는 김 교수님 연구실 맞은편에 위치한 대학원실에 책상을 얻어 그곳에서 석사과정을 보냈다. 김 교수님의 지도학생이 되니 자연스럽게 김 교수님을 만날 기회가 많이 생겼다. 석사과정에 들어온 후 1학기가 지난 시점에서 김 교수님이 갑자기 명태와 노가리를 잔뜩 나에게 갖다 주면서 이것들을 분석하는 실험을 하라고 명령하시는 것이 아닌가! 나는 얼떨결에 시키는 대로 하겠다고 말했다. 이렇게 해서 나의 석사학위 논문 실험이 시작되었다. 교수님이 지시한 대로 명태와 노가리의 길이와 무게를 측정하고, 개체별로 각 지느러미 줄기(fin ray)의 수를 세고, 척추골(脊椎骨)의 수를 세는 실험을 하였다. 척추골의 수를 세려면 물고기 살을 완전히 제거해야 한다.

실험은 몇 달 동안 지속되었는데, 명태와 노가리 시료가 포르말린에 고정이 되어 있기 때문에 실험을 할 때마다 포르말린 냄새가 많이 났다. 포르말린 냄새를 계속 맡으면 머리가 아파온다. 그러면 밖에 나가 좀 쉬다가 들어와 다시 실험을 반복하곤 했다. 나 혼자 포르말린 냄새와 싸우며 실험하고 있는 모습을 보고 좀 안되었다는 생각이 들었는지 학부생들이 실험을 도와주곤 했다. 그중 차성식 후배(현재 전남대 해양학과 교수)가 많이 도와주었다. 포르말린 냄새로 고통을 받게 될 때면 이 골치 아픈 실험을 시킨 김 교수님이 약간 원망스럽기도 했다.

한참 지난 후 김 교수님이 나에게 명태와 노가리 실험을 시킨 이유를 알게 되었다. 그 당시 우리나라의 명태 어획량은 10만 톤이 훨씬 넘었으며 그중 노가리가 차지하는 비중이 무려 80~90%에 달하였다. 그래서 김 교수님은 이처럼 명태의 치어인 노가리를 너무 많이 잡으면 필연적으로 명태 자원이 붕괴될 것을 우려하신 것 같다. 그 당시 어민들은 노가리가 명태 새끼가 아니고 완전히 다른 어종이라고 우기면서 노가리를 많이 어획해도 상관이 없다고 주장했다. 그런데 문제는 수산자원 관리와 보존의 책임을 맡고 있었던 수산청에서는 전체 어획고를 높이기 위해서인지 어민들의 터무니없는 주장이 잘못되었다고 반박하지 않고 어민들의 노가리 남획을 묵인하는 입장이었다. 이 같은 상황에서 김 교수님이 노가리가 명태 새끼임을 학술적으로 증명하여 더 이상 노가리를 못 잡게 하려고 나에게 명태와 노가리를 비교 분석하는 실험 과제를 주신 것임을 나중에 깨달았다. 몇 달간에 걸친 명태와 노가리 실험을 마치고 실험 자료를 정리하여 석사학위 논문을 완성하였다. 그리고 실험 결과를 한국해양학회 학술발표회(1978년)에서 발표하였다.

노가리가 명태 새끼임을 학술적으로 증명한 나의 논문이 전문학술지인 한국해양학회지에 실렸음에도 불구하고 수산청에서는 계속 어민들의 무차별적인 노가리 어획을 묵

인하였다. 그 결과 몇 년 안 지나 명태 자원이 붕괴되었으며, 지금은 명태가 우리나라 해역에서 사라져 버렸다. 한때 연간 10만 톤이 넘었던 명태 어획고가 지금은 연간 1톤 이하에 불과하다. 그 많던 명태가 어린 노가리의 남획으로 인해 아주 짧은 기간에 우리나라 해역에서 사라져 버린 것이다. 요즘 식당이나 식탁에 오르는 명태 요리 재료는 거의 100% 수입 산이다. 만약 수산청에서 나의 논문이 발표된 직후 어민들이 노가리를 잡지 못하도록 조치를 취했다면 어떻게 되었을까 생각해 본다. 아마도 명태 자원은 한동안 어느 정도 수준을 유지하지 않았을까 하는 아쉬운 생각이 든다.

나는 석사과정을 마치고 1년간 유학 준비를 한 끝에 1979년 8월 미국 텍사스 대학에서 박사과정을 이수하기 위해 미국으로 떠났다. 그 후 김완수 교수님과 연락이 끊겼다. 나중에 지인을 통해 들으니 김 교수님이 1981년에 서울대학교 교수직을 사임하고 미국으로 이민을 가셨다고 한다. 이민 가신 후 콜로라도 주 덴버에 정착하셨다는 소문을 들었다. 나는 1983년 12월 텍사스 대학에서 박사학위를 취득하였다. 1984년 1월 한국으로 귀국하는 길에 석사과정 지도교수였던 김 교수님을 뵙고 싶어 우리 가족(아내와 두 딸 포함)과 함께 덴버에 있는 김 교수님 집에 들러 하루 밤을 보냈다. 김 교수님과 사모님이 우리 가족을 반갑게 맞이하여 주셨다. 그때 받은 느낌은 김 교수님이 미국 이민 생활에 만족하시는 것 같았다.

나는 귀국 직후 부산수산대(현 부경대학교)에서 해양학과 교수로 발령을 받았다. 그리고 한동안 강의 준비하고 연구하느라고 바빠 김 교수님을 잊고 지냈다. 한 10년쯤 지나 충남대 박철 교수로부터 김완수 교수님이 환갑을 맞이하셨다는 이야기를 들었다. 김 교수님의 실험실 제자들(이태원, 허성회, 김수암, 차성식, 박철)이 모여 상의한 결과 김 교수님 부부를 한국으로 초청하여 환갑을 축하하는 모임을 갖기로 했다. 그리고 한국 방문에 필요한 경비를 제자들이 분담하기로 했다. 김 교수님과 제자들의 재회는 대전의 한 음식점에서 이루어졌다. 김 교수님은 서울대 해양학과에 재직하실 때 학생이었던 제자들이 지금은 모두 대학 교수가 되어 있는 모습을 보고 흐뭇해 하셨다. 제자들과의 만남 이후 교수님

부부는 미국으로 돌아가셨고, 그 후 한동안 김 교수님을 잊고 지냈다. 그러던 중 2011년 7월 김완수 교수님이 LA에서 돌아가셨다는 소식을 전해 들었다. 너무 멀리 떨어져 있어 김 교수님 장례식에는 참석하지 못했지만, 김 교수님의 명복을 빌어 드렸다.

한국 해양학과 해양업계 발전에 공헌한
고(故) 이석우 제8대 학회장님의 생애

김태인(지오시스템리서치 부사장)

이석우 박사님은 1930년에 평안남도 남포에서 출생하여 해방 후 남포사범학교에서 2년간 물리학을 수학하셨습니다. 이후 월남하여 1954년에 서울대학교 사범대학 물리교육과를 졸업하셨습니다. 대학 재학 중에는 기상학과 천문학을 이수하면서 조석에 관심을 갖게 되셨습니다. 1954년에 해군 수로(水路) 장교로 임관하여 해군 수로국에서 조석을 담당하셨습니다. 조석·조류의 관측, 분석 및 예보 기술과 수로측량 기술은 1958년에 미 해군 수로부에 파견된 이 박사님이 수로기술(hydrographic engineering) 1년 과정을 이수하면서 습득하셨습니다. 이 무렵 한국전쟁 이후 중단된 조석관측이 재개되었는데, 이때 이 박사님은 다윈(Darwin) 방법을 적용한 조석 조화분석을 통하여 주요 항의 기본수준면(조위 및 해도의 기준면)을 설정하셨습니다.

1962년 프랑스 파리에서 열린 제2차 IOC(정부간 해양과학위원회) 총회에 한국대표단으로 참가하신 이 박사님은 '쿠로시오 국제공동조사'와 '국제 평균해면조사' 사업에 참여하셨고, 2년 뒤인 1964년 해군 수로국이 교통부 수로국으로 이관되자 해양과장을 역임하

면서 쿠로시오 국제공동조사(1965~1978)의 국내 부조정관으로 활동하셨습니다. 그 후 5년간 공직생활을 하시다가 1969년 들어서 정리한 후 수로국 동료들과 함께 한국 최초의 해양조사 전문기업인 (주)한국해양과학기술을 창설하셨습니다.

한국해양학회와 관련해서는 제6, 7대(1975~1979) 부회장을, 그리고 제8대(1979~1981) 학회장을 역임하셨을 뿐만 아니라 한국해안·해양공학회, 대한측량협회, 한국항만협회 부회장으로도 봉사하셨습니다. 1960년대 후반부터는 서울대학교와 연세대학교에서 물리해양학, 특히 조석학 강의를 하시면서 해양학 분야의 인재 양성에 기여하셨습니다.

또한 국내 물리해양학 분야의 초기 연구를 선도하셨습니다. 1966년 일본 동경에서 개최된 제11차 태평양과학회의 해양분과에서는 '대한해협을 통과하는 해수 수송량의 계절 및 영년(永年) 변화'를 발표하셨고, 1967년 미국 하와이에서 열린 제1차 쿠로시오 심포지엄에서는 '대한해협에서의 평균해면과 해황의 변화'를 발표하신 바 있습니다. 그리고 1975년 일본 동경에서 개최된 제2회 국제해양개발회의 연안환경분과에서는 '한국 조석 해만의 입구에 있어서의 조류·사류'를 발표하셨습니다.

이 박사님은 특히 한국해양학 발전과 후학들을 위해 여러 저서를 남기셨고 2006년 해양과학 기술 발전을 위하여 한국해양학회에 서붕기술상 기금 2000만 원을 출연하셨습니다. 1982년에 『물리해양학 통론』을 출간한 이후 『해양측량학』, 『한국근해 해상지』, 『한국항만 수리지』, 『해양·항만 조사법』, 『해양정보 130가지』 등 총 6권의 해양 전문서적을 출판하셨습니다. 그리고 1984년에는 해양업계 및 해양학 발전에 기여한 공로를 인정받아 석탑산업훈장을 수여받으셨습니다. 한국해양학회와 해양학, 해양업계의 발전을 위해 공헌한 이 박사님은 애석하게도 말년에 심장질환으로 투병하다시가 2009년에 운명하셨습니다.

—

이 글은 『(주)한국해양과학기술 40년사』와 *Tides in the East Asian Marginal Seas*에 수록된 내용을 바탕으로 작성한 것입니다.

물리해양학통론(1982)

해수의 물리적 성질과 운동 에너지, 물질수송 등을 기술한 해양학 입문서이다.

해양측량학(1983)

측지학, 원점측량, 해상위치측량, 수심측량, 음파탐사 등의 기본지식과 응용방법을 기술한 해양측량 전문서이다.

(김근식 공저)

한국근해 해상지(1992)

해양산업 종사자등을 위해 한국 연근해의 물리학적 현상, 즉 해저지형, 해상, 기상, 해류, 조류 등을 알기 쉽게 엮었다.

한국항만수리지 (1994)

한국의 10대 항만 주변의 기상, 파랑, 조석, 조류 등의 조사 자료와 예측실험 성과를 요약하였다.

해양·항만조사법(1996)

해상조사 및 해석 기법과 수리·수치모형실험 기법의 기초를 소개하고 있다.

해양정보 130가지(2004)

바다에서 일하는 모든 기술자에게 유용한 해양학 정보 130가지를 추려서 실었다. 주로 물리적 현상을 다루고 있다.

늘 옆에 우뚝 서 계신 분,
제9대 학회장 장선덕 선생님

류청로(부경대 해양공학과 교수, 한국어촌어항협회 이사장)

장선덕 선생님을 처음 뵌 것은 대학 1학년, 1970년 3월이다. 입학하자마자 선생님이 축구선수라는 소문과 함께 내게 다가온 모습은 외모가 탄탄하고 당차셨고, 강건한 기백이 넘친 분이셨다. 감히 넘보지 못할 아우라(aura)를 느끼게 했다. 첫 강의는 프린트 교재로 하신 '해양학'이었다. 시험지 크기의 종이에 손수 타이핑으로 만들어 묶은 영문교재였다. 그때만 해도 그러려니 하고 생각했는데, 지금 와서 다시 생각하니 그것이 유일한 영문교재 수업이었던 것 같다.

나는 졸업 후 곧장 실습선 항해사로 승선했다. 선생님은 당시 실습과장으로 선박을 총괄하고 계셨다. 육영수 여사 저격사건으로 나라가 온통 시끄럽고 항구마다 경계가 삼엄하던 시절, 나는 일본 동경항에서 북양어장으로의 출항준비에 여념이 없었다. 상륙도 극히 제한되었고, 학생과 선원에 대한 통제도 예외가 아니었다. 그런데 어느 선원 한 명이 부두에 상륙해서 전화를 거는 현장이 선생님의 레이더망에 포착되었다. 시각은 새벽이었지만, 불같은 성격에 비상이 걸렸다. 나는 선원들과 학생들이 집합한 가운데서 선박사관의 책임을 지고 아픈 매를 맞았다. 내가 맞으리라고는 생각지도 못한 매질이었다. 이름 모를 선배가 후배지도에 사용하라고 내게 보내온 몽둥이로 다름 아닌 내가 많이 맞다니……. 새벽시간에, 그것도 이국땅 동경항의 선상에서 맞았던 그 매는 훗날 아름다운 추억이 되어 장선덕 선생님에 관해 이야기할 때마다 화제의 출발점이었다. 당시 나는 2등 항해사였고, 선원법상으로 내가 맞아야 할 이유도 없었다. 하지만 아무런 말도 없이 맞았고, 나중에 그 화풀이를 학생들과 선원들에게 10배로 돌려주었다. 선생님은 바로 그날 오후에 배를 떠나 귀국하였다. 귀국길에 오르면서 선생님은 마지막 인사로 뜬금없는 한마디만 던져주셨다.

"류 항해사! 공부 한 번 더 해볼 생각 없어? 한 번 찾아와!"

이 한마디는 나의 인생을 바꿔 놓았다. 2년 뒤, 나는 대학원생으로 변신해 있었다. 장선덕 선생님은 내가 졸업한 부산수산대학 어로학과의 20년 대선배였고, 내가 전공하는 해양물리학 분야의 지도교수였다. 당시로는 흔치 않은 대학원 선배들도 여럿 있었다. 임두병, 성병은, 정두영, 이동영 등과 같은 선배였다. 이들 모두 한참 높은 위치에서 나의 조언자가 되어주었다. 석사 논문으로 낙동강 하구의 조석과 염수운동을 연구했는데, 그 과정에서 내 멋대로 하다가 혼도 많이 났던 기억이 지금도 생생하다. 당시 선생님이 크게 관심을 두었던 것은 쓰시마난류 등 해류의 순환이었다. 그런데도 과제 선정부터, '멋대로 하겠다'는 나의 연구계획을 흔쾌히 용납하셨다. 나는 나대로 젊은 패기만 믿고 강건한 장 선생님에게 당당하려 했던 것 같다. 지금 생각하면 철없이 건방지고 오만한 행동이었다. 조교시절, 유학생활, 그리고 교수로 재직하기까지, 나는 장선덕 선생님의 품 안에서 자유자재로 날뛰며 살았던 것 같다.

유학을 떠나기 전, 석사논문을 해양학회에 투고하라는 명을 받고, 하나의 논문을 두 편으로 나눠 200자 원고지에 정성껏 썼다. 그 뒤 원고를 선생님께 맡기고, 나는 물리해양학에서 해안항만공학(해양공학)으로 전공을 바꾸었다. 이것은 전적으로 선생님의 제안이었다. 나는 선생님의 말씀에 따라 평생 그런대로 살면서 세상에 도움이 되는 역할을 하는 학자로서, 교수로서, 행복하게 맡은 바 역할을 수행할 수 있었다.

선생님이 부산수산대학교의 총장님이 되시고, 인근대학과의 통합을 성사시켜 부경대학교를 새롭게 탄생시키는, 대변혁을 선도하는 과정에서 보여준 통 큰 모습들도 가까이서 지켜본 바 있다. 한마디로 선생님은 내가 감히 넘볼 수 없는 그 무엇을 갖고 계신 분이었다. 대학을 통합할 때에도 적지 않은 반대가 있었다. 특히 해양수산 분야의 교수님들과 학생들의 의견이 그랬던 것 같다. 어느 늦가을 저녁기운이 쌀쌀하게 맴도는 시각, 도서관 앞 광장이었다. 교수와 학생 간의 끝장 대토론이 찬반으로 팽팽하게 나누어져 열띤 현장이었다. 당시 이 토론회의 사회를 맡은 총학생회 부회장은 마침 해양공학과 학생이었다. 나는 그 학생과 오랫동안 '왜 통합인가?'를 두고 허심탄회하게 논의했다. 학생회 간부는 나를 초청해 주었다. 마음대로 이야기해도 계란투척 같은 것은 없을 거라는 팁도 주었다. 그때 나는 평교수 중 찬성자로 찬반토론을 하며, 밤을 새워서라도 진지하게 이야기하자고 우겼던 모습이 지금도 생생하다. 마지막 한 사람이 남을 때까지 그 자리에 남아 있겠다고 했다. 그러자 반대하는 교수님, 학생들이 하나 둘 자리를 뜨기 시작했다. 단 한 사람도 남아 있지 않은 쌀쌀한 그 늦가을 저녁, 그 길을 혼자 걸으며 연구실로 향했던 슬픈 추억도 가슴에 물들어 있다.

선생님은 늘 큰 틀을 만들어 가셨고, 나는 그 안의 조그만 문제, 시시비비를 가리는 논쟁과 논리적 투쟁에 익숙했던 것 같다. 민주화시대의 원칙과 젊은 교수들의 패기어린 열정을 가감 없이 전달하는 전달자로서의 역할을 감당하다 보니 늘 따뜻한 사랑을 받아보지 못했다. 하지만 선생님은 크고 작은 논쟁과 선거 등에서 늘 밑바닥을 정리하고 다니셨던 것 같다. 그러다 보니 선생님의 적(敵)은 별로 없었지만, 나의 적(敵)은 많이 생기곤 했다. 나는 까탈스러운 원칙론자였고, 선생님은 통 크고 덕망 높은 교수님, 지도자였다. 그 부분에 있어서는 우리 사이는 좋은 사제지간이었고, 의리 있는 관계였다. 심지어 나는 이것이 나의 숙명이었다고 생각하며 자랑스럽게 내게 맡겨진 역할을 다한 것 같다고 생각한다.

어떻게든 선생님의 영혼을 지키고 계승하려 하였다. 그러나 세상의 흐름은 꼭 직선으로 바르게만 가지는 않는 것 같다. 선생님을 많이 힘들게 했던 일들이 없지 않았다. 그 강건한 모습과 언변에도 일련의 변화가 왔고, 이제 선생님은 거의 80대 중반의 노인이 되셨다. 영원한 청년, 축구선수 장선덕 교수가 아닌 노인 장선덕이시다. 그러나 선생님 앞에 정이 넘치는 제자의 모습으로 다가가지 못하고 있는 나는 내가 생각해도 참 서글프고 가슴이 답답하다.

선생님은 대학 내에서는 다양한 분야에서 큰일을 하셨을 뿐만 아니라 초기 우리나라 해양학계 태동기에도 물리해양학을 처음으로 배우신 후 교육하신 분이시다. 부산수산대와 서울대 해양학과와 관계하며, 해양학회를 만드는 데 동참하셨고, 지방과 서울의 가교역할을 누구보다 잘해 오신 분이시다. 내가 유학 중일 때 친히 연구실을 방문하셔서 해주신 말씀이 기억난다. 서울대 출신, 하와이 유학파인 강용균이라는 멋진 물리해양학 분야의 연구력을 갖춘 교수를 채용하기로 했다시면서 던진 한 말씀이었다.

"너도 그처럼 창의적인 연구자로 해양공학자로서의 자질을 갖춘 좋은 논문을 생산해서 당당하게 돌아올 수 있도록 하거라!"

이 말은 내게 준 선생님의 유일한 격려였다. 그 한마디는 그때의 내 가슴을 뜨겁게 자극시켰다. 선생님은 부산수산대 출신으로, 어업학과 교수였음에도 해양환경학과를 만들었고, 해양공학과도 만든 후 정년퇴임하셨다. 모두 한국에서는 최초로 만들어진 환경관련학과, 해양공학과였다. 당시 해양공학과에 재직하던 해양지질학자, 해양학자, 탐사관련 학자를 다 내보내다시피 하며 만들어진 것이 해양학과, 응용지질학과, 탐사공학과였고, 이 학과들을 부경대학교가 최초로 만든 것이다. 부경대학교, 아니 한국에 최초의 해양과학대학이라는 큰 틀을 만들고, 해양과학기술의 기반을 구축해보인 선도자가 바로 선생님이셨다. 아쉽다면, 해양공학과에서 평생을 보내다 보니, 선생님의 제자들이 해양공학, 환경-수산관련 분야에 분산되면서 공유영역인 물리해양학의 대를 계승하는 당당한 학문체계를 해양학회와 관련하여 구축하지 못한 점이다. 그러나 선생님은 당신의 영역에서 큰일을 하셨고, 부경대학교라는 지역적 특성 아래에서 해양교육연구기반을 구축하는 데 혼신의 힘을 다한 거인이었다. 가장 비판적인 제자가 감히 선생님을 지역의 가장 큰 해양학자, 해양공학자, 대학과 교육계의 지도자, 나아가 지역이 낳은 한국 해양학계의 거물이라고 겸허히 평하며, 선생님을 내 마음속 명예의 전당에 모시고 싶다. 그렇게 감히 추천하고 싶은 것이다.

창립 50주년을 맞이한 한국해양학회에 지난날 작지만 학술상을 만드는 기금을 선뜻 출연하신 일, 대학에 약수학술재단을 만들어 운용할 수 있도록 조금 큰 기부를 하신 일 등을 곰곰이 생각하노라니 그 감회가 깊고 넓다. 선생님이 그런 통 큰 기부를 하실 때, 나는 "생색내지 마시고 그냥 내시죠!"란 말씀을 드린 적 있다. 나의 이 버릇없는 제안에도 선생님은 그냥 씩~, 웃으시는 의미 있는 표현으로 성큼성큼 걸으셨던 그 생생한 기억이 지금도 눈앞에 스친다. 마음도 있고, 통도 크신데 생색은 좀 내시는 편이라고 생각했다. 그런데 조용히 오늘을 살아가는 사람들, 선배나 스승님들을 돌아보니, 선생님처럼 소중한 자기 돈을 기부하는 분도 거의 없다는 사실을 확인했다. 그래서 점점 더 세월 속으로 깊어가는 우리 장선덕 선생님께 송구한 마음 금할 길 없다.

이제 잠시 나는 대학을 떠나 다른 곳에서 내가 맡은 일을 하면서 지난날을 되짚어 본다. 1970년도 이래 학생으로, 직원으로, 교수로 학교를 떠나본 적이 없는 나는 45년의 울타리를 넘어 구체적인 현장으로 왔다. 내 부모 형제보다도 더 많은 시간과 열정을 함께한 사람, 내 인생을 이야기할 때마다 항상 내 옆에 우뚝 서 계셨던 한 분이 계신다는 것을 새삼 느낀다. 남은 인생, 선생님과의 만남이 더 아름답게 채색되어야 할 것 같다. 자유인의 모습으로 더 멋진 통합의 영혼을 키우면서……

과연 나도 선생님처럼 젊은이가 인생을 자유롭게 선택하고 바꿀 수 있게끔 강렬한 한마디를 툭,툭, 던질 수 있는 통 큰 모습으로 변해갔으면 좋겠다. 내 자랑, 나의 푸념으로 젊은이들의 소중한 시간을 빼앗지 않고…….

서툰 글의 집필자 류청로는 장선덕 선생님의 부경대학교 어업학과 학부, 석사과정 (수산물리, 해양학전공) 제자, 해양환경학과, 해양공학과 조교, 후배교수로 1970년 대학 입학 이래 학생으로, 직원으로, 후배 교수로서 나의 스승 장선덕 교수님과 평생을 함께한 사람입니다.

한국해양학회 창설 50주년에 큰 축하를 드립니다

박용안(서울대학교 명예교수, 제10대 학회장)

한국해양학회가 창설된 지 어느덧 50년이 되었습니다. 생각하니 감개무량하고 시간이 유수 같다는 말이 정말로 실감납니다. 한국해양학회 창설 초기는, 다른 과학 분야 학회의 창설 초기처럼, 7~8명 내외의 대학교수와 전문가들이 모여 학회 창설을 논의하고 화합하여 학회 단위의 단체를 구성하던 시절이었습니다. 이미 작고하신 최상 박사님, 이병돈 교수님, 김완수 교수님과 함께 한국해양학회의 발전에 관하여 수차례 논의하고 토의하던 기억이 새삼스럽게 떠오르고, 지금 와서 생각하니 이 순간이 너무나도 소중히 다가옵니다.

한국해양학회 역대 학회장에 관한 기록에서도 알 수 있듯이 초기 한국해양학회의 실상은 빈약하기 그지없었습니다. 당시 초대 학회장은 이병돈 교수(1966~1967)였고, 2대와 3대 학회장은 최상 박사(1967~1971)가 맡았습니다. 4대 학회장은 다시 이병돈 교수(1971~1973)였고, 5대 학회장은 김종수 박사(1973~1975), 6대 학회장은 김완수 교수(1975~1977), 7대 학회장은 이병돈 교수(1977~1979), 8대 학회장은 이석우 박사(1979~1981), 9대 학회장은 장선덕 교수(1981~1983)였습니다. 그리고 10대 학회장은 필자인 박용안 교수(1983~1985)가 맡았습니다. 이제 한국해양학회 50주년을 맞아 필자 나름의 인식으로 학회 발전의 단계를 구분해 봅니다.

:: 학회의 발전과 성장 초기

초대 이병돈 회장(1966~1967)에서부터 10대 박용안 회장(1983~1985)에 이르는 시기는 '학회의 발전과 성장 초기'라고 할 수 있습니다. 이 시기는 학회 창립 이후 햇수로 19년이 되는 시기로, 사람 나이로 보면 대학 입학 시기에 해당됩니다. 이 시기에 기억되는 몇 가지 중요한 역사가 있습니다. 우선 이병돈, 최상, 김완수, 장선덕 회장 등 몇 분이 학회의 학술대회나 여러 모임 이후 주로 만찬하면서 나눈 얘기가 기억납니다. 함께 모여 나눴던 의견은 해양학회 발전은 해양학을 전공한 대학생과 대학원생이 여러 대학교에서 배출되는 시기에 따라 순리적으로 발전되고 성장되는 것이고, 바로 그 시간이 발전과 성장의 열쇠라는 것이었습니다. 그때 기억이 새롭습니다. 실제로 1968년 3월 서울대학교 문리과대학 이학부에 해양학과가 신설되고 첫 입학생(해양학과 1기)이 입학한 이후 해양학 학사 졸업생이 배출된 것은 1972년 2월입니다. 해양학을 정통으로 공부한 전문학도들이 배출되기 시작한 것입니다. 1972년 2월 첫 졸업한 학부생이 곧장 대학원을 진학하려 하여 열악한 상황에서도 대학원 석사 과정이 개설되었습니다.

또한 1973년 KIST 산하 해양연구소가 개소된 데는 1972년 서울대학교 문리과대학의 해양학과 첫 졸업생이 배출되는 시기를 고려한 것으로 기억됩니다. 왜냐하면 당시 최상 박사(KIST의 수산자원 실장)께서 김완수 교수와 필자와 여러 차례 회동하면서 KIST 산하에 해양연구소가 개소되면 좀 더 국가적 차원에서 해양에 관한 전문 연구를 할 수 있다고 했기 때문입니다. 그 출발을 서울대학교 해양학과를 시작으로 잡았고, 국내 여러 대학교에 해양학과가 신설됨으로써 훌륭한 인적 자원이 대거 확보되었습니다. 그 가운데 외국에서 박사학위를 받은 유학생들이 귀국하여 해양 분야의 여러 전문적인 연구가 훌륭히 수행함으로써 한국 해양과학이 크게 발전할 것으로 확신하였습니다. 그런 과정을 거치면 한국해양학회의 발전과 성장이 긍정적으로 이루어진다고 강조하면서 여러 차례 회동한 바 있고, 만찬 기회가 있을 때에는 이것이 건배사 내용이기도 하였습니다. 이 시기에는 학회지에 실을 원고 모집이 쉽지 않아서 1년 동안 학회지 발행이 정례화되지 못하였습니다. 학회사무실이 한국유네스코 과학부에서 서울대학교 문리과대학 해양학과 내 사무공간으로 이전된 것도 바로 이 시기였습니다.

:: 학회의 발전과 성장의 중기

11대 박주석 회장(1985~1987)부터 17대 홍성윤 회장(1997~1999)에 이르는 시기입니다. 학회 창립 이후 35년이 되는 시기로, 사람 나이로 보면 35세로 대학 졸업 후 대학원에서 석·박사 과정을 수료하고 본격적으로 직장인 삶을 살며 독립적인 가정을 이루고 사회 엘리트 구성원으로서 초기 활동을 하는 시기입니다. 이 시기에는 서울시 강남구 우성아파트 근처 건물에 위치하던 한국해양연구소가 경기도 안산(현재 위치)으로 이전하여 본격적인 연구소 발전을 위해 많은 성공을 거두기 시작하던 때였습니다. 지방 대학교에도 해양학과가 신설되었고, 학부와 대학원에서 많은 우수한 해양학도가 배출되기 시작하였습니다. 또한 외국에서 박사학위를 취득한 해양학 각 분야별 우수 인재가 속속 귀국하고, 이들이 해양학회 회원으로 정식 등록하던 시기였습니다. 그로 인해 학회 회원들은 발전 초창기보다 뚜렷하게 증가하였고, 각 지역별 연구기관과 대학교로부터 해양학을 전공한 훌륭한 회원 수가 증가하기 시작하였습니다. 그와 더불어 학회지 발행이 수월해졌고, 우수한 논문이 학술대회에서 많이 발표되는 등 학회 활동이 활발하게 이루어졌습니다.

학회 창립 이후 35년에 해당하는 이 시기는 21세기의 첫 부분으로, UNCLOS(3차 유엔 해양법) 발효에 따른 21세기 신해양시대로 세계 수많은 연안국이 자국의 대륙붕 확장을 주장하기 시작하던 때였습니다. 뿐만 아니라 한국해양학회의 발전과 성장 요건이 국내외적으로 충분히 갖추어지는 시기로 봐야 할 것입니다. 이 시기 학회장들은 거의 대부분 대학교 교수, 연구기관의 상위 직급 또는 소장 등을 수행하던 분들이었습니다.

한편, 1968년 국내 최초로 서울대학교 문리과대학 이학부에 신설된 해양학과 첫 입학생과 1972년 신설된 대학원 과정의 졸업생을 비롯한 여러 대학교의 해양학과 졸업생 및 해양과학 관련학과, 즉 생물학, 물리학, 화학 등의 분야를 공부한 젊은 과학도(1968년도 이후)가 한국해양학회 회원으로 들어왔습니다. 그러나 이들을 포함한 회장단이 구성되지 않았다는 점을 주목해 봐야 할 것입니다. 그럼에도 불구하고 35년 역사를 지닌 한국해양학회로선 이 시기에 국제적으로 훌륭히 자리 잡았다고 보는 것이 타당합니다. 학회 주요

구성원들이 훌륭한 인재들로 확실히 갖춰진 시기였습니다.

:: 학회의 발전과 성장의 전성기의 확립시기

18대 오임상 회장(2000~2001)부터 현 26대 김웅서 회장(2016~2017)에 이르는 시기입니다. 이 기간은 한국해양학회 창립 이후 50년이 되는 시기입니다. 이때부터 학회장은 기초과학의 중심이 되는 해양과학을 국내외적으로 통합적 해양과학 차원에서 정통으로 공부한 인재들이 맡았습니다. 따라서 한국해양학회의 발전과 성장의 초기와 중기 역사를 뒤로하고, 앞으로 학회의 영원하고 무궁한 발전과 성장이 약속되었다고 필자는 확신합니다.

18대 회장단은 회장 오임상 교수, 부회장 변상경 박사, 최중기, 이창복, 양한섭 교수였습니다. 그 후 19대 회장에는 양한섭 교수, 20대 회장에는 최중기 교수, 21대 회장에는 변상경 박사, 22대 회장에는 김대철 교수, 23대 회장에는 박철 교수, 24대 회장에는 노영재 교수, 25대 회장에는 이동섭 교수에 이어 현재 26대 회장에는 김웅서 박사가 뒤를 잇고 있습니다. 특히 김웅서 회장은 회장 취임과 더불어 한국해양학회 50년 역사 발간과 50주년 기념행사에 많은 시간과 노력을 쏟고 있습니다. 필자를 비롯한 많은 선대 회장들은 이를 고맙고 감사히 생각하고 있습니다.

학회 창립 초기부터 약 15년(1980년대)까지는 정회원 등 전체 회원의 수가 지금과는 혁혁한 차이가 있었습니다. 현재 26대 학회장인 김웅서 박사는 총 회원 2,000명이 넘는 비교적 큰 규모의 학회를 이끌고 있습니다. 한국해양학회가 학회 초기와 중기를 거치면서 50년 역사와 전통을 갖춘 학회로 발전하고 성장했다는 것이 분명합니다. 이는 어느 한 개인의 힘이 아닌 학회 회원 모두의 노력입니다. 따라서 회원 여러분은 한국해양학회의 무궁한 발전과 성장을 진심으로 축하하는 마음을 가슴 속 깊이 간직해야 할 것입니다.

한국해양학회 반세기 역사를 뒤돌아보며 50주년 기념사를 쓰는 지금, 지난 시간들이 주마등처럼 스칩니다. 특히 학회 발전과 인재 양성에 큰 공헌을 하고 타계하신 다섯 분들에 대한 생각에 눈시울이 붉어집니다. 그 다섯 분은 1대와 4대, 그리고 7대 한국해양학회 회장이셨던 이병돈 교수(한국해양연구소 초대 소장), 2대와 3대 학회장이셨던 최상 박사(한국해양연구소 창설 준비를 시작하였으나, 최종 창설된 한국해양연구소 개소식 전에 타계), 5대 학회장이셨던 김종수 박사(미국으로 이민 가서 그곳에서 타계), 6대 학회장이셨던 김완수 교수(서울대학교 문리과대학 이학부 해양학과가 창설된 1968년 초기에 필자와 함께 많은 고난의 시기를 보냈고, 1975년 관악캠퍼스로 이전한 뒤 훌륭한 문하생을 배출하다가 1980년 8월 18일자로 서울대학교를 사직한 후 미국으로 이민 가서 그곳에서 타계), 8대 학회장이셨던 이석우 박사(당시 수로국 과장으로 국내 최초로 해양조사 관측 체계를 수립하였고, 대규모 해양조사 용역회사를 운영하는 대표이사로 큰 업적을 이루고 타계)입니다. 이 다섯 분은 모두 자신들의 고유 분야에서도 훌륭한 업적을 남기셨고, 한국해양학회 발전에도 큰 공로를 이룩한 후 타계하셨다는 점에서 마음을 숙연하게 만듭니다. 다섯 분의 선배 학회장이자 선배 해양학자이셨던 이 분들의 생생한 활동상에 대해 회고하며 저 역시 깊은 애정과 감회를 되새겨봅니다.

오늘의 한국해양학회가 이 자리에 위치하게 된 것은 지난 50년 동안의 변화와 발전 결과입니다. 이런 가운데도 다행히 장선덕 교수와 필자는 각각 9대 학회장과 10대 학회장으로서 생존하고 있다는 사실입니다. 우연의 일치라고나 할까요, 1대 학회장부터 8대 학회장까지 다섯 분의 학회장이 모두 타계하셨습니다. 타계하신 다섯 분의 훌륭한 학회장들이 생존해 계셨다면 50주년이 되는 지금 한국해양학회 총회원 수가 2,000명이 넘고, 아시아국가들 중에서도 해양학 전공학도로 구성된 한국해양학회가 세계적인 수준에 도달한 우수하고 훌륭한 해양학회로 인정받고 있는 사실에 매우 기뻐하실 것이고, 모든 학회 회원들에게 경의와 고마움을 표할 것입니다. 필자 역시 한국해양학회의 무궁한 발전과 훌륭한 성장을 후원하고 변함없는 애정과 사랑을 지속할 것입니다. 나아가 100주년이 되는 그날에도 한국해양학회가 눈부신 발전과 성장을 거듭할 수 있기를 충심으로 기원합니다.

초대 이병돈 학회장과 10대 박용안 학회장(필자), 14대 허형택 학회장 등
(미국 하와이대학 만찬)

5대 김종수 학회장, 10대 박용안 학회장
(1978년 초가을 10월 초순 제주대학, 오른쪽 2인).

6대 김완수 학회장과 10대 박용안 학회장(미국 콜로라도)

한국해양학회 50년의 회고와
40여 성상(星霜)의 해양연구

박주석(전 국립수산과학원장, 제11대 학회장)

우리나라 해양과학에 관한 과학적인 조사 연구는 1921년부터 당시 수산시험장(水産試驗場)에 의해 시작돼 매년 정기적으로 이루어졌다. 건국과 더불어 6.25 동란 등 온갖 수난을 겪으면서도 지속적인 조사를 함으로써 오늘날 세계 선진 수준에 이르게 되었다. 이런 활동은 해양학의 중요성과 관심도를 높였을 뿐만 아니라 많은 해양학자를 배출하고 한국해양학회 창립 원동력이 되었다. 동 학회 창립에 주역을 맡으면서 함께한 추억들을 잠시 적어볼까 하는 마음에서 이글을 집필하였다. 모쪼록 학회를 이해하고 애착심을 북돋우는 데 도움이 되었으면 한다.

:: 한국의 해양조사와 해양학회 활동

사상 최초로 과학적이고 조직적인 해양조사는 영국 해양탐사선 Challenger호의 세계 해양탐사(Challenger Expedition, 1872~1876)부터 시작되었다고 해도 과언이 아니다. 조사 결과 발간된 50권의 방대한 Challenger Report는 세계적인 해양학자들의 귀감이 된 학술보고서이다. 이로 말미암아 해양학 탄생의 신기원을 이룩했기 때문이다.

이 탐사 이후 유럽 각국은 독자적으로 앞다투어 해양 탐사에 나섰다. 대표적인 예는 네덜란드의 Siboga Expedition, 덴마크의 Dana Expedition, 독일의 Meteor Expedition 등이 있다. 그러나 제2차 세계대전 이후에는 개별국가의 독자적인 탐사로부터 국제합동조사(國際合同調査)나 공동개발 체제로 변모하였다. 즉 Indian Ocean Expedition(1962), CSK 국제합동조사(Cooperative Study for Kuroshio and it's Adjacent Region, 1965~1975), 국제지구 관측년조사(IGY, 1957~1958) 등 국제합동조사 형식으로 바뀌면서 국제기구와 선진국이 후진국에 조사기기, 기술지원, 교육 기술훈련 및 정보 등을 대폭 지원함으로써 조사에 공동 참여하는 등 갈수록 관심이 고조되어 발전 속도가 빨라졌다.

우리나라 해양조사 역사는 1921년부터 당시 수산시험장에서 한국 근해의 정선해양관측(定線海洋觀測)을 시작한 것이 최초였다. 그 후 매년 실시하였고, 그 관측 자료는『해양조사연보(海洋調査年報: Data report)』로 발간되어 국가해양 정책 자료로 활용되는 한편 국내외 해양학자들에게도 지원함으로써 명실공히 해양자료센터 역할을 하게 되었다.

극심한 혼란기에 온갖 고난 속에서도 좌절하지 않고 불과 5~6명밖에 되지 않은 적은 인력으로 전국 연안 43개소와 한국 근해 22개 정선(定線)의 170여개 관측점에서 계속 정기관측했던 귀중한 자료가 있었기에 해양학도들의 연구 의욕을 살릴 수 있었고, 정부의 해양조사연구에도 관심을 기울이게 되었다. 나아가 한국해양학회 발족과 더불어 급속한 해양연구 발전도 이룩하였다고 확신한다. KOC 2차 총회(1980)에서 KODC를 국립수산진흥원에 설치하기로 결의함으로써 해양과학정보 통합운영(統合運營), 국내외 자료수집 및 관리, 국제자료교환(IODE) 등의 기능을 강화하였다.

한편, 해양에 관심을 고조시켰던 다른 원인은 1960년대 초반부터 UNESCO 산하 IOC(정부간해양학위원회)가 2년마다 해양학자회의를 개최하는 등 활동이 강화되면서 1962년 UNESCO 한국위원회 내에 한국해양과학위원회(KOC)가 발족됨으로써 해양관계기관과 과학자 회합에서 국내외 연구 방향과 후진 교육양성을 논의하고 서로 긴밀한 협조와 정보 교환이 활발해진 것에서도 찾아볼 수 있다. 특히 우리나라 해양조사연구 발전에 일대 변혁기를 가져온 것은UNESCO-IOC에 의해 1965년부터 실시한 서부태평양 연안국 11개국으로 구성된 쿠로시오 국제합동조사(CSK)가 가장 큰 원인이다. 잊지 못할 특기사항은 CSK사업을 계기로 국립수산진흥원의 강력한 요구로 당시 부진했던 우리나라 조선기술로는 처음으로 해양조사선(150톤급) 백두산호를 건조했다는 긍지이다.

CSK조사의 성공적인 수행을 위한 제1차 해양과학 심포지엄이 유네스코한국위원회 및 한국해양과학위원회의 주관으로 국립수산진흥원에서 개최되었다. 이때 해양학회 창립의 필요성을 절실히 느꼈고 의논 후 다음해 1966년 7월 제2차 해양과학 심포지엄 기간에 한국해양학회가 70여 명의 회원으로 창설되었다. 초창기 전문가의 부족으로 고(故) 이병돈 박사와 최상 박사께서 학회장과 부회장직을 번갈아 맡아야 하는 실정이었다. 이들의 헌신적인 활약상은 지금도 눈에 삼삼하며, 이것이 역사적 발전상이라 여겨진다. 초창기에는 학회지 발간비도 유네스코 한국위원회의 협조를 받아야 하는 처지였다.

그 후 해양학회의 활동으로 관련기관과의 연구 협조가 본격화되고 전문인력 양성을 위한 건의로 서울대학교에 해양학과가 신설되고, 이어서 여러 대학에도 해양학과가 설치되었다. 1973년에 설립된 한국해양연구소 역시 해양학회의 끈질긴 건의에 힘입었고, 대학의 해양학과 설립에 따른 전문인력 양성과 함께 해양학자의 배출이 현저히 증가했다는 점에서 본 학회의 대외 활동과 공적을 높이 평가할 만하다.

국립수산진흥원과 수로국에 의해 실시된 CSK 합동조사의 일환으로 전개된 일련의 활동사항을 보면 동 조사에 부산수산대학 등 국내의 관련 기관과 전문가들이 참여하고 그 관측 자료와 시료들을 공동으로 활용하여 해양학자들의 업적 선양에 도움을 주었다. 또한 물리적 관측 자료는 CSK Data Center(Tokyo)에, Plankton 시료는 CSK regional biological Center(Singapore)에 각각 송부하여 국제간 상호 교류하고 활용할 수 있도록 하였다. 3차에 걸친 CSK 국제심포지엄에 참가하여 학술 발표와 열띤 토론을 하였다. 수차례에 걸친 IOC-WESTPAC(서부태평양 지역해양학위원회: IOC Regional Committee for the Western Pacific) 회의와 그 IOC-WESTPAC Program Group 회의에서는 국가조정관(國家調整官)으로서, 또한 11차에 걸친 쿠로시오 국제합동조사 국가조정관회의에 대표로서 각각 참석하였다. 7차(1965~1971)에 걸친 UNESCO 한국위원회와 한국해양학회가 주최하는 국내 해양과학 심포지엄과 함께 해양학회의 총회 및 학회 발표가 국립수산진흥원에서 개최되어 국내의 해양자원개발 합동조사 및 투자계획과 CSK조사 결과 학술발표 행사 등이 동시 다발로 거행됨으로써 해양연구발전이 한층 촉진되었다.

필자의 해양학회 회장 재임기간(1985~1987)은 창립 20년을 맞이한 때였다. 당시 회원이 250명으로 증가하면서 학회 발전이 가시화되었다. 그러나 이 기간이야말로 재충전과 도약이 요구되는 시기임을 감안하여 여러 행사를 펼쳐야 할 필요성을 느꼈다. 그 행사는 다음과 같았다. 첫째, 회원 상호 간의 긴밀한 유대 강화와 연구 수행능력 향상을 위해 해수시료 분석과 생물처리 기술 방법개선에 관한 교육훈련 워크숍을 1986년 회원 30명을 대상으로 인하대학교에서 실시하였다. 이 기회에 헌신적으로 봉사한 인하대학교 박용철 교수를 비롯하여 관련 교수 여러분께 깊은 감사를 표한다. 둘째, 연구 이용 확대를 위하여 학회지 21권부터는 종전의 연 3회에서 연 4회로 증간하였다. 셋째, 1986년 한국해양학회 창립 20주년 기념 심포지엄을 성대히 개최하였다. 넷째, 1986년 일본 동경대학교 해양연구소 平野敏行(Hirano) 박사를 초청하여 오염물질의 수송과 연안수역의 해수교환 기구에 관한 특별강연을 가졌다. 다섯째, 관심 있는 학회 회원을 국립수산진흥원 조사선에 승선시켜 관측이나 시료채집 등에 관한 현장실습을 하도록 하였다.

:: 해양연구와 함께 40여 성상(星霜)

부산수산대학을 1957년 졸업한 후 40여 년을 국립수산진흥원에서 오로지 해양과 함께 살아왔고, 60여 편의 학술 연구논문과 70여 편의 사업보고 및 특별보고서를 발간하였다. 그 업적은 해양종합 개발과 어장환경보전 정책 자료에 기여하고 한국 해양과학 발전의 기초자료로 활용되었다. 부문별로 요약하면 다음과 같다.

1) 연안 어장환경보존(沿岸 漁場環境保存)에 관한 연구 업적

1963년 경제개발 5개년계획에 따라 울산공업단지 건설에 따른 공장폐수 유입증가로 어장피해가 발생하자 국립수산진흥원에서 처음으로 그 연안 어장 일대의 환경조사를 시작하였다. 이어서 진해만, 광양만, 인천만 및 영일만 등에 임해공단이 건설됨으로써 1970년부터 전국 연안 공단주변 해역에 300여 개의 조사지점을 정하여 매년 정기적인 조사를 실시하였다. 50여 편의 연구논문과 사업보고서를 공표하여 연안 어장 보호관리 및 개선의 지침으로 제공하였고, 아울러 해양오염방지법과 환경보전법 제정의 기본 자료로 활용되도록 하는 한편, 국가 해양환경 보전 종합 정책 자료에 이바지하였다.

2) 적조(赤潮)에 관한 연구 업적

1960년대부터 양식 산업이 급속도로 발달하여 남해안에 양식장이 과잉 조성되었으나 적조 전문가는 너무 부족하였다. 필자가 1961년 진동만에서 발생한 적조에 관해 발표한 연구 논문이 과학적인 학술논문으로서는 첫 번째 기록이다. 1970~1980년 남해안에서 발생한 104건의 적조연구에서 해역별 적조발생 원인과 기구 및 적조생물, 그리고 그 환경특성 및 피해 영향 등을 밝혔다. 대부분 규조류에 의한 국지적인 소규모 적조였고 어업피해도 많지 않았다. 그러나 1981년에는 진해만에서 대규모 적조가 발생하여 당시 17억 원의 어업피해를 내었다. 이때 원인종이 *Gymnodinium mikimotoi*임을 처음으로 밝혔는데, 이 종이 어류를 폐사시키는 종임을 감안하여 적조발생 확대 등을 신속히 예보하고 피해를 최소화시키는 데 치중하였다. 이 조사 자료에 의거하여 같은 해 12월 연안오염 특별관리해역 지정을 위한 해양오염방지법을 개정하였다. 1982년부터는 전국적으로 이 종의 적조발생이 확대될 징조가 있음을 예보하였다. 1989년부터는 패류양식장에서만 보였던 적조가 통영 연안의 가두리 어류양식장에서도 발생한다는 것을 밝혔다. 특히, 그 원인종이 유독종인 *Cochlodinium polyrikoides*란 것을 밝혔고 피해 정도도 매우 크다는 점을 지적하였다. 해가 갈수록 이 종의 적조발생 범위가 확대되어 그 발생기

구와 예찰 기술향상에 집중하고 대형 유독성 적조 발생예보와 종합대책에 관한 보고서 30여 편을 발표하였다. 특기사항은 1981년에 발생한 초대형 *Gymnodinium* 적조발생 조사결과로 정부의 특별지원에 의한 적조 전담 조사선(쾌속정)을 건조하였고 부족한 인력도 증원하였다.

3) Plankton에 관한 연구 업적

자원생물의 먹이가 되는 Plankton의 분포생태를 밝혀 해역별 생산력을 측정, 평가하고 고등어 등 주요 어종의 어장형성과의 관계를 구명하였으며, 양식장의 생산력 측정과 용량산정의 기초자료로 활용하였다. 또한 *Sagitta*에 대한 생물학적 수괴지표종의 수괴지표성을 밝혀 우리나라 해역을 7개의 이질수괴로 분류하여 그 특성을 물리 화학적 특성과 비교 분석 기술함으로써 plankton을 수괴지표종으로 이용하도록 하였다.

4) 전문가 양성과 국제 기술협력에 관한 업적

초창기 연구 환경은 거의 황무지 상태였다. 의지할 전문가, 예산과 문헌도 거의 없었다. 있는 것이라곤 오직 연구 의욕뿐이었다. 다행히 도서관에서 과학적인 보고서, 즉 세계 최초의 학술보고서로 50권에 달하는 Challenger Report를 발견하게 되어 용기와 자긍심을 얻었다. 또한 창고에서 오랫동안 채집한 Plankton 시료와 관측 자료를 보고서는 마음이 흡족하고 연구 의욕이 되살아났다. 국내 여건으로는 당면 난제를 해결할 수 없어 해외진출을 모색하였다. 그러던 중 오매불망 그리던 전문인력 양성과 기술 습득을 가능케 하는 기술연수 기회를 프랑스 정부가 마련해주었다. 1965~1966년 프랑스 수산해양연구소(ISTPM)와 마르세이유 대학에서 연수하였다. 동 연구소에서 근무하던 고(故) 이영철 박사를 만나 훌륭한 지도와 안내를 받음으로써 실질적이며 효율적인 연수를 할 수 있었다. 처음으로 프랑스 수산해양연구소에서 세미나와 학회 참석 기회를 얻었고, 학술발표 기술과 토론 방법 등을 배우고 익히는 소중한 경험을 얻었다. 연수 중 지중해 연안의 해양환경과 정어리 자원조사 사업에 동참하여 성실히 연구한 결과를 해당 연구소 논문집에 발표할 수 있었다. 그 뒤 우수성을 인정받아 해당 연구소 소장 Claude Maurin 박사의 전폭적인 지원으로 한국수산진흥원과 프랑스 수산해양연구소 간에 자매결연을 체결하였다(1975). 이 자매결연은 우리의 주도적인 노력에 의한 것이고, 무엇보다 고(故) 이영철 박사와 필자의 불굴의 노력으로 성취된 것이다. 그 공로를 기리기 위해 Maurin 소장에게 국립 부산수산대학에서 명예박사학위를 수여하였다(1975). 이를 계기로 우리 연구원 40여 명을 무료로 프랑스에 파견시켜 전문인력을 양성시킬 수 있었다. 바로 이 시기가 우리나라 연구 수준을 도약시킨 일대 변혁기라 할 수 있다. 또한 20여 명의 전문가의 기술교류를 통해 양국의 이익증진에도 기여하였다. 당시 우리 예산 사정으로는 도저히 생각할 수도 없는 전문가 대량 양성이 프랑스 정부 협력으로 이루어졌다. 해양수산 기술 외교상 지금까지도 보기 드문 성과라 할 수 있다. 한·불 양국의 연구기관 간에 맺어진(1975) 자매결연을 근거로 우리 측 연구원들이 프랑스에 연수할 수 있었다. 연수기간 동안 성실성과 근면성이 돋보여 신뢰가 구축되었고, 그와 동시에 우리 연구기관의 위상 또한 격상됨으로써 연구수준이 선진화되었다. 그 결과 양국 간에 기술협력 체제로 발전시킬 필요성을 느껴 1984년 통폐합된 프랑스 국립해양개발연구소(IFREMER: ISTPM과 CNEXO와 통폐합)와 한·불 해양수산기술협력을 체결(1992)하여 자매결연 관계에서 양국의 위상은 기술협력 관계로 격상되었다. 그 후 전 분야에 걸쳐 전문가 교류, 공동연구, 학술연구 발표 등 수준 높은 연구 교류의 길을 마련하였다. 적조와 환경오염에 관한 심포지엄을 수차례 개최하였고, 첨단장비를 이용한 공동자원탐사도 실시한 바 있다. 프랑스에서 해조류 전문가를 한국에 파견하여 우리 기술진이 미역과 다시마 양식 기술을 습득하게 하여 해조류를 공업 원료로 사용하는 산업도 발전시켰다. 또한, 중국과 국교 정상화가 이루어짐에 따라 양국 관련 전문가들이 상호 방문하여 협의한 끝에 1994년 국립수산진흥원과 중국 수산과학원 간에 수산기술 협력을 체결하였다. 양국은 황해와 동중국해에서 합리적으로 자원관리와 환경보전을 할 수 있는 계기를 마련하고, 내수면 양식기술

개발에도 협력하였다.

학회 발전을 위해 바라고 싶은 것이 두 가지 있다. 첫째, 해양관련 국가정책 수립이나 국제회의에 참석하는 국가대표는 국익을 위해 양 학회에서 추천하는 전문성을 갖춘 과학자를 임명하도록 학회에서 정부당국에 강력히 건의할 것을 촉구한다. 둘째, 학회지의 질을 높여 우리가 간행하는 발간물이 전 세계적으로 평판이 높은 도서관 서가에 진열되어 많은 연구자들이 활용할 수 있기를 바란다.

우리나라 동물플랑크톤 연구의 아버지, 제12대 학회장 고(故) 유광일 교수

한명수(한양대학교 생명과학과 교수)

한국 해양학 발전에 기여한 유광일 교수님을 회고하는 기고문을 요청받았을 때 주마 등처럼 과거 회상들이 빠르게 떠오르기 시작하였습니다. 많은 추억과 기억들이 떠올랐는데 높은 학식과 고고한 인품으로 유별스럽게 후학들을 품어주셨던 고인의 모습이 아직도 내 가슴 속에 깊이 아로새겨져 있습니다. 많은 일화들이 있지만 좀처럼 정리할 수 없어 교수님이 해양학 발전에 남기신 학문적 기여를 중심으로 회고하고자 합니다.

유광일 교수님은 암울하던 일제시기에 평안남도에서 태어나셨으며, 1·4후퇴 때 남한으로 월남하여 각고의 노력으로 서울대학교 생물학과를 졸업(1954.4~1958.2)하신 뒤, 이어서 서울대학교 대학원 생물학과에서 석사과정(1958.4~1960.9)을 이수하셨습니다. 이후 군복무를 마친 다음, 이 땅에 누구도 관심 갖지 않았던 플랑크톤생태학을 개척하시기 위해 동경대학으로 유학하여 '서부 북태평양 부유성 단각류의 생물학적 연구'로 박사학위(1966.4~1970.5)를 취득하셨습니다. 이미 요각류 생태를 전공으로 박사학위를 취득하신 이병돈 교수님과 함께 우리나라의 동물플랑크톤 연구의 선구자로, 플랑크톤생태학의 시대를 여신 것입니다. 특히, 동물플랑크톤의 연구에 누구보다 애착을 갖고 계셨던 유광일 교수님은 제자들과 함께 서북 태평양 지각류(김세화 박사), 서북 태평양 요각류(채진호 박사) 연구를 지속하였을 뿐만 아니라, 한국 근해의 동물플랑크톤을 연구한 김동엽, 최승민, 허회권, 임동현, 임병진, 김원록, 이원철, 남연우 박사와 함께『한국의 동물플랑크톤 도감』출판을 통하여 우리나라 동물플랑크톤 연구의 선구자로 활약하셨습니다.

또한, 한국해양학회 초창기인 1970년대에는 우리나라가 급격한 산업화로 연안의 부영양화 때문에 상습적인 적조가 발생하기 시작하던 시기였습니다. 전 세계적으로도 적조가 핫이슈로 대두되어 제1회 국제적조회의가 보스턴(1975년)에서 개최되기도 하였습니다. 그러나 1970~80년대 당시만 하더라도 적조생물에 대한 분류조차 어려웠습니다. 국제학술지 구독과 문헌정보 교류도 극히 제한적이었을 뿐만 아니라, 배양기 같은 장비조차 갖추지 못하던, 매우 열악한 연구 환경이었습니다. 그런 상황에서도 유광일 교수님은 해양생태학에 대한 열의를 갖고 적조연구를 시작하여 서울대학교 심재형 교수님, 국립수산진흥원(현 국립수산과학원) 박주석 박사님과 함께 우리나라 적조생물학 연구를 이끄셨습니다. 이러한 학문적 열정은 후학들이 해양학자가 되겠다는 꿈과 용기를 갖게 만든 아주 중요한 동기 부여였습니다. 이진환, 한명수, 이준백, 김영옥 박사 같은 분들은 여기에 영향받아 식물플랑크톤 학자로 양성되었습니다. 그 이후 40~50년 동안 우리나라는 눈부신 해양과학기술의 발전을 통한 적조생물학에 대한 국제적 기여도를 높였고, 2012년 국제적조회의(공동조직위원장 김학균/한명수)를 개최하기까지 되었습니다. 이런 괄목할 만한 발전에 가슴이 뭉클해집니다. 차제에 고인이신 유광일 교수님을 비롯한 많은 원로 학자님들께 고개 숙여 경의를 표합니다.

유광일 교수님의 학회 활약은 눈부십니다. 1970년대 초 일본에서 귀국하시자마자 한국해양학회에 참여하셔서 학회 편집위원, 이사, 편집위원장, 부회장, 회장을 두루 역임하시면서 어느 누구보다 학회와 회원들에 대한 애정이 깊으셨고, 학회 발전에도 크게 공헌하셨습니다. 교육과 연구 분야에도 괄목할 만한 업적을 남겼습니다. 1972년 한양대 생물학과(현 생명과학과)를 창립하시면서 학부과정에서는 '해양생물학'을, 대학원 과정에서는 '부유생물학' '해양생태학'을 개설하여 강의하셨습니다. 제자들로 하여금 참 생명의 오묘한 이치를 깨우쳐주며 교육하시길 어언 30년. 해양생명자원의 관리와 보존을 위해 해양생태학의 중요성과 필요성을 역설하시면서 해양생태학자 양성에 생애 전부를 바치셨습니다. 그런 가운데서도 생명과학자가 왜 해양학 발전에 기여해야 하는지, 아래와 같이 분명하게 강조하신 바 있습니다.

"해양생태계 내의 부유생물(플랑크톤) 거동과 적응 현상의 깊은 이해를 위해서는 생명과학기술을 접목(융합)한 생명현상의 본질적 이해가 절대적으로 필요하기 때문에 향후 분자생태학자가 해양생태학의 새로운 분야를 선도하게 될 것이다."

지금 봐도 놀라운 선견지명이 아닐 수 없습니다. 유광일 교수님은 국내 대학의 생명과학과 중에서는 거의 유일하게 해양학회에 참여하신 교수로서, 생명과학을 뿌리로 하는 보배 같은 2세대 해양생태학자들을 배출하였습니다. 지금은 생명과학과 출신의 3세대 젊은 과학자들이 교수님께서 가르치고 물려주신 해양생태학 연구에 대한 열정을 계승해 가고 있습니다.

한국 해양학의 어른,
제13대 학회장 효산 심재형 선생님

이원호(군산대학교 교수)

　한국해양학회의 중직(편집위원장 1978~1983, 부회장 1987~1989, 회장 1989~1991)을 역임하신 효산 심재형 선생님은 『해양과학용어집』 및 『해양과학용어사전』 편찬위원장으로도 수년간을 수고하시는 등 우리나라 해양학의 발전을 위해 평생을 헌신하신 학계의 어른이시다. 『한국해양학회 50년사』 편찬위원장으로 수고하시는 최중기 교수님의 부탁으로, 역대 회장님 중 한 분인 효산 심재형(曉山 沈載亨) 선생님의 회고사를 대신하여 부족한 제자가 선생님께서 이루신 그간의 업적을 되새겨보는 글을 쓰게 되어 감개무량하다.

　선생님은 서울대학교 식물학과를 나오셨지만 일찍이 해양식물플랑크톤 연구에 관심을 가지시어, 한국해양학회 창립 시기에 황해의 식물플랑크톤에 관한 논문을 내신 후 캐나다 브리티시 컬럼비아대학교로 유학하여 해양식물플랑크톤 분야 박사학위를 취득하셨다. 귀국 후 이듬해인 1977년 2월에 서울대학교 자연과학대학 해양학과에 부임하셨다. 당시 4학년 졸업반이던 필자는 이때 선생님을 처음 뵈었다. 그리고 그때 이후 지금까지 어언 40여 년이 흘렀다. 당시 어리기만 하던 필

1977년 11월 천수만 현장조사를 위한 출항 직전 오천항에서
(오른쪽 앞에서 세 번째가 D. W. Hood 박사님, 바로 앞이 효산 선생님,
맨 앞이 박용안 선생님, 그 줄 가장 뒤편 마스트 옆이 필자)

자가 벌써 회갑을 넘겨 정년을 바라보는 나이가 되었으니 세월이 참 무상하다 하겠다.

한국해양학회는 1966년에 창립되었다. 그리고 바로 직후 1968년에 대한민국 최초로 서울대학교에 해양학과가 설치되었던 터라, 당시 학과 교수님들은 해양선진국의 저명한 해양학자들과 제자들 간의 소통–접촉 기회를 확대하기 위한 노력의 일환으로 미국 알래스카대학 Donald W. Hood 교수님과 텍사스 A&M대학 박태수 교수님을 초빙과학자로 모셨다.

우리나라 해양학 발전과 미래 해양과학자를 양성하기 위한 선생님의 열정은 남달랐다. 서울대학교로 부임한 이후 정년하시기 전까지 그 열정은 좀처럼 식을 줄을 몰랐다. 이는 선생님께서 보여주신 몇몇 활약상만 봐도 충분히 증명된다. 1980년 미국 우즈홀해양연구소(WHOI) 초빙연구원, 1990년 해양과학위원회 위원, 한국해양연구소 이사, 1992년 내무부 해양오염방제대책위원, 1996년 수산진흥원 적조심의위원장, 1996년 독도해양수산연구회 회장, 1996년 과학기술처 해양기술전문위원, 1998년 독도보전협회 부회장 등 해양관련 분야 대외활동은 선생님의 탁월한 열정을 한 눈에 보여준다. 특히나 이

1994년 6월 30일 군산대학교 '연안자원 및 환경보호 국제심포지엄'(CREP'94) 기념사진
(가장 앞줄 오른쪽에서 세 번째가 효산 선생님, 그 왼쪽부터 정종률 교수님, 고(故) 이석우 박사님,
스크립스 해양연구소의 고 에드워드 골드버그 교수님 순이다. 가운데 줄 가장 왼쪽 끝이 필자)

모든 활동은 40여 명의 박사를 배출한 실험실의 지도교수 직분과 학과의 강의, 그리고 다양한 국내 과학계를 위한 봉사 업무에 추가로 이루어진 것이었다. 이는 누구도 쉽게 흉내낼 수 없는 커다란 헌신이었다.

그 외 사소한 일들 중 하나로, 필자가 봉직하는 군산대학교에서 해양환경 관련의 국제 심포지엄(CREP '94)을 개최하였을 때에도 선생님은 직접 찾아오셨을 뿐만 아니라 참가자들을 일일이 격려해 주셨던 적이 있다. 돌이켜보면, 이는 당시 선생님께서 갖고 계셨던 열정이 어느 정도였는지 짐작케 해주는 한 예라 할 수 있다.

선생님은 우리나라 생물해양학 발전을 위하여 물리, 화학해양학 등 다른 분야와의 공동연구를 중시하셨으며, 다양한 해양현상 이해를 위하여 극미소플랑크톤부터 대형플랑크톤까지 아우르는 생태학 기반의 생물해양학적 연구를 폭넓게 이끄셨다. 1990년대에

1983년 4월 동해남부 해양연구 항해 중 윈치를 직접 작동하시던 효산 선생님.
아마도 한국해양학계의 미래를 붙들고 계셨던 것이리라!
필자는 총 6회의 연구 항해 결과를 정리하여 박사학위 논문 자료로 활용한 바 있다.

적조문제가 심각해지면서 제자들에게 적조에 대한 다양한 연구전략을 제시함으로써 오늘날 우리나라 적조연구가 국제수준으로 도약하도록 크게 기여하셨다. 또한 학회의 학술적 발전을 꾀하려면 무엇보다 학회지가 가장 중요하다고 생각하시어 편집위원장직을 다년간 역임하셨다. 이를 통해 해양학 관련 논문이 부족하던 시절 다수의 논문을 『한국해양학회지』에 투고하시어 학회지의 발전을 이끄셨다. 한마디로 선생님은 한국 해양학의 획기적인 발전이 우리 바다를 밝히는 등대와 같다는 철학으로 스스로 즐겁게 등대지기를 자처하신, 우리나라 해양학의 큰 어른이셨다.

또한 제자 교육에서도 우리나라 해양생물-해양화학 학계의 장래를 내다보시며, 하나하나 '가드닝(Gardening)' 하신다던 그 말씀을 이제야 깨닫고 나 스스로 부족함을 반성하게 된다. 선생님과의 첫 만남 후 어느덧 40여 년이 흐른 지금, 해양생물학 및 해양화학

분야의 중진 가운데 선생님의 제자, 또는 그 제자의 제자들이 다양하게 활약하고 있는 지금의 이 모습은 선생님의 사려 깊은 '가드닝'에서 나온 자연스런 결실이라고 하지 않을 수 없다. 더 늦기 전에 선생님께서 종종 말씀하시던 'Academic Family Tree'를 한 번 작성해 봐야겠다는 생각이 든다.

효산 심재형 선생님을 다시 생각해보는 오늘, 필자 역시 반평생을 해양생물 분야 교수직에 봉사해 왔지만, 선생님의 평생 업적에 비하여 심히 부족함을 확인하고 깊이 반성하지 않을 수 없다. 그 연장선상에서 자연스레 캐나다로 거처를 옮기신 선생님이 더욱 그리워진다.

한국해양학회 설립 50년(1966~2016) 회고

허형택(한국해양과학기술원 명예연구원, 제14대 학회장)

:: 서론

올해(2016)는 한국해양학회가 창립된 지 50주년이 되는 해이다. 해양학회는 유네스코 한국위원회(유네스코한위) 주도로 설립되었는데, 당시 본인은 유네스코한위의 과학담당 간사로 학회설립 업무를 주관하고 창립준비위원으로 동분서주했던 한 사람으로서 학회 창립 50주년에 대한 감회는 실로 남다르다.

한국의 해양관련 조사 연구는 1946년에 국립 부산수산대학이 설립되어 해양 물리, 화학, 생물에 관한 기초연구로 시작되었고, 1921년 일본이 설립한 조선총독부 수산시험장이 1949년에 대한민국 상공부 중앙수산시험장으로 재발족되면서 해양(주로 수산)관련 기초조사를 실시하게 되었다. 그러나 한국의 해양학은 1966년 해양학회가 창립되고 2년 후인 1968년에 서울대에 해양학과가 신설되면서 그 역사가 시작되었다고 보는 것이 타당하다고 생각된다. 왜냐하면 1960년대 초까지만 해도 한국에는 엄격한 의미에서의 해양학은 존재하지 않았기 때문이다. 60년대 초에 해양학을 전공하여 박사학위를 취득하신 분들(박길호, 박태수, 이병돈 등)이 몇 분 계셨으나, 60년대 중반까지는 이분들이 미국에서 귀국하지 않은 상태였고, 국내 대학에 해양학과가 설치된 곳이 전혀 없는 실정이었다. 국내 대학으로는 유일하게 부산수산대학(현 부경대)에서 해양학개론 등 해양관련 과목들을 강의하고 있었으나 실제 교육은 해양학(Oceanography) 전문가보다 수산학(Fisheries Science) 전문가 양성을 목표로 한 교육 프로그램들에 주안점을 두었다.

그러나 이런 상황하에서도 우리나라는 1960년 유네스코 내에 설치된 '정부간해양학위원회'(IOC: Intergovernmental Oceanographic Commission)에 가입하고 IOC사업에 적극적으로 참여하기 위하여 1961년에 한국해양과학위원회(KOC: Korean Oceanographic Commission)를 설치하였다. KOC는 IOC에서 한국을 대표하고 해양과학의 국제교류 및 협력 증진, 조사 연구사업의 협의/조정, 해양과학의 교육 및 관련사업의 강화 등을 목표로 해양과학의 국내 보급 발전을 위한 다각적인 활동을 전개하였다.

국제연합 교육과학문화기구인 유네스코(UNESCO)는 창립 초기부터 해양과학 연구조사사업을 중요사업으로 설정하고 전 세계적으로 5개의 국제해양합동조사사업을 선진국 중심으로 추진하는 한편, 우리나라 같은 개발도상국들에게 참여기회를 부여함과 동시에 해양학자 양성을 위한 교육훈련 프로그램을 실시하였다. 이에 따라 유네스코한국위원회는 1960년대에 우리나라의 많은 학자, 전문가(주로 수산과학자)들을 해양선진국에 파견하여 장·단기(1개월~1년)연구/훈련과정과 선상훈련과정(Shipboard Training Course)에 참가시켰다. 그와 동시에 해양과학 국제회의와 각종 심포지엄에도 참여 기회를 제공하여 선진 해양과학의 연구현황과 동향 등을 파악하게 함으로써 국내 해양과학의 기반조성 및 해양학 태동의 산파 역할을 하였다.

:: 한국해양학회 설립

1960년대 초 유네스코한국위원회는 급증하는 유네스코 본부의 해양과학 프로그램에의 참여요청에 부응하기 위하여 국내 해양과학계의 현황파악과 국제 해양과학 프로그램 참여 준비 작업에 착수하였다. 이를 담당할 해양전문가 발굴에 고심하던 유네스코한위는 부산수산대학에 적임자 추천을 의뢰하였고, 수산대학은 다시 국립수산진흥원(현 국립수산과학원)에 의뢰하게 되었다. 결국 당시 수산진흥원에 근무하던 본인이 후보자로 선정되어 1961년 말 유네스코한국위원회 기획부 과학(해양)담당 간사로 임용되었다. 임용 이후 가장 먼저 국내 해양과학의 실태를 파악하기 위해 관련 학자/전문가를 조사하여 명단을 작성하였다. 그런 후 이를 토대로 외국에서 실시되는 해양관련 국제회의, 전문가 교육 훈련과정에 참여할 국내 후보자를 선정하여 유네스코에 추천하는 일을 주로 맡았다.

1962년 10월에는 전국 해양관계 연구기관 대표와 해양과학자 30여 명을 초청하여 국내 최초로 해양과학연구회(Workshop)를 개최하여 해양과학의 국제동향과 국내 현황을 분석 검토하고 우리나라 해양과학의 발전 방향을 모색함과 동시에 한국해양과학위원회(KOC)의 활동을 강화함으로써 유네스코가 추진하는 모든 국제해양과학 프로그램에 적극적으로 참여토록 할 것을 결의하였다. 이에 따라 약 20여 명의 국내 전문가들이 1960년대 초·중반에 실시된 유네스코 해양과학 연구 훈련과정에 참여하게 되었다. 이 당시 연구훈련 과정과 참석자는 다음과 같다. 해양과학 훈련과정(싱가포르: 양재목, 신광윤), 해양생물분류학 훈련과정(태국: 허종수, 김훈수), 수산해양학 연구과정(일본: 박원천, 공영), 해양생물학 전문연구과정(덴마크: 김인배, 엄규백, 허형택), 선상훈련과정(일본/필리핀/호주: 장지환, 박상윤, 장선덕, 이석우, 노홍길, 박정흠, 홍승명, 추교승), 해양생물학 연구시찰(일본: 강제원), 해양지질/지구물리학 연수(말레이지아: 최현일) 등. 한편, IOC 총회를 비롯하여 해양연구기관 대표자회의, 쿠로시오해류전문가회의/심포지엄 등 해양관련 국제회의에도 50여 명이 유네스코 후원으로 참여하였다.

KOC는 IOC의 요청으로 1963년부터 쿠로시오국제공동조사(CSK: Cooperative Study of the Kuroshio and Adjacent Regions, 1965~1971) 사업 참여를 위한 준비작업을 CSK 참여(예정)기관인 국립수산진흥원과 수로국을 중심으로 추진하였다. 그리고 1965년에는 마닐라와 파리에서 개최된 쿠로시오사업국제조정관회의(CSK International Coordination Group Meeting)에 국립수산진흥원의 함재윤, 신광윤, 한희수, 배동환을 우리나라 대표로 파견하였다.

이와 같이 해양과학에 대한 급격한 수요증가 현상이 대두되자 유네스코한위와 KOC 위원들 간에는 무엇보다 국내 해양학자 양성이 시급한 현안 과제로 부상되었다. 이에 대처하기 위한 준비단계의 하나로 유네스코한위에서는 해양과학 심포지엄을 갖기로 하고 제1차 심포지엄을 1965년 12월 국립수산진흥원(부산 영도)에서 개최하였다. 이 유네스코

해양과학 심포지엄은 그때부터 1971년까지 7차에 걸쳐 매년 수산진흥원에서 개최되어 해양과학 연구에 대한 많은 관심을 불러일으켰다. 계속된 심포지엄에서는 국내 학자들의 연구논문 발표는 물론이고 국제해양과학 프로그램에 참여한 연구 활동 보고, 그리고 우리나라 해양과학 발전을 위한 대정부 건의안을 작성하는 특별토론회 등도 개최되었다.

또한 유네스코한국위원회는 국내해양과학 심포지엄 외에 외국에서 개최하는 해양과학분야 국제회의와 학술회의, 연구 훈련과정 등에 참여한 바 있는 학자 전문가들이 각자 경험한 국제적인 연구경향을 국내에 소개할 수 있도록 국제회의 참가자 귀국보고회를 1964년부터 1969년까지 매년 개최하였다. 그런 가운데 해양과학 심포지엄 개최와 때를 같이하여 KOC위원들을 중심으로 해양학회 설립에 대한 구체적인 논의가 시작되었다. 마침 미국에서 해양학 학위를 받은 이병돈 박사가 1965년 초에 귀국하여 부산수산대학 교수로 복귀함으로써 해양학회 설립문제는 큰 힘을 얻게 되었고, 마침내 1965년 말 이병돈 박사를 중심으로 '한국해양학회 창립준비위원회'가 구성되어 해양학회 설립이 구체화되었다. 당시 창립준비위원회는 이병돈(부산수대), 최상(원자력연구소), 한희수(국립수산진흥원), 이석우(수로국), 김종수(국립지질조사소), 허형택(유네스코한국위원회/KOC)으로 구성되었다.

제2차 유네스코 해양과학 심포지엄은 1966년 6월 30일~7월 2일까지 부산의 국립수산진흥원에서 개최되었다. 이때 10여 편의 논문과 1965년부터 시작된 쿠로시오국제공동조사 사업에 관한 보고가 발표되었다. 이 심포지엄 3일째인 7월 2일에는 부산수산대학 해운대 임해연구소에서 한국해양학회 창립총회가 개최되어 마침내 한국해양학회(The Oceanological Society of Korea)가 정식으로 발족하게 되었다.

창립총회에서는 초대 학회장 이병돈(부산수산대), 부회장 최상(원자력연구소), 감사 이석우(수로국), 총무간사 허형택(유네스코한위) 그리고 편집간사 박정홍(부산수산대)을 선출하였다. 또한 편집위원회 위원으로 이병돈, 최상, 이석우, 원종훈(부산수산대), 홍순우(서울대) 등 5명을 선출하였다. 학회는 창립 당해년인 1966년 말에 『한국해양학회지韓國海洋學會誌』창간호(제1권 1~2호)를 발간하였다.

1966년 7월 2일 부산 국립수산진흥원에서 열린 한국해양학회 창립총회. 태극기와 유네스코기가 새겨진 한국해양학회 창립총회 휘장 밑에서 원창훈 기획부장(유네스코한국위원회, 전면 왼쪽)과 최상 박사(원자력연구소, 오른쪽)가 회의를 진행하고 있다.

1966년 12월 말 당시 70명의 해양 수산관련학자 전문가들이 해양학회 회원으로 입회하였다. 이들 대부분은 부산수산대학과 수산진흥원, 수로국, 지질조사소, 원자력연구소 인사들이었고, 서울 소재 대학에서 입회한 회원은 홍순우(서울대)와 최림순(연세대) 등 2명에 불과했다. 한국해양학회는 창립 이후 유네스코한국위원회 내에 사무국을 두고 유네스코의 사무 및 재정 지원으로 운영되다가 1970년대 초 서울대 해양학과로 사무국을 이전하여 오늘에 이르고 있다.

:: 서울대 해양학과 설치

해양학회가 창립된 지 2년 후인 1968년에 서울대학교에 해양학과가 설치되어 해양학자 및 전문가 양성을 위한 교육프로그램이 시작되었다. 한국 최초로 설치된 서울대 해양학과는 한국 해양학 산실로서의 역사적 의미를 지니고 있으며, 한국해양학회가 해양학과 설치를 위한 환경조성에 크게 기여한 점도 인정되어야 할 사실(史實)이다.

해양학과 첫 졸업생이 배출되기 시작한 1973년에는 국내 최초의 해양과학 전문 연구기관인 한국해양개발연구소(Korea Ocean Research and Development Institute: KORDI)가 한국과학기술연구소(KIST) 부설 연구소로 설립되어 국내 해양과학 발전의 기틀을 마련하는 데 앞장섰다. 해양학과 졸업생들 대부분은 해양과학 선진국에 유학하여 박사학위 과정을 이수한 후 귀국하여 국내 관련 연구소와 정부기관은 물론, 전국 대학의 해양관련 학과에 재직하며 연구활동과 해양과학자 양성에 이바지함으로써 한국 해양과학 발전의 기반을 조성하는 개척자 역할을 담당하였다. 서울대 해양학과 설치 이후 1970년대 말부터 전국 여러 대학에도 해양학과가 설치되었다. 그 결과, 현재 16개 대학교에 해양관련 학과가 설치되어 있고, 매년 500여 명에 이르는 해양과학자를 배출하고 있다.

:: 한국해양개발연구소 설립과 해양과학의 기반 구축

1960년대 초부터 급속히 일기 시작한 해양과학에 대한 관심은 정부로 하여금 한국 최초의 종합과학기술연구소인 한국과학기술연구소(KIST) 내에 해양개발연구소(KORDI)를 설립(1973년 10월)하여 해양산업 연구개발을 위한 기반 조성에 착수하도록 하였다. 해양개발연구소는 설립 즉시 정부의 해외 우수두뇌 유치계획에 따라 해외 거주 해양과학자들을 유치하는 한편, 해양학과 출신의 젊은 과학자들을 해외(주로 프랑스)에 파견하여 선진 해양과학기술을 연수(박사학위 취득)시켰다. 또한 당시 열악한 국가 재정 속에서도 정부 예산과 UNDP, ADB 차관자금 등을 통하여 연구기기/장비들을 도입함으로써 해양과학 연구기반을 크게 개선하였다.

특히 한국해양개발연구소(현 한국해양과학기술원: KIOST)는 1980년대 중반 지금의 안산캠퍼스에 정착한 후 종합해양조사선 건조, 첨단기기 도입, 고급 인력양성 등을 통해 꾸준한 발전을 거듭하였고, 1990년대 초에 이르러서는 시설과 인력 면에서 세계적인 해양연구기관으로 성장하였다. 개도국 젊은 해양과학자들을 초청하여 장·단기 해양과학 훈련교육을 실시함은 물론, 정부간해양학위원회(IOC)를 비롯한 북태평양해양과학기구(PICES), 서태평양해양학위원회(WESTPAC), SCOR, ICSU, WMO 등 국제해양과학기구의 활동에도 주도적인 역할을 담당하게 되었다. 이런 역량을 축적한 이후로 이들 국제기구가 주관하는 장기국제연구조사 사업들, 즉 WOCE, TOGA, JGOFS, GLOBEC, ARGO, CREAMS, PAMS, NOWPAP, NEAR-GOOS 등에 리더의 일원으로 적극 참여해 오고 있다. 특히 우리나라는 1994년 이후 지금까지 IOC집행이사국으로 활동하고 있으며, PICES, IOC, WESTPAC 등 주요 해양관련 국제기구에서 우리 과학자들의 역할과 리더쉽이 현저히 증가된 것도 특기할 만한 사실이다. PICES 의장(허형택, 1998~2002) 및 부의장(허형택, 1996~98; 박철, 2012~16), WESTPAC 의장(허형택, 2002~08) 및 부의장(허형택, 1996~2002; 이윤호, 2013~16), PICES 과학평의회 의장(김구, 2004~07; 유신재, 2010~12), UN대륙붕한계위원회(CLCS) 부의장(박용안, 1997~2016), IOC 의장(변상경, 2011~15), 그리고 남극해양생물자원보존협약총회 의장(김수암, 이서항) 등으로 선출된 것은 우리 해양과학의 국제적인 위상을 단적으로 반증해주는 것이라고 하겠다.

한국해양과학기술원은 종합해양조사선 온누리호(1,422톤)에 이어 최근 최첨단 대형 해양조사선 이사부호(5,900톤)와 쇄빙선 아라온호(7,500톤)를 건조하여 태평양 등 대양과 남·북극해 등에서 관측 조사활동을 실시하게 됨으로써 우리나라의 연구조사 영역을 연근해에서 전 세계 해역으로 확대시켰다. 또한 북극해 전담연구를 위한 제2쇄빙연구선(12,000톤)과 지구물리탐사연구선 탐해3호(5,000톤/한국지질자원연구원)의 건조를 추진 중에 있어 한국은 1만m 이상의 심해저와 남·북극해 등 전 세계 모든 해양을 탐사 연구할 수 있는 해양연구의 선진국 반열에 오르게 되었다. 이는 해양학회 창립과 더불어 시작된 한국의 해양학이 지난 50년(1966~2016) 동안 명실공히 세계 상위수준으로 발전했음을 보여주는 좋은 사례 중 하나라고 하겠다.

:: 사단법인 한국해양학회 재발족

한국해양학회는 1966년 7월 2일에 창립된 임의단체로서 그동안 정기적인 학술발표회 개최, 학회지 발간, 국내외 관련학술 단체들과의 교류 협력 등 활발한 활동을 전개해 왔다. 그러나 "근래에 와서 해양학의 연구 영역이 확장되고 연구자의 수가 대폭 증가하였으며 국내외에 걸친 학문적 교류 및 협조가 더욱 더 활발해짐에 따라 한국해양학계를 대표하는 보다 체계적인 법인체의 설립이 필요하게 되었다"(한국해양학회). 따라서 학회는 제14대(1991~93) 회장단을 중심으로 법인설립 허가신청서를 당시 과학기술처에 제출하여 1993년 8월 16일에 법인설립 허가 승인을 받음으로써 정식으로 '사단법인 한국해양학회'(대표자 허형택)가 재발족하게 되었다. 재발족 당시의 임원은 회장 허형택, 부회장 곽희상, 이창섭, 임기봉, 조성권, 이사 고철환, 이창복, 감사 강시환, 추교승 등 9명이었다.

창립 당시 70명의 회원으로 출발한 해양학회는 현재 2,100여 명에 이르는 회원으로 구성된 대형 학회로 성장하였고, 학회지 『바다』와 *Ocean Science Journal*: *OSJ*을 발간하고 있다. 영문 국제학술지인 *OSJ*는 국내 최초로 SCIE에 등재되어 국제적인 인지도가 높은 계간지로서, 한국해양과학기술원과 공동으로 Springer International Link를 통해 발간되어 전 세계에 온라인으로 배포되고 있다.

사단법인 출발로 한 단계 더 발전을

지산 정종률(서울대학교 명예교수, 제15대 학회장)

해양학회 초기에는 원로 수산학자와 해양생물학자 분들의 노고가 참 컸습니다. 당시의 열악한 경제 환경에서도 학회 발전을 위해 각자의 주머니를 털어가면서 학회를 이끄셨고, 친목 모임 자리까지 만드시던 원로학자 분들의 모습이 지금도 제 눈에 선합니다. 오늘이 있기까지 이끌어 주신 원로 선배님들께 정말로 감사드립니다.

초기에 해양학회의 영문 명칭을 Oceanography로 하느냐, Oceanology로 하느냐 하는 논의가 있었습니다. Oceanography로 하면 Geography처럼 descriptive한 면이 강조되고 Oceanology로 하면 보다 과학적인 면이 강조된다는 논의가 있어 동구권이 많이 쓰고 있으나 Oceanology Society로 결정되었습니다. 그 후 사단법인으로 발족하면서 서구권의 Oceanography로 하기로 결정되었습니다.

정권이 바뀌면 관료들은 연구조직을 개편하는 것이 마치 큰 업적인양 논리에 맞지 않는 결정을 내리는 경우가 있습니다. 그 예로 어느 날 갑자기 한국해양연구소를 선박연구소와 합쳐 선박해양연구소로 조직을 개편했었습니다. 이에 당시 해양연구소장이던 이병돈 박사와 해양학회 임원 및 해양학과 교수들이 부당함을 지적하는 건의서를 작성하여 관계기관을 항의 방문하여 결국 해양연구소를 독립기관으로 환원시켰습니다. 그 당시 학회 회원들이 일심 단결하여 추진했던 것이 지금도 기억에 뚜렷이 남습니다. 만약 그때 회원들이 일심으로 단결하지 않았더라면 그냥 주저앉을 뻔했습니다. 지금은 선박연구소와 한국해양과학기술원의 입지가 바뀌었습니다.

해양학회가 창립된 후 1992년 10월까지는 학회가 임의단체였기 때문에 과학기술단체총연합회나 정부기관으로부터 제대로 인정받지 못하고 학술지 발행 지원도 받지 못했습니다. 1991년 11월~1993년 10월 기간 동안 해양학회장이었던 허형택 박사가 임의단체로서는 해양학회의 발전에 한계가 있음을 절감하시고 사단법인체로의 전환을 위해 관계기관을 설득하고 사단법인 정관을 만들어 백방으로 노력하여 1993년 8월 16일부터 사단법인 해양학회를 출범시키면서 정관에 따라 분야별로 부회장 4명을 임명하셨습니다. 허형택 박사야말로 우리 해양학회가 한 단계 높이 비약할 수 있게 한 큰 공로자입니다.

사단법인 체제로 전환되면서 제15대 학회장에 본인이 만장일치로 추대되어 정관에 따라 해양물리, 해양생물, 해양지질, 해양화학 등 4개 분야에 부회장을 임명했고, 분야별로 연구회를 조직하여 세미나를 활성화시켰습니다. 한편 당시에 해양자료센터의 주도권 때문에 연구기관 간에 긴장감이 있었으나, 별 문제 없이 조정이 잘 되어 다행이었습니다.

학회 회원님들의 적극적인 협조 덕택에 사단법인 체제의 학회운영체제를 갖춰놓고 임기를 마칠 수 있어서 행복했었습니다. 이제 학회 창립 50주년을 맞이하여 학회활동을 하면서 그간 참 좋은 선후배 분들을 만났던 것이 더없는 행운이었다고 이 자리를 빌어서 고마움을 표합니다.

해양과학기술연구원의 극지연구,
그 역사의 발자취

박병권(극지과학위원회 고문, 제16대 학회장)

우리나라 해양학 역사는 오래되었다. 그러나 해양학의 종합적인 연구는 1968년 서울 대학교에 해양학과가 창설되면서 시작되었다고 할 수 있다. 그렇지만 1972년 당시만 하더라도 서울대학교 해양학과의 교원 사정은 넉넉하지 않았다. 재직 중인 전임교수는 2명뿐이었다. 교수 해외연수로 전임교수 1명이 학과를 운영한 때도 있었다. 1960년대 말 정부가 해양과학 발전을 위한 계획을 수립 후 추진한 결과 해양개발연구소 설립에 관한 보고서가 만들어졌다. 이러한 획기적인 노력 일환으로 탄생된 것이 지금의 한국해양과학기술연구원 모체인 KIST 부설 해양개발연구소였고, 당시에 이를 만들기 위한 계획 연구가 수행되었다.

필자는 1972년 미국 유학 후 귀국하여 육사교수로 봉직 중에 KIST에 근무하고 계시던 고(故) 김춘수 박사님으로부터 KIST의 고(故) 최상 박사님이 만나기를 원한다는 말씀을 듣고 최상 박사님을 만나뵙게 되었다. 그때 최상 박사님은 정부에서 해양연구소를 만들 계획이 있으니 필자도 함께 참여하면 좋겠다는 제안을 하셨다. 그래서 1973년 초부터 현역 장교 신분으로 KIST 위촉연구원으로 발령받아 해양연구소 설립을 위한 일에 착수했다. 사람 앞날은 그 누구도 예측할 수 없다고 했듯이, 해양연구소 설립 업무에 뛰어든 지 불과 20여 일이 지났을 때, 갑자기 최상 박사님이 혈액암으로 입원하셨다가 몇 주 후 고인이 되는 비운을 겪었다. 그 당시 KIST 선박연구실의 김훈철 박사님께서도 선박연구소 설립을 위해 준비 중이어서 나와 김 박사님은 두 연구소 설립에 필요한 예산 확보를 위해 경제기획원 예산과로 찾아가 소요예산 내용을 상세히 설명하고 1차년도 예산을 확보하기도 하였다. 이런 과정을 거쳐 연구실로 시작한 해양개발연구소는 1973년 10월 30

일 KIST부설 해양개발연구소로 정식 창설되었고, 고(故) 이병돈 박사님이 초대 소장으로 취임함으로써 연구소 업무를 시작하게 되었다. 그 후 해양개발연구소는 통폐합과 분리 과정을 겪었고, 소관 부처의 변경 등의 과정을 거쳐 현재와 같은 독립된 한국해양과학기술원(KIOST)으로 우뚝 설 수 있게 되었다.

한편, 우리나라 남극 연구에 관한 역사도 각별하다. 우리 정부는 1978년 12월 7일 남극 크릴을 어획하기 위해 남극해를 조사하기로 하고 '남북수산주식회사'의 선박에 국립 수산진흥원 허종수 연구관을 책임자로 승선시켜 남극해 엔더비랜드(Enderby Land)와 윌크스랜드(Wilkes Land) 앞바다에서 크릴 507톤을 어획하였다. 이것이 우리나라와 남극이 인연을 맺는 첫 계기였고, 이 사업이 우리 정부 주도의 최초 남극 사업이었다.

그 후 한국해양소년단이 1985년 남극 최고봉인 빈슨 매시프(Vinson Massif)를 등정하고 귀로에 킹 조지(King George) 섬을 볼 수 있었다. 귀국한 한국해양청소년단 단장은 정부에 남극 진출의 필요성을 건의하자 당시 전두환 대통령은 남극에 과학기지 건설을 위해 예비비 50억 원을 남극기지 건설에 사용할 것을 검토하도록 지시하였다. 그 결과 1987년 1월 초 외무부가 신년 업무보고에서 남극 연구의 필요성을 대통령에게 보고했고, 전두환 전 대통령은 남극에 우리나라 연구기지를 건설할 것을 지시하였다. 이를 근거로 정부는 한국해양연구소에 타당성 조사와 남극과학기지 건설을 요청하고, 당시 한국해양연구소는 1987년 9월에 남극연구실을 개설한 뒤 필자를 연구실장으로 임명하여 남극에 관한 연구에 본격적으로 전념하게 하였다. 그 후 1987년 후반기에 이르러 남극과학기지 건설 사업에 관련된 일련의 작업들이 시작되었다.

정부의 이런 노력이 있기 전인 1979년, 필자는 육군사관학교 교수로 재직 중이었다(후에 한국해양연구소 소장, 이사장 역임). 당시 호주 수도 캔베라에서 열린 국제퇴적학회에 참석했다가 호주 멜버른(Melbourne)대학 교수였던 지질학자 로베링(J. F. Lovering) 교수로부터 남극에 관해 직접 저술한 *Last of Lands... ANTARCTICA*을 기증받은 바 있다. 귀한 책을 받자마자 숙독한 후 우리나라도 남극 진출이 필요하다고 절감하여 당시 해양개발연구소 기획과장이었던 홍승용 과장(후에 해양수산부 차관, 인하대학교 총장 역임)과 협의하여 과학기술처에 남극연구에 관한 연구과제 제안서를 제출하였다.

하지만 당시 과학기술처는 이에 대한 필요성을 인정하지 않아 구체적인 연구 과제로는 발전시키지 못했다. 그러나 1970년대 육군사관학교 법학과 교수로 재직 중이던 신각수 교수(후에 외교통상부 차관, 주일 대사 역임)도 문제를 공유하고 있었다. 신 교수는 군에 입대하기 전 외교부 법규과 재직 중에 뉴질랜드와 수산관련 협정에 관한 업무를 수행한 바 있었다. 뿐만 아니라 1982년 3월『현대해양』(143호)에 우리나라 남극진출 방안을 주요 내용으로 한「남극 진출을 위한 제언」을 기고한 바 있다. 이처럼 정부의 세종기지 건설 결정 이전부터 남극에 관한 관심은 여러 분야에 걸쳐 있었다.

해양개발연구소(현 한국해양과학기술원)가 마침내 안산에 자리를 잡은 1987년 10월, 정부는 남극에 과학기지 건설 계획을 확정하였고, 남극기지 건설과 남극에 관한 연구를 해양개발연구소에 맡겼다. 이로 인해 해양개발연구소에 극지연구실을 만들어야 할 필요성이 생겼다. 이 무렵, 해양개발연구소 설립을 위해 동분서주하던 필자는 육사 교수직에서 물러나 남극 연구에 본격적으로 참여할 생각을 갖고 있다가 1987년 9월 해양개발연구소에 입소하게 되었다. 입소 후 극지연구실장 보직과 함께 새로 시작하는 우리나라 극지연구의 제반 사항들을 준비하였다.

1987년 '극지연구실'은 한국해양개발연구소의 조직으로 첫 출발하였다. 초기에는 해양지질연구실에서 자리를 옮긴 장순근 박사와 남상헌 연구원이 있었고, 필자와 함께 미국에서 귀국한 김예동 박사가 9월 1일자로 부임하였다. 위촉연구원으로는 이방용, 정호성 그리고 사무 보조원인 김영애 씨가 근무하고 있었다. 그 후 윤호일, 강영철 연구원이 계약직 연구원으로 동참했고, 극지지원실로 정회철 씨가 더 들어왔다. 해양개발연구소 연구원으로 제1차 월동대에 참여했던 김동엽 박사는 귀국 후 1989년 8월에 극지연구실에 합류하였다. 그 후 세종과학기지가 건설되면서 극지관련 조직은 점차 확대되어 극지연구부, 극지지원실이 잇달아 생겨났고, 제1차 세종기지 월동대가 결성되었다. 그때 필자는 극지연구실장, 극지연구부장, 극지지원실 실장을 두루 겸직하였다.

남극과학기지 건설은 연구소 차원에서 시작되었다. 제1차 대한민국 남극연구단 구성은 극지연구부를 중심으로 해양개발연구소의 연구원들로 구성되었다. 그에 따라 극지연구실의 여러 연구원들은 세종기지 제1차 월동대로 참여하게 되었고, 1988년 1월 역사적인 세종과학기지가 준공되었다. 제1차 대한민국 남극월동대는 장순근 박사를 대장으로한 본격적인 연구 업무를 시작하게 되었다.

그 후 약 30년 세월이 지나 우리나라 극지연구는 이제 장족의 발전을 이루었다. 남극의 연구기지도 세종기지 외에 남극대륙에 장보고기지가 추가 건설되어 본격적인 남극대륙 연구를 하기에 이르렀다. 또한 북극연구의 중요성이 날로 대두되어 스발바르 군도 니알슨에 다산기지가 건설되어 북극연구에도 많은 발전을 이루고 있다. 더욱이 우리나라의 최초의 쇄빙선 '아라온'호가 건조되어 북극해 연구는 물론 북극지역 여러 곳에서 연구활동을 수행 중이다. 정부는 남극과 북극의 연구와 기지운영을 위해 제2 쇄빙선 건조 계획도 추진 중에 있다.

바야흐로 인천 송도에는 현대식 연구시설을 갖춘 극지연구소(한국해양과학기술원 부설 극지연구소)가 우뚝 세워졌고, 대한민국의 극지연구소는 세계 극지연구 국가들에 앞서 나가는 연구소로 연구와 발전을 계속하고 있다.

『해양과학용어사전』 발간과 기부금 운영

오임상(서울대학교 명예교수, 제18대 학회장)

제18대 오임상 학회장 회고담은 50년사 준비를 위해 당시 한국해양학회 김웅서 부회장이 직접 방문하여 인터뷰로 대신하였다. 장소는 서울대학교 연구실, 일시는 2015년 12월 18일이었다.

김웅서 : 안녕하셨습니까?

오임상 : 반갑습니다. 해양학회장이 된 걸 축하드립니다. 학회창립 50주년을 맞이해 내가 회장할 당시 히스토리를 알고 싶다고요?

김웅서 : 그렇습니다.

오임상 : 회장에 출마할 당시 쟁쟁한 분들이 많이 계셨어요. 서울대학교만 해도 조성권, 김구, 김경렬, 고철환 교수 등이 계셨지요. 그런데 서울대에만 실력 있는 분들이 계셨던 건 아니었어요. 한국해양연구소에도 훌륭한 분들이 계셨지요. 한 번 곰곰이 생각해 봤어요. 이렇게 실력 있는 분들이 수두룩한데, 계속해 모든 분이 순차적으로 해양학회장이 되신다면, 학회가 너무 노쇠해져 학회의 활성을 잃을 것 같았어요. 그래서 학부 때 해양학을 전공한 내가 출마하여 학회 분위기를 젊게 하기로 결심했지요.

272

김웅서 : 『해양과학용어사전』 발간에 삼각장학회 이름으로 후원하셨는데요.

오임상 : 해양학 발전을 위해 고심한 것이 바로 해양에 대한 용어 문제였어요. 해양
을 공부하는 사람들이 바다에 대한 용어를 너무 모르고 있었어요. 그래서
관련 용어들을 정리해서 해양학 사전을 만들려고 마음먹었지요. 최중기 부
회장의 제안으로 해양수산부로부터 예산을 받았는데 충분하지 않았어요.
일단 이 예산을 기본으로 삼아 내가 책임을 맡아 진행했어요. 편찬작업은
『해양학용어집』을 만들어 보신 심재형 선생님을 편찬위원장으로 모시고, 실
무는 최중기 교수가 맡아 수고했지요. 만드는 데 거의 4년이 걸렸고. 원고를
가지고 출판사로 갔지요. 그랬더니 출판사에서 인쇄비가 따로 있어야 된다
는 거예요. 그때는 이미 해양수산부로부터 받은 예산을 다 써버린 상태였어
요. 해양수산부에 예산을 좀 더 달라고 했더니, 안 된다고 하더군요. 책은 나
와야 하고…… 학회는 예산이 없고. 고민하던 끝에 내가 책임을 질 수밖에
없었어요. 그래서 학회의 승인을 받고, 출판사에 가서 통상 책을 내면 판권
은 출판사에서 갖는데, "일단 출판하자, 내가 인쇄비를 대겠다, 대신 판권을
나에게 넘겨라." 그렇게 해서 책이 나왔어요. 이 책 판권을 지금도 삼각장학
회가 갖고 있는 것도 그래서죠. 사전 뒤쪽에 판권 관련 부분이 있어요. 엄밀
히 보면 개인에게 판권이 있는 게 아니고, 사단법인에 있다는 말이지요. 문
제는 사전을 출판해서 서점에 내놓으니 팔리지 않는 거예요.

김웅서 : 예, 그렇지요. 우리나라 출판 현실이 그렇습니다.

오임상 : 내가 바로 그걸 말하고 싶은 거예요. 출판 현실이 그렇다구요. 예전에 물리
학 책을 한 권 낸 적 있는데, 그때도 책이 잘 안 팔렸어요. 출판사는 일단 책

이 2,000부가 팔려야 겨우 손익분기점에 이른다는 거예요. 이번에도 비슷했지요. 출판사에선 『해양과학용어사전』도 분명 그럴 거라며, 나한테 인쇄비를 미리 내라는 거였어요. 결국 사전 출판에 삼각장학회 돈이 들어갔죠.

김웅서 : 학회장이 되고 난 후 우리 학회 곳간을 들춰보니, 재정 형편이 어렵더군요.

오임상 : 말이 나온 김에 한마디 더 하면, 학회장 때 2천만 원쯤 학회에 삼각학위상 상금으로 기부를 했어요.

김웅서 : 네, 학회에서는 감사하게 생각하고 있지요.

오임상 : 당시 기부할 때, 내가 조건을 달고 줬어요. 그 돈은 국내에서 석, 박사학위를 대상으로 하는 것이었지만, 박사과정인 경우에 수상하자고 했어요.

김웅서 : 지금도 상이 수여되고 있습니다.

오임상 : 그런데 그게 잘못되었어요. 처음에 내가 관여할 때는 그런대로 운용되었지요. 돈을 기부할 때만 해도 이자가 넉넉해서 가능했는데, 몇 년 전 당시 회장으로부터 지금은 이자가 떨어져서 원금을 깎아먹는다고 들었어요. 학회에 기부해서 집행과 관련하여 규정을 만들었으면 그대로 해야지, 문제가 있어서 운용 방식을 바꾸면 적어도 기금을 기부한 사람에게 사정을 얘기해서 어떻게 하면 좋을지 상의해야지요. 기부금 원금을 깎아먹으면서 한다는 것은 말이 안 되지요.

김웅서 : 기부금 원금은 원칙적으로 지켜야 된다고 생각합니다. 그러나 이자가 줄어들어, 줄어든 상금을 그대로 줄 수는 없을 것 같습니다.

오임상 : 그렇다면 매년 수상은 못하더라도 2년에 한 번 정도는 수상해야 하지 않을까요? 기부자에게 최소한 수상 관련 현황을 알려줘야 하지 않을까 합니다.

김웅서 : 그런데 이자가 줄어들어 이제는 2년에 한 번 수상하기도 어려운 형편이 되었습니다.

지금까지 들려주신 이야기를 간단히 정리해 보겠습니다. '선생님이 학회장 하신 이후부터 해양학을 학부에서 공부한 분이 학회를 이끌고 나가게 되었다. 『해양과학용어사전』은 해양학을 공부하는 후배들과 해양을 알고 싶어하는 일반인들을 위해 만들었다. 기부금을 내서 석, 박사 학생들에게 상을 주어 학문적 열정을 높이려 했다'가 회장 임기 중 기억나시는 일이네요. 혹시 들려주신 얘기 말고 더 해주실 말씀이 있는지요? 편집위원장 역임 당시 30년사를 준비하셨다는 이야기를 들었습니다. 50년사를 준비하고 있는데, 당시 자료를 얻을 수 있을까 해서요.

오임상 : 내가 편집위원장 할 때가 학회 30주년이었지요. 30년사 만들 준비도 하고 자료를 받기도 했어요. 그런데 예산이 없어서 못했어요.

김웅서 : 그때 준비하신 30주년 자료가 남아있으면 50년사 발간이 더 쉬울 텐데요...

오임상 : 그렇겠지요. 그런데 자료가 하나도 남아 있지 않아 아쉽습니다. 50주년 행사 준비하려면 힘이 많이 들겠네요. 잘 되었으면 합니다.

김웅서 : 귀한 시간 내서 기억 속의 일까지 들려주시고, 또 앞으로 우리 학회가 잊지
말아야 할 일들을 말씀해 주셔서 감사합니다. 앞으로도 많은 격려와 도움
주시길 부탁드립니다.

한국해양학회와 38년

최중기(인하대학교 명예교수, 제20대 학회장)

　한국해양학회가 2016년 올해로 창립 50주년이 된다. 그 전 과정을 다 경험한 것은 아니지만, 내가 느끼는 한국해양학회는 초기 선배 학자들의 열정이 지금까지 후학들에게 잘 전해지고 있는 것 같다. 무엇보다 바다에 대한 관심과 풀어야 할 과제가 많기 때문일 것이다.

　나와 학회와의 인연은 지난 1978년부터 시작되었다. 1978년 추계 학술발표회에서 석사논문으로 준비하던 '한강에서의 식물플랑크톤 연구' 결과를 발표한 것이 그 계기였다. 당시 나는 회원 전체가 한 발표장에 모인 자리에서 발표하는 것이 처음이어서 매우 긴장된 상태였다. 그럼에도 불구하고 많은 분들이 나의 발표에 관심을 보여줘서 연구 발표가 갖는 즐거움을 느낄 수 있었다. 그로부터 1년 뒤인 1979년에 서울대학교 해양학과 조교를 하면서 학회 총무간사도 겸직하게 되어 무척 바쁜 나날을 보낸 기억이 있다. 각종 회의를 준비하고 업무 정리를 하면서 학회의 역할을 다소나마 이해할 수 있었고, 학회 이사회에서 여러 가지 문제를 토론하는 것을 보면서 학술발전뿐만 아니라 해양관련 기관끼리의 역할 조정을 하는 것도 학회의 중요한 역할임을 알았다. 1980년 인하대학교에 자리를 잡은 뒤로는 학회가 학술 활동의 중심이라는 생각에 학회의 각종 행사에 열심히 참여하게 되었으며, 학회의 편집위원, 이사, 평의원 등 학회에서 요청하는 일과 직분이면 굳이 마다하지 않았다. 1997년 홍성윤 회장 재임 시절에는 총무이사를 맡아 학회운영에 직접 관여한 바 있고, 2001년 오임상 회장 임기 중에는 학술담당 부회장으로 실무를 책임지고『해양과학용어사전』편찬을 추진하여 해양수산부와 오임상 회장의 지원 및 많은 회원들의 참여로 4년 만에 발간하기도 하였다. 그러나 당시『해양과학용어사전』을 발간할 때 학회 재정이 넉넉하지 못하여 삼각장학회에 판권을 넘겨주고 발간한 아쉬움이 남아 있다.

2004~2005년 내가 회장으로 재임하던 당시의 대내외적인 환경은 학회가 활동하기에 좋은 시기였다. 출범 8년을 맞이하는 해양수산부가 해양과학기술 발전을 위한 관심을 갖고 있었고, 학회 이사로 있던 제종길 회원이 국회의원이 되어 국회에 '바다포럼'을 만들어 해양과학발전에 큰 관심을 보였으며, 회원이 1,000명을 웃돌 정도로 외적인 성장을 보였던 시기다. 따라서 2004년에는 학회의 오랜 숙원이던 '정부 내 해양직 신설'을 위해 해양수산부와 행자부 등에 그 필요성을 설명하고 '국회바다포럼' 등에도 도움을 요청하였다. 2005년에는 학회가 건의한 '정부 내 해양직 신설'에 대한 해양수산부로부터의 긍정적인 반응을 받았고, 2006년(당시 변상경 회장) 해양수산부에 해양직렬이 신설되었다. 또한 2003년부터 학회에서 SCI 등재를 위해 추진하여 오던 한국해양연구원과의 통합 영문학술지 *Ocean Science Journal*(OSJ) 공동 발간을 두고 양대 기관 협약식(2004년 12월)을 가졌고, 2005년부터는 *OSJ*를 발간하게 되었다. 당시에 수고하신 김경렬, 이재학 편집위원장을 비롯한 여러분들께 감사드린다.

2004년 해양수산부 해양정책국(국장 김춘선)은 한국해양연구원과 함께 해양과학기술(Marine Technology, MT)을 국가 첨단과학기술로 인정받기 위해 노력을 기울였다. 해양정책국의 요청으로 본인도 학회장으로서의 협력을 함께하기로 하여 해양환경과 해양과학부분 위원장을 맡아서 학회 회원들에게 요청하고 필요한 자료 조사와 보고서 작성에 노력하였다. 해양수산부의 노력 결과 2014년 7월 MT가 국가과학기술위원회에서 국가과학기술로 확정되었다. 그 후속 조치로 MT활성화를 위한 10년간의 장기 발전 계획을 수립하는 MT로드맵(MTRM) 작성이 추진되어 학회 회원들과 해양환경관리 보전기술 52개 기술을 도출하는 등 해양학 관련 R&D 추진 안을 만들어 제출하였다. 한편 MTRM 추진 작업에 분야별 위원장으로 참여했던 최항순 교수, 김종만 박사와 함께 MT R&D가 성공하기 위해서는 먼저 지역별 MT센터가 있어야 하고 중앙에는 해양과학기술 R&D 전담기구가 있어야 한다고 건의하였다. 이후 2005년 8월에 해양정책국(국장 신평식)은 해양과학기술 R&D 기구로 한국해양수산기술진흥원 설립 추진단을 만들고, 10월에 설립 총회를 열어 이사회(이사장 최항순)를 구성한 뒤, 11월에 법인 등기를 하여 한국해양과학기술진흥원(KIMST)이 출범하게 되었다. 이때부터 KIMST와 인연이 되어 6년간 KIMST 이사를 맡았다. 그러나 MT 지역연구센터는 씨그랜트 사업단이 있어서 어렵다는 회답이 왔다. 지금도 씨그랜트 사업단은 R&D기관으로서의 한계가 있고, 해양학은 지역적 특징이 강하여 지역 해양수산과학 발전을 위해서는 지역 R&D센터가 있는 것이 바람직하다는 생각이다.

2005년부터 춘계 학술대회는 해양과학기술협의회가 개최하는 공동학술대회로 대체되었다. 이는 해양수산부의 후원으로 해양과학기술협의회가 1999년 발족된 후 해양과학기술인의 저력을 보일 필요가 있다는 전임 회장단의 의견에 따른 것이다. 당시 본인이 학회별 순번제에 의해 협의회장으로 공동학술대회를 주관하고 국회바다포럼과 함께 '해양강국으로 가는 길'이란 주제로 심포지엄을 개최하여 해양과학기술 증진의 중요성을 부각시켰다. 이때 바다헌장준비위원회(위원장 김재철)위원으로 준비하였던 「바다헌장」을 공동학술대회에서 채택하였다.

또한 학회의 학술활동 활성화를 위하여 각 분과 모임에 참석하여 분과별 정기 모임을 권장하였다. 이외에도 학회의 대국민 서비스 차원에서 국민들의 관심이 많은 새만금 환경변화에 대하여 한국해양연구원과 공동으로 프레스센터에서 심포지엄을 개최하여 새만금 상황을 알렸다. 그리고 동해 표기문제에 대해 우리 학회가 적극적으로 임하기로 하여 회원들로부터 대응방안을 논하게 하고, 학술대회에 독도 특별 세션을 만들어 한상복 회원의 '한반도 주변해역 국제고유명칭과 범위에 관한 고찰'이란 주제 강연을 요청하였다. 또한 한국수력원자력(주)과 원전온배수관련 어업손실 평가 표준 지침을 만들기 위한 용역(책임자 노영재 회원)을 수행하면서 이해당사자들의 의견을 듣기 위하여 국회에서 두 번에 걸쳐 공청회를 개최하기도 하였다.

한편, 학회의 회원은 증가하고 학술 모임은 활발히 이루어지고 있었으나, 그에 비해 학회의 재정상태는 여유가 없었다. 1999년부터 학회 기금위원회가 구성되어 있었으나 별실적이 없었다. 과총 등 외부 지원도 여의치 못하였다. 그래서 회원들의 기부금과 외부의 지원을 받을 수 있도록 기부금 등록법인 인증을 사무국에 요청하여 이사들과 총무간사의 노력으로 2005년 기재부로부터 기부금 등록법인 인증을 받을 수 있었다. 그리고 석유개발기금에서 기부받은 신탁기금은 이자가 점점 낮아져 은행에 예금하는 것이 기금 증식에는 도움이 되지 않는다고 보고 오피스텔 등 투자처를 찾았으나 적당한 투자 방법을 찾지 못했고, 안정성이 우려되어 은행 정기예금으로 예탁했지만, 학회의 재정 증식에는 별로 도움주지 못하였다. 지금처럼 이자가 낮은 상황이 도래한 현실을 볼 때, 좀 더 적절한 방법으로 기금을 운용하지 못한 점이 아쉽다.

학회장 이후 2006년 해양수산부의 요청으로 여수박람회 주제 개발위원으로 참여하여 해양과학을 국민들에게 널리 알릴 수 있는 주제 개발이 필요하다고 생각되어 프랑스회의에서 '생명의 바다'를 주요 테마로 할 것을 제안하였다. 2008년 학회에서 학위를 마친 '젊은 과학자들을 위한 상'을 제정한다고 하여 기금조성에 기여하였다. 2008년 한국유해적조연구회(KORHAB) 회장으로 경상남도의 지원으로 2012년 국제적조회의를 창원으로 유치한 바 있고, 학회의 요청으로 2010년 한·중 해양학회의 적조공동심포지엄을 주관하였다.

2015년 인하대학교 해양학과에서 정년퇴임한 후 학회로부터 평생업적상을 수상하는 자리에서 강연을 요청받았다. 지나온 날들을 생각하니 본인의 삶과 함께 한 각종 연구와 여러분들의 가르침들이 되짚어졌다. 심재형 지도교수님의 지도로 한강의 식물플랑크톤 연구에서 시작하여 경기만과 황해의 식물플랑크톤 연구를 통하여 바다의 기초 생태를 이해하였고, 소형동물플랑크톤과 중형동물플랑크톤의 동태 등 기초단계 생태계를 이해하기 위하여 미국에서 Eugene B. Small 교수님으로부터 원생동물을 배운 것이 큰 도움이 되었다. 이것을 기초로 학생들과 경기만과 황해, 동중국해, 극지 등에서 해양미세

생물먹이망을 비교하고 해양생태계 변동을 이해하고자 노력한 것이 보람이었다. 한국해양학회는 이런 과정에서 용기와 도움, 격려를 주었고, 회원들과 널리 교감할 수 있도록 했으며, 그로 인해 본인에게 더 넓은 바다와 인생에 대해 많은 것을 알게 해준 등대였음을 밝힌다. 아울러 제게 이런 기회를 주고 학회를 오늘날과 같은 모습으로 이끌어 오신 선·후배 여러분들께 깊이 감사드린다.

10년 전 한국해양학회 모습

변상경 (전 IOC의장, 제21대 학회장)

필자는 한국해양학회 21대 회장으로서 2006~2007년 2년간 해양학회를 대표하여 일할 기회가 있었다. 이 기간 동안 한국해양학회는 40주년을 맞았으며 일본과 중국으로부터 해양학자(일본 해양학회 회장과 중국 국가해양국 제2해양연구소 중견연구원)를 초청하여 해양학회 차원의 상호교류를 증진하기 위한 40주년 기념강연을 가졌던 기억이 있어서 금년 50주년 기념행사에 대한 기대가 자못 크다. 해양학회장으로 노력하였던 당시의 몇 가지 일들을 뒤돌아본다.

첫째 *Ocean Science Journal (OSJ)* 창간작업이다. 2000년대에 들어서 우리나라 과학기술분야 연구실적 평가는 연구사업 참여와 보고서 발간보다는 논문 발표 실적으로 이동하면서 SCI(Science Citation Index)급 논문에는 가산점이 부여되고 있었다. 그러나 해양분야 국내 학술지는 등재지가 없었고 외국 학술지만이 SCI 등재가 되어 있어서 해양학회 회원들이 학술결과를 발표하고자 할 때는 외국 학술지에 투고하기를 더 선호함에 따라 국내 학술지는 게재 논문수가 점차 줄어들고 이에 따라 투고논문의 질도 저하되고 있었다.

필자가 한국해양연구원(현 한국해양과학기술원) 원장으로 재임하고 있을 2004년 초에 한국해양학회 회장이던 인하대학교 최중기 교수에게 한국해양학회지 영문판 '*Journal of the Korean Society of Oceanography (JKSO)*'와 한국해양연구원에서 발행하는 영문판 *Ocean and Polar Research (OPR)*를 합쳐서 공동발간할 것을 제안하였다. 학술지 발간책임자인 한국해양학회 편집위원장 김경렬 교수와 한국해양연구원 편집위원장 이재학 박사의 검토와 동의를 거쳐, 우리나라 해양학계의 발전을 견인하고 해양과학분야 학술연구 성과를 국제적 수준으로 끌어올릴 목적의 공동발간에 원칙적인 합의를 보았다. 그 후 한국해양연구원 내부에서는 학술지의 지향점, 추구방향, 발행 역사, 재원 조달, 담당 인력 등 여러 면에서 성격이 상이한 두 학술지를 공동 발간하는 데 대해 반대도 많이 있었지만 대다수 직원이 한국해양학회 회원으로도 활동하고 있어서 한국해양학회와 한국해양연구원의 미래발전이라는 큰 뜻에 맞추어 공동발간하기로 의견을 모을 수 있었다. 그 후 SCI 등재지라는 분명한 목표 아래, 첫 발행권 호수는 한국해양학회지를 이어받아 40권 1호로 정하고, 편집책임자는 상호 교대로 맡고, 발간비용은 공동부담하기로 하는 등 *OSJ* 공동발간을 위한 실무협약서를 작성하여 2004년 11월에 상호 교환하였고, 2005년 3월에는 *OSJ* 첫 호가 세상에 나올 수 있었다.

그 후 한국해양연구원 원장을 마치고 2006년 1월부터 한국해양학회 회장으로 활동하면서도 *OSJ*가 동북아를 대표하는 국제적인 전문학술지로 성장하도록 관심과 성원을 보태면서 발간 담당자들을 지속적으로 격려했다. 이러한 활동 뒤에는 한국해양연구원 문헌정보팀(현 해양과학도서관 전신) 한종엽 팀장의 지휘 아래 추진한 온라인 논문투고 시스템 구축을 비롯한 문헌정보의 국제화 전략사업이 큰 도움을 주었다. 이에 따라 최단기간 내 학술진흥재단 등재지로 승격되었고, Elsevier의 SCOPUS, Thomson Reuter의 Zoological Record, BIOSIS Preview를 비롯한 유명 서지 DB에 등재되었고, 2009년부터 세계적인 출판사인 스프링거와 전략적 제휴를 통해 국제학술지로서 새로운 전기를 마련하였다. 드디어 2014년 8월 해양과학분야 국내 최초로 SCIE에 등재되는 쾌거를 달성하게 되었다. 최초의 시도가 있었던 2004년으로부터 꼭 10년이 지난 세월이었다.

두 번째는 정부 내 해양직 신설이다. 정부에서 일하는 공무원을 선발할 때 독립된 해양직이 없어서 유사한 직종으로 해양전문인들이 채용되어 근무할 수밖에 없었다. 한국해양학회에서는 1996년 10월부터 전국 해양관련 학과장 및 해양 전문가들로부터 서명과 건의문을 받아 21세기 해양선진국으로의 위상제고와 국가 해양과학기술발전을 위해 해양수산부와 그 산하기관에 해양전문직을 신설하여 줄 것을 해양수산부와 중앙인사위원회를 비롯한 관계기관에 4차례에 걸쳐 건의문을 작성하여 공문으로 발송하였다. 그뿐만 아니라 지속적으로 국회와 해양수산부장관, 차관, 해양정책실(국)장의 면담을 통해 필요성을 설명하고 건의하였고, 행정관리담당관 등 관련 부서에도 협조를 부탁하였다. 이와 같은 노력이 결실을 맺어 중앙인사위원회에서는 해양수산직렬 내 일반해양직 신설이 포함된 공무원임용령(2006.6.12)과 한국해양학회 의견이 전부 반영된 공무원임용시험령(2006.12.29)을 대통령령으로 공포하게 되었고, 2007년 1월 1일부터 일반해양직류 및 해양학회에서 제시한 임용시험과목이 포함된 새로운 공무원임용시험령이 시행에 들어갔다. 이에 따라 회원들의 오랜 숙원이었던 해양학 전공자가 국가공무원으로 진출할 수 있는 공식적인 길이 열리게 되었고, 지자체나 기업에서도 직원 채용시 준용할 수 있는 근거가 마련되었다.

세 번째는 학회 재무통장 정비이다. 2006년 한국해양학회 연간 예산은 1억원으로 주 수입원은 회비(47%)와 지원금(16%)이었고, 기금을 포함한 총자본금은 2억4000만 원 정도였다. 이 자금이 당시 이자율(연 3%)은 낮으나 안전이 보장되고 수시 해약이 가능한 농협신탁예금에 대부분(70%)이 예치되어 있었다. 나머지(30%)는 이자율(연 4%)이 조금 높은 농협정기예금에 예치되어 있었다. 당시 학회 사무실은 서울대학교에 위치하고 총무나 재무 업무는 학회간사에게 일임하여 집행하고 있어서, 회계관리 사고 발생 가능성이 있어 보였다. 학회 수입을 조금이나마 늘리고 기금관리를 보다 안전하고 명확하게 하기 위해서 한국해양연구원 재무팀의 협조를 받아 은행별 최고이자율을 조사하였고, 추가적인 협상을 통해 수협에서 제시한 CD예금(연 4.8% 정도)을 최종 선정하였다. 학회가 보유하고 있던 현금을 농협과 수협 예금으로 이원화시켜 운용한 결과 매년 300만 원 정도 추가 수익을 올릴 수 있었다. 거래통장수도 6개에서 농협 2개와 수협 2개 등 총 4개로 줄였고, 농협 일반지출용 통장과 도장은 학회간사가 보관하면서 예금을 수시로 인출가능하게 하였으며, 타 기금통장용 도장은 회장이 별도 보관함으로써 현금관리를 안전하고 투명하게 정비할 수 있었다.

네 번째는 유네스코한국위원회와 긴밀한 관계유지 노력이다. 필자는 한국해양학회 회장으로 있을 때 서울 명동에 위치한 유네스코한국위원회 위원으로 활동한 바 있기 때문에 유네스코한국위원회와 관계를 긴밀히 갖고자 노력하였다. 그 후에도 2011~2015년에는 유네스코 산하 정부간해양학위원회(Intergovernmental Oceanographic Commission: IOC) 의장으로, 그리고 2012년 이후 현재까지 유네스코한국위원회 집행위원으로 활동하면서 한국해양학회와 유네스코한국위원회 간 긴밀한 관계를 유지하는 데 도움이 되고자 노력하고 있다.

우리나라는 유네스코 활동을 국내에서 활발히 펼치기 위해 유네스코한국위원회를 1954년 1월 30일 발족시킨 바 있다. 유네스코한국위원회는 IOC사업에 적극 참여하고 우리나라 해양학의 발전을 도모하기 위해 1961년 해양학 분야의 전문가 및 연구자들과 정부부처 관계자들로 구성된 한국해양학위원회(Korea Oceanographic Commission: KOC)를 발족하고 KOC 사무국을 맡아 운영한 데 이어 KOC 사무국은 1966년 한국해양학회 창립의 산파역할을 수행하였다. 또한 유네스코 주관으로 1965년부터 1969년까지 국내 해양관련기관들이 참여한 쿠로시오합동조사(Cooperative Study of Kuroshio and Adjacent Regions: CSK) 결과는 한국해양학 발전에 밑거름이 되었다.

학회를 되돌아보며

김대철(부경대학교 교수, 제22대 학회장)

2008년 초부터 2009년 말까지 2년간 학회를 대표하여 일했는데 임기 중에 특별한 공적이 없어 부끄럽지만 학회의 미래를 위하여 지난 일들을 대강 정리하는 것이 도움이 될 수도 있을 것 같아서 간단히 적어 본다.

:: 해양수산부 해체건

2007년 말에 대통령선거가 실시되고 이명박 후보가 당선된 후 새로 개정되는 정부조직법에 해양수산부를 없애는 안이 발표되었다. 당연히 해양수산 분야 학계도 불똥이 떨어졌고 필자는 학회 인수인계 시기여서 어정쩡하긴 했지만 차기 학회장 자격으로 해수부 해체를 막기 위하여 백방으로 뛰어다녔다. 국회에서의 공청회도 참석하여 어렵게 만든 해수부를 그대로 유지시켜 달라고 강력히 주장하였다. 공청회에서 본인은 해수부가 없어지면 그간 쌓아온 전문 관료들의 노하우가 사라질 것이라는 우려도 전달했다. 당시 야당 대표이던 손학규 씨를 만나기 위해 새벽에 여의도 당사로 가기도 했고 손 대표가 부산을 방문했을 때는 부산의 몇몇 해양관련 교수들과의 간담회를 열어 존치 당위성을 강조하였고 손 대표도 상당히 호의적이었다. 결과적으로 정부 의지가 확고해 해체를 막지는 못했지만 우리 주장이 일부 전달되어 원래 국토부로 예정했던 명칭을 국토해양부로 바꾸는 데 결정적인 공헌을 하였다고 생각한다. 다만 수산 분야는 해양 분야만큼 적극적이지 않았던 것으로 기억되고, 결국 농림수산식품 쪽으로 갈라졌다가 다시 모인 사실은 모두가 주지하는 바다. 앞으로는 해양수산 분야가 단단히 뿌리를 내려 이런 불행한 사건이 반복되지 않기를 기대해 본다.

:: 허베이 스피릿호 원유 유출 사고

이 사건도 역시 본인이 취임하기 전인 2007년 12월에 발생한 사건으로 약 8만 배럴의 막대한 원유가 태안 앞바다에 유출되어 막대한 피해가 발생했다. 사고에 따른 환경피해 조사 등에 우리 학회 회원들의 적극적인 참여가 있었다. 이 사건은 국민들이 자발적인 자원봉사를 하게 되는 중요한 사건이기도 했는데 거의 200만 명이 넘는 국민들이 참여하였다. 우리 학회에서도 학회 임원들을 중심으로 해안가 기름 제거 작업에 참가하였고 성금도 지원하였다.

:: 중국해양학회와 자매결연

중국해양학회와의 교류는 전임회장단의 인수인계 사항으로 서로 구두로 오고갔던 교류의 공감대를 양해각서(MOU)를 체결함으로써 본격적인 협력시대에 돌입하게 되었다. 2009년 창원컨벤션센터에서 열린 춘계학회에 중국학회장과 임원들이 방문하여 양해각서에 서명을 하였고 가을에 중국 방문을 초대받았다. 그해 가을에 본인과 차기 학회장, 임원 일부 등이 주하이에서 개최된 중국해양학회 학술대회에 참가하여 환대를 받았다. 중국해양학회는 단순한 순수 해양학회를 넘어선 거대한 조직이다. 학회 참가 인원 자체가 엄청난 것은 당연하다고 할 수 있고, 해경 등 권력기관도 관련되어 있다. 그 당시에도 자신감에 차 있는 중국의 힘을 느낄 수 있었는데 거의 10년이 지난 지금의 발전상이 궁금해진다. 단순한 양해각서 서명을 떠나 멀고도 가까운 양국이 실질적인 해양협력의 결실을 기대해 본다.

:: 학회 사무실 이전

한국해양학회는 서울에 위치하도록 정관에 명시되어 있었고, 그에 따라 서울대학교 해양학과에 사무국을 두게 되었다. 학회 사무국이 대학에 위치한 것은 초창기 열악한 재정문제가 주원인일 것으로 생각된다. 초기에 학회 회원이 많지 않았을 때는 별 문제가 없었으나 학회가 성장함에 따라 여러 문제가 발생하였다. 특정대학이 학회를 끼고 있는 것도 문제였고, 서울대학교 해양학과 입장에서는 그렇지 않아도 학과에 배정된 좁은 대학 공간을 학회를 위해 할애해야 하는 어려움이 있었다. 서울대학교가 관악으로 이전함에 따라 학회 역시 관악으로 이사하였으나, 학회 공간은 여전히 열악했다. 다른 학회처럼 오피스텔을 얻거나 과학기술총연합회 건물로 이주하는 것도 검토해 보았지만, 학회 재정상 엄두를 내지 못하고 있었다. 마침 한국해양과학기술진흥원 권문상 원장의 배려로 학회가 진흥원과 양해각서를 체결하여 현재 장소로 이전할 수 있게 되었다. 학회 사무국 이전은 학회가 새로운 시대로 도약하는 계기가 되었다고 생각한다. 권문상 초대 원장에게 감사를 드린다.

:: 학회 총무간사 관련

학회장 취임하고서 즉시 총무간사의 고용계약서를 작성하였다. 지금이야 너무나 당연한 것이지만 그때만 해도 4대 보험을 포함한 정식 직원 계약서 작성은 처음이었고, 정식 고용계약서를 체결한 학회도 그리 많지 않았다. 계약서 내용은 계약기간, 연봉, 퇴직충당금, 유급휴가에 대한 사항이었다. 2009년 봄 총무간사의 갑작스런 유고는 모두에게 충격이었다. 춘계 학술대회가 끝나자마자 생긴 사건이라 회계문제 등 처리할 일이 산더미같이 많아서 더 힘들었었다. 당시 수고했던 유동근 재무이사와 장경일 총무이사에게 감사를 전한다. 졸지에 자식을 잃은 부모의 눈물이 오랫동안 잔상으로 남았다. 다시 한번 고인의 명복을 빈다.

해양학 연구의 국제화와
학문적 후속세대를 위한 노력의 나날들

박철(충남대학교 교수, 제23대 학회장)

2010년과 2011년, 학회장으로서 학회와 함께한 두 해에 대한 기억도 이젠 아물거리며 사라져 간다. 기억을 더듬어 보니, 재임 시 한 일이 없는 듯도 하고, 또 많은 듯도 하다. 당시 내걸었던 주된 핵심어(key words)는 '국제화와 학문의 후속세대'였다.

국제화와 관련하여서는 전임 회장 때부터 진행되었던 우리 학회지의 SCIE 진입을 위한 노력과 북태평양해양과학기구(PICES)에 젊은 과학자들의 참여를 지원하는 사업을 시작한 것, 중국해양학회와의 교류 등이 기억에 남아 있다. 학회지 *Ocean Science Journal*의 SCIE 등재는 나의 임기 중에는 완성되지 못하였지만, 후임 회장들의 노력으로 지금은 SCIE 등재지가 되었고, SCI로 발돋움을 계속하고 있다.

PICES에 대학원생들의 발표를 지원하는 사업도 계속 추진되어 지금도 매년 수 명의 대학원 학생들의 PICES 총회 참석을 지원하고 있다. 이를 통해 우리 해역의 해양현상을 다루는 협소한 규모(micro scale)의 해양학에서 대양(macro scale)의 해양학을 접할 수 있는 좋은 기회로 삼고자 한 것이다. 다만, 아직도 부족함은 있지만, 꾸준히 우리 역량을 키워가는 데 이런 지원은 적지 않은 기여를 할 것으로 생각한다.

전임 학회장 때 시작한 중국해양학회와의 교류도 계속하여 2010년 6월에는 제주에서 중국 측 인사들을 초청하여 적조에 관한 심포지엄을 개최한 바 있고, 2011년 11월에는 우리 회원 16명이 중국 샤먼(Xiamen)을 방문하여 연안 침식과 환경영향에 대한 논의를 하기도 하였다. 이 사업 역시 지금까지 계속되고 있다. 한편, 일본과의 학문 교류도 시도되었지만, 동해 명칭과 관련된 문제로 중도에 포기해야 했다.

학문의 후속세대를 키우는 일은 여전히 우리 학회가 안고 있는 문제이기도 하다. 학부 3, 4학년 학생들에게 대학원 진학 동기를 부여할 목적으로 안산 소재 한국해양과학기술원(2010년 당시는 한국해양연구원)과 부산 소재 국립수산과학원(2011년)에 학부 3, 4학년과 대학원 학생들(약 200여 명)을 데리고 견학을 가서 기관의 연구시설을 둘러보고, 학문적 선배들과 만남 자리도 주선한 바 있다. 당시 두 기관의 적극적인 성원으로 방문했던 학생들에게 큰 만족을 주었던 것으로 기억한다. 다만, 호응은 좋았지만 그 후 계속되지 못하였다. 그밖에도 2010~2011년에는 '생물다양성의 해' 관련 행사, 가로림 조력발전과 수학능력시험 개편에 관한 입장 정리, 국회포럼, 과학학술지편집인협의회 가입 등이 있었다.

한국해양학회 창립 50주년을 축하하면서

노영재(충남대학교 교수, 제24대 학회장)

한국해양학회와 나는 오랜 기간 인연을 유지하고 있다. 돌이켜보면, 그 시작은 1977년 5월로 거슬러 올라간다. 당시 나는 KIST 부설 해양연구실에 위촉연구원으로 해양 연구에 첫 발을 들여놓았다. 그해 7월 KIST 강당에서 있었던 해양학회장 선출 모임에 우연히 참가하게 되었다. 그때 당시 해양연구소장이셨던 이병돈 박사님이 추천되어 만장일치로 추대되는 것을 보았다.

내가 대망의 유학길에 오른 것은 1981년 7월이었다. 미국 스토니부룩 뉴욕주립대학교에 입학허가서를 들고 혼자서 찾아갔다. 이후 4년 동안 학부과정에서 배우지 못한 해양학의 다양한 분야를 공부하였다. 특히 오쿠보(Okubo) 선생님의 자상한 지도 아래 박사학위 논문을 제출하여 학위를 취득하였다. 소소한 얘기들이 적지 않지만 대거 중략하고, 귀국 이후 얘기로 넘어가겠다. 귀국 후 나는 충남대학교 해양학과 교수로 부임하였다. 그때부터 한국해양학회 활동을 본격적으로 시작하였으며, 2012년 제24대 한국해양학회장으로 추대되어 2년간 회장 직을 수행하였다.

다음 표는 2012년부터 2013년까지 학회장을 맡았을 때의 활동 내역이다.

1	2012. 2. 3/ 국토해양부 장관 면담, 설립준비위원 임명장 받음
	1차: 2012. 2. 23 과천, 인덕원
	2차: 2012. 3. 23 과천, 인덕원
	3차: 2012. 4. 27 부산 동삼동(한국해양수산연수원 회의실)
2	2012. 2. 10 / world ocean forum 회의 참가(서울 선급협회)
3	2012. 2. 14~18 인도네시아 회의 참가 : 인도네시아 BPPT-KORDI MOU 체결
4	2012. 2. 25~26 이사 워크숍(남해군 남해 유배문학관)
5	2012. 3. 9 한국해양과학기술원 설립을 위한 국제심포지엄 참석(서울 롯데호텔)
6	2012. 3. 11~15 인도네시아 ITF/CLIVAR workshop 참가
7	2012. 4. 10 IOC/WESTPAC 준비위원회 모임 참석(부산역 회의실)
8	2012. 5. 29~31 제3차 한·중 해양과학 심포지엄 개최(대구 엑스코)
9	2012. 5. 30 제2차 이사회 개최(대구 富龍)
10	2012. 6. 27 세계 수준의 우수학술지 육성을 위한 공청회 개최(국회 제2의원회관)
11	2012. 8. 17 제3차 이사회 개최(강원도 원주시 치악다래)
12	2012. 8. 30 2012년 국내 학술지의 질적 향상을 위한 특별세미나(한국연구재단)
13	2012. 9. 7~8 2012세계자연보전총회 제주 참석(제주 국제컨벤션센터)

일자	모임	주최	장소
2013. 1. 7	소속학회장	기초과학협의회	서울역
2013. 1. 8	운용해양학 연구회	KIOST	
2013. 1. 9	해양ODA 사업논의	국토해양부	세종청사
2013. 1. 11	해양학회 신년하례식	해양학회	
2013. 1. 30	KAOST 총회		대전 Mr. Wang

일자	모임	주최	장소
2013. 1. 31	해양정책포럼		롯데호텔
2013. 2. 6	조용갑 박사 면담 KAOST 해양정책포럼		KOEX
2013. 2. 18	지구과학학회 연합회 포럼	해양학회	국회의원 회관
2013. 2. 27	기상기술기획위원회	기상청	상암동
2013. 3. 7	이사회	해양학회	
2013. 3. 18	KAOST 이사회	KAOST	대전역
2013. 3. 21	바다포럼 준비모임		서울역
2013. 4. 3	KIOST 비전	KIOST	프레지던트호텔
2013. 4. 12	PICES 전문가협의	KIOST	안산 본원
2013. 4. 15	해양강국포럼	이운룡 국회의원	국회도서관
2013. 5. 14	해양정책방향	KMI	상공회의소
2013. 5. 23	KOC 총회	KIOST	
2013. 6. 4	PICES 전문가협의	KIOST	서울대 호암생활관
2013. 6. 10	동해연구소 심포지엄		
2013. 7. 25	KOC 공청회		
2013. 8. 9	해양학회 이사회		원주
2013. 8. 20	기초과학 협의회		
2013. 8. 28~31	한·중 해양과학공동심포지엄	해양학회	중국 청도
2013. 9. 5	KOC 공청회	호암관	
2013. 10. 7	기초과학협의회		
2013. 10. 8	KIOST 창립기념일		
2013. 10. 24	해양학회 이사회		
2013. 10. 30	해양기반발전심포지엄	해양수산부	팔레스호텔
2013. 11. 18	북극해 해양정책	KIOST	서울
2013. 11. 22	기술가치 해양연구기획	기술과 가치	서울역
2013. 11. 26~29	한·중 해양포럼	해양수산부	중국 북경
2013. 12. 2	독도 워크숍	서울대 해양연구소	서울대
2013. 12. 9	기초과학협의회 포럼	기초과학협의회	과총회관

한국해양학회 회장은 앞의 표에서 보듯이, 지구과학협의회, 기초과학협의회의 당연직 이사이며, 한국해양과학기술원(KIOST) 초대 이사의 일원으로 활동하도록 되어 있다. 그리고 대외 활동이, 본업인 해양학과 교수의 일보다 학회장 일이 훨씬 많아 주객이 전도되었을 정도였다.

학회장으로 취임 후 학회의 재정 상태를 파악하면서 너무나 참담하였다. 당시 회비 징수 실적은 전체 회원 수 약 700명 중 100명 정도에 지나지 않았다. 간사 또한 학회를 안정된 직장으로 여기지 않고, 기회만 되면 다른 곳으로 옮기는 상황이었다. 다행히 강동진 총무와 같이 새로운 간사 지원자 원서를 받아 면접한 뒤 두 명의 간사(문혜영, 신수정)를 발탁하였다. 이들의 도움을 받아 학회 일을 꾸려갔다.

외국과의 국제적 학술활동으로 '한·중해양과학포럼'을 추진하였다. 한국과 중국은 황해를 공유하고 있다. 그런즉 양국은 황해의 환경과 생태를 보전하기 위해 학술 정보를 교류하고, 서로의 정책을 제시하려는 목적으로 이 포럼이 설립되었다. 지금도 이 포럼은 잘 진행되고 있다고 알고 있다.

한국해양학회는 이제 중년기를 지나 완숙기인 노년기로 진입하고 있다. 그런 만큼 한국해양학회는 한국에서의 해양과학의 연구 및 육성은 물론이고, 삼면이 바다인 우리나라 바다가 온전히 후손들에게 대물림될 수 있도록 바다 탐구에 쉼 없이 박차를 가해야 하고, 해양연구와 개발에 견인차 역할을 줄기차게 해 나가길 기대한다.

가지 않은 길

이동섭(부산대학교 교수, 제25대 학회장)

　바로 직전 학회장이다 보니 굵직한 사건들은 아직 회원들께 생생하게 기억으로 남아 있습니다. 때문에 회고다운 회고는 다음 기회로 미루고 대신 선거 일화와 하고 싶었으나 뜻대로 되지 않았던 것에 대해 적어보고자 합니다.

　학회의 화학분과는 회원수로 공룡급인 물리와 생물에 한참 밀려서 비슷한 처지의 지질분과와 한데 묶여 세 임기에 한 번씩 돌아가며 학회장을 맡는 게 관례였는데 일사분란 한 지휘체계를 자랑하는 지질분과에 연거푸 밀려서 그 전까지 단 한 번밖에는 학회장(양한섭)을 내지 못하고 있었습니다. 이에 최근에 수가 불어나고 활동적인 화학분과의 소장파들이 뜻을 모아 분과모임에서 학회장 후보를 떠들썩하게 추대하고 이미 분과회의를 마친 지질분과에게 은연중에 이번엔 후보를 내지 말고 양보하시라고 압박을 가했습니다. 그게 통했는지 선거일이 다가오는데도 저쪽 편이 조용하기에 투표권을 지닌 평위원들께서 귀찮아하실까 봐 지지 당부 전화도 드리지 않았습니다. 하지만 지질분과에선 막판에 후보를 냈고 투표 결과는 전무후무한 '한 표차'란 진기한 기록을 남기게 되었습니다. 화학분과가 작다 보니 학회장에 어울릴 만한 나이나 경력을 가진 이가 나뿐이어서 별반 의욕이 없던 저를 내보낸 것이 빌미를 준 듯합니다. 여하튼 이 사건 이후론 분과가 돌아가며 학회장을 맡아오던 관례를 폐기처분하고 능력과 의욕이 있는 회원은 누구나 학회장에 입후보할 수 있도록 바뀌었고, 소수의 평의원들이 아니라 정회원 전원이 투표에 참가하게 되어 참 민주주의 학회 시대가 열리게 되었으니 결과로만 보면 해피엔딩이라 하겠습니다. 투표일에 가까운 몇 분이 바쁜 일정을 쪼개 순전히 투표만을 위해 제주를 다녀가셨고, 후보가 둘 다 가까운 후배라고 중립을 지키신 분도 계시고, 평의원이 아니신 데도 투표하신 원로 회원도 계시고…… 이 가운데 어느 하나만 달랐더라도 학회는 이 글의 제목대로 '가지 않은 길'을 걸어야 했을 것입니다.

세종이 한글을 창제할 때 당시 한문으로 된 정보를 독점하던 기득권 세력이 크게 반발 했다는 것을 줄거리로 한 드라마 '뿌리 깊은 나무'는 많은 이가 참신한 발상이라고 칭찬한 바 있습니다. 이젠 세상이 바뀌어서 한문은 영어에 자리를 내주게 되었습니다. 경쟁력 강화라는 좋은 취지에서 출발한 SCI 논문 게재 독려는 이제는 약발이 다했는지 오히려 연구자에게 상당한 부담으로 다가오게 되었는데 때마침 우리 학회와 한국해양과학기술 원이 공동 발행하는 영문학술지 *Ocean Science Journal*이 SCIE 등재지로 승격되어서 피로도를 상당히 줄여주는 쾌거를 이뤄냈습니다. 하지만 빛이 밝을수록 어둠도 짙은 법 인지라 국문학술지『바다』는 갈수록 회원들의 관심에서 멀어지게 되어서 학술지 등급 유 지 심사를 받을 때마다 탈락을 걱정해야 하는 초라한 신세가 되고 말았습니다. 이런 고 민 중에 눈을 번쩍 뜨이게 하는 문구를 하나 접하게 되었는데 "언어 없이는 사고가 불가 능하다"는 주장이었습니다. 스스로에게 물어 봅시다. "나는 영어로 생각하고 있나?" 답 이 "아니오"라면 우리는 엉뚱한 곳에 소중한 에너지를 빼앗기고 있는 것입니다. 영어로 된 학술용어를 우리말로 바르게 옮겨 쓰지 않고 그냥 빌어다 쓰다 보면 어렸을 때 귓속말 놀음처럼 나중엔 엉뚱한 말로 와전되지 말라는 법이 어디 있겠습니까? 그래서 출간된 지 십여 년이 지난『해양학용어사전』을 수정보완하기로 했는데 학회 이사들이 다들 SCI 논 문을 쓰는 데 지쳤는지 임기 안에 약속된 진도를 나가지 못하고 말았습니다.

국문 전용 학술지인『바다』는 영문학술용어를 한글로 옮기고 개념을 소개하는데 제격 인 창구입니다. 그런데 연구업적으로 높이 쳐주지 않는 비SCI 학술지에 논문 투고가 부 진하며 선뜻 시간을 쪼개서 논문 심사에 응해주는 분도 많지 않습니다. 심지어 어떤 회 원은 국내 학회와 국문학술지를 대학원생의 해외 논문발표에 대비한 연습 장소쯤으로 치부하기도 합니다. 후학과 대중을 위해 국문 학술 활동은 필수불가결합니다. 일전에 아 시아 지역 학술연맹에 회장으로 출마했던 분의 출마의 변 가운데 새겨둘 만한 부분이 있었습니다. "미국과 유럽 학회에 아무리 열심히 드나들어도 우리 아시아인은 주인이 될 수 없다. 우리 아시아인이 주도하는 학술연맹을 만들자!" 누가 나서서 난국을 타개할 수 있을까요? 이제는 무한경쟁이라는 달리기 게임에서 한 발치 물러나 여유도 좀 생기고 나름 관록으로 무장한 학회 원로들께서 나서 주시면 좋겠다는 생각이 듭니다. 그 분들이 우리 글 해양학 논문 쓰기와 학술용어 사전 만들기에 적극 동참하여 주시기를 바라는 마음 간절합니다.

우스개 여담으로 글을 마칠까 합니다. 화학분야의 거두인 모 선생님은 회고를 겸한 저서에서 자신은 평생 픽업트럭으로 하나는 될 만한 분량의 연필을 사용했노라고 하였습니다. 아침에 연필을 깎는 향기는 당신에게 더없이 좋은 기분을 선사해서 쉽게 쓰고 지우기 편한 2B 연필을 애용했다고 합니다. 모 대학의 초청 강연에서 저는 이 일화를 말하며 학생들에게 꼭 2B연필을 쓰시라 하였습니다. 그 이유는 아래 그림을 보면 알 수 있습니다.

넘쳐나게 많은 좋은 말과 글이 우리 곁을 맴돌고 있지만 중국의 선사가 남긴 말과 성경 구절로 짧은 회고의 글을 마칠까 합니다. 나이 드신 분들께는 "날마다 좋은 날", 그리고 이제 막 해양 탐구의 길에 나선 젊은 분들께는 "Quaerendo, Invenietis(구하라 그러면 얻을 것이오)."

2. 원로 회원 회고

타오르는 단풍 같은 삶,
박길호 박사님을 회상하며

김수암(부경대학교 자원생물학과 교수)

1967년에 창립된 한국해양학회가 올해로 50주년을 맞는다. 사람으로 치면, 지천명(知天命)의 나이에 이르러 하늘의 뜻을 알 수 있는 나이가 되었다는 것이다. 그런데 우리는 아직도 우리나라 주변 해역의 해류도(海流圖)조차 제대로 그리지 못하고, 우리 바다에 얼마나 많은 생물들이 어떻게 살아가고 있는지조차 파악 못하고 있다. 바다에 대해 궁금해하는 아이들의 초롱초롱한 눈망울을 생각하면 마음이 조급해지지 않을 수 없다. 누군가가 물으면 바닷속은 물에 덮여 보이지도 않고, 바다 현상을 밝히기 위해서는 막대한 연구비가 들어서 그렇다는 현실적인 핑계를 변명처럼 둘러대지만, 우리가 연구에 게을렀다는 질책은 피할 수 없을 것 같다. 그럴 때마다 이따금 지금의 우리보다 훨씬 열악한 환경에 처했음에도 우수한 연구 성과를 발표하여 전 세계 학계에 우뚝 섰던 몇몇 선배들이 생각나곤 한다.

우리의 기억 속엔 선구자적 발자취를 남긴 선배들이 여럿 있다. 그러나 한국해양학회 창립 50년사 편찬위원회에서는 내게 박길호(朴吉昊, Paul Kilho Park) 박사님에 대한 회상을 특별히 부탁하였다. 사실 생존하고 계신 분에 대한 회고담을 쓴다는 것이 어쩌면 경솔한 처사일 수 있다. 하지만 박 박사님의 경우는 극히 예외가 아닐까 싶어 실례를 무릅쓰고 시도해 보겠다고 편찬위원회에 답을 보냈다. 왜냐하면 미국이건 한국이건 해양학계에서 활동하는 분들 중에 박 박사님의 행방을 알고 있는 사람은 전혀 없었기 때문이다. 나 역시 마지막으로 뵌 것이 2001년의 일이다. 그 당시 갖고 계신 전공서적 몇 권을 내게 주겠다며 부산을 방문하신 것이 엊그제 같다. 그런 뒤 "나 이제 아리조나로 갈 거야!"란 말씀만 남기고 훌훌 떠나셨다. 그게 자그마치 15년 전의 일이다.

박 박사님은 해양학이 우리나라에 도입되는 시기부터 한국에 많은 관심을 보였을 뿐만 아니라 한국 학계에도 적지 않은 기여를 하였는데, 외국에 거주하였지만 한국해양학회 창립회원이었고, 틈틈이 고국을 방문하여 선진국 해양연구 동향을 소개하는 강연도 하였다. 1970년대 초반, 당시 대학 초년생이던 나의 눈에 비친 박 박사님의 모습은 너무 신기했고 인상적이었다. 오랜 미국생활 탓에 다소 한국말은 어눌했지만 외모가 아주 특이하고 매력적이었다. 마치 「왕과 나」의 주인공으로 세계적인 명성을 얻은 대머리 영화배우 율 브린너를 연상시켜 전혀 한국계 미국인으로는 보이지 않았다. 하지만 주위 사람들에 대한 기본예절은 깔끔했고, 대화도 너무 인간적이고, 진솔, 소박하였다. 그런 인품과 자상함으로 한국 해양학자들에게 많은 것을 베풀어 주셨다. 나를 포함해 많은 젊은이들은 개인적으로도 크고 작은 조언을 많이 받았다. 박 박사님이 거주하는 지역으로 출장을 갈 때면, 아예 열쇠를 던져주셨고 집을 통째로 쓸 수 있게 할 정도로 통이 큰 분이셨다. 놀랍게도 박 박사님은 시인이시기도 한데 시인이 된 사연은 더욱 놀랍다. 우연히 비행기 안에서 시인을 만난 이후 시인이 되었고, 해양을 주제로 많은 시를 남겼다. 직접 쓴 시가 우즈홀해양연구소 학술잡지인 *Oceanus*에 Momiji(紅葉)이란 필명으로 게재된 바 있다. 박 박사님은 틈날 때마다 시를 지었고, 또 지인들에게 자신이 쓴 시를 보내기도 했다. 소문에 의하면, 특히 여인들로부터 적지 않은 사랑을 받았다고 한다. 내가 옆에서 보기에도 박 박사님의 부드러운 눈매, 예리한 지성과 감성, 예술적으로 구사되는 시어(詩語)는 매력적이었다. 이 때문에 풍기는 매력을 어느 여인이 그냥 지나칠 수 있었으랴!

지난 1990년대에 나는 박 박사님과 비교적 교류가 잦았는데, 종종 괴테(Goethe) 어록 가운데 "대담하다는 것이 천재(Boldness has genius, power and magic in it)"라는 경구를 언급하시곤 했다. 기존의 패러다임에 갇혀 있지 말고, 항상 새로운 발상의 전환을 시도하고, 과감하게 도전적인 실험정신을 키우라는 분부인 것 같았다. 눈에 보이는 성과를 단기간에 반드시 만들지 않으면 안 되는 우리 실정을 생각하면, 박 교수님의 분부는 구체적인 실천으로 옮기기엔 참 어려운 조언이었다. 하지만 그 조언은 내 삶 깊숙이 파고들었다. 훗날 연구자로서 내겐 늘 숙고하여야 할 하나의 덕목이 되었고, 내가 지도하는 학생들에게도 가능한 한 엉뚱한(?) 생각을 많이 하면서 연구에 임하도록 권유하여 삶을 통해 전수받은 박 박사님의 말씀을 새롭게 전달하고자 노력하였다. 비록 내 연구실에서는 이런 방침이 큰 성공을 거두진 못했지만……

박 박사님의 깊은 혜안을 직접 확인할 수 있는 기회가 있었다. 1996년 9월 해양수산부 초대 장관인 신상우 장관을 방문하였을 때, 나는 박 박사님과 동행한 바 있다. 그때 신생 해양수산부를 위해 많은 조언을 하였다. 여러 조언들 중 특히 내게 기억에 남는 두 가지 권고사항이 있다. 하나는 새로 신설된 해양수산부가 무엇을 하는 부처인지 명확히 밝히는 Mission statement(사명감 선언문)을 작성해서 전 국민들에게 알리라는 것이었다. 정부 관료들이 시민과 함께 신생 부처의 운영을 위한 새로운 패러다임을 만들고, 해양수산부 전체의 임무, 그리고 산하 12개 기관의 임무가 무엇인지, 또 어떤 꿈을 갖고 각각 기관들을 운영할 것인지에 대한 투명한 청사진을 전 국민에게 천명하라는 권고였다. 시기적으로도 신생 부처인 만큼 그 신선도가 유지되는 6개월 이내에 그런 청사진을 만들어내야 추진동력을 받을 것이라는 조언이었다. 그로부터 20년이 지났다. 그러나 지금도 우리는 해양수산부 기능이 모호하다고 느낄 때가 없지 않다. 그때마다 박 박사님의 조언은 계속 유효해 보인다.

다른 하나는 해양수산자원을 효과적으로 사용하기 위하여 첨단기술(high-technology) 연구기관을 설립하여, 지구온난화, 수산학, 해양학, 해양공학, 해양기상학을 망라하는 통합적 연구를 수행하여야 한다는 권고였다. 연구 목표를 명확히 설정하고, 연구의 결과로 획득하는 새로운 과학적 지식이 전 국민들의 삶과 경제에 공헌될 수 있도록 신속하게 정책을 펼치려면 이 기관을 장관 직속으로 만들어야 한다는 것도 강조하셨다. 세계 선진국

연구기관들이 통합적 연구와 모델링에 의한 미래 예측연구에 치중하고 있는 반면, 우리나라의 해양과 수산 관련 대형 연구기관들은 아직도 연구 방향을 정립하지 못하고 단편적 연구의 틀에서 벗어나지 못하고 있는 듯하다. 이런 방황하는 현실을 생각하면, 박 박사님의 20년 전 혜안은 더욱더 돋보인다.

우리의 선배 해양학자, 박길호 박사님의 삶의 흔적은 깊고 선명하다. 과거가 빛 바래지 않는 것은 현재를 통해 그 의미가 오래도록 빛을 발현할 때다. 우리나라 해양학 역사는 이제 반세기를 지나 100년을 향하고 있고, 과거에 비하여 훨씬 두터워진 학자들의 폭과 다변화된 전공은 장차 21세기 우리 해양학 수준을 한 단계 격상시킬 것이라 믿어 의심치 않는다. 모쪼록 박길호 박사님에 대한 이 짧은 인상기가 우리나라의 야심적인 젊은 과학자의 학문적 노력과 사회적 헌신에 더욱 불을 붙여 우리나라를 둘러싼 바다의 비밀을 상세히 벗기고, 세계 해양학계에 우리나라 학자들의 기여도가 한층 드높여지는 데 도움이 되었으면 한다.

• 박길호 박사님 약력

1931년 일본 코베 출생. 1945년 귀국 후 1950년 부경대학교(전 부산수산대학교)를 졸업과 동시에 한국전 참전. 이때 전쟁의 상흔에서 인간성의 추락을 보고 깊이 고뇌한 뒤, 1955년 도미. 텍사스주립대학교(Texas A&M Univ.)에서 석사, 박사학위(1961년)를 취득 후 1961년부터 오레곤주립대학교(Oregon State Univ.) 교수로 재직. 당시 해양화학 분야에서 큰 관심을 받기 시작한 해수중 이산화탄소, 심해의 pH 등에 관한 논문 주저자로 Science 2편, Nature 1편을 포함하여, 세계 유명 학술지에 논문을 거듭 게재하면서 학계의 총아로 떠오름. 1969년부터 미국립과학재단(NSF)의 해양물리부서의 팀장으로 일하다가 1970년에 해양부문 책임자(Head of Oceanography Section, NSF)로 발탁됨. 1977년에 상무부 산하 미국립해양대기청(NOAA)으로 자리를 옮겨 1983년까지 해양투기프로그램 책임자(Manager, Ocean Dumping Program)

를 역임함으로써 미국 사회에서 아시아계 외국인으로서는 고위공직자 반열에 오름. 이후 자연재해경감위원회, 미국-일본, 미국-중국의 해양 혹은 수산협력 프로그램의 주요 보직을 섭렵했으며, 세계의 여러 대학에서 초빙과학자로 강연과 연구를 수행함. 박 교수님은 특히 어학에 재능이 높아, 우리말, 영어, 일본어는 자유롭게 구사하셨고, 중국어, 러시아어, 스페인어까지도 이해가 가능하여 스페인어 이름(Pablo, 혹은 Pablito)도 갖고 계셨음. 한편, Momiji(紅葉, 단풍)이란 필명으로 해양을 소재로 한 시를 대거 창작. 1999년 NOAA를 은퇴할 때, 박 박사님의 은퇴 광고문에 '해양학자, 교수, 멘토, 시인, 음악가, 사진가, 사계절의 진짜 사나이 박길호(Dr. Paul Kilho Park, oceanographer, teacher, mentor, poet, musician, photographer, a true man for all seasons)가 은퇴한다'고 소개될 정도로 유쾌한 삶을 추구했음. 필자 개인적으로는 여기에 철학자(philosopher)란 명칭까지 추가하는 것이 옳다고 생각함.

인하대학교 초청세미나를 마치고 인하대학교 해양학과 대학원생과 함께
중앙의 박길호 박사님 왼편에 최중기 명예교수, 오른편에 한경남, 박용철 교수, 그리고 필자

1990년대 한국해양연구소 방문
오른쪽부터 박길호 박사님, 필자, 강돈혁, 강수경 박사

한·일 해양학 교류 가교 역할을 하신
일본 큐슈대학 명예교수 윤종환 박사님

신홍렬(공주대학교 교수)

일본 큐슈(九州)대학 응용역학연구소 명예교수인 윤종환 박사님은 1947년생으로 1971년 6월 도쿄(東京)대학 이학부 지구물리학과를 졸업한 후 대학원에 진학하여 석사, 박사과정(지도교수 吉田構造)을 거쳐 1978년 12월에 이학박사 학위(논문제목「동해의 해수순환에 대한 수치적 연구」)를 받았다. 1977년 10월 도쿄대학 이학부에 조수(Assistant professor)로 채용되어 1990년 큐슈대학 조교수(Associate professor)로 옮기기까지 약 13년 동안 근무하였으며, 그 사이 1979년부터 1981년까지 미국 프린스턴대학교 지구유체역학연구소 (GFDL/NOAA) 객원연구원으로 근무하기도 하였다. 1990년 4월 큐슈대학에 부임한 윤종환 박사님은 1997년 7월 교수(professor)로 승진하여 2012년 3월 퇴직할 때까지 약 22년 동안 근무하였다. 재직하는 동안 응용역학연구소의 역학시뮬레이션센터와 동아시아해양대기순환연구센터의 센터장을 역임하기도 하였다.

대학원 시절 연구는 '2층 해양에서의 대륙붕파'와 '동해 해수순환에 관한 수치 모델링 역학'이 주요 내용이었다. 이 연구로 1982년 일본해양학회 학술지에 3편의 논문을 발표하였다. 또한 미국의 프린스턴대학교에서 약 2년 체류기간 동안 G. Philander 박사와 함께 '연안에서 극(極)방향으로 향하는 잠류(潛流)의 형성 역학(일본 해양학회지)'을 연구하였다. 1980년대 일본 해양학계의 주요 연구 테마는 쿠로시오였다. 쿠로시오 유로의 다중성, 대사행(大蛇行), 쿠로시오의 유량, 쿠로시오의 대사행과 난수괴(warm eddy), 냉수괴(cold eddy), 쿠로시오의 상세 구조 등 쿠로시오와 관련된 많은 관측과 수치모델링 연구를 하였다. 1981년 3월 도쿄대학으로 복귀한 이후 쿠로시오 대사행(meandar) 역학을 수치모델을 이용하여 연구하였다. 1980년대 초·중반 일본에서는 오늘

날과 같은 대형 수치모델이 아닌 2층 모델이나 순압모델을 직접 만들어서 해양에서의 역학을 연구하는 방법들이 많았다. 또한 도쿄대학에서는 연구 이외에도 학부 4학년 학생들에게 '기상·해양 수치계산법'을 강의하였는데, 이 강의를 통해 기상과 해양에서 필요한 수치모델링 기초 과정과 유체역학적 의미를 알기 쉽고 명쾌하게 설명하였다. 내가 도쿄대학에서 수강한 강의 가운데 윤종환 교수님 강의가 으뜸이었다.

큐슈대학으로 부임한 이후 연구는 커다란 전환점을 맞는다. 수치모델링 연구 전문가이지만 수치모델을 이용한 연구에는 정확한 관측이 필요하다고 생각한 것이다. 이런 생각은 동해에서 1993년부터 시작된 국제공동(한국, 일본, 러시아) 연구 CREAMS(Circulation Research in East Asian Marginal Seas)로 실현되었다. CREAMS 프로그램의 주요 목적은 동해에서 북위 40도 이북의 해수순환을 규명하는 것이었다. 국제공동 관측에는 러시아 관측선(Professor Khromov)이 활용되었고, 3년 동안 여름 4회, 겨울 3회 동해 북부해역 심층에서 장기 해류 관측, CTD, ADCP, ARGOS floats, PALACE floats, 화학 트레이서, sediment trap 등을 관측하였다. 주요 연구 성과로는 동해 극전선 이북에서의 반시계 방향 순환, 동해 북부 연안 산악지형의 영향, 동해 심층의 유동 및 이변 등이 있다. 이러한 성과들은 많은 학술지뿐 아니라 7회에 걸친 국제공동심포지엄 개최 시 발표되었으며, 수치모델 연구에도 사용되었다. 그 후 또 다른 형태의 동해 국제공동(한국과 일본) 관측을 제안하여 나가사키대학 실습선(Kakuyo-maru, Nagasaki-maru)을 이용한 공동 연구가 1995년 이후 지금까지 지속되고 있다.

윤종환 박사님은 독자적인 해양수치 모델로 RIAM Ocean Model(RIAMOM) 및 2층, 3층 수치모델을 개발하여 동해 및 북태평양 수치모델링 연구에 사용하였다. 특히 동해에서 확인된 RIAMOM 모델의 우수성이 널리 알려져 일본은 물론이고 한국에서도 여러 대학과 연구소 및 해양관련 컨설팅 회사 등에서도 해양 연구에 사용되고 있다. 주로 동해 표층과 중층, 심층의 해수순환 역학, 해양 쓰레기 이동 경로 및 해황 예보 등에 널리 사용되고 있으며, 연구 성과는 학술지 게재 및 일본에서의 많은 신문과 TV에도 소개되었다.

이러한 연구 성과로 윤종환 박사님은 일본해양학회로부터 2004년에 日高(Hidaka) 논문상을 수상하였다.

또한 윤 박사님의 아이디어로 대한해협에서 부산과 후쿠오카를 왕래하는 카페리 카메리아호(Camellia)에 ADCP를 부착하여 1997년부터 실시한 대마난류의 수송량 모니터링 연구에서도 큰 실적(10여 편의 논문)을 거뒀다. 이 연구로 인해 대한해협에서의 대마난류 수송량이 정확하게 측정되어 동해 및 동중국해의 수치모델링 및 각종 연구에 중요하게 사용되고 있다.

도쿄대학과 큐슈대학 재임 시 윤종환 박사님의 가장 큰 업적은 무엇보다 한국과 일본의 해양학자 양성 및 교류일 것이다. 도쿄대학 재임 중에는 홍철훈 박사(부경대), 큐슈대학 재임 중에는 김철호 박사(한국해양과학기술원), 이현철 박사(미국 GFDL), 유승협 박사(기상청), 김영주 박사(인천시교육청), 최영진 박사(지오시스템리서치), 문재홍 박사(제주대), 김태균 박사(국립기상과학원), 강분순 박사(국립해양조사원)의 박사학위 논문 지도교수였다. 큐슈대학에서 3개월 이상 체류한 객원교수로 안희수 박사(서울대)를 위시해 이흥재 박사(한국해양과학기술원), 정종률 박사(서울대), 승영호 박사(인하대), 노의근 박사(연세대), 박용향 박사(프랑스 자연사박물관), 그리고 조광우 박사(한국환경정책평가연구원), 김국진 박사(전략해양), 이호진 박사(해양대)가 1년 이상 장기 방문연구원으로 함께 연구하였다. 또한 신홍렬 박사(공주대)가 1997년 이후 단기간으로 큐슈대학을 방문하여 공동관측 및 3층 수치모델을 이용한 동해 심층순환을 함께 연구하였고, 박유미 박사(인천시교육청)는 단기간 방문으로 박사학위 논문(동해 심층순환)의 상당 부분을 윤종환 박사님 지도를 받았다.

또한 윤종환 박사님은 오임상 박사(서울대)와 협력하여 서울대 해양연구소와 큐슈대 응용역학연구소(RIO-RIAM)의 공동세미나를 한국과 일본에서 여러 차례 실시하였으며, 2005년 한·일 공동세미나를 제안한 이래 현재(2016년에 14회)까지 매년 실시하고 있다. 초기에는 윤종환 박사님 연구실과 한국에서는 승영호 박사, 신홍렬 박사, 노의근 박사의 연구실에서 주로 참석하였으나, 최근에는 김철호 박사, 홍철훈 박사, 이호진 박사, 남수

306

용 박사(지오시스템리서치), 문재홍 박사, 박재훈 박사(인하대) 등의 연구실에서도 함께 참석하고 있다. 이 공동세미나는 한국과 일본의 대학원생 논문 발표 및 지도가 주된 목적으로, 한국과 일본에서 번갈아가며 교대로 열리고 있으며, 윤종환 교수님 퇴임 이후 Naoki Hirose 박사(큐슈대학 응용역학연구소)가 뒤를 이어받았다. 그리고 다가오는 2017년도에는 제주대학교에서 개최될 예정이다. 윤종환 박사님의 한·일 간 가교 역할로 시작된 해양학 인재 양성과 학문적 교류는 한국의 해양학 발전에 큰 초석이 되었을 뿐만 아니라 이런 유서 깊은 학문적 교류가 앞으로도 지속되기를 기원한다. 언젠가 한국이나 일본 그리고 뉴질랜드에서 또다시 낚시를 함께 하거나 윤 박사님이 겨울철 대한해협에서 낚시로 잡은, 맛있는 도미회를 맛볼 기회가 있기를 바란다. 윤종환 박사님께 무한한 감사를 드리며, 더욱 건강하셨으면 하는 마음 간절하다.

해양학회 50년과
해수표면수온 온난화

한상복(한수당자연환경연구원 원장, 제17대 부회장)

:: 이야기의 시작

2016년은 해양학을 연구하는 우리에게 두 가지 의미로 중요한 해가 됩니다. 그 하나는 해양하는 사람들의 모임인 해양학회 창립 50주년이 되고, 또 다른 하나는 등대의 매일 단위 표면수온 관측이 시작되어 지구온난화의 모니터링을 계속한 100주년이 됩니다. 1966년 7월 2일 창립된 해양학회가 50년 동안 걸어온 역사는 바로 우리 해양학자들의 역사이고, 우리는 모두 해약학회 역사를 만들어 나가는 주인공들입니다. 필자는 1940년에 태어난 덕분으로 해양학회의 창립과정과 50주년을 함께 지켜보는 행운을 가진 사람이기에 더욱 의미가 크게 느껴집니다. 해양학회도 사람이 모이는 곳이니 하나의 사실도 보는 사람의 입장에 따라 다른 해석이 나오는 것도 당연합니다. 거기에다가 우선순위의 선택도 주관적이니, 여기에 나오는 이야기는 해양학회 50주년을 축하하는 의미에서 필자가 보는 이야기가 됩니다. 필자는 2006년 7월에 한국해양학회 홈페이지의 커뮤니티 게시판에 '1966년 7월 2일 한국해양학회 창립되다' '한국해양학회 창립의 국제적 배경' '해양학회 창립이 1966년 7월 2일이라고 명시된 문헌들' '1965년 제1회 해양과학 심포지엄 내용' 등의 글을 발표해서 해양학회 창립 40주년을 자축하고, 앞으로 있을 50주년을 준비하는 후배들에게 도움을 주고자 노력했던 일이 있습니다. 그리고 2016년 1월에는 Naver Blog(한수당연구원) 게시판을 통해 '한국해양학회가 1966년 7월 2일 창립되는 과정 이야기' '1966년 7월 2일 창립된 한국해양학회 회칙' '유네스코한국위원회 주관의 해양과학 심포지엄' '한국해양학회지 창간호 1966년 12월 발행되다' '1965년 8월 쿠로시오국제합동조사(CSK) 시작하다' 등을 발표했으며, 2016년 1월 11일의 해양학회 신년하례회에서 '창립 50주년을 맞은 한국해양학회의 창립과정'을 간단히 요약해서 발표한 바 있습니다. 1966년 7월 2일 창립된 해양학회는 유네스코한국위원회의 전폭적인 지원을 1971년까지 받았으며, 1968년부터 대학교에 해양학과가 신설되어 해양분야 인재들이 양성되기 시작했고, 1973년에 이르러 해양과학연구소가 설립되기에 이르렀습니다. 해양학회 창립 50주년을 기념하는 뜻으로 간단히 한국해양학회의 창립과 해양과학의 정착을 살펴보고, 필자가 1970년대부터 해수표면수온 분석으로 온난화경향을 밝힌 이야기를 회상하면서 다음과 같이 적어봅니다.

:: 한국해양학회의 창립과 해양과학의 정착

1966년 7월 2일 부산 해운대 동백섬에 있는 부산수산대학 임해연구소에서 한국해양학회 창립총회를 열고 한국해양학회가 정식으로 출범했으며, 해양학회 창립의 산파역은 유네스코한국위원회에서 맡았습니다. 국제연합교육과학문화기구(UNESCO) 헌장이 발효된 것은 1946년 11월이고, 한국은 1950년 6월 14일 정식회원국이 되었으나, 한국전쟁으로 인해서 유네스코한국위원회는 1954년 1월 30일에야 창립총회를 개최하고 김법린 당시 문교부장관이 위원장이 되고 61명의 위원으로 구성되었으며, 사무총장에 정대위가 임명되었습니다. 1960년대에 들어서면서 해양조사의 국제협력을 꾀하기 위해 상대적으로 비정치적인 유네스코 산하에 정부간해양학위원회(IOC)가 발족되었으며, 한국이 회원국으로 가입한 것이 1961년 7월 12일이고, 7월 25일에는 유네스코한국위원회 안에 특별위원회로 한국해양과학위원회를 창설했으며, 위원장에 이민재 당시 문교부차관이 선임되었고, 향후 10년간 해양학 발전을 위해 노력하게 되었습니다. 이민재 교수는 서울대학교 식물학과 주임교수였는데, 1960년 4·19 이후 잠시 문교부 차관을 역임했으며, 그 인연으로 초기 해양학 발전에 기여하신 분입니다. 1962년 10월에는 유네스코한국위원회 주최로 전국해양과학연구회를 열고 국제합동해양조사에 적극 참여할 것을 결의했습니다. 그래서 유네스코가 주관하는 쿠로시오국제합동해양조사(CSK)에 유네스코한국위원회와 한국해양과학위원회가 깊이 관여하게 되었습니다. 1963년 7월에는 서울대학교 문리대에 임해생물연구소가 문을 열고 이민재 교수가 소장이 되어 해양학 연구에 관심을 나타냈으며, 1963년 10월에는 국립수산진흥원과 수로국 대표가 동경에서 열리는 쿠로시오국제합동조사 전문가회의에 참석해서 1965년부터의 합동조사 준비를 구체적으로 시작했습니다.

1965년 3월 한국해양과학위원회가 재편되었고, 7월 원자력연구소 연구관 최상(崔相)이 위원장으로 선임되었으며, 8월부터 쿠로시오합동조사(CSK)가 시작되었는데 유네스코한국위원회에서 일하기 편하도록 재편한 것입니다. 1965년 12월 16~18일간 쿠로시오 조사를 위한 해양과학 심포지엄이 국립수산진흥원에서 유네스코한국위원회와 한국해양과학위원회 공동주최로 있었는데, 12월 18일 해양학회 창립을 위한 발기회의가 열려서 학회의 창립준비위원회를 구성하기로 결정하고, 한국해양과학위원회를 창립준비위원회로 위촉했습니다. 1966년 6월 30일부터 7월 2일까지 유네스코한국위원회와 한국해양과학위원회가 공동으로 개최하는 제2회 해양과학 심포지엄은 부산 영도의 국립수산진흥원과 해운대의 부산수산대 임해연구소에서 있었는데, 7월 2일 부산수산대 임해연구소에서 심포지엄을 마친 후에 한국해양학회 창립총회를 열고, 한국해양학회 회칙(會則)을 정한다음 부산수산대학 임해연구소장 이병돈을 회장으로 선출하고 부회장에 원자력연구소 연구관 최상이 선임되었으며, 사무국은 유네스코한국위원회 기획부에 두기로 했습니다. 요약하면 유네스코한국위원회의 적극적인 산파역할로 1966년 7월 2일 한국해양학회가 창립되었으며, 1967년의 제3회 해양과학 심포지엄부터는 한국해양학회도 공동개최기관으로 들어가도록 배려되었습니다. 유네스코한국위원회는 1971년의 제7회 해양과학 심포지엄까지 해양학회의 발전을 위해 노력한 공로가 있음을 우리는 기억하고 있습니다.

한국해양학회의 창립에는 쿠로시오국제합동조사(CSK) 참여가 큰 계기가 되었는데, 1957~58년간 이루어진 국제지구관측년사업(IGY)에 북한에서는 참여했으나 남한에서는 참여하지 못한 것이 크게 문제가 된 일이 있었습니다. 우리가 살고 있는 지구의 자연환경 조사를 목적으로 국제적 협력을 하기 위한 첫 사업으로 1882~83년간 제1차 국제극년사업(International Polar Year)이 시작되어 11개 국가가 미지의 세계였던 북극권에 대한 합동조사와 연구를 수행했습니다. 50년 후인 1932~33년 제2차 국제극년사업에서는 20개 국가가 협력하여 북극권에 대한 합동조사와 연구가 계속 진행되었습니다. 1950년에 이르러 제3차 국제극년사업의 필요성이 논의되기 시작했고, 이제는 50년이 아닌 25년 후인 1957~58년의 태양흑점 극대기에 조사를 계획하면서, 북극지방만이 아니라 전 세계적으로 범위를 확대하고, 그 명칭도 국제지구관측년사업(IGY)으로 바꾸었습니다. IGY 사업은 1957년 7월 1일부터 1958년 12월 31일까지 전 세계 60개 국가가 참여하여 남극권, 기상, 해양, 극광, 로케트에 의한 고층대기권, 인공위성에 의한 지구관측 등에 대하여 참가국들이 함께 관측하고, 서로 자료를 공유하는 국제적인 협력체재를 구축하는 커다란 성과를 거두었습니다. IGY 사업은 비정부기관인 국제과학연맹이사회(ICSU) 주관으로 이루어졌으며, 아직 밝혀지지 못했던 지구의 물리학적 현상을 밝혀 나가는 것에 주된 힘을 기울였습니다. IGY의 후속사업으로 1964년 1월 1일부터 1965년 12월 31일까지 태양흑점 극소기에 국제태양관측년사업(IQSY, International Quite Sun Year)이 이루어졌는데 필자가 IQSY한국위원회 총무직을 수행했습니다.

IGY사업 이후 미지의 영역에 속했던 인도양에 대해서 1959~65년간 국제인도양공동조사사업(IIOE, International Indian Ocean Expedition)을 시작하는 단계에서, ICSU 산하의 해양연구과학위원회(SCOR)는 국제해양공동조사를 위해서는 비정부기구보다 정부간기구가 더 효율적임을 인식하고, 정부간해양기구의 설립을 위해 코펜하겐에서 국제해양학회의를 개최하였으며, 전 세계의 해양학자들은 유네스코 산하에 정부간해양과학위원회 설립을 건의하기에 이르렀습니다. 이로써 1961년 국제연합 교육과학문화기구인 유네스코는 그 산하에 정부간해양과학위원회(IOC)를 두고 국제적인 해양조사사업을 수행하게 되면서, 1965~1970년간 쿠로시오국제공동조사사업(CSK, Cooperative Study of the

Kuroshio and adjacent regions)을 주관했으며, 세계의 연안국들은 해양과학의 필요성을 인식하고 해양연구를 위한 중장기계획을 수립하기 시작하는 단계로 발전했습니다. IGY사업 불참으로 사회적인 문제가 일어나자, 우리 정부에서는 비로소 지구과학의 국제적인 협력사업에 관심을 가지기 시작했고, 그 시작이 1964~65년간의 IQSY와 1965~1970년 간의 CSK 참여로 나타나서 해양학회의 창립이 이루어졌으며, 이어서 해양학 인력을 양성하기 위한 대학교의 해양학과 설립과 해양과학연구소의 설립이 이루어져 오늘에 이르고 있습니다.

1954년 1월 30일부터 유네스코한국위원회가 활동을 시작했고, 1950년대부터 70년대까지 선진 외국의 과학 문화를 도입하는 창구 역할을 담당하게 되었으며, 특히 해양과학의 발전과 해양관계 국제회의 참석 및 전문가 방문의 연결 통로가 되었습니다. CSK조사는 1970년에 끝나고, 1979년에는 CSK가 공식적으로 종료되고 IOC/WESTPAC으로 확대되었으며, 유네스코한국위원회에서는 1971년에 직접적인 해양분야 지원사업을 마감했습니다. 유네스코한국위원회 설립 이후 1979년에 이르기까지 한국 해양 분야의 중요사항과 국제회의 참석 및 전문가 방문에 관한 중요사항들을 정리하면 다음과 같으니 참고하시기 바랍니다.

- 1955년 10월 17~25일: 지철근, 일본 동경, 해양학에 관한 국제회의 참석
- 1959년 1월 14~18일: 배동환, 베트남 사이공, 동남아 해양과학 연구기관 대표자회의 참석
- 1960년 7월 8~16일: 지철근·정문기, 덴마크 코펜하겐, 국제해양학회의 참석
- 1961년 2월 1~6일: 유네스코 해양과학전문가 Bent Muus 한국 방문, 유네스코한국위원회와 업무협의
- 1961년 7월 12일: 유네스코 정부간해양학위원회(IOC)에 한국 회원국 가입
- 1961년 7월 25일: 유네스코한국위원회 안에 특별위원회로 한국해양과학위원회

(KOC) 창설(위원장 이민재 박사)

- 1961년 10월 9~27일: 백선엽·배동환·이영철, 프랑스 파리, 제1차 정부간해양과학위원회(IOC) 총회 참석

- 1962년 3월 5~8일: 배동환, 필리핀 마닐라, 동남아해양과학연구기관 대표자회의 참석

- 1962년 6월 20~23일: 장상문, 미국 워싱턴, 정부간해양과학전문가회의 참석

- 1962년 9월 20~29일: 이민재·배동환·이석우·이영철, 프랑스 파리, 제2차 IOC 총회 참석

- 1962년 10월 26~27일: 유네스코한국위원회 주최로 전국해양과학연구회 개최(25명 참석), 국제합동해양조사에 적극 참여할 것을 결의함

- 1963년 5월 1~4일: 유네스코 해양전문가 Y. Takenouti, 한국해양자원개발사업 및 쿠로시오 국제합동조사 협의차 내한

- 1963년 10월 29~31일: 이봉래·강호진, 일본 동경, 쿠로시오국제합동조사 전문가회의 참석

- 1964년 1월 27~30일: 이승수, 일본 동경, IOC 해양과학자료교환 실무단회의

- 1964년 3월 9일-5월 30일: 유네스코 해양전문가 F. D. Ommanney 박사 부산의 국립수산진흥원에 대한 기술원조 제공차 내한

- 1964년 6월 10~19일: 전철웅·이영철, 프랑스 파리, 제3차 IOC 총회 참석

- 1965년 2월 3~6일: 신광윤, 필리핀 마닐라, 제3차 동남아지역 해양과학전문가회의 참석

- 1965년 2월 8~11일: 한희수·신광윤·함재윤, 필리핀 마닐라, 제1차 쿠로시오국제합동조사(CSK) 국제조정관회의 참석

- 1965년 3월 3일: 한국해양과학위원회 재편(위원장 최상 박사)

- 1965년 11월 2~3일: 배동환, 프랑스 파리, 제2차 CSK 국제조정관회의 참석

- 1965년 11월 3~12일: 배동환·지성구, 프랑스 파리, 제4차 IOC 총회 참석

- 1965년 12월 16~18일: 쿠로시오 조사를 위한 해양과학 심포지엄(제1차) 개최(부산 국립수산진흥원, 50여 명 참석)

- 1965년 12월 18일: 한국해양학회 발기회의, 한국해양과학위원회를 학회 창립준비위원회로 위촉

- 1966년 6월 30일~7월 2일: 쿠로시오 조사를 위한 제2차 해양과학 심포지엄 개최(부산 국립수산진흥원, 수산대학 임해연구소, 40여 명 참석)

- 1966년 7월 2일: 한국해양학회 창립총회(부산수산대학 임해연구소) 개최(회장 이병돈 박사, 부회장 최상 박사)

- 1966년 8월 18~20일: 이석우·한희수·허종수·함재윤, 일본 동경, 제3차 CSK 국제조정관회의 참석

- 1967년 6월 13~16일: 한희수·서학근, 태국 방콕, 제4차 CSK 국제조정관회의

- 1967년 8월 2~5일: 쿠로시오 조사를 위한 제3차 해양과학 심포지엄 개최(국립수산진흥원, 수대임해연구소, 70여 명 참석)

- 1967년 10월 17~28일: 이병돈, 프랑스 파리, 제5차 IOC 총회 참석

- 1968년 3월 18~21일: 한신욱·허종수, 싱가포르, 제4차 동남아지역 해양과학전문가회의 참석

- 1968년 3월 20~23일: 쿠로시오 조사를 위한 제4차 해양과학 심포지엄 개최(국립수산진흥원, 50여 명 참석)

- 1968년 4월 29일~5월 2일: 미국 호놀룰루, 제1차 CSK 국제심포지엄

- 1968년 5월 3~4일: 서영수·이창기·이석우, 미국 호놀룰루, 제5차 CSK 국제조정관회의 참석

- 1968년 9월 23~26일: 김종환·김태욱, 프랑스 파리, 제4차 IOC 국제해양자료교환 실무단회의 참석

- 1968년 12월 2~4일: 서영수·김동배, 프랑스 파리, 제1차 IOC 해양과학교육 및 훈련에 관한 실무단회의 참석

- 1969년 7월 14~16일: 쿠로시오 조사를 위한 제5차 해양과학 심포지엄 개최(국립수산진흥원, 50여 명 참석)

- 1969년 9월 2~13일: 전철웅·김동호·김형기, 프랑스 파리, 제6차 IOC 총회

- 1969년 9월 4~6일: 전철웅, 프랑스 파리, 제6차 CSK 국제조정관회의 참석

- 1970년 7월 1~4일: 쿠로시오 조사를 위한 제6차 해양과학 심포지엄 개최(국립수산진흥원)

- 1970년 9월 28일~10월 1일: 일본 동경, 제2차 CSK 국제심포지엄

- 1970년 10월 2~3일: 서영수·공영, 일본 동경, 제7차 CSK 국제조정관회의

- 1970년 11월 16~25일: 최상, 모나코, IOC 장기과학정책 및 기획 전문가회의

- 1971년 7월 12~15일: 쿠로시오 조사를 위한 제7차 해양과학 심포지엄 개최(국립수산진흥원)

- 1971년 10월 26일~11월 16일: 이병돈·김형기·권순태·이해관, 프랑스 파리, 제7차 IOC 총회 참석

- 1972년 3월 6~10일: 김기영·이창기, 필리핀 마닐라, 제8차 CSK 국제조정관회의 참석

- 1973년 5월 26~29일: 태국 방콕, 제3차 CSK 국제심포지엄

- 1973년 5월 30일~6월 1일: 이창기, 태국 방콕, 제9차 CSK 국제조정관회의

- 1973년 11월 5~17일: 이병돈·이해관, 프랑스 파리, 제8차 IOC 총회 참석

- 1975년 3월 13~17일: 허종수, 일본 동경, 제10차 CSK 국제조정관회의 참석

- 1975년 10월 22일~11월 4일: 노영찬·황남자·박용안, 프랑스 파리, 제9차 IOC 총회 참석

- 1977년 6월 27일~7월 4일: 김기영, 뉴칼레도니아 누메아, 제11차 CSK 국제조정관회의 참석

- 1979년 2월 14~17일: 일본 동경, 제4차 CSK 국제심포지엄으로 CSK사업 공식종료

- 1979년 2월 19~24일: 이병돈·김종수·김영환, 일본 동경, CSK 기능의 대체기구로 IOC/WESTPAC Workshop 및 Regional Committee 개최

:: 해수표면수온 분석으로 온난화 경향 밝히다

해양학을 연구하는 사람들은 새로운 사실을 밝히기 위해 노력하는 집단이기도 합니다. 학문은 항상 새로운 것을 찾아내는 것에 보람을 느낍니다. 해양학이라는 학문은 여러 가지 복합적인 요소가 많은 것이 특징이기는 하지만 바다표면이 지구 전체의 71%

나 되며 물이 공기보다 태양열의 저장능력이 월등히 높으므로 기후변동의 경향을 살피는 데 해수표면온도의 장기적인 분석에서 답을 찾을 가능성이 높다고 판단하고, 필자는 1965년부터 우리나라 주변의 해수표면수온의 장기적인 변동을 살펴보기 시작해서 1970~1971년에 그 결과를 발표했습니다. 1916년 7월부터 1970년 3월까지 거문도등대에서 관측한 표면수온의 월평균 자료를 가지고 장기적인 변동을 살펴보았는데 뚜렷한 경향성을 찾아내는 데는 이르지 못했고, 다만 11년 정도의 약한 주기성을 확인했습니다. 대마도 북단에 있는 미시마 등대에서 1913년 9월부터 1970년 8월까지 조사한 월평균수온 분석에서도 별다른 성과가 없었습니다. 오끼노시마 등대의 1914년 1월부터 1966년 4월까지의 월평균수온 분석에서도 마찬가지 결과가 나왔습니다. 쓰노시마 등대에서 1913년 8월부터 1963년 12월까지의 월평균수온 분석에서도 마찬가지 결과가 나왔습니다. 대한해협의 4곳에서 월평균수온 자료를 가지고 장기적인 수온변화의 경향성을 찾아보려는 노력은 1910년대에서 1960년대 자료로는 실패한 것입니다. 서해 쪽의 격열비도 등대에서 1916년 7월부터 1970년 3월까지의 월평균수온 분석도 뚜렷한 경향성을 찾아내는 데는 이르지 못했고, 다만 11년 정도의 약한 주기성을 확인했을 뿐입니다. 노력은 잔뜩 했지만 결과는 만족스럽지 못해서 더 많은 자료가 쌓이기를 기다려야만 했습니다.

그러는 중에 1961-1975년간 북위 32도에서 38도까지와 동경 124도에서 132도까지의 한반도 근해에서 겨울철인 2월과 여름철인 8월 표면수온 평균치를 1도 그리드 단위로 정리하고, 1926~1940년간 자료와 1911~1925년간 자료도 같은 방법으로 정리했는데 10개 이상의 자료 평균치로 나타내기 위해서 15년 간의 평균값을 사용했습니다. 최초의 자료구간에서는 10개 이상의 자료 평균치를 얻기 위해서 1881~1910년간의 자료가 이용되었습니다. 이들 자료의 분석결과로 2월에는 1세기에 2℃ 증가했고, 8월에는 1℃ 증가에 그쳐서 평균적으로 1.5℃ 온난화되고 있음을 밝혔습니다. 온난화 경향은 여름철보다 겨울철이 더 강하게 나타나고 있음이 주목되었습니다. 이 결과는 1979년 12월 호주에서 열린 제17회 IUGG총회에서 발표되어 지구온난화의 실증적인 결과로 잘 알려지게 되었으며, 1979년 12월의 IUGG한국위원회 학술발표논문 초록에도 19~31쪽에 실렸습니다. 1991년에는 1976~1990년간의 자료를 추가해서 분석했는데, 1979년의 결과를 더욱 뚜렷이 해주었습니다. 한반도 연안등대에서 관측하고 있는 표면수온의 월평균치를 1916년부터 2005년까지 자료로 분석한 값도 1979년의 결과를 뒷받침해주고 있는데, 1916년 7월 1일부터 현재까지 수온관측이 매일 이루어지고 있는 울진 죽변등대에서의 예를 보면 1916~1920년간 연평균수온 14.0℃, 8월수온 22.4℃, 2월수온 7.0℃, 연교차 15.4℃였는데, 2001~2005년간에는 연평균이 15.8℃, 8월이 22.3℃, 2월이 10.7℃, 연교차 11.6℃로 나타나고 있습니다. 오랫동안 조사된 수온자료가 있었기에 필자는 지구 온난화의 단서를 찾아낼 수 있었고, 특히 겨울철의 뚜렷한 온난화 경향을 어류 양식업자들에게 제공해 주게 된 것을 흐뭇하게 생각합니다. 1990년대의 어류양식업은 겨울철의 수온이 증가하는 경향을 가져야만 투자할 가치가 있는 것으로 판단되고 있었는데, 필자가 이에 대한 해답을 준 것이 되었습니다. 해양학회의 창립 50주년을 다시 한 번 축하드리며, 100주년 기념에서는 더욱 많은 업적들이 쌓여지길 기대합니다.

해양생물학자로서의 삶과
한국 해양과학자들과의 교류 경험

박태수(미국 텍사스 A&M대학교, 해양생물학 전임 명예교수)

한국해양학회의 역사적인 50주년을 맞이하여, 저는 해양생물학자로서 제가 겪은 직무상 경험, 한국 내 동료학자 및 학생들과 나눈 과학적, 사회적 교류, 그리고 한국 해양학계에 대한 견해와 논평을 공유할 수 있게 되어 영광입니다.

:: 대학에서 수산생물학을 선택하기까지

저는 1929년에 바다로부터 멀리 떨어진 내륙지방에서 농부의 아들로 태어난 뒤 촌동네 소년으로 자라다가 바다를 처음 본 것은 13세 무렵이었습니다. 그럼에도 바다에 대한 본격적인 관심은 1948년에 부산수산대학(부경대의 전신)에 입학하면서 수산학에 대한 지적 탐험에서부터였습니다. 당시 저를 공업고등학교에서 기계공학을 공부하던 학생으로 알고 있던 많은 지인들은 제 삶이 이렇게 갑자기 변한 것을 두고 매우 의아하게 여기기도 했습니다. 제가 이런 결정을 내린 데는 가깝게 알았던 부산수산대학교 학생들의 영향이 컸고, 제가 선택한 수산생물학은 알고 보니 흥미로우면서도 난해한 학문이었습니다. 하지만 대학 3학년 무렵, 한국전쟁이 발발하여 학업을 거의 1년 동안 할 수 없었습니다.

:: 플랑크톤의 세계를 처음 엿보다

1951년 봄, 부산 영도에 설립된 임시 캠퍼스에서 수업이 재개되면서 캠퍼스 바로 옆에 위치한 수산시험장(국립수산과학원의 전신) 소속 해양조사과에서 플랑크톤 샘플에 대한 연구 기회가 주어졌습니다. 난생처음 현미경을 통해 플랑크톤을 살펴보면서, 저는 저뿐만 아니라 수산대학이나 수산시험장 소속의 과학자들도 식별할 수 없을 정도로 수많은 종류의 요각류가 있다는 것을 알고 압도되었습니다. 그때 제가 깨달은 것은 플랑크톤, 그중에서도 특히 동물플랑크톤의 주 구성원인 요각류에 대해 연구한다면 무엇보다 먼저 각각의 종을 어떻게 식별해야 하는지부터 익혀야 한다는 점이었습니다. 일단 저는 플랑크톤 연구 초기단계에서는 문헌상으로 예시가 잘된 상태여서 상대적으로 식별이 수월한 규조류에 초점을 맞췄습니다. 이러한 초기 연구는 부산과 여수 연안을 오가며 조업하던 연락선에서 수집한 샘플들 덕분에 가능했습니다.

:: 요각류 연구에 발을 들이다

저는 1958~1959년도 ICA(미 국제협력국) 특별연구원의 자격으로 하와이대학교 캠퍼스에 있는 Pacific Ocean Fisheries Investigation of the U.S. Fish and Wildlife Service에서 공부할 기회가 있었습니다. 이때 워싱턴대학교에서 동물학을 가르치던 Paul Illg 교수님을 뵙게 되었습니다. 교수님께선 당시 하와이대학에서 안식년을 보내시고 계셨는데, 바로 이때 제게 메틸 블루로 염색하고 젖산에 담가 표본을 해부하는 방법을 가르쳐 주셨습니다. 그 방법은 매우 간단했지만 요각류 플랑크톤과 같은 작은 갑각류를 연구하는 데는 놀라울 정도로 효과적이었습니다. 이를 통해 식별하기로 한 견본의 분류학상으로 중요한 형태적 특징을 세부적으로 관찰할 수 있었습니다. 저는 한 걸음 더 나아가 이때 새롭게 배운 방법으로 북태평양 중부에서 부유성 Calanoid 요각류를 연구했습니다. 해당 연구는 저의 요각류 플랑크톤 관련 작업 중 처녀작이었으며, 약 10년 뒤인 1968년 *Fishery Bulletin*에 게재되었습니다.

:: 대학원 공부를 위해 학교로 돌아오다

저는 제 자신의 학문적 훈련이 많이 부족하다는 것을 깨닫게 되자 6년차에 접어들던 모교에서의 강의직을 그만두고 1960년에 다시 31세의 나이로 학교로 돌아왔습니다. 다행히 워싱턴대학의 동물학과에 대학원생으로 입학할 수 있었습니다. 저의 전공 교수님은 지난 1958년 하와이에서 젖산을 활용한 요각류 연구 방법을 가르쳐주셨던 바로 그 Paul Illg 교수님이셨습니다. 당시 제가 오랜 공백기를 깨고 돌아온 학생으로서 다시 공부해야 했던 과목들은 학위 자격을 갖추기 위한 종합시험에서 필수과목으로 채택된 과목들이었습니다. 예를 들면 비교해부학, 발생생물학, 유전학, 생리학, 무척추동물학 등입니다. 이러한 공부는 나중에 유용하다는 것이 증명되었지만, 당시로썬 익히기가 결코 쉽지 않았습니다. 워싱턴대학교에서 수강한 과목 중에서도 여름학기에 Friday Harbor 연구실에서 실물 샘플과 함께 제공했던 과목들이 매우 유익했습니다. Friday Harbor에서 들었던 수업들 중 무엇보다 인기 있었던 과목은 해양무척추동물학, 비교해양무척추발생학, 해양무척추생리학, 동물플랑크톤, 식물플랑크톤 등입니다. 제 박사학위 논문은 Calanoid 요각류의 생물학에 관한 것으로서, 연구소 주변의 바다에서 연중 내내 쉽게 찾을 수 있는 생물입니다. 해당 논문은 1966년에 벨기에의 *La Cellule*에 게재되었습니다.

:: 새내기 박사로 학문 커리어를 시작하다

5년이 걸린 동물학 분야에서의 박사 작업을 끝낸 뒤, 저는 1965년에 메릴랜드대학의 천연자원학과에서 연구 조교수직을 맡게 되었습니다. 메릴랜드대학교에 재직하던 중 저는 제 박사과정 논문 발표와 관련하여 우즈홀 해양연구소(Woods Hole Oceanographic Institution)에서 주최한 세미나에 초대받기도 했습니다. 그리고 세미나가 끝난 당일 생물학 부서의 연구과학자 직을 제안 받았습니다. 더 좋은 자리를 위해 기존의 일을 그만두는 것이 윤리적일 수 없다는 점을 알았지만 좀 더 나은 경험을 쌓겠다는 야망에서 수락했습니다. 당시 저의 궁극적인 목표는 한국에서 직장을 구하는 것이었는데, 1960년대 당시로썬 한국으로 보낸 구직 요청 메일에 답신이 하나도 없어 한국에서 직장을 구할 수 없다는 위기감이 들었기 때문입니다. 그럼에도 불구하고 당시 욕심만 앞세워 내린 저의 결정을 나중에 크게 후회하곤 했습니다.

:: 주요 요각류 연구

Woods Hole에서의 첫 연구는 카리브해와 멕시코만에서 해수면과 수심 3000m 사이 다양한 깊이에 걸쳐 플랑크톤네트로 채집한 샘플에서 발견한 Calanoid 요각류에 대한 분류학적 연구였습니다. 해당 연구에서 발견한 178개 종 중 28개 종이 과학계에서 새롭게 발견된 것으로 밝혀졌으며, 58개 종은 해당 연구분야에서 기록이 없었던 종이었습니다. 해당 연구를 계기로 부유성 Calanoid에 대한 연구가 충분히 이뤄지지 않았음이 자명해졌기 때문에 저는 여기에 자극 받아 더욱더 열심히 Calanoid를 연구하게 되었습니다.

다음 연구를 계획하면서 미(美) 남극연구 프로그램을 통해 수집되고, 워싱턴 DC 소재 스미스소니언 해양생물분류센터(Smithsonian Oceanographic Sorting Center)에서 이용 가능한 다량의 중층트롤수집 샘플의 존재가 있다는 것을 알게 되었습니다. 이러한 샘플을 이용한 저의 연구 프로젝트 제안서는 NSF 남극연구 프로그램으로 승인되었습니다. 도달하는 깊이(해양 바닥까지 이르는 다양한 깊이)와 수집되는 샘플의 수, 활용되는 기어의 크기(10″ 중층트롤) 등을 고려해봤을 때 남극연구 프로그램의 컬렉션은 부유생물 유기체의 분류, 분포 연구에서 유례없이 큰 가치를 지니고 있었습니다. 우즈홀 해양연구소에서의 재직 2년차이던 시점에 시작된 해당 프로젝트는 제가 1969년에 텍사스 A&M대학교에서의 교수직을 수락할 때 함께 이관되었습니다. 제 연구는 성공적인 결과를 낳았으며 7개의 모노그래프에 게재되었습니다. 일부 연구 성과는 저의 다른 논문에 합쳐서 다루기도 했습니다.

저는 텍사스대학으로 옮긴 이후 남극연구 프로젝트와는 별개로 멕시코만 및 카리브해에서 서식하는 동물플랑크톤 연구를 시작했습니다. 본 연구도 NSF의 지원을 받았으며, 해당 지역의 다양한 수심에서 봉 네트와 2미터 플랑크톤 네트로 다수의 샘플을 확보했습니다. 우즈홀 해양연구소에서 했던 연구의 후속 연구였으며, 다수의 새로운 발견들은 몇몇 학술지에 발간되기도 했습니다.

남극 및 멕시코만-카리브해 연구를 통해 제가 발견한 희귀종의 상당수는 조사 지역을 넘어서는 분포범위를 갖고 있는 것으로 보였습니다. 그들의 분류와 분포를 더 잘 이해하기 위해 조사 지역을 확장할 필요가 있었습니다. 저는 1991년에 NSF로부터 전 세계의 심해 부유성 Calanoid 요각류를 연구할 수 있도록 상시 인가를 받게 되었고, 방문 학자(2년차 연구조교수)의 자격으로 캘리포니아 La Jolla에 있는 스크립스 해양연구소(Scripps Institution of Oceanography)로 옮겼습니다. 해당기관은 미국 최대의 무척추동물 플랑크톤 컬렉션이 있는 곳이었습니다. 저는 전 세계 바다 중에서 지역을 선별하여 채집한 중층트롤 샘플을 주로 사용하였습니다. 해당 연구의 첫 발간물은 전 세계의 Calanoid 요각류과 Euchaetidae의 분류와 분포를 포괄적으로 다루는 모노그래프였습니다. 두 번째는 Calanoid 요각류과 Heterorhabditidae를 다룬 것입니다. 각각 1995년과 2000년에 *Bulletin of Scripps Institution of Oceanography*에 게재되었습니다. 이러한 연구들은 심해 Calanoid에 대해 이뤄진 세계적이고 광범위한 연구의 첫걸음이었습니다.

:: 부유성 Calanoid 요각류 연구의 주요 시사점

"The biology of a calanoid copepod, *Epilabidocera amphitrites*" 라는 제목의 제 박사논문은 Calanoid 요각류에 대해 행해진 포괄적인 연구작업의 길잡이였습니다. Calanoid 요각류 내부의 해부학적 구조를 다루고 있을 뿐 아니라 근골격계, 소화계, 순환계, 배설계, 생식계, 감각계, 신경계를 포함한 모든 장기 체계의 형태를 다루고 있습니다. 당시 새로 도입되어, 전자현미경 관찰에서 널리 쓰이는 에폭시 포매(Epoxy Embedding) 기술 덕분에 이러한 모든 장기 체계에 대한 세부적인 구조 관찰이 가능했습니다.

부유성 요각류에 대한 분류학적 연구 전체를 통틀어 저는 총 109개의 새로운 종과 1개의 새로운 속을 명명하였고, 86개 속 및 462개 종의 Calanoid 요각류를 새롭게 정리했습니다. 이들 중 상당수는 정확한 동정을 위해 설명을 추가하거나 개정해야 할 필요가 있는 것들이었습니다. 연구된 종들의 분포는 발생일자에 따라 새롭게 수정되었습니다. 저의 이러한 분류학, 분포학적 연구 중 일부는 부유성 Calanoid 요각류의 생물지리학, 종 분화 및 진화론적 관점에서 중대한 의미를 가진 것으로 드러났습니다. 좀 더 자세히 설명하면 다음과 같습니다.

파나마 지협은 4백만 년 전에 형성되어 카리브해와 태평양 사이에 있던 개방된 해역을 가로막은 것으로 알려져 있습니다. 제 연구를 통해 지협의 양측에서 발견된 요각류 종들은 놀라울 정도로 닮았기에 과거에는 생물들의 자유로운 유입을 가능케 했던 개방된 해역이 있었다는 주장을 지지해주는 근거가 됩니다. 한편, 태평양 및 카리브해-멕시코만에서 발견되지만 대서양에서는 발견되지 않는 다량의 심해서식 종이 있습니다. 그러므로 파나마 지협 개방 해역의 수심은 특정 태평양 심해 종이 카리브해로 유입될 수 있을 만큼 깊었던 것으로 보입니다. 그러나 이 종들은 대서양을 카리브해로부터 구분 짓는, 상대적으로 높은 해저언덕 때문에 대서양으로는 빠져나가지 못했습니다.

Paraeuchaeta tonsa 종 무리는 3개의 유사종으로 구성됩니다(*Tuberculate, Tonsa, Pseudotonsa*). 저의 연구에 따르면 이 유사종들은 태평양과 인도양에서는 위도에 따른 이역성(異域性) 분포를 갖습니다. 즉, *Tuberculata*가 북반구 고위도, *Tonsa*가 중위도, *Pseudotonsa*가 남반구 고위도에 있습니다. 그러나 대서양에서는 남반구 인도-태평양 분포종인 *Pseudotonsa*만이 발견되었으며, 대서양 전체에 걸쳐 발견되었습니다. 이는 대륙의 이동과 형성 간에 인도-태평양 분포종(*Pseudotonsa*)이 대서양으로 유입되었고, 경쟁이 없는 틈을 타 해양 전체로 확장해서 분포하게 되었음을 보여주는 예시입니다. 남극 분포종의 상당수는 남극해 근처가 아닌 저위도의 난수성 해양에 서식하는 빈영양성, 범세계종과 가장 가까운 유사종 관계인 것으로 밝혀졌습니다. 마찬가지로 북극 분포종의 상당수도 저위도 분포종과 유사종입니다. 이들 역시 빈영양성, 범세계종입니다. 이러한 발견을 통해 남극과 북극 분포종의 분화를 설명하는 가설을 세울 수 있습니다. 즉, 극지방의 부영양성 종들은 난수성 해양의 빈영양성, 범세계종으로부터 진화하여 극지방의 부영양성 해양에 적응했다는 설명입니다. 게다가 일부 남극 분포종의 경우 북극에 자

매종 또는 상대종이 있으며, 몇몇의 경우에는 이 둘이 너무나도 유사한 나머지 과거에는 양극성 종의 형태로, 본질적으로 같은 종인 것으로 취급한 바 있습니다. 요약하자면, 이러한 모든 발견사항을 종합했을 때 극지방의 부영양성 종은 난수성 해양의 빈영양성, 범세계종을 선조 격으로 두고 진화했다는 가설을 세울 수 있습니다. 어떤 경우에는 이러한 조상종이 북극이나 남극 바다에 적응하는 신종을 낳아, 빈영양성 난수종과, 부영양성 냉수종이라는 유사종 쌍을 형성합니다. 또 다른 경우에는 조상종이 두 개의 종으로 분화되어 각자 부영양성으로 진화한 뒤, 서로 반대편 극으로 이동합니다. 이러한 형태의 분화로 인해 플랑크톤 분포에 극성이 생긴 것으로 보이며, 이는 1987년 서울에서 열린 제16차 Pacific Science Congress에서 제가 최초로 발표한 주제이기도 합니다.

저의 범세계적 연구 결과에 따르면, 심해서식 Calanoid의 분포는 상대적으로 균일한 물리적 환경에 의해서만 좌우되는 것이 아니라, 먹이 소요의 정도에 따라 주로 결정되는 것으로 밝혀졌습니다. 제 연구에서 범세계종은 제한된 먹이 공급을 가진 세계 어느 바다에서도 살 수 있는 빈영양성이었습니다. 반면 부영양성 종의 분포는 먹이 공급이 풍부한 대서양, 아메리카 서부연안 등 다수의 심해서식 고유종이 발견될 수 있는 바다로 한정되었습니다.

:: 커리어를 마무리하다

스크립스 해양연구소에서 10년간의 심해 요각류 연구를 뒤로하고, 저는 2000년에 71세의 나이로 퇴직하였습니다. 1952년부터 2000년까지 48년간에 걸친 해양생물학자로서의 커리어에 종지부를 찍은 것입니다. 부유성 요각류의 분포, 생물지질학, 진화에 관한 저의 중대 발견의 상당수는 1993년 볼티모어에서 열린 제5차 International Conference on Copepoda, 또는 2007년 워싱턴 소재 Smithsonian Institution에서 열린 Symposium for the International Polar Year에서 작지만 일부 다룬 바 있습니다.

:: 한국인 동료학자, 친구와의 교류

저는 조국과 항상 연결될 수 있도록 기꺼이 도와줬던 친구와 동료학자를 두어서 참 행운이었습니다. 저는 그들의 도움 덕택에 한국을 여러 번 방문하여 다양한 개인적, 직업적 이슈에 대해 해양학자, 학생들과 교류할 기회를 가졌습니다. 매번 방문할 때마다 보람 있고 기억에 남는 경험을 했습니다. 그중에서도 기억에 깊이 남아 있는 경험을 떠올리면 다음과 같은 일화입니다.

저는 1980년 초여름에 과학기술부의 재정적 도움으로 한국 해양학계의 연구 및 고등교육 활동을 관찰할 기회를 가졌습니다. 다양한 동료학자들과 교육 및 연구기관을 방문한 뒤 과기부의 요청에 따라 "한국의 해양과학 현황과 전망(The current status and the perspectives of ocean science in Korea)"이라는 제목의 보고서를 제출하였습니다. 그 보고서의 주된 제안사항은 해양과학센터를 설립하여 주요 해양, 수산 연구기관과 대학원 과정을 한 곳에 모아 지식의 교류를 촉진하고, 시설과 장비를 공유하여 혜택을 극대화하며, 해양 공동체가 효율적으로 작동할 만큼 덩치를 키우자는 것이었습니다. 그 당시 한국해양연구원과 수산연구개발청이 모두 새로운 확장 부지를 물색하던 시기였습니다. 저는 또한 선진국을 방문하여 그들의 성공과 실패 사례를 배우고 해양과학에 대해 들이는 노력을 엿볼 기회를 가질 필요가 있음을 역설하였습니다. 미국의 경우 일부 단체들은 전략적으로 잘 설립되어 성공을 거둔 반면, 그렇지 못한 기관들도 있습니다. 예를 들어 매사추세츠 주의 우즈홀은 해양과학의 중심지로 세계에서 가장 잘 알려진 곳입니다. 우즈홀 생물학 실험실을 산하에 둔 우즈홀 해양연구소는 Northeast Fisheries Science Center와 함께 대서양 연안의 케이프 코드에 있는 작은 마을에 위치하여 도서관, 컴퓨팅 능력, 연구 장비품목, 보트, 대형 연구용 선박, 계류 설비 등 값비싼 시설과 장비들을 공유하는 방식으로 긴밀하게 협력하고 있습니다. 이보다 더 중요한 것은 개인적 소통, 세미나, 워크숍 등을 통해 이뤄지는 정보의 교환입니다. 저는 한국 해양과학 공동체에 우즈홀 과학 공동체를 개발의 롤 모델로 삼을 것을 강력하게 촉구해왔습니다.

또 다른 보람찬 경험으로는 1984년 가을부터 1985년 봄까지 1년간 풀브라이트 학자의 자격으로 안식년 휴가에 부산수산대에서 가을학기를 보내고 서울대에서 봄학기를 보낸 것입니다. 당시 해양 부유생물 유기체의 분류학 및 생태학에 관한 제 강의에서 핵심이라 할 수 있는 직접 실험을 하기 위한 시설의 부재로 만족스러운 강의였다고 말하긴 어려웠습니다. 그러나 '논문작성법'에 대한 강의는 매우 성공적이었습니다. 제가 한국에서 사용한 *Scientific writing for graduate students*(대학원생을 위한 과학적 글쓰기)라는 교재는 텍사스 A&M대학에서 기존에 쓰던 것과 같은 책이었습니다. 이 책은 복사되어 한국 학생들에게 널리 배포되었습니다(한국은 당시 저작권법이 엄격하게 시행되지 않았습니다). 저는 강의를 통해 효과적인 글쓰기와 발표능력의 중요성을 강조했습니다. 이는 노력하면 달성할 수 있는 기술입니다. 또 좋은 논문을 쓰기 위해서는 자신이 쓰고자 하는 사실에 대한 명확한 이해가 중요합니다. 자신이 던진 질문이라든지, 적용한 방법, 산출된 결과, 그 결과의 의미 같은 것들 말입니다. 바꿔 말하자면, 글쓰기 기술과 쓰고자 하는 주제에 대한 지식 둘 다 똑같이 중요하다 하겠습니다. 그래서 연구를 시작하면서 글쓰기도 같이 하는 편이 연구 진행에 따라 연구도, 글쓰기 실력도 점진적으로 쉽게 향상시킬 수 있으므로 좋습니다.

저는 한국 대학의 교수진과 의견을 나눌 기회가 많았는데, 그때 자주 나왔던 질문들은 미국 교육 및 연구기관에서의 제 경험에 관한 것이었습니다. 저는 이에 답변하면서 미국에서 교수진의 주된 의무라고 여겨지는 것들에 대해 이야기하곤 했습니다. 그중 몇 가지만 나열하면 다음과 같습니다.

1) 자기발전
주어진 업무를 수행하기 위한 지식과 기술을 갖춰야 한다는 것입니다.

2) 전체적인 교수진 향상을 통해 더 나은 생산성을 가진 효과적인 팀으로 거듭나기
현명한 선발, 상호간의 장려와 동기부여, 임금 인상과 승진에서의 공정한 평가 등

을 통해 달성됩니다.

3) 지도 및 연구

학생들과 이야기할 기회가 있을 때마다, 저는 학생들에게 단지 학위를 따러 학교에 오지 말고, 삶을 살기 위한 지식과 기술을 갖춘 책임 있는 지성인이 되기 위해, 또 창의적인 작업이나 취업시장에서의 성공을 위한 준비를 하기 위해 오라고 주문하곤 했습니다. 제가 학창시절에 가졌던 최악의 착각은 학위를 교육의 최종 목표로 생각했던 것입니다. 그래서 가장 빠르고 쉬운 방법으로 학위를 따는 데 몰두했습니다. 치열한 경쟁이 벌어질 취업시장에서 더 성공하기 위한 지식과 기술을 습득하는 데 진지한 노력을 기울이지 못한 채로 말입니다.

저는 종종 한국의 학술기관 또는 연구기관으로부터 세미나에 초청받고, 그럴 때마다 항상 기쁜 마음으로 수락합니다. 그러나 미국에서 일반적인 세미나의 연사들에게 주어지는 것에 비해 과도하게 책정된 연사 강의료를 볼 때마다 놀라곤 합니다. 반면에 청중의 규모가 제가 기대했던 것에 비해 너무 적고, 거의 모든 청중들이 외부인 하나 없이 같은 부서의 사람들로만 가득했던 것이 실망스러웠습니다. 이는 연사에게 동기부여가 되지 않습니다. 한 번은 위와 비슷한 상황이 있었는데, 세미나가 끝난 후에 누군가 와서 청중이 평소보다 적어 죄송스럽다는 듯이 말했습니다. 그러나 제가 묻고 싶은 타당한 질문은 오히려 충분한 사람들이 오지도 않을 상황이면 왜 연사 강의료를 그리도 높게 책정했으며, 왜 타 대학에 알리는 등의 추가적인 홍보 노력을 하지 않았냐는 것입니다. 이게 한국과 미국의 가장 대조되는 면이 아닌가 싶습니다. 제 경험상 미국에서의 세미나는 보통 많은 사람들이 참석합니다. 우즈홀 해양연구소와 같은 많은 연구기관들은 점심시간에 간이 세미나를 거의 매일 엽니다. 미국 사람들은 자신의 연구에 대한 유용한 단서를 얻기 위해, 혹은 세미나를 통해 동기나 영감을 얻기 위해 다른 사람들이 이룬 연구결과를 듣고자 합니다. 학자들은 비판이나 논평을 받기 위해 자신의 작업을 동료들에게 공유하는 것을 좋아합니다. 그렇게 하지 않으면 자신이 범하고 있는 실수를 알아채기 어렵기 때문입니다. 동료의 평가가 부서 내 승진이나 임금 인상에서 큰 역할을 차지하기 때문에, 동료가 한 작업에 대해 아는 것은 공정한 평가를 위해서도 필수적입니다.

미국 내 대학의 교수진 중 한 사람으로서, 저는 한국대학에서의 교수법과 관련된 체계나 정책에 자연스레 호기심을 갖게 되었습니다. 제가 한국에서 방문한 대학 중 일부에서는 60년 전에 제가 대학을 다니던 시절에나 적용하던 방식으로 학생들을 가르치고 있었습니다. 동일 학과 내 모든 학생들이 졸업을 위해 거의 똑같은 교육과정을 거쳐야 하는 식으로 말입니다. 학생들이 본인의 관심사, 목표, 재능, 선호 등에 기반하여 고를 수 있는 선택지가 많지 않았습니다. 게다가 대부분의 학생들은 자신의 전공 외의 수업들을 거의 듣지 않는 것처럼 보였습니다. 이는 대학의 목적에 정면으로 반하는 것입니다. 다양한 분야의 전문성을 통합하여 풍성한 지식의 보고가 되는 것이 대학의 역할이며, 학생들이 대학을 찾는 이유입니다. 모든 학생들이 졸업하기 위해 자신의 학과에서 정해주는 과목들만 들어야 한다면, 왜 굳이 많은 학과를 하나의 캠퍼스에 모아놔야 합니까? 요즘 같은 시대에는 학생들이 극심한 경쟁사회에서 부딪치는 난관을 헤쳐나갈 수 있도록 자신만의 방식으로 전문성을 쌓아야 합니다. 그리고 학생들이 스스로 학습하도록 장려해야 합니다. 즉, 학생들이 스스로 질문을 던지고, 본인이 선택한 과목에서 얻은 지식에 기반하여 스스로 대답할 수 있도록 장려해야 합니다. 이것이 학생들을 독립적이고 창의적인 인재로 키워내는 방법일 것입니다.

인적자원을 효과적으로 관리하는 것은 권한을 지닌 관리자 또는 정부당국의 책임입니다. 그러나 적어도 제가 제기한 문제에 있어서는 관리를 받는 사람들의 역할도 그에 못지않게 중요합니다. 아마도 한국은 인구당 해양과학자의 비율이 가장 높은 나라 중 하나일 것입니다. 모든 사람들이 이런 막대한 전문자원을 어떻게 효과적으로 사용할지에 대한 질문을 염두에 둬야 합니다. 제가 해양학의 학부 및 대학원 프로그램을 위한 교육기관이 얼마나 많은지 알게 되었을 때, 저는 어떻게 이들이 실질적인 경쟁력을 갖출 수 있을지 다소 의문스러웠습니다. 제 생각으로는 이 교육기관들은 정부지원을 받기 위해 하나의 목소리를 내도록 조직되어야 하며, 매년 취업을 목표로 대학을 졸업하는 학생들과 교수진을 돕기 위한 방향으로 프로그램을 조정해야 합니다. 저는 한국수산학회의 연례회의에서 비슷한 주제로 이야기한 바 있으며, '수산대학협회'의 설립을 제안하였습니다. 해양학회에 대해서도 비슷한 제안을 해볼 수 있겠습니다.

학생들과 직원들이 고도의 생산성을 갖추도록 하는 것은 어려운 일입니다. 이러한 과업은 인류가 지닌 유전적 다양성의 관점으로 이뤄내야 합니다. 사람들은 각자 자신만의 방식으로 발전시킬 수 있는 고유의 자질과 성격이 있습니다. 사람들은 자신만의 방식으로 일하도록 격려받을 때 창의적 작업에 대한 생산성을 극대화시킬 수 있습니다. 각자 자신에게 꼭 맞는 자리를 찾을 수 있도록 허락해야 하고, 그들의 성과는 생산성에 근거하여 평가되어야 합니다. 사람들은 자신의 페이스로 자기가 원하는 일을 하고, 성취한 결과물에 따라 보상받을 때 행복합니다. 이러한 체계를 의도한 대로 작동하게 하려면 공정한 평가체계가 있어야 합니다. 이 평가체계의 성공은 관련된 사람들이 상호평가에 모두 참여토록 하고 공정성을 확보하는 데 달려 있습니다. 제가 방문한 다양한 학부들의 경우 그들이 채택한 평가체계의 효율성에 따라 학부 자체의 성공 정도를 어느 정도 예측할 수 있었습니다. 미국에서는 많은 학부들이 인사정책의 일부로 직원평가제도를 채택하고 있습니다. 이는 NSF에서 연구제안서를 평가할 때 채택하는 제도와 비슷합니다.

정부지원, 인적자원, 산업전망, 사람들의 열정을 보았을 때 한국해양학회의 미래는 밝습니다. 정부, 산업계, 학계, 그리고 한국의 해양학자들이 노력을 한데 모아 긴밀하고 효율적인 해양과학 공동체의 개발과 관리라는 국가적 과업을 이뤄냄으로써, 모두가 자신의 전문영역에서 커다란 보람과 만족을 누리기를 기원합니다.

—

이 부분은 영문으로 작성한 박태수 박사님의 글을 번역한 것입니다.

4부

–

한국해양학회의
미래 비전

한국해양학회 창립 50주년 기념
'한국해양학회, 미래와 발전을 위한 대담'

◆ 주관: (사)한국해양학회 ◆ 일시: 2016년 9월 8일(목) ◆ 장소: 한국해양과학기술원

대담자
김웅서 (한국해양학회장, 한국해양과학기술원 책임연구원)
최중기 (50년사 편찬위원장, 제20대 학회장, 인하대 명예교수)
최영호 (50년사 편집위원장, 해사 명예교수)
변상경 (한국해양학회 제21대 회장, IOC 전 의장)
서영상 (국립수산과학원 기후과장, 전 부회장)
이기택 (부회장, 포스텍 교수)
김영옥 (홍보이사, 한국해양과학기술원 책임연구원)
신경훈 (학술이사, 한양대 교수)
이호진 (학술이사, 한국해양대 교수)
강성길 (재무이사, 선박해양플랜트연구소 책임연구원)
주세종 (총무이사, 한국해양과학기술원 책임연구원)

김웅서 : 여러분 반갑습니다. 전국에서 오시느라 모두 고생 많으셨습니다. 먼저 오늘 모임의 취지를 말씀드리겠습니다. 올해는 '한국해양학회 창립 50주년'을 맞이하는 뜻 깊은 해입니다. 학회 창립 50주년 행사를 2012여수세계박람회가 개최된 여수에서 열릴 '추계 학술회의' 때 갖기로 했습니다. 또한 '한국해양학회 창립 50년사' 편찬을 진행하고 있습니다. 학회가 숨 가쁘게 달려온 지난 '50년' 간의 역사도 중요하지만, 앞으로 가야 할 미래도 소중합니다. 따라서 50년 후 우리 학회의 미래상을 생각하고, 발전 방향에 대해서도 다각도로 얘기해 보는 자리를 가져보자는 취지에서 오늘 모임을 준비했습니다. 오늘 사회는 최중기 명예교수님께서 해주시겠습니다.

최중기 : 김 회장께서도 말씀하셨듯이, 우리 학회가 이제 창립 50년사를 통해 과거에 대한 정리는 어느 정도 할 수 있는데, 미래에 대해서는 좀 더 토론이 필요하다는 얘기를 하셨습니다. 저 역시 같은 생각입니다. 우리 학회는 현재 회원이 대략 2,000명인 학회가 되었습니다. 또 학술대회에서 발표된 논문 편수도 초기에는 고작 10편 미만이다가 지금은 거의 300편 이상 발표되고 있습니다. 이는 우리 학회가 양적으로 상당히 성장했다는 것을 의미하는 동시에 질적인 성장도 이룩했다고 할 수 있습니다. 그럼에도 불구하고 아직 우리에겐 여러 가지 취약점도 있습니다. 예를 들면, 우리 학회가 독자적인 공간을 확보하지 못했다는 점입니다. 때문에 초기에는 유네스코 한국위원회로부터 지원 받았고, 이후에는 서울대학교, 그리고 지금은 KIMST에서 지원해주는 공간을 학회사무실로 사용하고 있는 형편입니다. 재정 면에서도 아쉬움이 많습니다. 적어도 50년이 된 학회라면 재정적으로 안정되어야 하는데, 아직도 상당히 열악합니다. 지금으로써는 우리가 이런 부분들에 대해서도 깊이 반성 겸 검토를 해볼 시기라 생각합니다. 다만, 오늘 대담의 주제가 학회의 미래와 발전을 위한 데 있으니, 과거에 있었던 부족한 부분에 대한 말씀도 서슴없이 해주시고, 향후 50년을 내다보면서 말씀해주시면 좋을 것 같습니다. 지금 학회지 부분과 관련해서는 오늘 이 자리에 편집위원장을 맡으셨던 분들이 나오셔야 하는데 그렇지 못한 점이 좀 아쉽습니다만, 그래도 2014년에 *OSJ*가 SCI-E로 등재된 바 있지요. 학회지에 대한 기대 부분에 대해서도 말씀해주셨으면 합니다. 먼저 IOC 의장을 지내신 변상경 박사님께서 지난 해양학회 발전 과정을 IOC 의장의 입장에서 어떻게 보셨는지 말씀해주시기 바랍니다.

변상경 : 예전과 비교해 보면 학회가 달라진 점이 많습니다. 1980년대까지는 학회

가 내부적으로 잘 단합되었는데, 1990년대 들어와서는 논문을 주로 외국에서 발표하고, 논문도 우리 학회지가 아닌 다른 곳에서 발표하다 보니, 해양학회라는 게 과연 우리 회원들한테 얼마나 가슴에 와 닿는 것일까 하는 생각이 들더군요. 조금 전 최중기 교수님이 말씀처럼, 학회지가 SCI-E가 되면서 좋은 징조가 되는 느낌이 듭니다. 초창기 학회는 서로 안부도 전하고 학술적인 의견도 교환하는 사교의 장으로 역할도 했었습니다. 그런데 시간이 지나면서 그런 분위기가 사라져 버렸어요. 새로운 회원들이 들어오고, 기존에 있었던 회원들은 우리들처럼 원로가 되어버렸고, 앞에 계셨던 분들 중엔 돌아가신 분들도 계시고, 그래서 서로간의 유대관계가 끊긴 느낌을 많이 받았습니다. 바라건대, 이번 50주년 학회를 통해서 다시 복원되는 모습을 보여줬으면 하는 바람입니다. 또한 주변 나라 전문가들과 교류해야만 학회가 제대로 발전될 수 있습니다. 요즘 중국해양학회가 빠르게 발전하는 것을 볼 수 있습니다. 동남아 지역도 마찬가지지요. 요즘 동남아시아에서 발표되는 논문을 보면 우리나라 수준에 거의 도달했다는 느낌입니다. 그들과 교류하면서 우리의 활동무대를 넓혀야 합니다. 옛날에 하던 대로 일본하고만 긴밀한 관계를 가지려고 하는데, 여기서 탈피해서 중국이나 동남아시아 등으로 넓혀야 합니다. 국제적으로 나아가는 것이 옳은 방향이 아닐까 하는 생각이 듭니다.

최중기 : 변상경 의장께서 두 가지 중요한 부분을 말씀해주셨습니다. 하나는 우리 학회 회원 간에 회복해야 할 상호친목에 대한 것이고, 다른 하나는 학회의 국제화에 대한 강조입니다. 우리가 발간하는 *OSJ*를 보면 해외에서도 많이 투고하고 있습니다. 바로 그것을 계기로 해서 좀 더 국제화하는 것을 학회도 고심해 봐야 할 듯합니다. 한국해양과학기술원 김영옥 박사님께서 옛날 분

위기와 지금 분위기가 어떠한지 말씀해주시지요.

김영옥 : 조금 전 변상경 박사님께서 말씀하신 것과 제 생각도 같습니다. 옛날에는
진짜 좋았죠. 학회 참석하면 그것 자체가 하나의 친목이었어요. 변 박사님
도 바로 그것을 생각하셨을 것 같은데, 그런데 요즘은 다릅니다. 학생들이
원로 선생님들과 마주쳐도 누구신지 잘 모를 거예요. 이런 부분은 단편적인
예이지만, 우리 학회가 뭔지 모르게 흩어져 있다는 인상을 주고 있지요. 최
근 원로 분들과 정년퇴직하신 분들 가운데는 아직도 학술적인 열정을 갖고
계신 분들이 많은데, 이런 분들의 역량과 지혜를 젊은 회원들한테 전달해주
는 것이 중요해 보입니다. 우리 학회가 만남의 장을 마련했으면 합니다. 학
회 세션이 너무 아카데믹한 것만 발표하는 게 아니라, 이런 만남의 장도 필
요하다고 생각합니다.

최중기 : 그렇게 된 원인 중 하나로 아마 회원 수의 증가도 빼놓을 수 없겠지요. 과거
에는 100명에서 200명 이하였고, 지금은 거의 2,000명에 육박하니까요. 그
런 문제를 어느 정도 해결하기 위해 1994년경부터 공식적으로 분과회를 구
성하고 분과모임을 권장하곤 했습니다. 분과회 모임이 잘되는 경우도 있고,
잘 안 되는 경우도 있지만 지금까지 꾸준히 분과회 모임이 있는 것으로 알
고 있습니다. 분과회 모임에 대해서 들려주실 분이 없을까요? 마침 오늘 화
학분야 학술이사이신 신경훈 교수님이 오셨으니 한 번 들어보겠습니다. 어
떻습니까, 해양화학분과회나 해양물리분과회의 경우는 비교적 활발하다던
데요.

신경훈 : 제가 분과위원장을 맡고 있지만, 사실 올해는 아직 한 번도 개최하지 못해

서 말씀드리기가 그렇습니다. 화학분과회 모임은 최근 비교적 활발한 편입니다. 최소한 연 1회, 어떤 해는 두 번 정도 개최하곤 했습니다. 마침 어저께 제가 자료를 받았는데, 분과 모임 자료를 모아서 주셨더라고요. 그걸 좀 정리해서 50년사 편찬위원회에 드리려고 합니다. 일단 주제별로 나눠서 분과회 모임을 개최한 적도 있고, 최근 박사학위를 취득한 젊은 연구자를 소개하는 자리, 또 원로교수님을 모셔 고견을 듣는 자리와 같은 모임이 꾸준히 진행되어 왔습니다. 저도 지금 이번 하반기에는 한 번 정도 분과회 모임을 진행하려고 준비하고 있습니다. 다른 분과는 잘 모르겠지만, 화학분과는 비교적 참여도가 높은 편입니다. 예전에 돈독했던 친목 분위기가 분과모임에서는 조금 남아 있습니다. 인원이 적다 보니, 학회가 커지면서 갖는 단점 부분이 분과모임이 활성화가 되면 다소 보완될 수 있으리라 봅니다. 다만, 분과연합 일환으로 분과모임을 해양화학 쪽에서만 할 게 아니라 해양화학과 해양생물이 합동으로 하는 식의 모임을 시도해볼 필요가 있어 보입니다.

최중기 : 오늘 전임 화학분과 이사이신 이기택 교수님도 계시군요.

이기택 : 우리 해양학회가 나아갈 방향을 몇 가지 말씀드리겠습니다. 나아갈 방향은 명확하다고 생각합니다. 학회가 추구해야 할 것은 무엇보다 학문의 우수성이라고 봅니다. 그러려면 학회 세션이 수준 높고 긴장감이 있어야 합니다. 사실 제가 학회에 와서 학생들 발표를 듣고 싶은 생각은 거의 없습니다. 학생들은 각각의 랩에서 발표하면 됩니다. 웬만하면 학생들 발표는 포스터 세션으로 돌리는 것이 좋습니다. 또 학회지 얘기입니다만, 국내 연구자가 자기 연구가 좋다고 생각하면 우리 학회지에 논문을 내지 않고 외국 유명 학술지에 낼 거란 얘기입니다. 하지만 논문을 내도록 할 수 있는 방법이 딱 한

가지 있습니다. 임팩트 팩터를 높이면 됩니다. 그렇지만 지금으로써는 너무 낮아요. 저널들이 첫선을 보인 후 3년이 지나면서 임팩트 팩터가 나올 때가 가장 중요합니다. 그때 높은 점수를 받아놓지 않으면 학회지의 기여도가 추락하고 맙니다. 예를 들어, 임팩트 팩터가 5 정도 나왔다고 하면 전 세계에서 다들 논문을 앞다투어 냅니다. 이후부터는 임팩트 팩터가 계속 올라가거나 최소한 그 정도는 유지하게 됩니다. 하지만 스타팅 포인트가 가령 0.5에서 1로 올리기란 하늘의 별따기예요. 지금 *OSJ* 편집위원 분들의 노고를 폄훼할 생각은 추호도 없습니다만, 기본적인 한계가 있다는 겁니다. 그래서 저는 회장님이 한두 가지 방향을 제시해야 한다고 봅니다. 그나마 쉬운 방법은 우리도 한국의 지구과학회 저널을 통합할 수 있는 방법이 없는가 하는 점입니다. 각 학회가 서로 입장이 다르겠지만, 그렇게 되면 아마도 임팩터 팩터를 상당 수준 유지를 할 수 있고, 올릴 수도 있을 거라 봅니다. 다른 하나는 미국에 AGU가 생기고 오래지 않아 유럽피안 지오피지컬 유니온이 생겼잖습니까. 제가 AGU에 가봤더니, 유럽출신 연구자들이 많아서 굉장히 좋았습니다. 그러면 학회 차원에서 아시아의 지오피지컬 유니온은 만들지 못해도 해양학적인 통합, 이런 것을 할 수가 있지 않을까요? 어차피 일본해양학회장하고, 중국해양학회장하고 해양학회장들끼리 모이면 그것이 가능하지 않을까요? 일단, 저는 그렇게 되면 거기서 나온 학회 저널의 스타팅포인트가 상당히 높게 갈 것이고, 좋은 논문들도 투고될 거라 봅니다. 그러면 자동적으로 우리 학회도 발전하지 않을까요?

최중기 : 말씀들이 학회 분과회로 흘렀다가 당시와 지금의 분위기 차이 얘기를 하다가 이기택 교수님의 말씀으로 더 발전된 미래 얘기가 나와 버렸네요. 조금 뒤로 화제를 돌려서, 이번엔 해양물리분과회에서의 분위기와 그동안 진행

된 것들에 대해 말씀을 좀 들려주시지요?

이호진 : 앞서 이 교수님 말씀하신 것 중에 AGU가 바로 그런 차원에서 만들어진 걸로 알고 있습니다. 변 박사님 제안하신 국제화 중에 일본과 해양학 분야에서 걸림돌이 되는 것은 바다에 대한 지명 문제입니다. 학문적 보편성 차원에서는 반드시 인정해야 하는데도 그렇지 않지요. 그런 문제들 때문에 일본 해양학회와 저희도 교류하고 싶고, 일본과 주변바다 연구정보도 같이 교류하고 싶은데, 바로 그런 부분에서 벽에 부딪힌다는 게 한계입니다. 국제적 교류는 참 좋은 의견인 것만은 분명하지요.

　해양물리분과 경우 회원 숫자도 가장 많고, 매년 분과별 모임도 잘해온다고 합니다. 그런데 제 개인적으로 보면 사실 좋아진다기보다 점점 더 나빠지고 있지 않나 생각합니다. 이유는 해양물리 전공자가 점점 줄어들고 있고, 해양물리학을 전공한 대학교수 숫자도 줄어들고 있거든요. 부경대 경우만 하더라도 해양물리분야 교수님이 은퇴하시면 그 분야의 교수를 안 뽑는다고 하고, 부산대학교도 갈수록 교수가 줄어들고, 전남대도 해양물리 전공 교수의 빈자리는 모두 기상학 쪽으로 가고 있는 추세입니다. 문제는 논문입니다. 교수를 뽑을 때 논문으로 뽑으면 해양물리는 논문이 나오기 쉽지 않습니다. 해양생물로 가거나 대기분야로 가게 되지요. 이렇다 보니 당연히 해양물리 분야 교수 숫자가 줄어들고, 학생 숫자도 점점 줄어듭니다. 저도 이 교수님 생각에 전적으로 동의합니다. 학회 발표회 장은 학생 발표보다 수준 높은 연구자 혹은 교육자의 발표가 많아야 됩니다. 하지만 전반적인 추세는 해당 분야의 연구자들이 줄어든다는 게 현실입니다.

　다른 이유는 인프라가 갈수록 사라진다는 점입니다. 옛날에 비해 다른 나라는 자꾸 발전하는데 우리나라의 인프라는 퇴보하거나 사라지고 있어, 경쟁이 안 되는 겁니다. 예를 들면, 배는 열심히 짓고 있지만, 저처럼 시뮬레이션을 하는 사람들은 거의 전무하거든요. 중국은 예전에는 컴퓨터 수준이 열악하여 우리보다 뒤떨어졌었지만, 지금은 우리가 도저히 못 따라갈 정도입니다. 조금 전 변 박사님께서 중국하고 교류하자고 하셨는데, 제 생각엔 중국이 우리하고 절대 교류하지 않을 것 같아요. 서로 수준이 안 맞는데 어떻게 교류하겠습니까? 우리가 그들 수준보다 훨씬 떨어지는 연구를 하고 있으니…….

개인적인 이유 두 가지를 든다면, 첫째는 해양물리 분야는 해양학회에 가서 나 자신부터 발표를 하지 않고 또 안 듣는다는 점입니다. 그러면서 왜 국제학술대회를 가느냐고 물으면, 제 답변은 솔직히 말하면 재미가 없어서입니다. 제가 하고자 하는 연구는 글로벌 기후변화라든가 하는 토픽인데, 학회에 가서 보면 그것과 관련된 연구발표는 거의 없고, 대부분의 발표가 코스탈(연안), 오션(대양) 분야 발표거든요. 어떻게 보면 학회 발표가 약간 다른 데로 가고 있다는 인상입니다. 물론 그것이 나쁘다는 건 절대 아닙니다만, 그것도 중요합니다. 가령, 회사가 생기면 학생들이 그런 쪽으로 많이 가는 건 좋은 것과 같습니다. 그렇게 되면 학회 발표는 좀 더 그쪽으로 포커싱 될 수밖에 없겠지요? 왜냐하면 우리나라 인프라에서 할 수 있는 것은 그것이 전부인 것으로 알고 있기 때문입니다. 예를 들어, 기후변화 같은 발표를 들으려면 솔직히 해양학회에 들어와서는 별로 재미가 없거든요. 오히려 그 부분에 관심이 있다면, 기상학회 가서 듣거나 외국으로 가서 듣는 게 낫겠죠. 바로 이런 한계가 있다는 겁니다. 과연, 이 문제를 어떻게 풀어야 할 것인가? 거기에 덧붙여 답답한 것이 이 분야를 전공하는 사람들의 숫자가 자꾸만 줄어가고 있다는 것입니다.

두 번째는 그걸 해줄 수 있는 인프라, 저처럼 모델링하는 사람은 컴퓨터 인프라가 없으면 할 수 있는 게 없다는 점입니다. 이런 것들이 서로 상승작용을 일으키면서 앞날의 전망과 미래를 얘기하라고 하지만 그것에 대해 얘기할 게 별로 없어요. 때문에 제 생각에는 해양물리는, 변 박사님 앞에서 이런 말씀드리기가 죄송스럽지만, 현실적으로 다른 분야의 결과를 지원하기 위한 결과를 만들어주는 것 외에는 우리가 할 수 있는 게 무엇인지 알기 힘듭니다. 이런 부분은 학회가 해양슈퍼컴이라든가 해양물리 쪽을 육성하기 위해 학회든, 해양학 차원에서든, 아니면 해양연구소든, 학교든 서로 연합해서 돌파구를 찾지 않으면 난관을 쉽게 풀기 어렵다는 생각입니다. 더욱이 학생들 스스로도 해양물리를 하기 싫어하는 분위기이고, 물리는 어렵다는 생각이 팽배한 분위기에서 인프라도 그렇고, 사람도 줄어들고, 그로 인해 교수 숫자도 줄고 있거든요. 내가 봤을 때 해양연구도 해양물리 쪽의 연구 숫자도 줄어들고 있다고 알고 있습니다. 물론 물리분과의 숫자가 많다고 하고, 발표도 물리 부분의 발표가 많다고는 하지만, 대부분의 발표를 봤을 때는 저는 코스탈 쪽과 엔지니어링에 관련된 것이나 그런 쪽의 발표에 급급할 뿐 옛날처럼 물리를 다루는 발표는 줄어들고 있고, 앞으로도 계속 줄어들 거라 봅니다.

최중기 : 혹시 지금 말씀하신 부분에 대해서 해양물리분과회에서 토론하신 적이 있습니까?

이호진 : 불행히도 그런 적이 없었습니다. 다들 이런 상황을 알면서도 이에 대해 토론한 적은 없습니다. 기회가 되면, 그런 자리를 마련해볼 필요가 있을 겁니다.

김웅서 : 얼마 전 해양물리분과회를 갖지 않으셨나요?

이호진 : 네, 분과회를 갖긴 가졌습니다. 그때는 단지 해양관측과 관련하여 서로 모니터링 협의회랑 논의하면서 대부분 산업체 위주의 모임이었습니다. 우리 분과회에 저 같은 사람은 이제 없습니다. 한국의 해양물리를 글로벌 워밍이나 기후변화 주제로 한정하려 하지 말고 우리나라 주변 연안으로 하거나 우리나라 주변 관측 지원해주는 것만 하자고 하거든요. 요즘에 해양 관련한 회사들이 많이 생겼기 때문입니다. 그런 지원 역할만 한다면 과연 어디로 분과회 모임의 포커스를 맞춰야 할지 모르겠습니다. 어쩌면 선택을 그렇게 해야 할지도 모를 일이죠. 우리나라 여건과 능력에 비춰보면 이것은 무리입니다. 그런데 이사부 호처럼 5000톤 이상 되는 배를 짓고 있거든요. 현실이 그러하다면 이런 배를 자꾸 건조해선 안 되거든요. 이런 문제는 좀 깊이 있게 생각해봐야 합니다.

신경훈 : 저도 이호진 교수님이 제기하신 문제와 관련해서 말씀드릴 게 있습니다. 제가 재직하는 학교에서 물리해양학 전공자를 뽑으려고 했습니다. 그런데 관측을 하는 물리분야, 그중에서도 특히 이 분야 전공자가 너무 없는 것 같아요. 그것이 문제이고, 또 이 분야의 학생 지도 차원에서도 자연히 어렵지요. 아마도 그런 관측 물리 분야 논문 수가 워낙 데이터시뮬레이션 하시는 분들에게 밀리니까 그런 것 같습니다. 그에 비해 외국의 물리해양학 전공자들은 관측을 하며 기후변화와 관련된 일을 많이 하고 있는 걸 봤습니다.

최중기 : 맞습니다. 두 분이 말씀하셨듯이, 정통적인 해양학이 자리 잡기가 쉽지 않다는 것이지요. 대학이나 연구원에서 실적평가를 할 때 SCI 중심으로 평가하

는 분위기가 지배적이기 때문에 정통적인 해양학 논문이 나오기가 쉽지 않지요. 그래서 이런 기본적인 분야를 피하게 되고, 대학에서도 이런 교육이 소홀하게 될 수밖에 없습니다. 상당히 심각한 문제입니다. 아까 말씀하셨지만 해양연구원이나 국가 해양기관들이 정통적인 해양 연구를 같이 진행해야 합니다. 한마디로 악순환인 것 같습니다. 후속 전문 인력이 부족하게 되면 악순환 될 수밖에 없습니다. 그런 부분은 사실 학회가 문제를 앞서 파악해서 대안을 마련하는 등의 노력을 해야 된다고 보는데, 김웅서 회장께서는 여기에 대해서 어떻게 생각하시는지요?

김웅서 : 여러 가지 거론된 내용을 종합하여 맨 마지막에 말씀드리려고 했는데, 최 교수님이 미리 기회를 주셔서 여태까지 나온 문제점에 대해 일단 얘기해 보겠습니다. 올해 초에 제가 학회 회원들에게 던진 질문이 있습니다. "왜 학회에 잘 안 나오십니까?" 그랬더니 100% 모두 "재미가 없다"고 대답하셨어요. 그래서 재차 물었습니다. "왜 재미가 없습니까?" 그 대답은 바로 지금 여러분들이 들려주신 그 말씀들이었습니다. 그래서 고민하다가 시도한 게 있습니다. 올해 춘계 학회가 열렸을 때 참석하신 분들은 변화를 느끼셨을 겁니다. "아니, 왜 해양학회에 이렇게 특별 세션들이 많지?" 하는 느낌말입니다. 거기엔 우리 학회를 좀 더 재미있게 해보자는 의도가 깔려 있었던 것이죠. 변상경 박사님이 학회 초기와 분위기가 많이 달라졌다고 하신 원인 중 하나가 회원 수의 증가에 따른 현상입니다. 회원이 늘어나다 보니 모르는 사람들도 많게 되고, 가족적인 분위기가 유지될 수 없는 것도 사실입니다. 게다가 해양학 분야가 세분화된 점도 있었지요. 아까 말씀하셨듯이, 1994년부터 분과회 활동을 할 때 공통된 관심사를 가진 분들끼리 논의하는 장이 만들어지긴 했습니다. 하지만 그 후로는 오히려 더 세분화되었고, 논의 내용도 이해

하기 어려워졌지요. 워낙 학문적 세분화가 이루어지다 보니 같은 생물 세션에서도 내가 발표하는 것이 아니면 도대체 무슨 얘기를 하는지 잘 알아들을 수도 없고, 발표도 대부분 학생들이 해서 배울 게 적었지요. 그래서 생각한 것 중 하나가 바로 특별세션 활성화였습니다. 같은 연구 분야와 관심을 갖고 계신 분들끼리 모여 격의 없는 논쟁의 장이 펼쳐지는 자리라면 사람들이 좀 더 재미있게 참석하지 않을까 하는 생각이었습니다. 실제로 성과도 있었습니다. 춘계 학술대회 때 예전보다 참석자들이 많이 늘어났습니다. 하지만 그렇게 진행해보니 부작용도 없지 않았습니다. 연구과제를 수행 중인 회원들이 자신들의 과제 발표회나 모임을 학회 장소를 이용한 것이지요. 학회에서 다 준비해주니까 회원들 입장에서는 편리한 점이 있었을 겁니다. 그러나 학회사무국은 엄청 고생했어요. 이런 부작용에도 불구하고 저는 계속하는 게 좋겠다고 생각했습니다. 올해 추계학회에도 벌써 17개 특별 과제가 신청되었습니다. 이런 시도는 우리 회원들을 학회로 불러들이는 순기능이 있다고 생각합니다. 앞으로도 계속 활성화되었으면 좋겠다고 생각합니다.

다음으로 생각한 게 있습니다. 우리도 외국 학회처럼 초청연사 제도를 하자는 것입니다. 최소한 해당 세션에서 그 분야의 대가를 모시면 학생들도 배울 수 있는 게 많지 않겠느냐는 생각입니다. 지난 춘계학회 때는 사실 이런 시도를 제대로 하지 못했지만, 이번 추계학회 때는 외교통상부 지원으로 외국에서 저명한 분들을 초청하였습니다. 또 세션마다 시작할 때는 누구나 알 만한 중견학자 분들이 와서 발표를 하는 방식으로 바꾸려고 생각 중입니다. 저는 그런 방향으로 학술발표회가 가는 게 맞다고 봅니다. 실제로 학회에 가서 배울 게 있으면 아무래도 많은 분들이 오실 테고, 더 많이 참여하게 될 거 같아서요.

학문분야가 세분화되면서, 좀 더 세분된 분과회를 설치했으면 좋겠다는 의견을 주신 분들도 있습니다. 가령, 해양생물 중에서도 해양생명공학 분과를 만들었으면 좋겠다는 것도 그 하나지요. 우리 학회를 통해서 좀 더 전문화된 분야를 두고 토론할 수 있는 그룹이 많아진다는 것은 학회가 더 커질 수 있는 가능성이 있다는 것이죠. 이제 해양바이오와 적조 분과 얘기가 나오고 있는 중입니다. 그래서 다음 이사회 때 제안을 좀 해달라고 했습니다.

국제화 이야기도 나왔습니다. 한국해양학회와 중국해양학회는 2년에 한 번씩 서로 번갈아가며 공동워크숍을 합니다. 작년에 우리가 군산에서 할 때 중국해양학회 학회장을 비롯해 여러분들이 와서 공동학술대회를 같이 했고요. 물론 세션이 그리 크지 않고 한 블록으로 들어가서 많은 관심을 받지는 못했습니다. 내년에는 우리가 중국에 가서 같이 공동학술대회를 할 계획입니다. 일단 중국하고는 어느 정도 교류가 시작됐습니다. 그래서 잘 돌아가고 있고요. 최근에 국제이사를 통해서 일본해양학회하고도 교류를 해보자고 얘기했습니다. 올해 50주년 창립 기념행사와 50년사 발간 때문에 정신이 없어서 당장 추진을 못하고 있는데, 최소한 한·중·일 사이에서는 바다를 서로 공유하고 있으니까 같이 만날 수 있는 기회가 꼭 있어야겠다는 생각을 하고 있습니다. 제 학회장 임기가 끝나기 전에 어느 정도 이런 논의를 시작했으면 하는 생각을 갖고 있습니다.

그 다음 말씀은 학회지와 관련된 얘기였죠? OSJ 같은 경우에는 그동안 노력들을 많이 해주셔서 SCI-E가 됐습니다만, 지금 약간 위기감이 드는 것도 사실입니다. 갈수록 점점 임팩트 팩터도 높여야 되는데, 그동안 등재하는 데만 노력했어요. 어느 정도 피로도도 쌓였고, 한 단계 더 점프 업을 해야 되는데 고민을 많이 하고 있습니다. OSJ는 그나마 나은 편이구요, 지금 『바다』지 같은 경우는 거의 죽어가는 걸 수혈해서 살려야 될 판입니다. 사실 지난번에 어렵기는 해도 학문적 업적이 뛰어난 분들이 학회지에 리뷰 페이퍼를 실어줬으면 좋겠다는 부탁은 해놨습니다. 일단 호응이 있었다는 걸 말씀드립니다. 우리의 현재 시스템에선 임팩트 팩터가 높은 데 발표해서 자기 실적 관리를 해야 되기 때문에 누가 희생해서 여기에 제출하겠습니까? 그리고 사실 우리 『바다』지가 활성화되려면 그동안 연구 결과를 잘 정리한 리뷰 페이퍼를 실어 후학들이 참고할 수 있게 해주는 것이 필요하다고 생각합니다. 이것도 지금 50주년 관련 일 때문에 너무 로드가 많이 걸려서 못하고 있는 것 중 하나입니다. 일 년에 네 차례 나오는 학회지에 각 분야에서 하나씩만 투고해 주시면 좋겠습니다. 『바다』지를 살리는 것은 우리가 당면한 가장 큰 문제 중 하나입니다. 참고로 내년부터는 국문 학회지를 온라인저널로 바꾸려고 계획하고 있습니다.

다음으로는 지질학, 천문학, 기상학 등 지구과학 관련 회장단과 KGU를 만드는 논의가 그동안 계속되어 왔습니다. 해양학회에서는 KGU 결성에 동의했습니다. KGU가 출범하면 지구과학 세력이 커질 거예요. 모든 지구과학 관련 학회가 동의한 상태이고 KGU 발족 출범은 이제 시기만 남았습니다. 그런데 문제 중 하나는 해양학회 같은 경우, 봄에는 여섯 개 학회가 공동으로 해양과학기술협의회에서 공동학술대회를 하고, 가을에는 KGU를 만들어 같이 하게 되면 우리 해양학회만의 독립적인 학회를 할 수 있는 기회가 사실상 없어져버립니다. 그래서 그때 나왔던 게 만약에 KGU를 만들어 한다면 일정을 같은 주에 넣어서 학회별로 날짜를 하루 이틀 차이를 둬서 같은 장소에 모이되, 어느 정도 독립적으로 하자는 안도 나온 상태입니다.

최중기 : 김웅서 학회장님께서 지금 준비 중인 학회 얘기를 많이 말씀하셨습니다. 제가 말씀드렸던 전문인력 부족이나 근본적인 정통 해양학 부분에서의 문제점에 대하여 학회 차원에서 어떤 대비나 준비를 하고 있는지, 이런 점들을

논의해볼 필요가 있습니다. 각 분과에서 이런 문제들에 대해 논의가 좀 되고, 분과별 특성을 고려한 제안도 하고, 그렇게 해서 여러 의견들이 모아지면 대외적인 제안이나 문제들에 대한 어떤 해결 방안도 나올 수 있을 듯한데……. 그 부분은 조금 있다가 들려주시면 좋을 것 같습니다. 오늘 국립수산과학원에 재직하는 서영상 박사님도 참석하셨는데, 국립수산과학원 차원에서 보면 정통 해양학의 역사가 상당히 오래되지 않았습니까? 국립수산과학원이 해양학 연구에도 많은 역할을 해주는 기관인데, 앞서 여러분이 제기한 문제를 그런 관점에서 한 번 말씀해주시죠.

서영상 : 제가 말씀드릴 첫 번째는 한국해양학회의 기능적 발전이 현실적이었으면 좋겠다는 점입니다. 즉, 우리나라 해양정책 수행에 도움이 되는 학회가 되면 좋겠다는 것입니다. 두 번째는 우리나라 해양 연구 방향을 제시해줄 수 있는 학회가 되었으면 합니다. 앞에서 여러 대가를 초청연사로 모시겠다고 하셨는데, 저도 같은 생각을 갖고 있었습니다. 각 분과별로 세계 첨단을 달리는 학문의 가장 앞선 내용을 발표하는 자리가 필요하다고 생각했습니다. 해양정책 수행에 도움 되는 학회라는 말은 곧 우리나라 생태계 보존이라든가, 생태계 서비스 가치를 구체화시킴과 동시에 이를 사람들이 이해할 수 있게 해주는 기능 확대를 말하는 것입니다. 세 번째는 해양자료를 공유하는 학회 분과나 연구회가 있으면 좋겠다는 생각이고, 마지막은 국가 위기 대응에 도움이 되는 학회였으면 하는 바람입니다.

좀 더 구체적으로 말씀드리면 앞에서도 잠시 거론되었습니다만, 연구회 구성을 해서 1~2년, 길면 3년에서 끝나는 것도 있겠지요. 잘 되는 연구회 경우는 좀 더 조직화되어 분과회로 격상시킬 수 있을 겁니다. 연구회 조직에는 시급성이나 상징성이 필요할 것 같습니다. 가령, 지난번 세월호 사고가 터졌을 때, 우리 학회에선 한마디도 내놓은 게 없었습니다. 일본 후쿠시마 원전사고가 났을 때도 만약 우리 학회가 해류 방향이 태평양 쪽으로 가니 우리나라는 영향을 받지 않는다고 발표해서 국민들을 안심시키는 등…… 학회 차원에서 이런 역할이 필요하지 않나 생각합니다.

새로운 분과가 생기는 부분과 관련해서 말씀드리겠습니다. 학회가 재원이 있어야 운영되므로, 해양관측 분과를 만드는 것은 어떨까 합니다. ICT 기반, IOT 기반 장비와 그 장비를 만든 회사를 소개하고, 이 장비를 사용해 얻은 연구 결과가 좋더라고 발표하는 경우를 외국 학회에서 자주 봤습니다. 우리 학회에서도 그런 식의 발표를 하면 도움이 되지 않을까요? 회사는 재원이 있으니 학회에 기여할 수 있게 물꼬를 트는 것이지요. 다른 하나는 데이터셋 활용과 자료분과 신설입니다. 일본 경우 평생 동안 모은 플랑크톤 자료를 모두 내놓고 발표하는 것을 보았습니다. 이러이러한 방법으로 관측 생산했고, 이렇게 쓰면 된다고 아주 구체적으로 발표하더라구요. 이렇듯 우리 학회에서도 이런 발표를 한다거나, 어떤 것을 제시할 수 있는 것들이 있으면 좋겠습니다. 분과회의에 해양정책을 담당하는 해양수산부 공무원들이 초청될 수 있도록, 그리고 KMI에서도 참여할 수 있도록 해야겠습니다. 해양정책분과 경우 지명문제라든지 한국해양위원회(KOC) 활동도 여기에서 이야기를 할 수 있지 않을까요?

기타 사항이 하나 있습니다. 정부 해양수산부 내 해양직 신설 관련 일입니다. 요즘 젊은이들이 취직하기 어려운데 해양직이 만들어져도 행정고시나 수산고시를 쳐서 수산 행정직, 환경직 사무관이 되는데 해양직을 만들어 놓고도 해양 고시는 있지 않고 고시를 만들려고 하지도 않아요. 이런 얘기는 해수부에 해야 할 것 같습니다. 그리고 해수부, KIMST에 많은 과제들이 있습니다. 제가 재직하는 국립수산과학원의 과제 규모와 비교해 보면

20~30배 큰 과제도 수행되고 있고, 다양한 정책 과제도 있습니다. 그러나 이런 과제들이 해양학회와는 따로 놀고 있다는 게 문제입니다. 이런 점 때문에 대한민국에서 수행되는 연구 프로젝트들을 종합해서 발표할 수 있어야 하는데 과제 수행자들이 자기 영역에서만 연구하고 있으니까 돈은 돈대로 들어가고 연구는 연구대로 연계성이 떨어지지요. 해수부가 조율해야 하는데, 그런 부분에 대해 터놓고 이야기할 수 있는 장을 해양학회에서 마련해야 할 것 같습니다.

최중기 : 여러 가지 좋은 제안 고맙습니다. 정책분과에 대해서도 말씀하셨는데, 사실 우리 해양학회 역할 중 하나가 대국민 서비스입니다. 그런 면에서 우리가 몇 차례 심포지엄을 가진 바 있습니다. 예를 들면 새만금 심포지엄, 해양생물다양성 심포지엄, 조력발전 심포지엄 같은 것이지요. 그런 주제에 대한 정확한 지식을 우리 국민들한테 제공하는 것이 학회 역할이라고 생각합니다. 그런 면에서 시사성 있거나 정책적으로 필요한 것들에 대해서는 학회가 역할 할 수 있는 기회를 갖는 게 좋을 것입니다. 그렇다면 해양생물분과는 어떠한지 김영옥 박사께서 말씀 해주시죠.

김영옥 : 저의 얘기는 해양생물분과에 속해 있는 저의 사견일 수 있습니다. 지금은 너무 유사학과가 많습니다. 전에는 큰 덩어리로 생물분과가 그대로 다 뭉쳤죠. 어디를 가든 친목도 잘되고 친화력도 좋았어요. 그 덕분에 학문적 이웃 사촌들도 잘 알았었는데…… 그런데 언제부턴가 이러저러해서 작은 학회를 만들어 나가요. 해양생물 경우 특히 생물군에 따라 최근에 유사한 여러 학회들이 생겼어요. 해양학회 생물분과 발표 내용을 보면, 이기택 교수님 말씀처럼 정말 수준이 많이 떨어져요. 좋은 내용을 많이 발표하고 좋은 자료

를 갖고 계신 분들이 특수 목적 학회를 만들어 나가버리니까 해양학회로선 그야말로 특색이 없어진 거죠. 발표 수준이 떨어지니까 재미도 없고요. 다른 분과는 상황이 어떤지 잘 모르겠어요.

해양생물분과를 어떻게 과거 모습으로 부활시킬 것인가가 문제겠죠. 첫째는 발표 논문의 질적 수준이에요. 앞서 말씀하신 분들의 얘기에 전적으로 동의하는데, 재미있는 내용으로 구성해야 해요. 학생을 지도하는 분들도 고민하셔야 되는데, 그냥 학문적 훈련장소 정도로 생각하고 계세요. 수준 높은 발표로 학생들이 감동을 받을 수 있도록 했으면 좋겠어요. 두 번째는 스승이 성실해야 학생도 쫓아다니는 겁니다. 가서 보면 스승은 진짜로 연구하고 가르치는 책임급인데 조금 있다 보면 그분들이 어디론가 사라지고 없어요. 그러면 학회는 썰렁해지고, 주인의식이 없어지죠. 저는 일본해양학회나 플랑크톤학회에 자주 참석하는데, 머릿결이 희끗희끗한 원로들도 처음부터 끝까지 절대로 자리를 안 떠요. 일본 학회는 주말에 열립니다. 교수들의 정규 교육시간을 피하는 거죠. 그리고 얼마나 진지하게 논의하는지 정말 보고 있으면 감동받지 않을 수 없어요. 또 다른 예가 있어요. 포스터 세션의 열기예요. 우리는 포스터를 대충 걸어놓고 사라지는 사람이 너무 많아요. 자신의 결과를 떳떳하게 발표하는 것도 많지 않아요. 저는 이런 책임은 지도교수들이 져야 한다고 봐요. 학생들 책임이 아니에요. 우리 학회 수준을 높이려면 선생님들과 선배 연구자의 자세가 정말로 중요하다고 봐요.

이호진 : 학회 얘기를 하면서 생각나는 게 아까 회장님 특별세션을 강조하신 부분입니다. 저도 공감합니다. 보통 학술대회라면 학회가 세션별 주제를 정하고 그 주제에 맞는 발표가 진행되지 물리, 해양, 생물, 지질로 나누는 게 아니에요. 오히려 중심 토픽을 정하고 그 토픽에 맞게 발표도 하거든요. 그러면 자

연히 학회가 재미있어지는 거예요. 일본해양학회도 제가 2000년대부터 몇 번 갔는데, 물리세션, 화학세션 이렇게는 나누지 않더라구요. 일단 주제를 정하고 거기에 맞춰서 하거든요. 그러니까 앞으로 해양학회도 그렇게 하면 좋을 것 같습니다. 그 대신 논문의 투고 편수를 늘리려는 외향적인 것엔 크게 신경 쓰지 마시고, 주제를 정하고 경우에 따라서는 물리와 생물 등 각 분야가 융합하는 방향이 어떨까 싶습니다. 가령 '동해', '기후변화' 등과 같은 주제를 정한 뒤 학회 전에 좌장을 정하고 어떤 세션이 있다는 걸 미리 알려주고 발표를 정하면 학생 수준에선 발표가 어렵겠죠. 당연히 연구 업적이 있는 사람이 발표하게 되고, 학생들은 가급적 포스터 발표로 가지 않을까요? 그러기 위해서는 너무 발표 편수에만 치우치지 말아야죠. 그러면 학회가 더 재미있어지지 않을까 합니다. 아까 김웅서 학회장님이 강조하신 특별세션도 바로 그런 걸 하고 싶어서 하신 것일 텐데, 저는 아주 괜찮은 것 같습니다.

이기택 : AGU나 미국의 오션사이언스 세션들이 지금 말씀하신 것처럼 하고 있습니다. 물리, 화학, 생물이 상당히 뒤섞여 있는 세션도 많고, 또 물리만 따로 할 수 있는 전문 세션도 있죠. 결국 스페셜 세션이라고 했지만 그것이 일반적인 방법이고, 바람직한 방법이라고 생각이 됩니다.

최중기 : 그런 차원에서 융·복합과 관련된 의견을 좀 들려주시죠. 강성길 박사님?

강성길 : 저는 해양학, 특히 해양생태학을 전공했지만 2000년 졸업 이후 현재 공학기술을 기반으로 하는 선박해양플랜트연구소에서 해양환경공학분야, 특히 해양방제와 기후변화 대응기술 개발(CCS) 등을 연구하고 있기에 전통적인 해양학 분야와는 다른 일을 하고 있습니다. 이에 해양학 울타리 밖에서 바라

본 우리 학회의 발전 방향, 특히 해양학과 타 분야의 융·복합적 관점에서 우리 해양인들이 함께 고민해볼 수 있는 사항을 말씀드리겠습니다.

우리 학회는 '해양학'을 중심으로 하므로, 학회 발전방향을 논의할 때 '해양학'의 현황과 문제점, 개선점을 함께 논의해야 합니다. 지난 50년 전 국내에 해양학이 소개된 이후 지금까지 우리는 해양학을 물리, 화학, 생물, 지질학의 내용에서 자연과학의 범주로 엄격히 제한하여 그 틀 내에서 제반 학술활동을 하고 있습니다. 하지만 자연과학적 해양학 접근은 한계가 있지 않을까 고민해 왔습니다. 기본적으로 해양학은 해양을 대상으로 한 종합적인 학문이라고 하는데, 왜 우리는 해양물리, 해양화학, 해양생물, 해양지질의 범주에서만 해양학을 바라보는 것일까? 그러한 시각과 접근이 현재 우리가 안고 있는 불투명한 해양학의 현실과 문제점과 연결되어 있지는 않을까? 하는 것이 저의 생각입니다. 만약 해양학 정의가 '해양을 매개로 한 종합학문'이라고 한다면, 도대체 '종합'이란 무엇이고, 해양학에 대한 국민들, 즉 외부의 기술수요, 해양학의 존립 필요성은 무엇일까 하는 것도 의문입니다.

저는 기본적으로 해양학 범위는 해양공간을 대상으로 하여 진행되는 제반 학문을 포괄해야 한다고 생각합니다. 물론 기존에 우리가 전통적인 자연과학적 해양학의 입장을 고수할 수 있겠지만, 해양과학을 기본으로 해서, 기술이나 공학, 정책, 법, 교육 등 제반 여건에서 융·복합적 해양학의 새로운 진화를 생각해야 할 필요가 있지 않을까 합니다. 국민들과 외부 산업계, 정책분야에서는 해양 공간을 대상으로 한 다양한 학술 수요를 요구할 수 있습니다. 이에 우리가 가지고 있는 전통적인 해양학, 즉 자연과학 시각만으로는 외부에서 요구하는 학문 서비스가 한계가 있고, 우리 해양학 범주는 좀 더 외부 발산적으로, 전통적인 해양자연과학의 범주를 뛰어넘어야 할 때가 되지 않았나 하는 생각이 듭니다.

이제는 해양학 학부과정에서도 해양 정책학이나 해양기술, 조선학, 해양문화 등 다양한 인문, 사회, 공학적 학제와 해양을 연계하는 커리큘럼을 만들어야 한다고 생각합니다. 정부에는 해양을 담당하는 해양수산부가 있습니다. 그런데 우리 해양학 범주에는 해양수산부에서 일할 수 있는 인재 양성, 전문가 공급과는 동떨어져 있습니다. 구체적으로 말씀드리면 해양수산부에 해양생태과가 있는데 해양생태학을 전공한 사람이 없고, 해양환경과에는 해양환경을 전공한 사람이 없습니다. 해양수산부 전체를 보더라도 해양학을 전공한 사람이 거의 없습니다. 해양수산부 인재채용 시스템도 문제겠지만, 더 큰 문제는 해양수산부에서 필요로 하는 해양정책과 해양생태, 또는 해양정책과 해양환경, 선박안전 등 다양한 해양 융·복합 인재를 우리 해양학 분야에서 과연 제공할 수 있느냐입니다. 따라서 해양학부 4년 동안 해양과학/생태/환경을 공부하면서 해양정책학 같은 인문사회 분야의 강좌를 학생들이 수강하여 해양학을 공부하는 학생들이 꿈과 비전을 해양정책학 분야로도 발산시킬 수 있는 토대를 제공할 필요가 있다고 생각합니다.

다른 예도 있습니다. 요즘은 다소 주춤거리지만, 우리나라 해양공학이나 조선학 분야의 학계, 산업계에서도 해양과학의 수요가 다소 있습니다. 예를 들어 해양물리와 조선공학의 유체역학 등의 분야는 매우 밀접하기도 하고 학제 간 융·복합이 요구되는 분야입니다. 그런데 조선해양공학과 학생들은 학부 과정에서 해양학을 전공필수 수준으로 배우고 있습니다. 그런데 우리는 학부 4년 동안에 조선해양공학과 같은 과목을 쉽게 접할 수 없습니다. 물론 학부 과정에서 한두 과목 더 듣고 공부하는 게 뭐 그리 중요하냐고 할 수 있습니다. 하지만 조선해양공학과 학생들 입장에서는 해양을 대상으로 한 앞으로의 진로 선택에서 보다 다양한 분야에 대한 기회를 제공받고 있고 반대로 우리 해양학과 학생들은 조선공학이나 해양공학 쪽은 쉽게 접근하지 못하게 됩니다. 그럴 경우 우리 해양학 졸업자가 국내 조선해양업계에 쉽게 취직할 수 있을까요? 요즘 졸업 후 진로 문제가 학생들이 전공을 선택하는 큰 잣대가 되고 있는데, 순수하게 자연과학적 해양학만을 전공해서 기업에서 필요로 하는 인재가 될 수 있을까요? 조선해양업계에서 우리 해양학 학생들을 뽑아가려고 할까요? 최근 모 대학에서 해양물리 분야의 교수를 뽑을 때 조선해양공학을 베이스로 한 해양물리 연구자를 채용한 사례는 우리 해양학의 미래에 많은 시사점을 던진다고 할 수 있습니다.

이와 같은 사례를 통해서 우리 해양학은 지금까지 자연과학의 범주에서만 머물지 말고 보다 '해양공간'을 대상으로 하여 산업계, 사회, 국가가 요구하는 다양한 해양부문 융·복합 인재들을 양성할 수 있도록 변해야 한다고 생각합니다. 물론 하루아침에 그간의 해양학의 경계를 허물 수는 없을 것입니다. 자연과학의 범주를 당분간 유지하더라도 중장기적으로 우리 해양학의 미래, 100년 후의 미래 역할에 대해서 많은 고민을 할 필요가 있다고 생각합니다.

저는 이러한 '해양학'의 미래에 대한 고민이 해양학회에서도 보다 진지하게 공유되었으면 합니다. 현재 해양학회의 활동이 해양물리, 생물, 화학, 지질분과 위주로 분산, 특화되고 있는데 이러한 분화활동은 장점도 있겠지만 보다 융·복합의 해양학 미래를 그리는 측면에서는 문제점도 도출할 수 있다고 생각합니다. 이에 해양학회에서는 중장기적으로 현재의 물리, 화학, 생물, 지질학 위주의 분과활동을 지양하고 보다 이들 분야를 섞고 특히 타학문과의 연계를 강조하는 특별세션들이 중점 되었으면 합니다. 이에 앞으로의 건강하고 다양한, 사회가 필요로 하는 해양학의 미래 100년을 준비하는 데 있어서 우리 해양학회가 논의의 장을 보다 다양하게 제공하였으면 합니다.

최중기 : 최영호 교수님은 해양인문학적 입장에서 말씀해주시죠.

최영호 : 조금 전 강성길 박사님께서 융·복합 부분에 대해 말씀하셨고, 이호진 교수님께서도 같은 시각에서 특정 주제 선정과 관련하여 융·복합 얘기를 하셨습니다. 저는 공학을 전공한 뒤 인문학으로 전공을 바꾼 뒤 국문학과 문학비평을 연구했습니다. 구체적으로는 해양문학에 중점을 둔 공부였지요. 이런 불가피한 선택은 제가 30여 년 간 재직한 학교 앞마당이 바로 바다였기 때문입니다. 불교의 보조국사 지눌(知訥)은 "땅에 넘어진 자가 일어설 때에는 반드시 땅을 짚고 일어서야지 허공을 잡으면 안 된다"고 말한 적 있습니다. 제겐 바다가 바로 그 땅이었던 거죠.

물론, 해양문학에 대한 동·서양의 개념은 조금 다릅니다. 그 둘의 경계를 넘나들어 보면서 차이와 차별에 대한 것도 배웠습니다. 그런데 인문학을 공부하다가 공학을 전공하긴 어렵지만, 제 경우 공학을 전공하다가 인문학으로 옮기긴 상대적으로 좀 수월했습니다. 융·복합에 대한 얘기를 하려니 이런 시시콜콜한 얘기까지 하게 되네요.

여하튼 조금 전에 강성길 박사님께서 융·복합에 관해 말씀하셨고, 또 이호진 교수님께서도 학회의 일반세션과 특별세션이 주제 선정부터 새롭게 하면 자연히 다양한 참가자가 올 것이고, 그 자체가 자연스럽게 융·복합 연구와 논의의 토대가 이뤄지는 게 아닌가 하는 말씀을 하셨어요. 그것이 참여자로 하여금 한 주제에 대한 종합적인 이해를 할 수 있도록 하여 재미있을 거란 말씀도 하셨지요.

영상문화학회에서 부회장도 맡고 있는 저로서 깊이 공감합니다. 지난 영상문화학회가 열렸을 때 김웅서 박사님께 해양 관련 발표를 부탁드린 바 있습니다. 흥미롭게도 발표를 듣는 영상문화학회 회원들의 반응은 사뭇 달랐습니다. 거기엔 영화를 전공하는 사람뿐만 아니라 이미지를 연구하는 사람, 기호학 전공자, 문학 전공자 등 다양한 사람들이 함께 있었습니다. 김웅서 박사님은 해양학과 심해유인잠수정에 관한 발표를 하셨습니다만, 청취자들의 관심과 이해의 방향은 저마다 달랐습니다. 그래서 함께 모인 영상문화학회 회원들은 만약 다음에 「해운대」와 같은 영화를 만든다면 반드시 해양과학자가 제시하는 데이터를 집어넣어야 한다는 것도 깊이 공감했습니다. 아마 융·복합 연구를 통해 해양학이 뻗어나갈 수 있는 것을 고민하고 계신 강성길 박사님의 고민도 비슷할 거라 생각합니다.

다음은 차세대 해양교육과 관련해 말씀드리겠습니다. 일전에 부경대학교 김수암 교수님과 박미옥 교수님을 만난 적 있습니다. 이때 아주 충격적인 얘기를 들었습니다. 가까운 중국 얘깁니다. 조금 전 중국에 대한 많은 얘기들이 있었는데, 그 만남 자리에서 김수암 교수님이 중국이 차세대 해양교육을 어떻게 하고 있는가를 실감나게 들려주셨습니다. 즉, 중국은 초등학교 때부터 학교마다 어느 섬 하나를 지정해 준답니다. 그러면 그 학교 아이들이 그 섬에 대해서 졸업할 때까지 다양한 관점으로 섬을 연구하고 체험학습을 한답니다. 그런 다음 중요한 특징들을 아이들 수준에 맞게 발표하게 한다고 합니다. 이렇게 어릴 때부터 6년간 바다와 섬을 연구한다는 것은 놀라운 사실입니다. 그런데 이것이 충격적인 게 아닙니다. 제가 받은 충격은 그다음 얘기입니다. 그 아이들에게 중국은 PICES회의에 참석한 저명한 해양학자 중 몇몇을 초청해 해양에 대한 얘기를 들려주게 한다는 것이었습니다. 어린아이들을 위해서 저명한 해양학자를 초대한다? 그래서 그 학자들로 하여금 아이들의 눈높이에 맞춰 해양에 대한 얘기를 하게 하고, 아이들은 이를 듣는다? 충격적이 아닐 수 없습니다. 그런데 이보다 더 놀라운 사실은 이런 충격적인 일을 누가 추진하느냐는 겁니다. 바로 중국의 행정당국이랍니다.

중국의 행정당국의 행정요원이 이런 시각으로 차세대 해양교육을 기획하고 있다는 점입니다. 중국이 해양에 눈을 돌렸다는 일대일로라는 대대적인 기획이 일상에서 어떻게 이루어지고, 또 축적되고 있는지를 저는 이 얘기를 들으면서 실감하게 되었고, 너무 큰 충격을 받았습니다. 이렇게 해양교육에 대한 이해의 씨앗을 뿌리고 그 씨앗이 어떻게 발아되는지를 살핀 뒤 중국은 6년간 하나의 섬을 집중적으로 공부한 아이들이 상급학교로 진학하면 또 다른 섬을 그렇게 지정해준다고 합니다. 우리가 피상적으로 아는 해양에 대한 중국의 관심과 교육방법과는 많이 달랐습니다.

학회 차원에서 차세대 해양세대를 위한 융·복합 해양교육을 이런 식으로 생각해본다면 유익할 듯합니다. 아까 서영상 박사님이 말씀하신대로 해양수산부에서 정책적인 판단을 할 때도 생각해 봐야겠지요. 당장 손에 쥘 수 있는 제안들, 가령 여러 섬들이 죽어가고 있고 어느 소금을 굽는 섬에선 막장드라마까지 나오는 마당이지요. 섬에 사시는 어른들의 경우는 어디로 갈 데도 없고 점점 빠른 속도로 고령화되고 있는 중이지요. 그분들의 정책적 지원을 어떻게 해줄 것인가 하는 부분들도 해양정책 차원에선 굉장히 주목할 부분이거든요.

얘기가 나온 김에 관련된 얘기를 좀 더 하겠습니다. 저는 이번 50년사 자료를 최중기 교수님과 김웅서 학회장님을 도와서 정리하는 동안 아주 큰 것을 배웠습니다. 뭐냐면 50년 된 학회가 우리나라에는 많지 않다는 점이었습니다. 그런 생각을 하니, 이번 50년사는 반드시 출판하지 않으면 안 되겠구나 하는 것이 제가 여기에 발을 담그게 된 까닭입니다. 결국 자존심이더라고요. 50년 된 학회라면 적어도 50년사 정도는 반드시 출판해야 합니다. 그것이 학회의 역사잖아요? 오래된 기록들의 시간적 가치와 역사적 의미는 그 보전의 중요성을 인식할 때 나타납니다. 이를 위해 허성회 교수님의 도움도 크게 받았고, 또 창립 당시와 관련된 부분은 한상복 박사님의 자료에서 많은 걸 도움 받았습니다. 그리고 학회의 사단법인화를 위해 노력하신 허형택 박사님도 귀한 글을 보내주셨고, 이 자리에 함께 계시는 변상경 원장님께선 더운 여름 밤잠을 설쳐가며 옛 기억을 더듬어 IOC 관련 원고를 써주셨지요. 정말 소중한 원고들이었습니다.

그래서 학회에 제안하려는 게 있습니다. 아마 여기 계신 분들께는 당장 닥친 문제일 텐데, 각종 자료나 문헌들을 보관하는 '해양아카이브(Ocean-Archive)'를 만들자는 겁니다. 매우 다급한 현실이 우리 앞에 도래했습니다. 해양학 전공을 설립한 대학도 있고, 해양관련 연구소도 있습니다. 매우 주요기관들이죠. 그런데 골치 아픈 문제 중 하나가 각종 문헌자료를 포함해 수많은 데이터를 어떻게 처리할 것인가 하는 문제입니다. 해양학자와 연구자들이 보관하던 중요한 데이터, 각종 자료, 책자, 실험 샘플 등을 어떻게 처리하느냐를 두고 상당히 고민하실 겁니다. 더욱더 큰 문제는 그 시기가 점점 빨리 다가오고 점점 더 확산되고 있다는 점입니다. 정년을 맞은 교수님들의 경우, 그것들을 학교 도서관에 주면 해결될까요? 도서관들은 싫어합니다. 왜? 기존 업무에 오버로드가 걸리는 일이거든요. 아니면 해당학과에 줘도 되지요. 하지만 공간이 여의치 않죠. 게다가 자료 정리를 계속해서 할 수 있는 인력도 부족하죠. 그렇다고 정년퇴임하신 교수님들이 그 많고 많은 것들을 집에 가지고 가시면 아마 사모님들이 싫어할 겁니다. 나이가 들어 점점 갖고 있는 짐들도 줄여야 하는 판에 그것들을 다시 집으로 가져온다? 나이가 들면 '무소유(無所有)'의 삶을 지향해야 하는데, 그것들을 어디에 둘 데가 없어 집으로 갖고 오느냐는 것이죠. 다들 남들한테 주고 오라고 하기 쉽죠. 그런데 남에게 주려니 아깝죠. 물론 '무소유'를 주창한 법정 스님의 지혜가 생각날 겁니다. 법정 스님이 말한 '무소유'는 숟가락 하나, 그릇 하나 갖지 말라는 뜻이 아니었죠. 소유에 대한 집착을 버리라는 거였어요. 옳습니다. 소유에 대한 집착을 버리려면 가장 좋은 방법이 후학을 기르는 겁니다. 후학들이 있다면 이 소중한 자료를 주면 되고, 자료에 대한 접근성을 빨리하게 하면 됩니다. 그리고 그것의 소중함을 인식할 수 있도록 하는 거죠. 제가 말한 '해양아카이브' 제안은 그런 차원의 얘기입니다.

　그러면 좋은 방편은 무엇일까요? 저는 무엇보다 접근성과 활용공간에 주안점을 둬야 한다고 봅니다. 지금 도심 곳곳에 우후죽순으로 생겨나는 게 '인문학 아카이브', '인문학 카페'입니다. 이 자리엔 많은 교수님들이 계시고, 연구원으로 계셨다 퇴임하신 변상경 박사님도 계시죠. 지금껏 활용하던 소중한 자료들을 그냥 불특정 다수에게 주기만 하진 않으실 겁니다. 그러면 누가 보겠습니까? 그런데 그런 자료가 특정한 공간에 축적되어 있으면 지나가시다가도 생각나서 거기에 들르실 수 있잖아요. 허허롭게 오셔서 거기서 그 자료를 다시 이용하시면 되죠. 또한 이런 일이 전국적으로 알려지면 자연히 해양관련 자료나 문헌들이 모여지지 않을까요? 게다가 전국의 관심 있는 분들이 몰려온다거나 하면 얘기가 달라지죠. 자연적으로…… 커피 한잔을 하면서도 해양관련 얘기를 나눌 수 있죠. 그러면 관리하는 사람들이 매달 아니면 보름에 한 번 새로 유입되는 자료를 정리하여 전국에 뿌려주는 거죠. 필요한 분에게 제공할 때는 약간의 비용을 받아도 되고요. 그렇게 선순환이 되면 학회에선 해양아카이브에 대해 걱정하지 않으셔도 됩니다. 이런 자료들이 쌓이면 나중에 해양학회 100년사 출판에도 유익하겠죠. 이제 그런 해양아카이브가 필요한 때가 되지 않았나 하는 게 제 생각입니다. 지금 해양학을 연구하신 1세대들이 물러나고 나면 역사적인 자료들이 어떻게 될지를 생각해야 할 때입니다. 도서관에 줘도 모르죠. 지난번에 서울대학교에 있었던 학회사무실을 지금의 양재동으로 옮길 때 초창기 자료가 다 없어졌다는 걸 알고 아득했습니다. 마침 허성회 교수님이 그 자료들 중 많은 부분을 갖고 계셔서 다행이었어요. 해양아카이브와 융·복합 차원에서의 연구에 대해 조금 길게 말씀드렸네요.

최중기 : 여러 말씀들을 나눴지만 아직도 많은 얘기가 남은 것 같습니다. 그와 동시에 대담 시간도 상당히 흘렀습니다. 오늘 많이 말씀하신 것 중 하나가 학술대회에 대한 얘기가 나왔고, 학술대회 운영에 관련하여 발표의 질 부분도 있었습니다. 우리 학회에서 오늘 대담자로 학술부 회장도 계시고, 학술담당이사도 오셨습니다. 그런데 학회를 제대로 이끌려면 총무이사와 학술이사들의 참여와 활약이 커야 되는데, 주세종 박사님, 그렇죠?

주세종 : 그렇습니다. 역할이 중요합니다. 다만 아쉬운 점은 학회행사 중 가장 대표적인 학술대회를 준비, 기획하고 실행하는 것을 간사, 강성길 박사님, 저, 그리고 회장님 이렇게 서너 명이서 거의 다 하고 있는 실정입니다. 제가 총무이사를 맡으며 느끼는 것은 학회회원들이 학회업무가 시간, 정신적 부담과 피하고 싶은 일처럼 느끼고 있다는 점입니다. 같은 일을 하는 동료들과 미래를 위해 학회업무에 일조를 한다는 자존감과 자긍심을 좀 가지셔야 할 필요가 있습니다. 뿐만 아니라 학회 업무든 무슨 일을 맡아한다면 책임감을 가지고 학회발전을 위해 잘해야 된다는 그런 의지를 많이 가지셔야 하거든요. 학회 학술지에 발표하는 논문도 마찬가지입니다. 예를 들면 본인이 영향력이 있는 학자 또는 연구자이면 스스로 조금 희생해서 학회 학술지의 임팩트 팩터를 높이려 노력해야 하는데, 실제는 그렇지 않지요. 지금 당장 나한테 이익되는 것을 우선적으로 하니까요. 물론 개개인의 판단이며 성향이니깐 어쩔 수 없고 이해가 가기도 하지만 좀 더 국내 해양학과 학회의 미래

를 생각할 필요가 있다는 것입니다.

제가 생각한 것 중 여러분들의 말씀 가운데서 안 나온 얘기가 있어서 말씀드릴까 합니다. 제가 정말로 걱정하는 것은 해양관련 군소학회가 너무 많다는 점입니다. 아마도 이런 학회들은 최소한 몇 년 내에 정리가 될 거라 예상합니다. 왜냐하면 일부 학회는 최근 지원이 대폭 축소 또는 없기 때문입니다. 지원되지 않으면 자연히 그렇게 될 수밖에 없어요. 최근 일부 지구과학, 천문기상관련학회들이 연합하여 '한국지구과학회'를 만들려고 합니다. 그 이유가 무엇이겠습니까? 여러 군소학회들이 연합한 학회를 통해 군소학회들이 꾸준히 명맥을 유지하기 위한 방안 중에 하나입니다. 제가 말씀드린 것은 이것이 학회에만 해당되지 않는다는 것입니다. 대학교 차원에서도 지금 해양관련학과가 정통적인 해양학과 말고도 엄청나게 많이 생겼고 존재하고 있습니다. 차츰 이들 학과 중 취업/진학률이 저조한 경쟁력이 뒤처지는 학과는 통폐합이 이미 진행되고 있습니다. 안타깝게도 대학에 계신 분들 얘기에 따르면 해양관련학과 중 해양학과가 지금 제일 위기라고 하더군요. 제가 알기로는 이미 몇 개 학교의 경우에는 해양학과가 없어졌거나 타과로 흡수 통폐합되었습니다. 그렇게 되다 보면 해양학회라고 없어지지 말라는 법은 없겠죠~.

저는 지금 해양학의 미래 발전 방안 중에 교육처럼 중요한 것이 없다고 봅니다. 때문에 일선학교 선생님들이 모이든, 아니면 학회에 계신 분들이 모여서 어떻게 미래 해양학을 위해 지금의 학교 체제가 재정비되어야 하는지 등을 획기적으로 제안해야 된다고 봅니다. 대학들 중 사립대학은 재단 자체가 자기 마음대로 학과를 만들었다 없앴다하거든요. 잘 안 되면 해양학과를 그냥 없애버리고 조금 인기 있는 학과로 바꿔 버리죠. K대학도 얼마 전에 학과가 없어졌잖아요. 군산대도 없어졌고, 제가 듣기론 C대학도 해양학과가 없어졌어요. C대학도 지금 굉장히 문제가 있다고 들었습니다. 지금 학교마다 벌어지는 일들이 이러니까, 이렇게 계속되면 우리 해양학회의 존재도 어려울 수 있거든요. 장차 그런 일이 생긴다면 어떻게 해야겠습니까? 저는 이를 굉장히 심각하게 지금 받아들이고 있습니다. 물론, 제가 학교에 재직하고 있는 건 아닌데도 이런 얘기를 들으면 난감해지지 않을 수 없습니다. 그래서 건의를 드리자면, 우리 학회에도 교수님들이 많으니 학회차원에서 앞으로 우리나라 해양학이 계속 유지되고 발전하려면 커리큘럼을 포함한 교육과정과 방법을 어떻게 혁신해야 하는지를 심도 있게 논의, 제안해야 할 것 같습니다. 이러한 것이 해양학회의 역할이기도 하지만 학회의 영향력을 확보하는 방법이기도 합니다. 솔직히 지금 해양학회는 영향력이 매우 약합니다. 기존 해양학자나 학생 중 일부는 그냥 누가 만들어 놓은 학회 정도로 생각하고 학술대회에 참석하여 잠시 놀다가 가는 식으로 생각하고 있기도 하니까요.

이호진 : 핵심은 잡(Job)입니다. 그 부분은 학생들이, 아까 해양직 말씀도 하셨는데, 바로 그 부분이 인력양성의 핵심이지요. 학생들 대부분은 다 취업이 중요한데 자리는 제한되어 있으니까요. 예를 들어 공무원 해양직이라든지, 해양학 전공자들의 지원할 수 있는 상징적 직종이 있어야 하는데 거의 수행되지 않고 있습니다. 기상학에는 기상직이 있습니다. 이런 점을 굉장히 심각하게 생각해야 할 때가 되었습니다. 해양에 대한 인식도 없고, 대학 및 연구소 이외의 해양 전문성을 필요로 하는 전문직종이 없다면…… 물론 예전보다 지금에 와서 좀 좋아진 곳도 있긴 하지요. 해양조사원으로부터 하청을 받는 중간 규모의 회사가 생긴 것이 그런 예입니다. 그러나 학생들이 바라는 수준은 그것이 아니죠. 무엇보다 배를 타는 일 자체를 하지 않으려고 하죠. 그

러니 더욱더 나빠지고 있다고 봐야 합니다. 아까 주세종 박사님이 정확히 지적해 주셨듯이, 학과가 없어지면 학교도 따라서 없어지는 것입니다.

최중기 : 그 부분과 관련해서 가장 큰 문제는 학과 자체가 없어진다는 것이지요. 두 가지 요인입니다. 우선은 일자리, 즉 취업률을 따지는데 취업률이 낮아지니까 학과가 없어진다는 것이고, 또 하나는 학생들이 해양에 대한 매력을 느끼느냐는 점입니다. 그래야 학과를 들어올 텐데…… 해양에 대해 잘 모르면, 그렇기 때문에 다른 분야가 오히려 상대적으로 젊은 학생들한테 많이 어필되지요. 해양학 경우를 보면, 물론 KIOST 같은 곳에서도 많이 홍보하고 있긴 하죠. 그렇지만 실제로 해양학의 대중화, 조금 전 국민들한테 서비스 얘기를 하셨는데, 서비스 면에서 약하지 않은가 합니다. 우리가 생각하기에 많은 부분에서 해양학이 바다에 관한 기초학문으로써 필요하다고 봅니다. 바로 그런 부분이 충분히 홍보가 안 되고, 또 잘 알려지지 않고 있지요. 최근 학회에서 보니까 중·고등학교 선생님을 대상으로 한 발표 세션이 생겼죠? 제가 알기로는 이태리, 라틴지역 같은 경우에는 아주 오래전부터, 그러니까 거의 20년 전부터 그런 프로그램들이 있었어요. 그쪽에서 연구, 프로젝트 받아서 하곤 하지요. 바로 그런 면에서 우리 해양학회의 대응이 늦지 않았나 합니다. 홍보, 대중화, 일반 교육, 실용성 제시, 이런 부분에 대해서 혹시 김영옥 박사님께서 하실 말씀이 많으실 것 같은데요?

김영옥 : 그래서 최근 저의 경험을 말씀드릴까 해요. 제가 근무하고 있는 곳이 남해 거제도에 있는, 한국해양과학기술원 남해연구소입니다. 요즘 한국해양과학기술원 본원에서는 저희 연구소를 거점 연구소라고 하는데, 이런 저의는 거점연구소로서의 제가 있는 남해연구소를 중요한 포션을 갖고 있다는 얘기

이고, 해당지역을 위한 활동을 강조하기 위한 것이죠. 그래서 드리는 말씀인데, 남해연구소에서 자랑할 일이 하나 있습니다. 매년 학생들을 엄청나게 교육시킨다는 사실이에요. 아마 남해연구소를 다녀가신 분들은 아시겠지만, 제법 그럴싸해요. 최근 분위기가……. 학생들이 방문하면 각종 샘플을 모아둔 '시료도서관'도 한 바퀴 돌아가며 보여주고, 선박평형수가 어떤 것인지 그 인프라도 보여줍니다. 이렇게 연구소 곳곳을 한 바퀴 돌고 가면 학생들이 무엇인가를 느끼고 얻어가는 것 같아서 아주 좋습니다. 그런데 그 반응들이 의외로 좋아요. 최근에는 초등학교 교육도 참 많이 했는데, 그 후 몇 년이 지나니까 이제 초등학교에서 중학교로 진학한 아이들이 교육받으러 들어오는 거예요. 아주 최근에는 해양 자체에 완전히 필(feel)이 꽂힌 아이들까지도 와서 교육을 계속 받아요. 아이들이 해양에 대해 배우러 찾아오면, 연구실에서 실험도 함께 하면서 가르쳐 줘야 하고, 그렇게 가르치려면 보통 열정을 갖고는 못하거든요.

그런데 놀랍게도 그 아이들한테 물어봐요, 나중에 해양학을 배우는 대학에 갈 생각이 있느냐? 그러면 있다고 대답하는 애들이 꽤 많아요. 이러한 접근들은 실제로 어렵지 않다고 보거든요. KIOST만 해도 어느 정도 인프라가 깔려 있어서 그렇죠. 그래서 아이들에게 해양에 대해 제대로 된 관심과 흥미를 갖게 하는 것은 상당히 중요하다고 저는 늘 생각해요. 진짜 교육은 아예 그냥 초등학교 때부터 체계적인 방법으로 해양을 어필하는 방법을 찾아야 되는데 한계가 없진 않죠. 왜냐하면 사이언스(Sciences)라는 과목 중에 차지하는 해양 부분은 작은 부분이기 때문이거든요. 유전공학 같은 것을 빼고는 뒤로 밀릴 수밖에 없기 때문에…… 그런 부분들을 어떤 형태든 해결해야 해요. 제가 재직하는 연구원이 초등·중등 교육기관은 아니지만, 그럼에도 불구하고 그런 쪽에 대해선 우리가 상당히 신경을 써야 하고, 그것도 장기적으로 가져야 한다고 저는 생각해요.

최영호 : 그와 관련해 말씀드릴 게 있어요. 지금 정부의 교육과학부에서는 자율학기
제를 도입했습니다. 자율학기제의 전제 조건은 콘텐츠인데, 과연 그런 콘
텐츠가 있느냐? 많지 않습니다. 스마트폰으로 '포켓몬 고(GO)' 프로그램, 일
명 증강현실(AR)을 체험하기 위해 몰려든 젊은이들로 난리였습니다. 지금
은 다른 곳에서도 한창 유행이죠. 그래서 지난번에 유일하게 '포켓몬 고' 프
로그램을 할 수 있다는 속초를 한번 가봤는데요. 열심히들 포켓몬을 잡고들
있더군요. 그런데 그렇게 포켓몬을 잡는 데만 골몰하면 그다음은 어떻게 될
까를 생각해 보니, 별로 없어요. 말하자면, 유익한 콘텐츠가 없다는 얘기입
니다. IT 기술은 좋아요. I.O.T 사물 인터넷도 유익합니다. 그래서 방금 김
영옥 박사님이 참 중요한 말씀을 하셨지요. 뭐냐면, 우리가 교육제도와 콘
텐츠를 잘만 결합하면 유익한 게 많다는 얘기입니다. 그런 차원에서 교육과
학부가 시행하겠다는 자율학기제를 해양학 전공자들이 잘만 이용하면 좋을
듯합니다. 자율학기제는 각각의 학교마다 의무적이고, 예산도 따라오도록
되어 있습니다. 대신 자율학기제를 수행하는 아이들은 지도교사랑 반드시
일정한 결과를 제출해야 합니다. 문제는 그것을 어떻게 수행하고 의미 있는
결과를 도출하느냐는 겁니다.

　제가 말하려는 핵심은 해양학회가 좀 더 미래로 나가려면 단순히 지식의
전달자가 아니라 지식의 창조자 그룹이 모인 학회가 되어야 한다는 겁니다.
즉, 지식의 제안자가 되는 학회지요. 아닐 미(未), 올 래(來)를 합친 '미래(未
來)'라는 말은 아직 오지 않은 내일을 뜻하지만, 어쩌면 이미 우리 바로 옆에
와 있을 수도 있습니다. 제대로 발견하지 못해서 감지하지 못할 뿐일 수 있
지요. 또 발전(發展)이라는 말도 사실은 펼쳐서(發) 보여준다(展)는 뜻이거든

요. 그렇다면 미래가 우리 바로 옆에 이미 와 있는데, 우리가 그것을 제대로 링크하지 못하고 있는 게 아닌가 하는 점입니다. 이런 관점에서 해양의 진면목을 아이들한테 보여주고 배우게 하면 아이들이 무척 신기해하지 않을까요?

김웅서 학회장님의 전공이 플랑크톤연구였지요? 그 플랑크톤에서 대중문화적으로는 무엇이 나온지 아십니까? 바로 영화 「에일리언」입니다. 에일리언의 등장인물들의 형태가 바로 플랑크톤을 확대시킨 모습입니다. 그리고 심해저의 경우는 어떨까요? 영화 「아바타」입니다. 그리고 「니모를 찾아서」도 나왔지요. 지금 아이들은 바로 이런 영상문화를 보고 배우고 자랐습니다. 그러니까 우리가 해양학을 단순하게 지식으로만 전달해서는 곤란하다는 겁니다. 그리고 그 지식을 대하는 교수님들과 연구자들도 해양이 갖고 있는 자양분을 다채롭게 인식할 때가 왔습니다. 그런 점에서 저는 해양학을 연구하는 교수님들과 연구자들이 해양에 대한 지식만 전달하는 분들이 아니라 스스로 지식을 생산할 수 있고, 창조할 수 있다는 생각도 가지셔야 한다는 겁니다. 바로 이런 관점에서 해양학 연구는 앞으로 새로운 비전을 제시할 수 있다고 봅니다.

신경훈 : 제가 재직하는 학교는 사립대학교입니다. 최근 해양융합과에서 해양융합공학과로 학과 명칭이 바뀌었어요. 내부 갈등도 굉장했는데, 저희는 이것이 확대개편이라고 봐요. 왜냐하면 이번 교육부 프라임 사업 참여로 학과 교수 T.O를 두 명 받았고 학생 정원도 조금 늘었기 때문입니다. 전국의 해양학 관련학과가 대부분 축소되고 있는데, 우리는 어쨌든 해양학 관련 인적자원을 키우고 있는 거라고 생각하고 있습니다. 그래서 두 분야 모두 실용적인 분야를 지도할 수 있는 분을 뽑으려고 하고 있어요. 이번 학기에는 해양

물리탐사와 관측 또는 연안공학 분야로 공채를 할 생각입니다. 그리고 다음 학기에는 해양수산생명공학 분야 신임교수를 채용하려고 합니다. 물론 해양학의 아이덴티티는 분명하게 갖고 있어야 되겠죠. 그래서 제가 속한 학과의 경우 물리, 화학, 생물, 지질해양학에 대한 교육과 연구를 하시는 네 분, 그리고 해양 관련 응용 분야를 전공하시는 네 분으로 교수진을 구성하여 해양학을 기본으로 하는 융합과학과 기술을 교육하려고 합니다. 그러나 해양학 전공자들이 졸업 후 일할 수 있는 분야를 해양학회 차원에서도 찾아내야 할 것 같습니다.

최중기 : 오늘 모처럼 모여 대담하다가 보니 시간이 너무 빨리 가네요. 그래도 말씀하실 것이 남은 분이 계실 듯한데…….

이호진 : 간단히 말씀드릴 게 있습니다. 아까 일반학생의 해양교육과 관련해서 해양학회에서 관심가질 수 있는 것이라면, 바로 '씨그랜트 프로그램'입니다. 지금 전국 6개 대학에서 이 씨그랜트 프로그램을 운영하고 있거든요. 그중 하나로 충남대학교의 경우는 해양학과가 주도적으로 하고 있지만 다른 곳에서 그렇게 하는 곳이 많지 않습니다. 제가 몇 번 이 프로그램을 사업으로 운영한 적이 있고 평가를 받으러 간 적 있습니다. 그래서 알게 되었는데요, 어떤 분들은 이 프로그램을 R&D 사업이라고 생각하여 얼마 안 되는 삼천만 원 정도의 사업비를 갖고 R&D 하고 있었습니다. 그런데 원래 목적은 다릅니다. 외국에서 이 프로그램을 운영할 때는 R&D가 아니고 '왜 해양을 연구하는가? 왜 국가 예산이 해양연구에 투자되어야 하는가?'를 일반인들에게 홍보하는 프로그램입니다. 다른 연구과제들에서도 일반인들을 대상으로 한 해양교육, 초등학생, 중학생들한테도 해양교육을 하게 하는, 그런 걸 많이들

하거든요. 그런 걸 하면서 일반인과 아이들에게 해양에 대해 관심을 갖게 하고, 해양에 보다 친근해지게 만드는 것이지요. 해양학회에서 해양수산부에다가 이런 프로그램은 R&D가 아닌 해양교육 프로그램임을 주지시켜 예산을 많이 주도록 해야 합니다. 씨그랜트 프로그램이 앞서 여러분들이 말씀하신 해양교육에 활용할 수 있는 상당히 좋은 프로그램입니다.

최영호 : 오늘 대담이 거의 끝날 때지만, 이런 자리가 아니면 말씀드리기 힘든 얘기를 할까 합니다. 학회 차원의 얘기입니다. 우리 학회도 아직은 점칠 수 없지만 언젠가 도래할 남북통일에 기여할 수 있습니다. '통일'이라고 해서 지금 당장 무엇을 어떻게 하자는 얘기는 아닙니다. 그보다 지금은 우리 학회가 정부의 통일부 혹은 통일연구원과 MOU 정도를 체결해서 준비하는 기간으로 삼으면 어떨까요? 이런 공식적인 통로를 통해 통일부나 통일연구원로부터 북한에 관한 공식적인 자료 등을 미리 수집한 뒤 여러 회원들에게 링크시키면 그것이 곧 통일을 준비하는 것과 같지 않을까요? 이런 인식적 공감대 아래 통일부나 통일연구원과 정기적인 만남, 혹은 학회 개최 시 초청 연설 같은 것도 가지면 좋을 듯합니다. 사실, 우리가 옛날에도 KEDO사업 등을 한 경험이 있는데, 이런 KEDO사업이 어떻게 보면 통일이란 얘기는 한마디도 하지 않으면서 통일로 가는 길이거든요. 우리 학회가 통일부나 통일연구원을 통해 북한에서는 어떤 해양 관련 자료들이 나오는지를 미리 알면, 통일부로서도 통일에 대비할 때 굉장히 많은 비용을 아낄 수 있을 겁니다. 게다가 정부로서도 무척 반길 테지요.

최중기 : 오늘 아주 좋은 말씀들을 많이 해주셨습니다. 학회의 문제점, 그리고 해양 학계의 문제점…… 너무 많은 문제점을 말씀해주셔서 오늘 대담이 미래를

위한 자리가 아니라 일종의 산적한 문제들을 털어놓는 자리가 된 듯합니다. 하지만 이를 뒤집어 보면 우리가 논의한 이런 문제들을 하나하나 해결했을 때 우리 해양학계와 학회가 보다 밝은 미래를 가질 수 있고, 또 비전도 가질 수 있을 것입니다.

여러 좋은 말씀들 가운데서 이를테면 학술대회 운영이라든가 대외 관련 정책, 또는 대국민 서비스와 관련된 문제, 교육인력 또는 학회 내의 각각의 연구자나 개별 대학들에서의 프로젝트를 서로 관련시킨다면, 우리 학회가 그 부분들에 대하여 일종의 조절자 같은 역할이 필요하지 않을까 합니다. 특히 최영호 교수님께서 제안하신 해양아카이브 설립 문제도 있었는데, 이런 많은 문제들이 자연스럽게 해결되면 참 좋겠지요. 그렇다고 김웅서 학회 장님이 혼자서 다 하실 수도 없지요. 하지만 우리가 그런 문제들 중에서 잘 해결한 케이스들이 좀 있긴 있어요. 예를 들어, 학회지 부분입니다. 학회지 는 편집위원회가 따로 있어서 그 편집위원들이 꾸준히 노력해왔지요. 또 학 회에 포상위원회도 별도로 있어서 그간 포상시스템을 활발히 운영한 결과, 2008년 이후부터는 학회 총회가 열리는 날이 완전히 상 받는 날로 회원들 한테 인식되도록 했지요. 이로 인해 젊은 과학자들한테도 좋은 연구 기회를 만들어준 셈입니다. 이렇게 잘 운영되려면 역시 학회가 운영상 좀 더 많은 것들을 검토하는 시스템이 되어야 합니다. 가령, 학술대회도 학회장, 총무 이사, 학술간사 위주로 준비하는데, 따로 학술위원회가 있으면 1년 전부터 학술대회를 계획하여 준비하면 좋지 않을까요?

아까 교육에 대한 얘기나 홍보 분야도 위원회를 구성하여 거기에 관심 있 는 회원들끼리 시대적 추이를 반영하면서 논의하고 제안하면 더 좋은 아이 디어들이 나올 테고, 이를 학회 차원에서 실행하면 되지 않을까 합니다. 우 리 학회가 과거에는 2~3백 명 정도였지만 회원이 거의 2,000명이 넘어서자

다양한 요구가 나올 수밖에 없고, 이제 이런 문제를 해결할 때가 왔습니다. 때문에 지금의 학회시스템 자체를 검토하고, 앞으로 어떤 대책을 좀 더 세울 때가 도래했습니다. 이런 부분에 대해서 아마 오늘 우리가 갖는 대담이 좋은 계기가 되어 심도 있는 논의로 발전했으면 합니다. 그런 점에서 오늘 김웅서 학회장께서 앞서 여러 좋은 의견들을 내셨고, 또 오늘 참석하신 여러분들께서 실질적이면서도 상당히 급한 문제들을 제기하셨지요. 모쪼록 이런 문제들이 잘 정리되어 학회장께서 학회를 운영하는 데 도움이 되었으면 합니다. 앞으로 1년 반 정도 더 운영하는 동안 적절한 방안을 내놓지 않을까 기대합니다. 학회장께서 한 말씀 하시고 오늘 대담을 마치기로 하겠습니다.

김웅서 : 네, 오늘 주신 말씀을 잘 새겨서 해양학회 발전을 위해 노력하겠습니다. 못다 한 말씀들은 저녁식사를 하면서 해주시면 고맙겠습니다. 최중기 교수님께서 마무리를 해주시기 바랍니다.

최중기 : 아까 변상경 전 회장께서 말씀하신 것 중 하나는 "우리 학회가 수준이 있어야 된다"고 하셨지요? 국제화와 관련된 내용입니다. 또 하나는 "분위기 있어야 한다." 이런 두 가지 말씀을 해주셨습니다. 그리고 오늘 다른 분들도 함께 공감하신 것이 학회는 학술 발전을 선도해야 하고, 학회의 모임은 즐거워야 한다는 점입니다. 오늘 대담의 결론도 이것으로 하겠습니다. 참석해주신 여러분, 장시간 수고하셨습니다.

부록

–

유관 기구 및 프로그램

1. 대외 기구 및 관련 프로그램

정부간해양학위원회(IOC)와 한국해양학위원회(KOC)

변상경(전 IOC 의장, 한국해양과학기술원 명예연구위원)

정부간해양학위원회 소개

1957년 ICSU(International Council of Science Union)는 심해 연구와 관측을 촉진하기 위해 SCOR〔Special(후에 Scientific으로 바꿈) Committee on Ocean Research〕를 산하에 창설하였다. SCOR는 UNESCO(United Nations Educational, Scientific and Cultural Organization)에 IOC 신설을 권고하였으며, 이 권고에 따라 UNESCO는 1960년에 개최된 11차 총회에서 결의안2.31으로 정부간해양학위원회(IOC: Intergovernmental Oceanographic Commission)를 산하에 창설하기로 결정하였다. 다음 해인 1961년 10월 19일부터 27일까지 Paris 소재 UNESCO본부에서 제1차 IOC 총회가 개최되었다. 총회 기간 동안 우리나라는 창립 회원국 자격으로 1차 회의(3인 참석: 수석대표 백선엽 주불대사관 대사, 수산청 배동환, 프랑스 마르세이유 수산연구소 이영철)부터 지금까지 빠짐없이 참석하고 있다. 특히, 우리나라는 1993년 이후에는 집행이사국에 연속적으로 진출하였고, 2011년부터 2015년까지 의장국(의장 변상경)으로도 활동하였다.

정부간해양학위원회(IOC)는 유엔해양법 협약에 명시된 대로 유엔 내 설립된 해양과학기술 전담기구로서 해양과학의 연구, 서비스, 능력개발에 관한 국제협력 증진과 프로그램 조정을 목적으로 유네스코 산하에서 기능적 자치권을 갖고 운영되고 있다. IOC는 해양과 연안의 연구와 관측 및 그 결과의 활용, 기준, 참고, 지침, 용어의 개발, 유엔해양법 등 국제기구 요청에 대응, 해양 관측과 기술 이전 등 다양하고 중차대한 기능을 수행하고 있다.

IOC는 현재 가장 최근(2016년 2월 11일)에 가입한 나우루공화국을 포함하여 148개 회원국으로 구성되며, 이들 회원국은 총 5개 그룹(1그룹: 서유럽/북미권, 2그룹: 동구권, 3그룹: 중남미권, 4그룹: 아시아/태평양권, 5그룹: 아프리카권)으로 나뉘어 활동 중이다. IOC는 총회, 집행이사회, 사무국, 하부기구로 구성된다. 이 가운데 총회는 회원국 전체가 참가하여 매 2년마다 IOC의 정책과 업무, 프로그램 및 예산을 승인하고, 40개국으로 구성된 집행이사국은 IOC 업무를 매년 집중적으로 토의한다. 또한 프랑스 Paris UNESCO 본부 건물에 위치한 사무국은 유네스코가 지원하는 사무총장과 직원, 그리고 회원국/국제기구가 지원하는 직원 등을 포함해 전체 50여 명으로 구성된다. 사무국과는 별개로 특정 주제를 다루기 위해 하부기구가 있는데, 이는 회원국과 개별 전문가로 구성된다. 특히, IOC의 재원은 유네스코의 지원 예산, 비 유네스코 회원국이지만 IOC회원국들의 지원금, 그리고 회원국과 UN기구로부터의 추가지원금 등 3가지로 구분되고, 전체 예산은 대략 2년간 1,500만 달러이다.

IOC는 지역협력을 유도하기 위해 아프리카위원회(IOCAFRICA), 카리브위원회(IOCARIBE), 서태평양위원회(IOCWESTPAC: 1989년 창립, 한국을 포함한 22개국 참여 중) 등 3개의 소위원회를 운영 중이다. 또한 지역위원회(IOCINDIO, BSRC), 지역프로그램사무국(GOOS Rio, IOC Perth Office) 그리고 프로젝트사무국(HAB, IODE, JTIC, Nairobi IODE, JCOMMOPS) 등도 설치 운영하고 있다.

IOC는 중기전략(2014년~2021년)을 다음과 같은 4가지 상위목표로 선정한 후 현재 추진 중에 있다. IOC의 궁극적인 목표는 현재 수행 중인 과학적 연구, 체계적인 관측, 신뢰성 있는 서비스를 통해 해양의 지속가능한 개발과 인류의 빈곤 감소에 크게 공헌하는 것이다.

1) 건강한 해양생태계와 지속가능한 생태계 서비스(해양생태계 건강)
2) 효과적인 조기경보시스템과 쓰나미 및 다른 해양관련재해에 대한 대비(해양재해 조기경보)
3) 기후 변화와 변동에 관한 강화된 회복력과 과학에 근거한 서비스, 적응 및 완화의 전략을 통해 제반 해양기반 활동의 향상된 안전, 능률 및 효과(기후 변화와 변동에 대한 회복력)
4) 해양과학 현안 문제에 대한 개선된 지식(현안 문제에 대한 개선된 지식)

한편, 이러한 상위목표를 달성하기 위하여 IOC가 추진하는 프로그램은 다음과 같다.

- **능력개발**: 현안중심과 자생적인 능력개발에 중점을 두고 추진 중임. 능력개발과 기술이전은 해양의 효과적인 경영과 관리에서 매우 중요한데, 회원국(특히 아프리카국, 개도국, 소도서국)들은 공평하고 지속가능한 방법으로 해양과 연안으로부터 혜택을 누리고 이를 관리할 수 있는 지식과 기술 능력을 갖추어야 하며, 이를 위해 IOC는 상호 합의된 범주 내에서 이와 같은 능력개발과 자발적 기술이전의 촉진을 계속하고 있음.
- **해양과학**: 세계기후연구프로그램(WCRP), 해양생물정보서비스(OBIS), 전세계해양과학평가(GOSR), 유해적조(HAB), 생태계역학(GLOBEC) 등을 수행 중임.
- **쓰나미**: 쓰나미 조기경보 완화시스템을 태평양(ICG/PTWS), 인도양(ICG/IOTWS), 북동대서양/지중해(ICG/NEAMTWS), 카리브해(ICG/CARIBE-EWS)에서 각각 운영 중임.

- **전지구해양관측시스템**(GOOS): 일기 및 기후 예보, 생물을 포함한 해황 예보, 생태계 및 자원 관리, 자연재해 및 오염 저감, 인명과 재산 보호, 과학적 연구를 위해 IOC는 전 지구적 해양과 연근해의 관측망을 확대하고, 나아가 과학적 연구와 지식의 소요제기를 계속하는 한편, 이러한 관측을 유지하는 능력을 확충해나갈 예정임.

- **해양과 해양기상을 위한 WMO-IOC 공동기술위원회**(JCOMM): 세계기상기구(WMO)와 정부간해양학위원회(IOC)가 공동 설립하여 해양과 해양기상의 관측, 자료관리 및 서비스를 위한 국제조정기구 역할을 수행 중임.

- **국제해양자료정보교환**(IODE): 회원국간 해양 자료와 정보 교환을 목적으로 1961년 IOC가 설립하였고, 현재 전 세계적으로 80개 이상의 해양자료센터를 설치 운영 중임.

- **해양 내 탄소연구**(IOCCP): 해양 내 탄소 측정을 위한 전 지구네트워크를 개발 중임.

- **해양법**(UNESCO/IOC/LOS): 유엔해양법협약에서 해양과학조사(8부), 해양기술의 개발과 이전(14부), 대륙붕의 정의(76조)에 관해 IOC를 자문하고 있음.

- **해양관리**: 통합연안역관리(ICAM), 전지구 산호초 모니터링 네트워크(GCRMN), 해양공간계획 수립(MSPI) 등 1992년 개최된 유엔환경개발회의(일명 리오선언)의 "의제 21" 에 따라 후속조치로 통합연안관리를 지원하고 있음.

- **해양평가**(Assessment of Assessments): 유엔총회 결정에 따라 해양의 이해와 과학기반정보를 정책결정자와 대중에게 제공하기 위해 추진 중임.

- **기타 프로그램**: 해저수심도 작성, 해수면 관측시스템 구축 등이 있음.

최근에는 다음 2가지가 미래 현안문제로 크게 부각되고 있다.

- UN Sustainable Development Goals(SDGs: 유엔지속가능발전목표)

2015년 9월 25일 UN총회에서 세계 193개국 대표들은 2030년까지 추진할 지구촌 발전방향의 큰 그림이라 할 수 있는 "2030 지속가능발전의제(Transforming Our World: the 2030 Agenda for Sustainable Development)"에 합의하였음. 2016년 1월부터 본격적 이행에 들어간 이 의제는 모두 17개 항목과 169개 세부목표로 구성되어 있는데, 향후 15년간 미래를 향해 발을 내딛을 지구총의가 모인 이정표가 될 것임. 특히 14번째 항목인 "해양과 해양자원의 보존과 지속가능한 이용(Conserve and sustainable use the oceans, seas and marine resources for sustainable development)"은 10개의 세부목표를 정하고 있어서 이들 목표를 이행해가는 과정에서 IOC를 비롯한 UN기구들은 그 진도를 측정하기 위한 지표세트를 설정하고 국가, 지역, 그리고 전 세계적 이행 현황을 모니터링하고 통계체제를 구축할 계획임. 이에 따라 우리나라 해양수산부를 비롯한 관련 부처와 국회는 관련법규를 정비하고 행정조직을 개편하면서 부문 간의 협의를 거쳐 구체적 이행체제를 수립해 나가야 할 것임.

- UNFCCC 당사국 총회(COP21) 후속사항

2015년 11월 Paris에서 채택된 제21차 UNFCCC 당사국 총회(COP21)에서 지구온도 상승을 산업화 이전과 비교하여 1.5℃ 이내로 낮추기 위해 온실가스방출을 저감하기로 결정하였음. 이 합의를 뒷받침하기 위해 IOC는 해양의 역할에 대한 타당성과 가능성을 조망하고 회원국들과 국제기구들과의 협력을 강화해나갈 예정임.

한국해양학위원회 소개

1961년 한국해양과학위원회(KOC: Korean Oceanograhic Commission)가 IOC 업

무에 대한 전문적 자문을 통해 우리나라 해양과학의 발전을 도모하기 위해 유네스코한국위원회(현재 서울 명동 소재) 내부에 설치되었다. KOC는 우리나라 해양과학자들이 1965년부터 1969년까지 참여한 한국 최초의 국제해양조사사업인 쿠로시오 합동조사(CSK: Cooperative Studies of the Kuroshio) 참여를 통해 주변국들과 함께 공동으로 해양관측자료를 수집하고 정보를 교환함으로써 해양학 발전에 크게 기여할 수 있는 발판을 마련해 주었다. 또한 1965년에는 한국해양학회 창립 발기 대회를 주선하여 1966년 한국해양학회 창설에 기여하였고 1965년부터 매년 해양학 심포지엄 개최를 지원하는 등 초창기 해양학 발전을 견인하는 역할을 수행하기도 하였다. 1979년 이후에는 KOC사무국이 유네스코한국위원회에서 해양연구소(현 한국해양과학기술원), 교통부 수로국(현 국립해양조사원), 유네스코한국위원회, 한국해양연구소(현 한국해양과학기술원)로 이전되는 과정에서 그 활동이 위축되기도 했으나 2004년 해양수산부 훈령으로 실질적인 국가 예산확보가 이루어지고 타 국제기구(PICES 및 SCOR) 활동까지를 포함한 기능 확대가 이루어지면서 활발한 활동을 보이고 있어 IOC 내부에서도 모범적인 사례로 인용되고 있다. 이렇듯 KOC는 국제해양 조사와 연구, 그리고 자료교환 등을 통해 IOC사업에 적극 참여할 수 있는 창구역할을 주도적으로 수행하고 있다. KOC의 역할과 활동은 우리나라의 국제역량 뿐만 아니라 국내 역량을 결집하고 발전시키는 소중한 성과를 올렸고 해양학 발전에 크게 기여할 것이다.

IOC의장 선거 에피소드

필자는 한국대표로 IOC 총회와 집행이사회 회의에 1997년 이후부터 현재까지 해마다 빠짐없이 참석하였다. 필자가 IOC 의장단(의장, 부의장 5인, 사무총장)으로 선출된 것은 지난 2009년에 거행된 부의장 선거를 통해서였다. 당시 5개 권역으로 나눠 부의장을 각 권역별로 한 명씩 뽑는데, 이때 아시아/태평양지역에서는 필자와 이란의 대표가 출사표를 던졌다. 그보다 앞서 4년 전인 2005년에도 부의장에 도전한 바 있다. 그러나 호주대표와 협의해 다음 선거가 있는 2009년에 한국이 부의장에 진출할 수 있도록 협조하겠다는 그의 구두약속을 받고 부의장 후보직을 양보하였다. 그 후 2009년 필자는 호주와 일본(일본에 앞서 중국에게 먼저 재청 여부를 문의한 결과 중국 입장이 한국만을 지원하기에는 부담이 된다는 정중한 거절이 있었음)의 재청을 받아 후보에 출마할 수 있었다. 당시 이란은 아프카니스탄과 북한의 재청을 받아 출마하였다. 그러나 필자와 함께 득표경쟁에 들어간 이란의 대표가 예상 득표수에서 전세가 절대적으로 불리하다는 걸 느끼고 투표 직전에 가진 신상발언을 통해 IOC화합을 위해 자신의 출마를 포기한다고 선언하였다. 그 결과, 필자는 무투표로 부의장에 당선될 수 있었다.

어느 선거든 역사적 의의를 갖는다. 특히 IOC 의장 선거의 경우, 회원국들과 사무국은 업무의 연속성을 유지하기 위해 전/현직 부의장 중 한 명을 차기의장으로 선발하길 희망한다. 하지만 IOC 의장 선거에서는 전직보다 현직 부의장을 더 선호하는 편이고, 그간 실천한 IOC 활동과 기여도, 선거그룹별 순환과 안배, 자국의 정치 및 경제 상황, 주요 회원국들의 선호도 등이 의장 선출을 좌우하는 가장 큰 영향 요소이다. 차기의장 선출 1년 전인 2010년 집행이사회에서 선거공지가 발표된 이후부터 여러 국가들 간에 은밀한 물밑 움직임이 시작되었다. 당시 부의장 5명은 캐나다, 러시아, 콜롬비아, 한국, 튀니지 출신으로 구성되어 있었다. 그 당시 현직의장은 아르헨티나 출신이었기 때문에 중남미그룹의 콜롬비아 출신 부의장은 지역순환 원칙상 의장출마가 어려웠다. IOC 사무총장을 캐나다 출신이 맡고 있어 서유럽/북미그룹의 캐나다 출신 부의장은 사무총장과 출신국가가 중첩되어 있었다. 그에 반해 러시아 출신 부의장은 개인적으로 IOC 의장직에 별반 관심

IOC 총회 회의장 모습 (2015년 6월)

IOC 총회가 열리고 있는 연단 모습(왼쪽 다섯 번째가 필자, 2016년 6월)

이 없다는 것을 일찍부터 표명한 상태였다. 나머지 튀니지 출신 부의장이 관심 표명을 하였다. 여기에 자칫 아프리카/아랍/불어권 국가들이 단합하여 지원하게 되면 어려운 경쟁이 될 수 있는 상황이었다. 그런 가운데 마침 2010년 12월 튀니지에서 발발하여 아랍으로 번졌던 소위 '아랍의 봄' 사건으로 튀니지가 국가적 비상 상황에 처하자 선거출마의 여력을 상실해가고 있었다. 이러한 전체적인 상황을 고려하니 한국이 당선될 가능성이 무척 높았다.

우리나라 국토해양부는 1년 후(2012년 5월 12일부터 8월 12일까지)에 열리는 여수 엑스포의 성공적 개최를 위해서도 IOC 의장 진출이 바람직한 상황이었다. 이런 판단에서 2011년 2월 IOC 의장단회의를 서울에 유치해서 현직 의장단들에게 한국의 해양과학 수준과 의장 진출 의지를 피력하였다. 외교통상부도 IOC 의장 진출이 우리나라의 UNESCO집행이사국 진출과 상충되지 않을까 염려했으나 모든 상황이 한국에 유리하게 전개되고 있다는 것을 알아챘다. 그러자 5월부터 주 유네스코한국 대표부를 중심으로 우리나라가 속한 아시아/태평양그룹 회원국들의 지원 동의를 발 빠르게 구했고, 다른 그룹 국가들을 상대로도 적극적인 선거활동을 펼쳤다. 그 결과 2011년 6월 IOC 총회기간에 실시된 선거에서는 미국과 중국의 재청을 받아 경쟁자 없이 단독으로 입후보하게 되었고, 만장일치로 무투표 당선이 될 수 있었다. 역사적인 순간이 아닐 수 없었다. 당선 후에는 우리나라 정부의 전폭적인 지원에 힘입어 각 대륙별 포럼을 개최하는 등 적극적이며 활발한 활동업적을 쌓은 결과, 2013년 의장선거에서 현직이라는 프리미엄을 업고 미국과 중국의 재청을 받아 아무런 경쟁자 없이 역시 무투표로 재선될 수 있었다. 그 후 2015년 6월까지 IOC를 효과적으로 이끌며 기대지평을 넓힘으로써 국제해양사회에서 우리 대한민국의 국가적 위상을 드높일 수 있었다.

유네스코한국위원회와 한국해양학위원회(KOC)

최중기(인하대학교 명예교수)

유네스코한국위원회는 1954년 한국전쟁 후 우리나라에 교육·문화 사업 등 지적인 사업을 펼치기 위하여 설치되어 교과서 발간 등 많은 교육 문화 사업을 펼치고 있었다. 1950년대 말부터 유네스코본부가 국제적인 해양과학 증진의 중요성을 인식하여 1960년 7월 코펜하겐에서 제1회 국제해양과학회의를 개최하였고, 그 결과를 바탕으로 1961년 10월 유네스코 산하에 정부간해양학위원회(IOC, Intergovernmental Oceanographic Commission)를 발족시켰다. 이 회의에 우리나라 대표로 배동환, 이영철 박사가 참석하였다. 유네스코본부는 각 회원국에 IOC 가입을 독려하여 유네스코한국위원회도 1961년 말 산하에 한국해양과학위원회(Korean Oceanographic Commission)를 설치하고 당시 문교부 차관이던 서울대학교 이민재 교수를 초대 위원장으로 추대하였다. 1962년 2월 마닐라에서 개최된 제2차 유네스코 동남아지역 해양학 전문가회의에서 쿠로시오 해역에 대한 공동조사안을 채택하여 IOC 총회에 상정하였으며, 1962년 9월 유네스코본부에서 개최된 제2차 총회에서 이를 채택하였다. 1964년 7월 개최된 IOC 총회에서 CSK사업(Cooperative Study of the Kuroshio and adjacent regions) 수행을 최종적으로 결정하고 각 해당 회원국에 참여를 강력히 권고하였다. 유네스코한국위원회는 한국해양과학위원회로 하여금 이를 협력하게 하였으며 한국 정부의 참여를 요청하였다. CSK 사업이 유네스코의 주관사업으로 1965년부터 시행되면서 유네스코한국위원회(위원장 문홍주)가 한국의 해양학 발전을 위하여 KOC(제2대 위원장 최상)와 함께 제1회 해양과학 심포지엄을 1965년 12월 개최하였고, 유네스코한국위원회의 원창훈 기획부장은 당시 부원이었던 허형택 KOC 간사와 함께 1966년 7월 제2회 심포지엄에서 한국해양학회가 발족하는 데 큰 기여를 하였다. 원창훈 기획부장은 1967년부터 부원인 이해관 총무간사와 함께 1971년 제

7회 해양과학 심포지엄까지 학회지 발간 등 한국해양학회가 정착하는 데 많은 지원을 아끼지 않았다.

KOC는 IOC 관련사업의 효율적 참여와 IOC 관련업무에 대한 전문적 자문을 통해 한국해양학의 발전을 도모할 목적으로 발족되어 KOC 사무국은 1975년까지 유네스코한국위원회에서 운영하다 교통부 수로국(당시 KOC위원장은 수로국 김문선 과장)으로 잠시 이관되었다가 한국해양연구소로 이해관 KOC 간사와 함께 옮겨졌다. 이후 KOC는 한국해양연구소, 국립수산진흥원, 수로국, 기상청, 한국해양학회, 학계대표, 유네스코한국위원회에서 추천받은 20인 이내의 위원들로 구성되었고 한국해양연구소 소장들이 위원장을 맡는 것이 관례화되어 이병돈 소장, 허형택 소장, 박병권 소장 등이 위원장을 역임하였고, 예외적으로 2000년 제8대 한국해양과학위원회 위원장으로 부산수산대학교 조규대 교수(한국수산학회장)가 선임되었고, 이후 다시 한국해양연구원 변상경 원장, 염기대 원장, 강정극 원장, 홍기훈 원장 등 현직 원장이 위원장을 맡고 있다. 변상경 위원장 재임 때 KOC를 한국해양과학위원회에서 한국해양학위원회로 변경하였다. KOC는 최근 국제프로그램인 GOOS, NEAR-GOOS, ARGOS, PICES 등 국제 프로그램에 관련된 지원 업무를 주로 협의하고 있다. KOC는 우리나라 해양학 관련 기관 대표들의 협의 모임인 만큼 우리나라 해양학 발전을 위하여 적극적인 역할을 할 필요가 있다.

한국해양자료센터(KODC)의 역사

서영상(국립수산과학원)

한국해양자료센터(KODC ; Korea Oceanographic Data Center)는 한국을 대표하는 국가해양자료센터(NODC)로서 UNESCO/IOC 국제해양자료·정보교환(IODE) 위원회의 국가대표 창구 역할을 하고 있다. UNESCO/IOC는 1961년에 국제해양자료·정보교환(IODE) 실무위원회를 구성하고 각 회원국에 국가해양자료센터(NODC)의 설립을 권고하였다. 대한민국 정부는 1974년 IOC에 한국해양자료센터의 설립을 서면통보하였고, 1975년 UNESCO에서 발행한 'Guide for Establishing a National Oceanographic Data Center'에 KODC가 한국을 대표하는 NODC로서 공식적으로 수록되었다.

KODC의 설립 초기인 1980년까지는 UNESCO한국위원회 산하 특별위원회인 한국해양과학위원회(KOC)에서 KODC의 업무를 수행하였으나, 국내의 해양관계기관과 연결되지 못하고 국외자료 수집 정도에 그쳤다. 이에 1980년 KOC는 KODC 업무를 해양자료의 주 생산기관인 국립수산과학원(당시 국립수산진흥원)으로 이관토록 의결하고, 1981년 IOC 및 회원국에 KODC 이관을 통보하였다. KODC가 국립수산과학원으로 이관된 1981년부터 국가해양조사계획(NOP)을 IOC에 보고하였고, 1984년부터 KODC가 NODC로서 기본적으로 수행해야 할 업무인 NOP, 해양조사요약보고 및 해양조사자료의 국제교류로 대외활동이 활성화되었다.

KODC는 국내·외 해양과학자료 및 정보를 수집·관리·처리·제공하는 것으로 이를 위해 해양자료를 전산화하고 품질관리하여 인터넷 홈페이지 운영 등을 통해 종합적인 해양자료 및 정보를 서비스하는 것을 주요기능으로 하고, 관련 국제협력 프로그램에 참여하여 해양자료 공유를 위한 국제교류 확대를 위해 힘쓰고 있다.

한국해양자료센터 홈페이지

현재 KODC는 해양자료 및 정보를 제공하기 위한 홈페이지(http://kodc.nifs. go.kr)를 구축하여 운영하고 있으며, 한국근해 해양관측자료, 연안정지 및 실시간 부이관측자료, 연안역 어장환경모니터링 자료, 위성해양정보, 이상해황정보, 해 어황정보, 적조정보, 해파리 출현정보, 패류독소 정보 등을 홈페이지를 통해 제공하고 있다. 또한, 다양한 해양자료 국제협력에도 참여하고 있다. UNESCO/IOC 총회 및 집행이사회와 IOC 산하의 IODE위원회 및 서태평양지역위원회(IOC/ WESTPAC)의 정부대표 활동뿐만 아니라, NEAR-GOOS(동북아해양관측시스템) 프로젝트, ODINWESTPAC(서태평양지역 해양자료정보 네트워크) 프로젝트에도 적극적으로 참여하고 있고, 미국 NOAA/NODC 및 일본 JODC 등 타국의 국가해양자료센터와도 활발한 교류를 하고 있다. 이 외에도 UNEP(UN환경계획)의 지역해프로그램 중 하나인 NOWPAP(북서태평양보전실천계획)의 DINRAC(자료정보네트워크 지역활동센터), PICES(북태평양해양과학기구)의 TCODE(해양자료교환 기술위원회), ADMT(국제 Argo 자료관리팀) 등 다양한 해양자료 국제협력에도 정부대표로 활동하고 있다.

PICES와 한국해양학

유신재(한국해양과학기술원 책임연구원)

PICES의 탄생 배경

북태평양 해양과학기구(North Pacific Marine Science Organization, 별칭PICES, http://www.pices.int)는 북위 31° 이북 북태평양 해역의 해양·수산연구를 촉진하기 위한 목적으로 북태평양 연안국들이 1992년에 창설한 정부간기구이다. 좀 더 상세히 말하면, 정부와 정부 간에 생물자원, 해양생태계와 환경, 육지-대기-해양의 상호작용, 기후변화와 인간 활동에 따른 동식물과 생태계의 변화 등을 연구하는 데 필요한 정보를 수집하고 상호 교류하기 위해 국제적 차원에서 설립된 기구인 것이다.

현재 회원국 수는 한국, 캐나다, 미국, 일본, 중국, 러시아 등 6개국이다. 한국은 1995년에 가입 의향서를 제출한 뒤 같은 해 7월부터 정식 회원국이 되었다. 'PICES'라는 기구의 별칭은 햇수로 90년 전인 1902년에 대서양 연안국들이 결성해서 만든 정부간해양연구기구인 'ICES(International Council for the Exploration of the Sea)'에 상응하는 연구기구로서의 의미도 갖고 있다.

PICES 조직

PICES 조직은 회원국들의 정부대표로 구성된 Governing Council이 최상위 결정 조직이다. 여기서 PICES의 모든 사항을 추인·결정한다. 그리고 바로 아래

조직인 과학평의회(Science Board)에서는 과학과 관련된 모든 업무를 계획·심의하고, 행정 및 실행과 관련된 업무는 사무국(Secretariat)에서 수행하고 있다. 과학연구와 행정을 한꺼번에 총괄하는 다른 국제해양과학기구의 경우와 비교했을 때, PICES 사무국은 과학과 행정을 분리하고 지원 역할만 하는 독특한 조직이다. 그런 점에서 볼 때, PICES에서는 사무총장 개인보다 과학평의회가 오히려 가장 중요한 역할을 한다고 할 수 있다. 과학평의회 아래에는 6개의 상설위원회가 있고, 상설위원회마다 의장을 두고 있다. 과학평의회는 바로 이 상설위원회의 의장들로 이루어져 있다.

PICES의 6개 상설위원회는 다음과 같다.

- BIO(Biological Oceanography Committee)

- FIS(Fishery Science Committee)

- MEQ(Marine Environmental Quality Committee)

- POC(Physical Oceanography and Climate Committee)

- MONITOR(Technical Committee on Monitoring)

- TCODE(Technical Committee on Data Exchange)

각각의 상설위원회에는 일정 기간 동안만 운영하는 워킹그룹 같은 전문가조직을 설치할 수 있는 권한이 부여되어 있다. 또 다른 특성은 PICES 내의 과학활동은 기본적으로 상향식(bottom-up) 과정으로 이루어진다는 점이다. 말하자면, 개인 또는 전문가 그룹이 먼저 과학적 제안을 상설위원회에 제출하고, 상설위원회에서는 이를 심의한 뒤 과학평의회에 제출하는 식이다.

PICES의 과학적 성과

PICES의 활동 역사는 길지 않다. 그런데 이런 비교적 짧은 역사를 지닌 국제해양과학기구임에도 불구하고 세계 해양학계에 큰 기여를 할 수 있었던 데는 무엇보다 세 가지 주요활동 때문이다. 1) 체제전환(Regime shift) 연구의 확립, 2)「북태평양 생태계 보고서(North Pacific Ecosystem Status Report: NPESR)」의 발간, 3) 종합적 해양과학프로그램의 수행이다. 좀 더 구체적으로 각각의 활동과 성과를 보면 아래와 같다.

첫째, 체제전환이 실제로 해양에서 일어나고 그 형태가 단속적이며 외적(기후적) 또는 생태계의 내재적인 요인에 의해 일어난다는 사실을 밝힌 점이다. PICES 주도하에 1992년부터 일련의 심포지엄을 통하여 북태평양의 1976년 체제전환을 시작으로 1988/1989, 1997/1998년 체제전환에 대한 연구가 진행되었다. 이 연구들은 *Deep Sea Research, Progress in Oceanography* 등 유수의 국제학술지에 특별호로 소개되었다. 이에 북태평양뿐만 아니라 북대서양 등 타 해역의 체제전환연구를 촉구하는 계기가 되었다. 이는 해양과학에 있어서 국제협력이 얼마나 중요한지를 한눈에 보여주는 사례이다.

둘째,「북태평양 생태계 보고서」는 광역적 해양을 이루는 지역 생태계가 기후변화에 대해 어떻게 공통적으로 또한 상이하게 변하는지를 비교한 과학적 기록이다. 초판은 2004년에 발간되었지만 2판은 2010년에 발간되었다. 초판과 2판 사이엔 6년이란 시간적 간격이 있으나 이 보고서는 대양규모의 해양생태계 연구에 있어 하나의 시금석으로 널리 인정받고 있다.

셋째, PICES의 목표인 북태평양과 그 주변해에 대한 이해를 증진하기 위한 가장 중요한 수단은 종합과학프로그램이다. 종합과학프로그램은 다양한 주제를 통합하고 있어 회원국 모두 참여할 수 있는 다학제 프로그램이다. PICES는

1996~2006년에 걸쳐 그 첫 종합과학프로그램으로 CCCC(Climate Change and Carrying Capacity)를 성공적으로 수행한 바 있다. 특히, 이 CCCC는 또한 기후변화에 대한 해양생태계의 반응을 연구한 국제해양프로그램인 GLOBEC(IGBP 및 SCOR의 후원 프로그램)의 지역프로그램의 일환으로 전 세계 해양연구에도 커다란 영향을 미쳤다. PICES는 2003~2006년간 CCCC의 후속프로그램으로 FUTURE(Forecasting and Understanding Trends, Uncertainty and Responses of North Pacific Marine Ecosystems)를 기획 준비해 2008년에 FUTURE Science Plan을 승인하였고, 2009년 10월 한국(제주)에서 열린 정기총회에서는 'FUTURE Implementation Plan'을 공식적으로 채택하였다. 특히, 이 FUTURE Plan에는 대양과 기후변화에 초점을 맞춘 CCCC프로그램과 달리 인간과 자연의 상호교류, 연안역의 변화에 주안점을 둔다는 측면에서 미래의 변화를 예측하는 요소들의 도입이 반영되어 있다. 뿐만 아니라 이를 통해 거둔 과학적 연구결과를 일반사회와 공유할 수 있는 산출물 과학프로그램의 중요한 요소로 규정하고 있다. FUTURE Plan의 예정 종료 시기는 2020년이다.

한국의 참여

한국의 해양과학자들은 1996년 PICES 정식회원국이 된 이후부터 여러 분과에서 다양하게 활동해왔다. 다음은 상설위원회 상위 조직에서 리더로 활약한 우리 해양과학자들의 명단과 역할이다.

- Governing Council: 허형택(부의장, 1995~1998 / 의장, 1998~2002), 박철(부의장, 2012~2016)

- **과학평의회**: 김구(의장, 2004~2007), 유신재(부의장, 2007~2010 / 의장, 2010~2013)
- **상설위원회**: 장창익(FIS 의장, 1996~1999), 김구(POC 의장, 2001~2004), 장경일 (POC 의장, 2010~2016), 김학균(MEQ 부의장, 2006~2009), 정규귀(부의장, 2007~2010), 주세종(BIO 부의장, 2013-2016)

하지만 아쉽게도 개인별 참여는 활발했는 데 반해, PICES 연구활동의 꽃으로 불리는 '종합과학프로그램'에의 참여는 저조하였다. 한국이 PICES 가입 시기가 1996년임을 감안하면 참여 기회가 충분히 있었음에도 CCCC의 성격에 걸맞은 연구활동 참여는 없었던 것이다. 가장 큰 이유는 CCCC의 연구방향에 부합하는 우리의 연구사업이 부재했기 때문이다. 그런데 더욱 유감스러운 것은 FUTURE에 와서도 이런 상황이 전혀 달라지지 않았다는 점이다. 한국형 FUTURE 프로그램에 대한 기획연구도 없진 않았으나 구체적으로 실현되지 못한 것도 큰 아쉬움으로 남는다.

PICES 전망

PICES는 2016년 총회 개최로 창립 25주년을 맞이했다. 이제 PICES는 ICES, SCOR, IOC, WCRP 등 중요한 지구과학기구들과 긴밀하게 협력하는 중요한 지역기구로 인정받고 있다. 세계의 유수의 국제해양기구들에 비해 비록 짧은 역사를 갖고 있음에도 불구하고 PICES가 중요한 해양과학기구로 자리 잡은 것은 무엇보다 그간에 이룬 과학적 성과를 손꼽지 않을 수 없다. 그중에서도 특히 지구계에서 중요한 역할을 하는 북태평양을 핵심 연구대상으로 하는 해양과학기구라는 점이다. 그런즉 PICES는 대서양을 연구대상으로 삼은 ICES와 손잡고 북반구의 해

1993년 PICES 2차 총회(시애틀) 옵저버로 참석한 한국해양과학자들
(왼쪽부터 유신재, 박규석, 방인권 박사)

양과학을 책임진다는 기치 아래 다각적인 협력을 추구하고 있다. 장차 세계무대
에서의 PICES의 역할은 나날이 증대될 것이라 전망한다. 한국의 해양과학자들도
더욱 적극적으로 PICES에 참여하여 전 지구적 차원에서의 연구를 수행할 수 있어
야 하고, 이를 국제공동연구의 장으로 널리 활용하는 것이 바람직할 것이다.

SCOR의 한국 참여

유신재(한국해양과학기술원 책임연구원)

해양이 지구기후시스템에서 하는 역할과 해양 고유의 특성을 생각하면 해양 연구에서의 국제협력은 필수적인 의사소통의 장이 아닐 수 없다. 해양을 중심으로 행하는 국제협력은 정부간 기구와 비정부간 기구를 통하여 이루어지고 있다. 역사가 가장 오래된 정부간 국제해양기구는 ICES(International Council for the Exploration of the Sea)로서, 이 기구는 19세기 말 북유럽국가를 중심으로 창설되었다. 정부간 기구는 그 특성상 정부의 정책과 연관성이 큰 까닭에 해당 정부의 입김이 미칠 수밖에 없다. 그로 인해 순수한 해양학 연구를 위한 비정부간 국제해양학기구의 필요성이 대두되었다. 이에 따라 ICSU(국제과학평의회, International Council for Science)는 1957년에 SCOR(국제해양연구위원회: Scientific Committee on Oceanic Research)를 창설하기에 이르렀는데, 실제로 SCOR의 창설 시기는 IOC보다 오히려 3년이나 앞섰다. SCOR는 현재 전 세계 33개국에 국내위원회를 두고 있고, 약 250여 명의 과학자가 SCOR와 관련된 활동을 하고 있다.

SCOR의 활동은 크게 3가지 방향으로 이루어진다. 첫째, 워킹그룹을 통한 주요문제의 접근이다. 워킹그룹은 해당분야의 발전을 종합평가하고 그 해결책을 제시한다. 활동기간은 4년 정도이고, 25명 이내의 멤버로 구성된다. 그동안 152개의 워킹그룹이 구성된 바 있고, 지금은 15개 워킹그룹이 활동 중이다. 둘째, 대규모 해양연구프로그램의 개발이다. SCOR는 IOC, IGBP 등 다른 국제기구와 공동으로 현대 해양학 발전을 위해 중요한 역할을 하는 각종 프로그램을 개발하였다. 그중 대표적인 프로그램으로는 JGOFS(Joint Global Ocean Flux Study), GLOBEC(Global Ocean Ecosystem Dynamics), GEOHAB(Global

Ecology and Oceanography of Harmful algal blooms), SOLAS(Surface Ocean-Lower Atmosphere Study), IMBER(Integrated Marine Biogeochemistry and Ecosystem Research), GEOTRACES(An international study of the marine biogeochemical cycles of trace elements and their isotopes), IQOE(International Quiet Ocean Experiment), IIOE-2(Second International Indian Ocean Expedition) 등을 들 수 있다. 셋째, 역량 강화의 일환인 학자들의 교류, 교육, 제3세계 지원 등의 활동이다.

SCOR는 당대의 해양학적 주요 문제를 해결해왔다. 무엇보다 전 지구적 규모의 해양프로그램을 지원함으로써 현대 해양학의 발전에 크게 기여해온 것이다. 한국은 1990년대 초기에 가입하였다가 1998년에 탈퇴한 뒤 2008년에 재가입하는 우여곡절을 겪었다. 하지만 현재로는 소수의 과학자가 SCOR의 워킹그룹에 참여하고만 있을 뿐, JGOFS, GLOBEC, IMBER와 같은 의미 있는 프로젝트 참여율은 저조한 상태다. 한국의 해양학자들이 앞으로의 해양학 발전에 기여하려면 SCOR 활동에 보다 더 많이 참여가 이루어져야 할 것이다. SCOR 정보는 http://www.scor-int.org/에서 얻을 수 있다.

참고로 2011년 이후부터 SCOR 워킹그룹에 참여한 한국 과학자들의 명단은 다음와 같다.

강영실	WG125 Global Comparisons of Zooplankton Time Series
김 구	WG133 OceanScope
김상진	WG134 The Microbial Carbon Pump in the Ocean
유신재	WG137 Patterns of Phytoplankton Dynamics in Coastal Ecosystems: Comparative Analysis of Time Series Observation
현상민	WG138 Modern Planktic Foraminifera and Ocean Changes

이상헌·신형철 WG140 Biogeochemical Exchange Processes at the Sea-Ice Interfaces(BEPSII)

강동진 WG142 Quality Control Procedures for Oxygen and Other Biogeochemical Sensors on Floats and Gliders

박선영 WG143 Dissolved N2O and CH4 measurements: Working towards a global network of ocean time series measurements of N2O and CH4

현정호 WG144 Microbial Community Responses to Ocean Deoxygenation

노태근 WG147 Towards comparability of global oceanic nutrient data(COMPONUT)

한국 GLOBEC 활동

강형구(한국해양과학기술원 책임연구원)

GLOBEC(Global Ocean Ecosystem Dynamics)은 국제생지권프로그램(IGBP), 해양과학연구위원회(SCOR), 정부간해양학위원회(IOC)의 후원 아래 기후변화에 따른 해양생태계 반응을 연구해온 대형 과학프로그램으로서, 1999년에 실천계획이 수립된 이후 10여 년간 운영되다가 2010년에 종결되었다. GLOBEC은 각각의 대양에서 과학프로그램과 함께 국가별 주관으로 추진되는 국가프로그램으로 구성되었다. 그 일환으로 우리나라에서도 한국GLOBEC위원회가 창설되었다. 한국 GLOBEC위원회는 1998년 한국해양학회와 한국수산자원학회(현 한국수산과학회)의 승인으로 결성된 공식적인 위원회이다. 이 위원회는 기후변화가 우리나라 해양생태계에 미치는 영향을 검토하고, 한 걸음 더 나아가 수산자원 변동을 이해하고 예측하기 위한 연구 방향을 제시하는 데 주된 목적이 있다. 한국GLOBEC위원회는 한·중·일 GLOBEC 심포지엄을 개최하였고, 젊은 과학자들에 대한 해외출장 경비를 지원하였다. 이들의 국내외 활동을 3단계로 나눠 살필 수 있다.

1단계(1998~2003년) 활동

당시 한국해양연구소(KORDI)의 김수암 박사(현 부경대 교수)가 1998년 한국 GLOBEC위원회 의장으로 선출되면서 1단계 활동이 본격적으로 시작되었다. 김 교수는 해양수산부로부터 '동해에서 기후변화와 수산자원간의 관계에 대한 연구'라는 연구과제를 수행하면서 국내 GLOBEC 연구를 시작했는데, 이 과제는 동해에서 기후, 해양, 생물, 수산관련 과거 자료를 분석하고, GLOBEC 취지에 맞는 연구계획을 수립하는 것이 주된 목적이었다. 비록 큰 연구비는 아니지만 국내에서 GLOBEC 성격의 연구를 활성화하는 시발점이 되었다. 또한 한반도 주변해역의 연구를 효율적으로 수행하기 위해서는 중국과 일본의 GLOBEC위원회와 교류하여 자료와 연구결과를 공유할 필요성을 절감하여 한·중·일 GLOBEC 심포지엄을 개최하게 되었다.

2000년 8월 처음으로 한국과 일본이 공동으로 '북서태평양 생태계의 장기변동'이라는 주제로 한·일 GLOBEC 심포지엄을 부산에서 개최하였다〔GLOBEC Newsletter, 6(2), 2000년 참조〕. 이때 발표된 일부 논문은 *Fisheries Oceanography* (2002)의 특별호에 게재되었다. 이 심포지엄을 시작으로 2002년 12월 안산 KORDI에서는 '북서태평양 생태계의 과정과 역학'이라는 주제로 제1차 한·중·일 GLOBEC 심포지엄이 개최되었는데, 이 자리엔 러시아 과학자도 동참하였다. 발표 논문 중 일부는 *Journal of Oceanography* (2005)에 수록되기도 하였다. 안산에서 열린 한·중·일 GLOBEC 심포지엄을 시작으로 한국, 일본, 중국 GLOBEC 위원회는 2년마다 한 번씩 한·중·일 GLOBEC 심포지엄을 돌아가면서 개최하기로 협의하였다(<표1>참조).

한국GLOBEC위원회는 한·중·일 국제 GLOBEC 심포지엄을 개최하는 것 이외에도, 국내 GLOBEC 심포지엄/워크숍을 여러 차례 개최하였다. 제1차 한국 GLOBEC 심포지엄은 1999년 8월 안산 KORDI에서 개최되고, 2년 뒤 2001년 11월에는 포항에서 '동해GLOBEC 연구'라는 주제로 한국GLOBEC 워크숍이 개최되었다. 2003년 1월 주문진에서는 '한반도 기후변화와 동해생태계 변동'이라는 주제로 국립수산과학원 동해수산연구소와 함께 공동워크숍을 개최한 바 있다. 또한, 2004년 5월에는 부산에서 '기후변화가 해양수산에 미치는 영향'이라는 주제로 국립수산과학원이 주최하고 한국GLOBEC위원회가 후원하는 제2차 한국

GLOBC 심포지엄을 개최함으로써 국내 학계에 GLOBEC 성격의 연구가 어떠한 지를 소개하고 새로운 증진을 위한 노력도 다짐하였다.

2단계(2004~2007년) 활동

한국GLOBEC 제2단계는 오임상 교수(서울대)가 2004년에 새 의장으로 선출되면서 시작되었다. 이 기간 동안 KORDI의 김철호 박사가 '동중국해의 물질순환과 생물과정 중장기변동 관측 및 예측모델 연구'(해양수산부)를 2003년부터 약 8년간 수행한 바 있다. 이 과제는 남해 및 동중국해 북부해역의 해양환경 및 생태계 변동 연구와 같은 GLOBEC 성격의 연구를 국내에서 활성화하는 주요한 토대가 되었다. 한편, GLOBEC이라는 주제로 제2차 한·중·일 GLOBEC 심포지엄이 2004년 11월에 중국 항주에서 열렸다. 뿐만 아니라 동일 주제로 제3차 한·중·일 GLOBEC 심포지엄이 2007년 12월 일본 하코다테에서 잇달아 개최되었다. 일반적으로 한·중·일 GLOBEC 심포지엄은 본 발표 전에 국가별 GLOBEC 활동을 소개한 후 연구결과를 이어서 발표하는 것이 관례이다.

3단계(2008~2010년) 활동

2008년 유신재 박사(한국해양과학기술원)가 새 의장으로 선출되면서 한국 GLOBEC 연구는 새로운 국면으로 접어든다. 이 시기는 국제적으로는 GLOBEC 연구가 거의 마무리 단계로 들어가는 시점이고, 이어서 새로운 국제프로그램인 IMBER(Integrated Marine Biogeochemistry and Ecosystem Research) 프로그램으로의 전환을 꾀하는 과도기에 해당된다. 따라서 국제 GLOBEC은 그동안 축적한 연구 자료와 결과를 통합하는 방향으로 진행되었다. 이 당시까지 국내에서는 GLOBEC 성격의 연구가 몇몇 기관에서 수행하는 개별 연구과제뿐이었고, 국가 차원의 대형 GLOBEC 연구는 없었다. 때문에 국제 GLOBEC처럼 연구 자료와 결과의 통합을 위한 시도는 불가능하였다. 이 시기의 한국GLOBEC위원회는 한국 GLOBEC/IMBER위원회로 이행하였다. 따라서 2010년 5월 제주에서 개최된 제4 차 한·중·일 GLOBEC 심포지엄은 한·중·일 GLOBEC/IMBER 심포지엄으로 전환되었다(GLOBEC Newsletter 16(1), 2010년; PICES Press 18(12), 2010년 참조).

젊은 과학자 경비지원 프로그램

한국GLOBEC위원회는 2004년부터 2010년까지 젊은 과학자 경비지원 프로그램을 운영하였다. 이 프로그램은 젊은 과학자(35세 이하 대학원생 및 박사)가 GLOBEC이나 PICES(North Pacific Marine Science Organization) 같은 국제심포지엄 등에 자신의 결과를 발표할 경우, 출장 경비를 보조하는 프로그램이다. 현지 체류비는 PICES와 국제GLOBEC프로그램에서 각각 지원하고, 한국GLOBEC위원회에서는 주로 왕복 항공권을 제공하였다. 국제기구와 국내지원금의 합작으로 젊은 과학자들에게 해외 발표의 경험을 갖게 하는 정책은 국제사회에서도 성공적인 인력양성사업의 사례로 인정받고 있다. 그러므로 한국GLOBEC위원회의 경비지원 프로그램이 종료된 이후에도 한국 정부와 PICES는 이 지원제도를 계속해서 유지하고 있다. 한국GLOBEC위원회는 2004년 제13차 PICES 연차총회부터 지원하기 시작하여 마지막 2010년 국제심포지엄까지 총 50명의 젊은 과학자에게 지원 혜택을 주었다(<표2>참조). 이 프로그램은 익명의 개인 후원자가 김수암 교수를 통하여 국내 해양학 및 수산학을 전공하는 젊은 과학자를 후원하기 위한 성금을 기부하면서부터 시작되었고, 대상자 선발 및 지원 과정은 한국GLOBEC위원회가 담당하였다.

이상으로 1998년부터 10여 년 동안 한국GLOBEC위원회의 국내외 활동을 살펴보았다. 돌이켜보면 국내 GLOBEC 연구를 위해 한국GLOBEC위원회가 적지 않은 노력을 하였으나 현실적으로 국가 차원에서 국제적 프로그램에 연구비를 지원할 수 없는 체제적 문제점 때문에 일본GLOBEC이나 중국GLOBEC에 비해 GLOBEC 성격의 연구를 강력히 추진할 수 없었다는 것을 느낀다. 이제 한국 GLOBEC 활동은 한국IMBER 활동으로 전환되었으며, 국제해양학계는 해양생태계와 생지화학적 순환과 이들 간의 상호작용이라는 중요한 연구주제를 밝히기 위해 노력 중이다. 향후 국내에서 GLOBEC을 잇는 IMBER 성격의 연구를 활성화하기 위한 국가차원의 연구비 지원이 절실히 필요한 때다.

<표1> 한·중·일 GLOBEC 심포지엄 개최 현황과 발표 논문 수

제목	일시	장소	구두 발표	포스터 발표
한·일 GLOBEC 심포지엄	2000. 8. 23~25	부산, 한국	24	-
제1차 한·중·일 GLOBEC 심포지엄	2002.12.13~15	안산, 한국	26	9
제2차 한·중·일 GLOBEC 심포지엄	2004.11. 27~29	항주, 중국	23	26
제3차 한·중·일 GLOBEC 심포지엄	2007.12.13~15	하코다테, 일본	45	31
제4차 한·중·일 GLOBEC/IMBER 심포지엄	2010. 5.18~20	제주, 한국	30	23

<표2> 한국GLOBEC위원회 젊은 과학자 경비지원 프로그램의 지원 현황

연도	지원자 수	참석한 국제 심포지엄	장소
2004	8	제13차 PICES 연차총회	하와이, 미국
2005	3	GLOBEC 심포지엄	빅토리아, 캐나다
2005	5	제14차 PICES 연차총회	블라디보스톡, 러시아
2006	3	PICES/GLOBEC CCCC 심포지엄	하와이, 미국
2006	7	제15차 PICES 연차총회	요코하마, 일본
2007	2	제16차 PICES 연차총회	빅토리아, 캐나다
2007	3	제3차 한·중·일 GLOBEC 심포지엄	하코다테, 일본
2008	17	제17차 PICES 연차총회	대련, 중국
2009	1	제3차 GLOBEC Open Science Meeting	빅토리아, 캐나다
2010	1	PICES/ICES/FAO 심포지엄	센다이, 일본

한·중·일 GLOBEC 심포지엄 요약집 표지

한·중·일 GLOBEC 심포지엄 개최 기념사진

한국 IODP

이영주·김길영(한국지질자원연구원 석유해저연구본부)

해양시추 프로그램(DSDP, ODP, IODP)의 역사

인류는 지구 위에 살고 있고, 지구의 75%는 바다로 이루어져 있다. 따라서 인류의 삶은 바다와 함께하는 것이라고 할 수 있다. 하지만 인간의 활동범위가 갈수록 넓어지고 인구가 급속히 증가함에 따라 지구의 환경은 극도로 악화되고 있을 뿐만 아니라 지진, 해일 등 각종 지질재해에 대한 위험 요소 또한 날로 증가되고 있다. 더욱이 기존의 에너지 자원이 고갈되고 있는 중인 동시에 아직은 미지의 세계

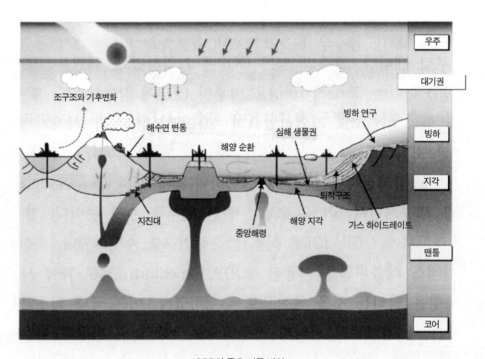

IODP의 주요 연구 범위

인 심해 지역 자원 탐사, 해저 신 에너지원 발견이 과거의 어느 시점보다 중요시되고 있는 것이 사실이다. 인류가 살고 있는 지구의 환경 변화를 보다 정확히 이해하고 해저에 숨겨진 자원과 생명에 대한 비밀을 과학적으로 규명하기 위한 실천적 노력이 있었다. 최첨단 과학기술로 전 세계의 해양을 시추하여 바다의 비밀을 과학적으로 밝히는 국제공동 해양시추사업은 이런 연장선상에서 시작되었다.

해양시추사업의 출발은 1968년 미국의 심해저시추사업(DSDP: Deep Sea Drilling Project)으로 시작되었다. 그 후 1984년부터는 해저지각시추사업(ODP: Ocean Drilling Program)으로 지속되다가 2003년 10월 Leg 210을 마지막으로 종료되었다. 그 이후부터는 지구, 바다 그리고 생명이라는 주제 아래 국제공동해양시추사업(IODP: Integrated Ocean Drilling Program)으로 확대되었다. IODP는 일본의 시추선인 치큐(Chikyu, 지구), 미국이 제공하는 조이데스 레졸루션(Joides Resolution), 유럽연합이 운영하는 특수임무시추선(MSP: Mission Specific Platform) 등 3대의 시추선을 활용하였다. 2013년 10월부터 New IODP(International Ocean Discovery Program)이 새롭게 시작되어 2023년도까지 10년 동안 "Illuminating Earth's past, present, and future"라는 새로운 주제하에 세계 해양강국 26개국이 참여하였고, 각국의 최정상 과학자들이 최첨단 시추선과 시추 기술을 이용해 전 세계 대양을 시추 및 탐사함으로써 최고 수준의 해양지구과학 업적을 창출하고 있다(*Nature* 393편, *Science* 213편 논문 출간).

IODP가 운영하는 심해 시추선
(왼쪽부터 조이데스 레졸루션, 지구호, 특수임무시추선)

한국 IODP(K-IODP) 경과 및 성과

한국은 1996년부터 캐나다, 호주와 함께 ODP에 가입하였고, 대만은 1997년에 참가하여 환태평양 컨소시엄(PacRim Consortium)을 이루어 ODP에 참여하였다. 또한, 한국은 2006년부터는 IODP에 정식회원으로 가입하였으며, 2013년부터 IODP 체계가 변경되어 지금은 미국의 과학시추선 조이데스 레졸루션의 파트너로 IODP에 참여하고 있다. 2009년에는 한국 IODP 사무국을 한국지질자원연구원에 설립하여(홈페이지: www.kiodp.re.kr) IODP 관련 다양한 정보를 제공하면서 국내외 IODP 관련 업무를 수행 중이다. 한국은 ODP 가입 이후 총 40명의 과학자가 ODP, IODP 시추선 승선연구를 수행하였다. 특히 2013년 7월에는 동해에서 조이데스 레졸루션을 이용한 'IODP Expedition 346' 과학 시추를 통해 아시아 기후변화의 특징을 밝히는 것을 목적으로 수행하였다. 이는 국내 최초의 IODP 과학 시추로서, 수많은 과학적 업적뿐만 아니라 경제적으로 300억 원 이상의 시

한국인 과학자의 승선 연구 현황

추비 절감 효과를 거두었다.

　한국 IODP 사무국은 해양지구과학 관련 교육프로그램을 개발하여 해양학 분야의 후진 양성에도 노력을 기울이고 있다. 특히 국내 대학원생을 대상으로 하여 매년 'K-IODP Summer School'을 개설하여 해양지구과학과 시추 관련 교육을 실시하고 있고, 이 가운데 우수한 교육생을 선발해 일본 IODP의 Core School에도 파견교육을 실시 중이다. 또한 한국 IODP에서는 해양시추 관련 책자를 한국어로 발간하여 전문가는 물론 일반인에게도 배포하여 해양과학을 널리 홍보하고 있다. 뿐만 아니라 초등학생들도 해양과학에 대한 관심을 가질 수 있도록 동화책 형태의 번역서를 배포함으로써 우수한 인재가 해양과학에 호기심과 관심을 갖고 미래의 해양과학 전문가로 배출될 수 있도록 노력하고 있다.

　한편, 한국 IODP 사무국에서는 지금까지 승선과학자 모집과 시추제안서 작성 등 모든 과학 활동을 공모를 통해 선별하고 범국가적인 차원에서 수행해왔다. IODP는 앞으로도 국내 해양과학의 발전을 위한 지속적인 활동을 전개해나갈 것이다.

극지 해양연구사

윤호일·강성호·홍종국·신형철(극지연구소)

초창기 남극해양 탐사

우리나라의 극지 해양연구사는 거슬러 올라가면 1970년부터 시작된다. 1978년 수산청이 남극해 크릴을 시험 조업하면서 남극의 해양 탐사가 시작되었다. 당시 시범적으로 남극해 크릴자원을 탐사 후 어획하기 위해 국립수산진흥원 소속 연구원들이 승선한 남북수산주식회사 남북호가 남극해로 처음 출항하는데, 이때가 바로 1978년 12월 7일이었다. 엔더비랜드(Enderby Land)와 윌크스랜드(Wilkes Land) 앞바다에 도착한 남북호는 507톤의 크릴을 어획한 뒤 남극바다로의 출항 91일이 지나 1979년 3월 7일 본국으로 귀항했다. 조사단이 어획한 내용물들 가운데는 크릴뿐만 아니라 다른 중요한 것도 많았다. 남극의 험난한 바다에서 무엇보다 남극 어장 환경을 파악한 점, 그리고 크릴의 생물특성도 밝혀내고 크릴 가공법까지 실험한 점이다. 이를 계기로 남극해 크릴어획이 본격적으로 시작되었으며, 정부도 남극 해양생물자원의 중요성을 깊이 인식하여 1985년 3월 29일 남극해양생물자원보존협약(CCAMLR)에 가입했다.

1985년에는 한국해양소년단연맹의 남극해 관측탐험이 있었다. 이 탐험에는 해양연구소 소속 연구원이 참가하여 킹조지 섬에 3주간 체류하며 섬 주변의 해양환경에 관한 기초연구를 수행했다. 그 결과 해양관측탐험이 성공하자 정부는 남극의 미래 가치를 인지했고, 1986년 우리나라는 세계 33번째로 남극조약에 가입하게 된다. 그러자 외무부는 1987년 1월 신년 업무보고에서 남극조약가입 사실을 대통령에게 보고했다. 이때 남극 연구의 필요성을 언급하자 대통령은 그 즉시 남극과학기지의 신속한 건립을 지시했다. 당시 외무부는 남극의 자연조건이 가혹하다는 점을 인식해 하계기지를 생각했으나, 과학기술처에서는 월동기지를 짓기로 결정했다. 남극에 기지를 짓는다는 정부의 확고한 의지가 갖춰지자, 1987년 3월 16일 한국과학기술원 부설 해양연구소에 극지연구실이 신설되었고, 이를 기반으로 남극을 과학적으로 이해하기 위한 준비가 시작되었다. 그리고 바로 다음해인 1988년 2월 17일 남극세종과학기지가 준공됨으로써 우리나라 남극해양을 비롯한 남극연구가 본격적으로 시작된 것이다.

남극세종기지 중심의 해양연구

남극세종과학기지가 건설되고 있던 1987~1988년 남극 하계기간 중 제1차 대한민국 남극과학연구단이 남극세종과학기지 주변의 해양, 대기, 육상 등 자연환경의 조사 연구를 수행했다. 우선 하계조사대는 기지 주변 맥스웰만 연안의 해양환경, 해양생물, 해저퇴적환경, 해저지질구조 조사를 실시했다. 한편, 외양 연구를 위해 해양연구원 소속 연구원들이 제7차 크릴어획 시험조사선인 동방 115호에 승선하여 스코시아해 주변 해역의 염분, 수온, 어장환경, 영양염류 분포특성, 엽록소 농도, 일차생산력 등에 대한 관측 자료를 획득했다.

1988년 세종과학기지가 준공된 후 제1차 월동대는 기지 주변에 살고 있는 펭귄, 물개 등의 동물과 육상 식생, 마리안 소만의 조간대와 연안에 서식하는 해조류, 저서동물에 대한 기초 조사에 착수했다. 잇달아 기지 주변뿐 아니라 맥스웰만에 출현하는 해조류, 해양 저서 무척추동물, 그리고 연체동물에 대한 기초 조사도 수행했다. 1989년 1~2월에 수행된 제2차 하계 현장조사 연구를 통해서는 해양연구 세부 내용도 충실해져 맥스웰만에서의 입자성 부유퇴적물의 분포와 침강기작, 저서동물의 분포, 해산식물상, 퇴적물 내의 공극수의 영양염류와 규조류 연구 등을 수행했다. 이로써 남극세종과학기지 주변 서식 해양생물의 개체 생태 연구가 본격적으로 수행된 것이다. 연안 해저 생태계의 주요 우점 생물종인 남극 큰띠조개 등의 적응 기작이나 생존 전략을 파악하기 위한 목적으로 섭식 생리와 생태, 호흡 대사, 생식 주기·양상, 월동 에너지 전략 등에 관한 연구가 이어졌는데, 이는 단계적으로 수행했다.

제2차 연구단 하계연구대가 세종기지 연근해에서 활동할 무렵인 1989년 1월 하순에 갑작스런 사고가 일어났다. 기지로부터 남쪽으로 약 300km 떨어진 곳에서 아르헨티나 남극 보급선 바이하 파라이소호가 좌초·침몰하는 사건이 발생한 것이다. 소식을 접한 연구단은 임차 연구선 칠레 선박 크루즈 데 프로워드 호를 현장에 보내 조난자를 구조해냈다. 그러자 우리나라의 적극적인 남극 해양연구 활동과 세종과학기지 건설 운영 실적들이 국제사회에 널리 인정받게 되었고, 1989년 10월 18일 남극조약 가입국 중에서도 남극조약 협의당사국의 지위를 획득하게 되었다. 1989년 12월~1990년 1월 수행된 제3차 하계 해양연구 현장조사에서는 기지주변의 펭귄 서식환경에 대한 관찰이 이루어졌다. 1990년부터 하계 해양연구는 기지주변과 브랜스필드 해협, 남극반도 겔라시 해협, 웨델해, 리빙스턴섬, 깁스섬, 남셰틀랜드 군도, 엘리펀트섬 등의 해양생물, 생지화학적, 물리학적 해양환경 조사와 해양지질, 지구물리, 연안환경, 수산자원조사 등 다양한 분야의 해양연구가 수행되었다.

1990년 7월 브라질 상파울루에서 열린 '제21차 남극과학위원회(SCAR)'에서 우리나라는 세계 22번째 정회원국이 되었다. 앞서 1990년 6월에는 남극 해양연구 논문과 남극관련 소식을 전할 남극전문학술지로서『한국극지연구』가 창간되었다. 1990년 9월 제2차 국제 남극과학 학술심포지엄이 서울에서 열렸을 때, 미국·영국소련·칠레·브라질 등 9개국 16명과 국내학자 20여 명이 참가해 남극해

연구 결과들을 발표하고 다각도로 논의했다.

타국 해양조사선을 활용한 극지 결빙해양조사

1991~1992년부터 선박의 크기는 작았지만 쇄빙능력을 갖춘 '에레부스(Erebus) 호'를 이용하게 되면서 웨델해의 결빙해역에 진입하여 해빙 인근해역 연구를 시작했다. 이때 목격한 해빙해역 식물플랑크톤의 대번성은 당시까지는 전혀 경험한 적이 없는, 새로운 연구 소재였다. 1995~1996년에는 미국해양대기청(NOAA)의 남극 해양생태계 연구팀을 비롯해 다른 연구 그룹들과 미리 계획된 해역에서 연구시점과 연구 분야를 공유하거나 분담하는 국제공동연구를 처음으로 수행했다. 1998년에는 지구온난화의 주범으로 지목되는 이산화탄소 연구를 시작하면서 해양연구 분야가 다시 한 번 확대되었다. 또한 이때부터 해수 중 이산화탄소 농도를 연속적으로 관측했으며, 대기와 해양 사이의 이산화탄소 교환량을 추정하는 연구도 추가되었다. 비슷한 시기에 해양 수층에서 해저면으로 가라앉는 입자를 퇴적물 트랩으로 수집해서 분석하는 연구도 시도되었다. 이는 해양과 대기의 이산화탄소 연구와 더불어 대기에서 해양 표층으로 흡수된 온실기체가 어떻게 해양 심층으로 이동하고 격리되는지 그 과정에 대한 탐구였다. 일부 남극 해역에서 자료를 얻는 수준에 머물던 우리의 연구 수준이 이를 뛰어넘어 전 지구시스템의 중요한 일부로서 남극해의 역할과 기능을 이해하는 수준으로까지 연구영역을 크게 넓힌 것이다.

1999~2000년 해양연구에서는 브랜스필드 해협에 계류장비를 연중 설치 후 해류와 밀도를 관측했으며, 표층해수의 이산화탄소 관측을 집중적으로 수행했다. 또한 남극해의 주요 크릴 어장에서 크릴의 자원량을 재평가하기 위한 대규모 국

제공동조사의 일환으로 미국의 해양대기청, 페루의 해양연구소, 그리고 일본의 원양수산연구소가 참여하는 국제공동 연구도 수행했다. 이런 국제협력연구는 그동안 우리가 크릴 연구를 위해 도입한 과학어군 탐지기를 국외전문가들과 함께 공동으로 활용하고 비교하는 기회였을 뿐만 아니라 문제점도 확인할 수 있는 기회였다는 데 큰 의미가 있다.

본격적인 남극 해양환경변화 모니터링 연구

2000년을 넘어서면서 남극해양은 전 지구 환경변화에 민감하게 반응하는 해역으로 인식되었고, 중장기 환경모니터링 관측의 중요성을 인식하게 되었다. 이에 우리는 매년 드레이크 해협을 건너 세종과학기지에 도착하는 선박을 활용해 드레이크 해협 모니터링 연구를 시작했다. 남극과 바깥세상을 나누는 남극순환 해류가 가장 빠르게 흐르며 가장 많은 양의 바닷물을 통과시키는 병목 구간인 드레이크 해협에서 본격적인 해양물리, 생지화학, 생태계 관측을 시작한 것이다. 우리는 또한 수온과 염분 자료를 자동 송신하는 장치(ARGO)를 직접 남극해에 투하하여 그 자료를 우리나라의 실험실에서 받아볼 수 있게 되었다. 이와 거의 동시에 인공위성을 활용한 해색(海色) 원격탐사 연구진도 이 연구에 합류함으로써 적어도 이 주제와 취급 분야에서 국제수준의 해양연구를 수행할 수 있는 단계에 이르게 되었다.

2000~2001년 세종과학기지 주변을 포함해 기존 조사해역과 엘리펀트섬, 마젤란 분지에 이르는 주변 해역에서 해양환경 변화, 해양생태계 관측, 유용 해양생물자원 등의 조사연구가 이루어졌고, 해저암반에 대한 시료 채취도 시도되었다. 2001~2002년에는 해양조사 활동이 사우스오크니섬 주변 해역까지 확장되었다.

주요 1차생산자인 식물플랑크톤 생물량, 우점종, 분포와 상위 포식자인 펭귄의 번식에 대한 영향과 관련된 해양생태계 연구가 본격적으로 수행되었다. 또한 서경 50도를 따라 남서대서양에 면한 남극해를 종단하는 조사도 실시했다. 해양표층에서 그동안 해저 퇴적층의 기록으로만 알았던 탄산염 해양과 질산염 해양을 확인했다. 이것은 극전선 해역 특유의 해양물리와 극전선 해역에서 크게 높아지는 생물생산력, 그와 함께 발생하는 온실기체의 움직임을 관측하는 야심찬 시도였다.

2002~2004년에는 남극해 연구를 위한 개별과제가 공통의 연구주제로 통합·재구성되어 해빙의 변동과 일차생산력, 크릴분포, 온실기체 거동 등을 이해하기 위한 융복합연구가 시도되고, 마이크로웨이브를 이용한 원격탐사 방법으로 웨델해의 해빙관측이 수행되었다. 이때 웨델해 일부 해역에서 해빙의 전진과 후퇴 그리고 기상조건이 광합성에 의한 일차생산과 크릴 분포, 온실기체의 움직임까지 좌우한다는 것을 확인했을 뿐만 아니라 웨델해가 그동안 소홀하게 다루어졌다는 것도 알게 되었다. 2003~2004년 킹조지섬의 인근 대륙붕에서 획득한 퇴적물 성분·구조분석으로 고해양 연구가 본격적으로 수행되었다. 또한 수중음향에 대한 시험연구를 시도함으로써 해빙 소음과 구별되는 미세한 해저지각활동을 관측했다. 2004~2005년 세종과학기지 주변 대기의 잔류성 유기오염물질의 기초조사가 착수되는 한편 국제공동연구를 통한 수중음향관측이 시도되었다. 또한 후기 제4기 고해양 변동연구, 퇴적현상과 연동한 기후특성 등에 대한 연구와 기지 인근의 지구조와 구조토 연구가 수행되었다.

2005~2006년 국제공동연구의 일환으로 수중음향연구가 계속 추진되고, 열수공 연구를 위한 주변의 화산암과 열수침전물 채취가 수행되었다. 2007~2008년 세종과학기지 주변 고기후·고환경 연구와 마리안소만 해양환경 모니터링을 포함한 11개 연구 주제별로 현장조사가 수행되었다. 2009~2010년 세종과학기지 주변의 용존 유기물질 조사 등 22개 연구과제별 현장조사가 수행되었다. 또한 세종

과학기지 인근의 '펭귄마을'이 우리나라 최초로 남극특별보호구역(ASPA No.171)으로 지정되면서 우리도 남극의 해양환경 보존을 위한 본격적인 연구를 시작했다. 남극세종과학기지 주변 주요 연안 해양생태계를 형성하고 있는 마리안소만, 포터소만, 콜린스하버의 자연 군집 분포 특성을 파악하기 위해 수중 사진과 비디오 촬영을 통해 기초 환경 조사와 수심별 서식생물의 분포도와 군집 조사가 수행되었다. 2010년에는 세종과학기지 연안 해양 저서 무척추동물 핸드북을 발간했다.

우리 쇄빙연구선을 기다리며

2009년 쇄빙연구선 '아라온'호가 건조되기 전에는 우리나라의 남극해 연구는 열 명 내외의 현장 연구진이 겨우 보름 남짓한 시간 동안 타국 배를 빌려 여러 개의 과제를 모아 한꺼번에 연구하는 식으로 힘겹게 꾸려졌다. 이런 열악한 연구 환경 속에서도 침강입자 플럭스와 이산화탄소 거동, 크릴의 분포 등에서 선진 세계 연구진들과의 협력 연구를 통해 높은 수준의 연구결과를 도출할 수 있었다. 또 본래 핵심 연구목표는 아니었지만, 현장 조사 때 채집하여 국내 실험실로 가져와 배양하기 시작한 해빙 미세조류 및 식물플랑크톤 시료는 세계에서 몇 안 되는 극지 식물플랑크톤 종자은행의 근간이 되는 한편, 또 다른 응용연구(결빙방지단백질 개발)의 디딤돌이 되었다. 뿐만 아니라, 극지연구소와 한국해양과학기술원을 포함하는 다른 연구기관들과 대학의 연구자들, 심지어 국외 과학자들에게도 극지 해양연구의 기회를 제공하는 매개가 되었다.

쇄빙연구선 '아라온'호를 활용한 주도적 해양연구 시작

마침내 2009년 12월 우리의 염원이었던 쇄빙연구선 '아라온'호가 남극해에서 성공적인 시험운항을 마쳤다. 2010년부터 우리가 주도하는 본격적인 극지해양연구 활동이 시작되었다. 많은 해양 연구주제들이 국제 공동 연구의 일환으로 수행됐고, 그간 세종과학기지를 기반으로 했던 상당수의 연구가 '아라온'호와 연계해 확대되었다. 이로써 기지와 주변 해역에서의 연구 활동뿐만이 아니라 서태평양으로부터 세종과학기지에 이르는 경유지가 연구 지역으로 활용된 것이다. 남극은 물론 북극해 연구도 본격적으로 수행하게 되었다.

아라온호 : 극지해양연구의 움직이는 실험실

쇄빙연구선 '아라온'호를 활용해 극지해역과 그 주변해역의 해양물리·화학·지질학적 환경 특성을 규명하는 해양기초과학 연구가 본격적으로 수행되었다. 우선 해수순환과 해양 물질순환특성 연구, 해양·대기 상호작용에 의한 해양기후변화 이해, 환경변화에 따른 해양생태계 기능과 구조 연구, 수중음향을 이용한 해양생물자원 분포와 이용연구, 극지해양원격탐사 활용연구, 해빙 구조와 분포 특성 연구, 해양순환과 생태계 모델 등 융·복합적 연구가 시도되었다. 쇄빙연구선 '아라온'호를 활용한 외양과 남극의 세종/장보고과학기지와 북극의 다산과학기지 주변 연근해를 비교 분석하는 해양환경특성 연구가 본격적으로 수행되었다. 북극해와 남극해 뿐만 아니라 중저위도권에 이르는 해역을 대상으로 전 지구 환경변화에 따른 극지역 해양환경의 기능과 구조변화를 예측하는 연구도 시도되었다.

다른 나라의 배에 의지하며 수동적으로 수행하던 남북극 해양연구가 쇄빙연구선의 취역과 함께 도약의 기회를 맞은 것이다. 지구환경 변화의 원인을 제공하기도 하고 환경 변화의 결과가 극적으로 나타나기도 하는, 미지의 남북극 결빙해역에서의 다학제 연구가 가능해졌다. 남북극의 결빙해역이 중요한 것은 바다가 얼고 녹으면서 지구의 열교환에 영향을 주는 바람에 전 지구 기후변화를 야기할 수 있어서다. 겨울에 남북극 바다가 얼어붙을 때 만들어지는 결빙해역의 바닷물은 더 차갑고 짜다. 차갑고 짠 물 덩어리는 주변의 녹지 않은 물보다 무거워져서 바다 밑으로 가라앉아 전 세계로 퍼져나간다. 이 차가운 물 덩어리가 세계 곳곳에 냉기를 나누어주며 천연 자동온도조절인 지구 냉난방 시스템의 중추적인 기능을 하는 것이다. 물이 차가울수록 기체는 잘 녹아 들어간다. 이러한 특성 때문에 가장 중요한 온실기체로 알려진 이산화탄소, 그 가운데서도 산업혁명 이래 인간이 대기에 쏟아 넣은 여분의 이산화탄소의 상당량이 남극해 혹은 북극해에서 처리되고 있다. 차갑고 무거운 물이 가라앉을 때, 결빙해역에 녹아 들어간 이산화탄소도 함께 바다 밑으로 가라앉게 된다. 그리고 한번 바다 밑으로 내려간 차가운 물덩이가 해저에서 순환하는 시간은 보통 1,000년이므로 이산화탄소의 심층격리가 이루어진 셈이다. 극지해의 얼음바다는 지구를 식히거나 간혹 데우며 탄소를 처리하고 내보내기도 하는 거대한 열교환기와 화학공장의 구실을 겸하고 있는 것이다. 접근하기 어려운 결빙해역은 인류에게 알려진 적 없는 새로운 생물들이 숨어 있을 가능성이 높은 곳이다. 그로 인해 극지 결빙해역 연구는 모름지기 지구환경 변화의 비밀이 숨어 있는 미답지의 열쇠를 여는 연구인 것이다.

우리나라 자체로 쇄빙연구선 아라온호를 갖게 된 뒤로 선택된 주요 연구해역은 지구에서 가장 빨리 온난화가 진행되고 있는 서북극 척치해와 서남극의 아문센해였다. 러시아와 미국 주변 해역인 척치/동시베리아해 주변해역과 남극대륙에서도 서쪽, 남극 반도에서 로스해로 이어지는 아문젠해 주변 해역은 지난 50년간 평균 섭씨 1도 이상, 아주 심한 곳은 최근 20년 동안 섭씨 2도 가까이 평균 온도가 상승했다.

북극 결빙해역 연구

　북극해의 중요성을 깨달은 우리나라는 북극해 진출을 위한 교두보 확보, 북극해 자원과 항로 등 북극권 개발에 대비한 경험과 기술의 축적, 그리고 북극 지역에서 나라의 격을 높이고 북극에서의 지속 가능한 개발을 위한 과학기술외적으로 필요한 과학적 근거를 마련하기 위해 2002년 4월 북극 다산과학기지를 개설하고, 2010년 이후부터는 아라온호를 활용한 북극해 연구를 본격적으로 수행 중이다. 2011년 쇄빙연구선 아라온호를 효율적으로 활용한 대형 국제 해양연구프로그램이 추진되었다. 정부에서는 남북극해를 아우르는 '양극해 환경변화 이해와 활용 연구(K-PORT) 사업의 일환으로 한국·캐나다·미국·일본·중국·러시아 국제공동연구팀과 함께 급격하게 변화하고 있는 서북극해 연구 활동을 본격적으로 수행했다.

　우리나라의 남극해양 연구는 1978년부터 시작되었지만, 북극해 연구는 그보다 상당히 늦게 착수되었다. 북극해양까지 연구하기에는 인력과 예산이 부족했기 때문이었다. 북극해 결빙해역 연구는 우연한 기회에 이루어지게 되었다. 1999년 7월 중국 쇄빙연구선 설룡(雪龍) 호의 1차 북극해 탐사 국제공동연구에 우리나라 연구원이 초청되면서 북극해 연구에 첫발을 내딛게 되었다. 이어서 2000년에는 해양수산부의 사업으로 러시아 극지연구팀과 공식적으로 우리가 주도하는 북극해 공동연구를 수행했다. 이를 통해 북극권 국가들과 관계를 맺는 기회를 가지며 북극해 연구에 박차를 가하기 시작했지만, 아라온호가 없던 시절에는 러시아, 미국, 중국, 일본, 캐나다 등 선진 북극해 연구팀에 의존해야 했고, 이런 도움 속에서 북극연구를 수행할 수밖에 없었다.

　북극해 주변은 전 지구의 환경, 에너지·자원과 같은 중요한 문제들을 해결하기 위한 핵심 지역으로 과학적, 경제적, 지정학적으로 중요성이 대단히 크다. 나아가 북극해는 기후변화에 민감하여 전 지구 기후시스템에 커다란 영향을 준다. 실제 기후모델과 관측 자료를 통해 북극해가 전 지구 평균보다 상당히 높은 비율로 더 워진다는 것을 알 수 있다. 북극해가 더 빨리 더워지는 주요한 이유는 해빙이 녹아 사라지면서 태양 에너지를 더욱 많이 흡수하기 때문이다. 대기-해양의 순환양상의 변화 역시 북극해를 더욱 더워지게 만드는 주요한 원인이 된다. 최근의 기후변화가 북극해 주변의 해양생태계를 현저히 크게 변화시키고 있다. 그 주요 원인은 해빙이 줄어들고 강물이 더 많이 흘러 들어오기 때문이다. 북극해 변화가 급격하게 일어나기 때문에 온난화에 따른 해빙의 감소 등 북극해의 급격한 환경변화가 언제 북극해 생태계에 어떤 영향을 미칠지 아무도 예측하지 못한다. 나아가 현재 위험에 직면해 있는 북극해를 연구하여 미래 환경변화에 대비하고 우리 사회가 준비할 수 있는 시간을 벌어야 한다. 그런 점에서 북극해 연구는 전 지구 환경변화에 대한 미래의 조기경보시스템을 구축하는 '프론티어' 연구 분야라 할 수 있다.

북극해에 비해 상대적으로 해빙의 변동이 미약한 남극해 중에서도 예외적으로 서남극 아문센해와 만나는 대륙의 빙상 주변 해역이 빠른 속도로 주저앉으며 후퇴하고 있어 아문센해는 '온난화의 배꼽'이라 불리고 있다. 이런 현상을 명확히 이해하기 위한 아문센해 연구사업이 2012년부터 본격적으로 수행되었다. 이 해역에서 왜 빙상이 후퇴하고 해빙이 축소되는지는 지금도 명쾌하게 알지 못한다. 따뜻해진 대기의 영향 말고도 남극해역에서 순환을 시작한 찬물 덩어리가 지구를 한 바퀴 돌며 데워진 뒤 다시 남극 대륙붕으로 밀려 올라오면서 미지근한 심층수가 얼음을 녹이고 있는 것은 분명하다. 이곳에는 폴리니아(Polynia)라고 부르는, 사방으로 바다를 덮은 해빙에 둘러싸인 웅덩이처럼 노출된 해역이 있다. 남극 바다의 얼음판은 그 자체로 바닷물과 차가운 대기 사이에서 열 교환을 막아주는 단열 차단벽 구실을 하고 물과 공기 사이의 기체 교환을 가로막는 장벽이 되는데, 폴리니아는 이 차단벽에 생긴 구멍이고 균열이다. 여름에 얼음바다 복판에 생긴 폴리니아로 햇빛이 쏟아져 들어가면 엄청난 양의 광합성이 이루어지면서 대기 중 이산화탄소가 해양 표층으로 빨려 들어간다. 이렇게 대기에서 바다로 들어온 탄소가 바다 밑으로 가라앉아 한동안 온실기체 역할을 못하게 될지, 아니면 곧 도로 대기로 다시 나올지 그 거취와 역동적인 과정은 지구 환경변화를 좌우하는 큰 축이라 할 수 있다.

남극해 관측 프로그램

급격하게 변동하고 있는 양극해 결빙해역 연구는 극지연구소뿐만 아니라 국내외 대학과 연구기관도 참여하는 대형 국제협력 과제로서, 인공위성을 이용한 해빙 변화 추적, 따뜻한 심층해수의 유입량 추정, 해양과 대기 사이 열과 기체 교환, 대기 화학조성과 온실기체 변화 모니터링, 해양 1차 생산에 의한 온실기체 제거량, 온난화에 따른 국지적 해양생태계의 반응과 변화, 침강입자 포획과 분석을 통한 탄소 격리과정과 양의 추정 등, 양극 결빙해역이 겪고 있는 온난화의 원인과 경과, 생태계 파급효과를 학제간 경계를 넘나들며 하늘에서 바다 밑바닥까지 그야말로 입체적 연구로 진행하고 있다. 심층수가 들어오는 길목에는 수온 염분 해류계가 설치되어 일 년 동안의 변화를 기록하고 있으며, 대기 이산화탄소가 광합성을 통해 탄수화물로 바뀐 뒤 해양심층으로 어떻게 처분되는지 침강입자를 시간대별로 수집하여 연구하고 있다. 또한 세균부터 크릴까지 먹이사슬 전체도 조사 중이다. 한 달 남짓한 조사로 다 담지 못하는 현상과 변화는 위성관측으로 추정하고 있으며, 그 결과는 모형 수립과 재현을 거쳐 예측 연구로 귀결될 것이다.

아문센해만이 우리 남극해 연구의 유일한 대상은 아니다. 장보고과학기지가 있는 로스해 역시 연구 대상으로서 매우 중요한 해역이다. 쇄빙연구선이 지나갈 때마다, 혹은 대형조사를 계획하는 대로 남극해와 남극해를 덮고 있는 대기 자료를 수집하고 있다. 남극해 연구에서 그동안 제대로 수용하지 못했던 중요한 해역을 우리가 맡아 연구하는 것은 남극해 전체의 그림을 완성한다는 의미에서 대단히 중요한 의미를 갖는다. 기후변화에서 남극해의 구실과 근본 작동원리를 밝히는 것은 당분간 우리의 주력 연구로서 잘 설계된 조사 연구를 통해 이루어지겠지만, 한두 해가 아닌 여러 해 동안 자료가 쌓여야만 제대로 포착할 수 있는 기후변화의 큰 흐름을 읽는 장기 관측 사업도 게을리하지 않고 있다. 이미 우리는 남극해 관측 프로그램(Southern Ocean Observing System, SOOS)의 주요 참여국으로 부상하고 있다. 예전의 소규모 지역 연구에서 지구 전체를 시야에 담는 세계 연구로 또 다른 학제와 더불어 지구환경변화의 비밀을 밝히는 연구로 자리매김하고 있는 것이다.

극지 해양원격탐사 활용 연구

2000년 후반기에 본격적으로 수행된 극지 해양원격탐사 연구를 통해 전 지구 기후변화에 따른 양극해 해빙, 해양, 생태계 변동을 이해하기 시작했다. 원격탐사 자료를 활용해 과거의 중장기적 해양생태계의 변화와 온난화에 따른 해빙 감소 등을 파악할 수 있다. 이를 위해 위성자료 공공활용을 위한 웹기반 위성자료 분석 시스템을 구축하고 있으며, 현장관측을 병행해 해색위성자료 등의 정밀도 향상을 꾀하고 있다. 빅데이터를 활용한 기후연구를 수행하기 위해 극지연구소와 한국과학기술정보연구원이 2013년부터 향후 3년간 협동연구를 진행 중이다. 빅데이터인 대용량의 인공위성자료를 활용해 한반도-극지 간 기후연구를 극지연구소가 수행하고, 빅데이터 분석의 정밀도와 처리속도 개선을 위한 체계적인 분석 시스템을 한국과학기술정보연구원이 개발했다. 저해상도 해색인공위성자료를 이용해 한반도 주변의 기후변화 특성을 극지연구소에서 수행했고, 한국과학기술정보연구원은 대용량 해색위성자료 처리를 위한 병렬처리 시스템 개발 및 정밀분석을 위한 시스템 설계를 진행했다. 해양의 1차 생산자인 식물플랑크톤의 양에 대한 시·공간 변화로부터 기후변화 특징을 찾아내는 해색인공위성 원격탐사 연구를 통해 최근 양극해 주변에서 일어나는 변화특성을 연구 중이다.

남-북극해 탄소 및 물질 순환 연구

산업혁명 이래로 가속화된 인간 활동으로 화석 연료 사용이 급격히 증가되었다. 이에 최종 산물인 이산화탄소는 대기로 집적되어 기하급수적으로 대기 이산화탄소 농도를 증가시켰을 뿐만 아니라 전 지구 기후변화의 원인이다. 해양이 흡수하는 양도 상대적으로 같은 비율로 증가해 해양탄소 수지와 순환, 그리고 생태계에도 영향을 미쳐 해양 내 물질 순환에도 변화를 줄 것으로 예상된다. 특히 극지 해역의 경우 기후변화로 인한 표층수온 증가, 빙하/해빙 융빙으로 인한 담수화가 진행되면서 해양의 물리적 순환과 해양 표층 생태계 변화가 급격히 일어나고 있다.

이에 따른 극해역 해양 탄소와 관련 물질(용존기체, 영양염, 미량금속 등)의 해양 내 순환을 관측해 전 지구 기후변화와 생지화학적 탄소 순환에서 극해역의 역할을 이해하기 위한 대양 연구가 수행 중이다. 2012년부터 수행된 SHIPPO(SHIp-borne Pole-to-Pole Observations) 연구 사업은 해양과 대기가 교류하는 영역에서 일어나는 화학작용이 지구 기후에 미치는 영향을 파악하기 위함이다. 현재 일어나는 지구 기후변화의 가장 큰 원인으로 지목되는 이산화탄소는 생물활동의 주요한 영양분으로 해양은 대기 이산화탄소의 가장 큰 흡수원이다. 이외에 기후에 직접 영향을 미치는 아산화질소, 메탄, 일산화탄소, 유기화합물 등 다양한 기체들이 대기로 공급되어 지구 기후에 영향을 미친다. 이 기체들은 수명이 짧은데 해양 경계층으로 방출된 후 여러 가지 광화학에 반응하며 대기 복사에너지 수지에 영향을 준다. 이러한 과정을 밝히려는 해양연구가 활발히 수행 중이다.

극지해양 퇴적물을 활용한 고기후·고해양환경변화 정밀 복원연구

극지는 다른 지역과 달리 빙권이 존재하며 기후변화에 매우 민감하다. 과거 기후에 따른 변화는 극지 해양 환경에 그대로 반영되어 남아 있으며, 각각 시공간적인 변화가 존재해 더 많은 과거 환경 정보를 확보하는 것은 현재의 지구현상을 이해할 수 있는 열쇠를 제공한다. 이에 대한 연구의 시작은 극지 육상에 노출되어 있는 극지 해양 밑바닥에 쌓여 있는 퇴적물 시료이다. 이를 채취하여 다양한 분석 즉, 퇴적학, 지화학, 고생물학, 동위원소학 및 고해양학 분석을 하면 과거의 기후변화를 감지할 수 있으며, 과거 해양의 수온 변화도 추정할 수 있다. 우리는 이러한 과정을 과거의 복원이라 하며, 복원 과정에서 얻어지는 정보는 과거 극지 대기-해양-빙권의 역학적인 상호작용을 제시한다. 고기후 역학(paleoclimatic dynamics) 연구를 통해 현재 지구 환경변화와 상호 대비되어 미래 지구환경변화 예측과 대책 마련에 매우 중요한 정보를 얻을 수 있다.

2010년부터 쇄빙연구선 아라온호를 이용하여 급격한 해빙 감소가 일어나고 있는 서남극 및 서북극 해역에서 해양지질 및 지구물리 탐사를 수행하고 있다. 천부 탄성파탐사(SBP)와 멀티빔을 이용한 해저지형자료와 시추 코어 분석을 통한 후기 제 4기 빙하역사 복원에 대한 연구가 핵심사업으로 진행 중이다. 또한 연구해역에서 획득한 시추 코어 퇴적물에서 기후변화 다중프록시(유공충 산소·탄소 안정동위원소, 유기물 탄소·질소 안정동위원소, 10Be과 Nd, Opal, XRF core scanning 자료, 미화석 등)를 정밀 분석하여 후기 제4기 빙하기-간빙기의 고기후·고해양환경변화를 정밀하게 복원하여 향후 일어날 전 지구 환경변화에 대응하기 위한 자료를 획득하고 있는 중이다.

남극 해저지질 조사 연구

남극 해저지질 조사 연구의 목적은 남극해역의 지체구조, 퇴적분지의 퇴적구조와 퇴적환경을 규명하여 석유와 천연가스, 가스 하이드레이트와 같은 에너지자원의 부존 가능성 평가에 필요한 기초 자료를 축적하는 데 있다. 1992년, 1999년 한국해양연구원의 온누리호가 세종기지를 방문하여 남셰틀랜드 군도 인근에서 다중채널 탄성파 탐사를 비롯한 해양지구물리 탐사를 수행한 바 있다. 이외의 기간에는 타국 탐사선에 이용하였으나 탐사장비의 제약으로 다중채널 탄성파 탐사 이외의 해양지구물리탐사는 원활하게 수행하지 못하였다. 2009년 쇄빙연구선 아라온호 건조 이후 선내에 장착된 첨단장비를 이용하여 다중채널 탄성파 탐사, 고해상도 해저지층 탐사, 해양지자기 탐사 등의 해양지구물리와 해저면 퇴적물시추 등의 해양지질 탐사 방법을 이용하여 다양한 자료를 획득하고 있다.

북극권 오호츠크해 가스 하이드레이트 연구

북극권 해역은 새로운 미래의 에너지로 각광받고 있는 가스 하이드레이트가 막대하게 부존되어 있는 지역으로 향후 가장 유망한 개발가능 지역이다. 러시아 오호츠크해는 북반구에서 3~4월까지 해빙이 존재하는 가장 남쪽지역으로, 막대한 가스 하이드레이트 매장량과 활발한 메탄 분출현상 때문에 최근 세계의 주목을 받고 있는 연구지역이다. 극지연구소는 2003년부터 2015년까지 한-러-일 오호츠크해 가스 하이드레이트 국제공동연구프로젝트에 참여하여 다수의 가스 하이드레이트 분출 구조를 발견하고 다량의 가스 수화물 시료를 채취하여 그 기원 및 특성을 연구한 바 있다.

극지 중앙해령 연구

중앙해령은 맨틀의 대류에 의하여 해양지각이 새로이 형성되는 곳으로 맨틀에서 지표로 물질과 에너지가 전달되는 통로이다. 중앙해령에서 분출되는 열수는 광물자원을 형성시킬 뿐만 아니라 광합성에 의존하지 않는 심해 생태계의 에너지원이 되고 있다. 전 세계 중앙해령의 대부분은 많은 조사활동이 있었지만 남극판과 태평양판, 호주판 사이의 경계면에 위치한 중앙해령은 대부분의 지역이 아직까지도 미지의 상태로 남아 있다. 쇄빙연구선 아라온호를 활용하여 2011년부터 남극 중앙해령에 대한 본격적인 연구를 수행하고 있으며 중앙해령의 지형과 기후변화와의 상관성을 밝히는 등 중앙해령의 특성과 맨틀물질에 대한 세계적인 연구결과를 도출하고 있다.

심해저 관련 연구

문재운(한국해양과학기술원 책임연구원)

초기 단계의 심해저 자원개발 분야는 우리나라 해양개발 분야에서 전문 연구 인력이 거의 전무한 분야였다. 당시 국내의 연구사업은 주로 한반도 주변 해역의 해양기초조사에 집중된 상태였다. 때문에 초창기 심해저 자원개발 연구는 유엔심해저제도, 국제동향분석, 우리나라의 참여방안 연구, 심해저 자원개발 정책 등 유엔해양법 협약 체제하에서 심해저 자원개발에 참여하기 위한 타당성 연구를 중심으로 전개되었다. 특히, 1982년 유엔해양법회의에서 유엔해양법 협약의 심해저제도 중 쟁점사항이었던 선행투자가 보호에 관한 결의안 채택으로 우리나라와 같은 개발도상국이 심해저 개발에 참여할 수 있는 기회가 주어졌으며, 1983년 우리나라가 123번째로 유엔해양법 협약에 서명한 것을 계기로 동력자원부와 과학기술처가 "심해저 광물자원탐사 기본계획"을 경제장관회의에 보고하였으며(1983. 3. 22.), 선행투자가로 등록함으로써 단독광구를 확보할 것을 제의하였다. 그러나 당시에는 협약 발효의 시기, 경제성, 기술적 가능성 등이 불확실하고, 소요예산의 확보문제로 국가기본방침으로의 결정은 유보하고 대신 보고사항으로 경제장관회의에 보고하였다. 이런 과정에서 당시 한국해양연구소(KORDI)는 "심해저 광물자원 개발연구" 사업을 수행할 수 있게 되어 하와이대학의 조사선(R/V Kana Keoki)을 임차하여 하와이 동남방 1,300km 지점의 클라리온-클러퍼톤(C-C) 해역에서 우리나라 최초로 심해저광물자원에 대한 시범적 탐사를 실시(1983. 11. 15~12. 8)하였다. 이 탐사는 아시아에서 일본, 인도, 중국에 이어 네 번째로 심해저 광물자원 탐사를 실시한 것이었다. 국내 최초의 심해저탐사 결과는 조사지역의 자원 잠재력에 대한 긍정적인 평가뿐만 아니라 조사선 및 장비 등의 모든 조건이 주어진다면 국내 과학기술 능력으로 심해저 자원탐사를 수행할 수 있다는 자신감을 얻었다는 데 한층 큰 의의가 있다고 할 수 있다.

하지만 1983년 첫 탐사 이후 심해저 탐사활동은 중단되었다. 그러나 심해저 자원의 미래적 가치에 대한 중요성을 인식한 한국해양연구소는 다시 심해저 개발 전문연구팀을 구성하여 우리나라의 심해저 개발 참여를 위한 다각적이고 심층적인 연구를 계속하였다. 그러던 차에 유엔이 해양법 협약을 토의하는 과정에서 심해저 자원개발에 실제적 투자와 탐사실적을 보유한 국가에게 부여하는 선행투자가 자격 취득시간을 해양법 협약 발효 전까지 연장하기로 결정함에 따라 한국해양연구소는 1988년 과학기술처 특정연구과제로 "심해저 광물자원 개발전략 연구"를 통해 심해저 광물의 자원적 특성, 심해저 개발에 대한 해양법 및 경제성 분석, 유망광구 자료 분석 등을 주요 내용으로 하는 포괄적 심해저 자원개발 참여 전략을 수립하였다. 이후 "21세기를 향한 심해저 광업의 현황과 전망(1989년 12월)"과 "21세기를 향한 해양정책 워크숍(1990년 11월)"을 통해 우리나라의 심해저 개발 추진정책과 국제협력방안을 마련하였으며, 과학기술처 특정연구사업 "태평양 심해저 광물자원 개발연구(1989~1991; 연구책임자 강정극 박사)" 추진을 통해 한국해양연구소와 미국 국립지질조사소(USGS)가 공동으로 영국조사선(R/V Farnella)을 임차하여 C-C 해역의 망간단괴와 마셜 제도, 마이크로네시아 제도 및 팔라우공화국의 배타적 경제수역 내 해저산을 대상으로 망간각 기초탐사를 수행함으로써 다양한 탐사기술을 습득하는 등 독자적으로 심해저 광물자원 탐사를 추진할 기반을 마련하였다. 심해저에 부존된 광물자원에 관한 연구를 본격적으로 수행하기 위하여 1990년 해양광물자원연구실이 한국해양연구소 내에 설치된 이래로 오늘날 심해저자원연구센터란 독자적인 부서로 유지, 발전되어온 과정은 한마디로 우리나라의 심해저광물자원개발 역사와 그 궤를 같이하고 있다.

1991년 경제장관회의에서 심해저광물자원개발사업을 국가전략사업으로 추진하기로 의결한 이후 해양광물자원연구실은 1992년 망간단괴 광구확보 추진을 위한 전문조직인 심해저탐사사업단으로 조직을 개편하였으며, 1994년 세계 7번째로 태평양 C-C해역에 망간단괴 광구를 확보하였다. 이후 보다 다양한 심해저광물자원에 대한 연구와 개발을 목표로 1997년에 심해저자원연구센터로 조직을 확대하고, 그동안 망간단괴에 국한되었던 연구를 망간각, 해저열수광상 등 다양한 심해저광물자원으로 다변화하였을 뿐만 아니라 동태평양에 국한되었던 탐사영역을 남서태평양 전역으로도 확대하였다. 한편, 지속적인 망간단괴 탐사사업을 통해 우리나라의 최종개발광구가 확정됨에 따라 탐사중심의 체제에서 개발에 대비한 환경연구와 채광, 제련 등 실용화 기술 분야를 총괄하는 체제인 심해연구사업단으로 2005년 명칭을 변경하였고, 2008년에는 기존의 심해저광물자원개발사업 수행 이외에도 우리나라 연근해 지역의 해저광물자원에 대한 연구 분야를 이관받음으로써 부서 명칭을 심해·해저자원연구부로 변경하였다. 이후 통가와 피지 EEZ 내의 지역에 해저열수광상 탐사권을 확보하는 한편, 인도양 공해지역에도 해저열수광상 광구를 확보함으로써 2012년 한국해양과학기술원(KIOST) 발족 시 다시 심해저광물자원개발을 전담하는 심해저자원연구부로 그리고 이후 다시 심해저광물자원센터로 부서의 명칭이 확대 개편되었다. 이렇게 전담부서의 명칭이 바뀌어오는 동안 대상자원은 망간단괴에서 망간각, 해저열수광상으로 다양화되었고, 연구지역도 동태평양에서 남서태평양과 인도양으로 확장되었다. 또한 연구 분야도 지질 분야를 중심으로 한 탐사중심체제에서 환경연구를 비롯하여 채광, 제련 등 실용기술 분야로까지 확대 세분화됨으로써 심해저광물자원센터는 우리나라 심해저 자원개발에 필요한 전 분야를 총괄하는 실질적인 추진조직으로 성장하였다.

한편, 심해저광물자원개발사업을 본격적으로 추진할 수 있게 된 배경에는 국가전략사업으로 추진한다는 정부의 결정과 함께 대양탐사가 가능한 종합조사선 온누리호(1422톤)의 건조를 빼놓을 수 없다. 1992년 취항한 온누리호는 매년 심해저 광물자원 탐사에 투입되어 태평양 망간단괴 광구확보(1994년), 통가 해저열수광상 탐사권 확보(2008년), 피지 해저열수광상 탐사권 확보(2011년), 인도양 해저열수광상 광구확보(2012년), 그리고 서태평양 망간각 광구신청(2016년)을 이룩 하는데 주된 역할을 해왔다. 특히, 심해저 광물자원 조사 및 탐사활동의 지속성은 우리나라의 해양과학기술이 선진국과 비교우위 경쟁력을 갖는 국제적 수준에 진입하는 계기가 되었으며, 전 세계에 한국의 해양기술력을 널리 알리고, 나아가 전문적인 해양과학자와 해양공학자들로 구성된 한국해양과학기술원의 위상을 각인시키는 데 지대한 공헌을 하였다.

되짚어 보면, 망간단괴 탐사를 본격적으로 시작한 이래 지금까지 25년간 수행해온 심해저 자원 연구는 대내적으로 전량 수입에 의존하는 광물자원의 공급원 확보를 위한 국가 핵심추진 연구 분야로 발전해왔다. 또 국제적으로는 차세대 해저자원개발을 선도하는 중심체로서 역할을 담당해왔다. 그와 함께 공해상의 심

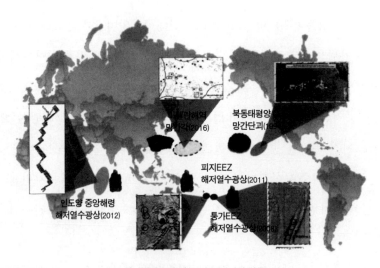

우리나라가 보유하고 있는 심해저 광구

해저 자원을 개발하고 관리하기 위한 목적으로 1994년 유엔해양법 협약의 발효와 함께 설립된 국제해저기구(International Seabed Authority; ISA)의 법률기술위원회 위원(강정극 박사 1997~2006, 김웅서 박사 2007~2011, 형기성 박사 2012~2016)으로 참여하여 활동함으로써 국제사회에서 대한민국의 해양 기술력을 널리 알리고 잠재적 영향력을 보여주었다. 2008년 통가 EEZ 해역에 해저열수광상 개발을 위한 탐사권 확보는 그동안 정부주도로만 수행되어온 심해저광물자원개발 추진의 전환점이 되었다. 이를 계기로 탐사권 확보 이후 매장량 평가를 위해 수행된 탐사(2009~2012)에 정부 이외에 국내 유수의 5개 기업이 투자함으로써 민간기업이 심해저 광물자원 개발에 참여하는 첫 번째 사례가 되었고, 앞으로 민간주도의 상업적 개발을 유도하는 발판이 되고 있다. 그동안 지속적으로 추진하고 전문적인 연구 결과를 바탕으로 이룩한 각고의 성과 덕분에 대한민국은 동태평양, 남태평양, 인도양상에 우리나라 면적의 약 1.1배에 달하는 총 11.2만km^{2}의 광활한 해외 해양광물 영토를 확보하게 되었고, 2016년 현재 망간각 광구를 국제해저기구에 신청함으로써 심해저자원 개발사업은 우리나라 국가해양력 제고의 근간이 되고 있다. 그런즉 망간단괴, 해저열수광상, 망간각 등 개발가능한 모든 심해저광물자원에 대한 우리의 탐사권 확보는 명실공히 21세기 심해저 광업시대의 개막과 첨단 기술을 선도하는 국가 주요 해양개발 정책으로 추진될 수밖에 없다.

천리안 해양관측위성

유주형(한국해양과학기술원 책임연구원)

2010년 6월 27일(한국시간) 남미 프랑스령 기이아나에 위치한 쿠루 우주기지에서 우리나라의 천리안 해양관측위성(Geostationary Ocean Color Imager, GOCI)이 성공적으로 발사되었다. 그 이후 지금까지 안정적으로 운용 중이다. 천리안 해양관측위성은 세계 최초의 정지궤도 해색위성으로서, 해양활용에 있어 새로운 패러다임을 제시하였다는 점에서 성공적이고 그 의미가 매우 크다. 또한, 국내 우주 개발 역사상 처음으로 위성 활용 주체인 해양연구자가 중심이 된 선진국형 개발 추진 체계를 처음으로 도입되었다는 점, 그리고 국내 위성 사업의 선진화 측면에서도 큰 의미를 갖는다. 2003년부터 시작된 위성의 HW 개발 단계에서부터 분석

2010년 6월 27일 천리안 해양관측위성 발사성공 기념

천리안 해양관측위성 주관 운영기관인 해양위성센터 전경

SW인 GDPS(GOCI Data Processing System) 개발이 동시에 이루어졌고, 해양위성 센터 구축을 통해 운영에 대한 체계도 갖춰 나갔다.

1990년 후반 기상청은 자체 정지궤도 기상위성을 보유하기 위한 노력을 기울 였으나, 위성 개발의 효율성 차원에서 볼 때 기상위성만의 개발은 바람직하지 못 하다는 것이 전문가들의 지배적인 의견이었다. 이후 한국해양과학기술원(당시 한 국해양연구원)에서는 해양탑재체를, 전자통신연구원에서는 통신탑재체를 각각 제 안했고, 한국항공우주연구원에서 위성개발을 담당하는 형태로 한국형 다목적 정 지궤도 위성의 개발이 시작되었다. 통신해양기상위성이란 이름으로 시작된 이 사 업을 위해 한국해양과학기술원은 '정지궤도 해양위성 선행 연구, 2002~2003'을 수행하였다. 이 기획 연구는 세계 최초의 정지궤도 해양관측 위성인 GOCI 개발

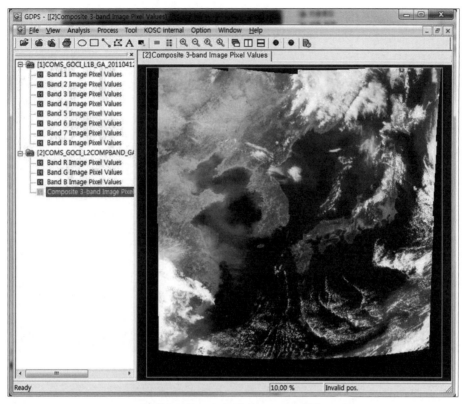

GOCI Data Processing System(GDPS) 화면

의 모체가 되는 사업이었다. 2001년에는 4개 기관 공동으로 예산을 확보하기 위해 노력하였고, GOCI 개발 사업은 2002년에 확정되었다. 4개 부처 전체 예산은 2,880억 원이었고, 해양수산부는 이 가운데 860억 원을 확보함으로써 해양탑재체 개발의 주체가 되었다.

한국해양과학기술원은 해양위성센터를 2005년부터 2009년까지 안산 본원 내에 구축하여 GOCI 위성의 안정적인 운영을 준비하였다. 설립된 해양위성센터에서는 위성자료의 수신, 처리, 분석, 저장, 관리, 배포에 이르는 일련의 시스템을 자동화시켜 운영 부담을 최소화하고, 위성 발사 이후 10개월의 궤도상시험을 마치고 2011년 4월 정규 운영 및 자료서비스를 시작한 이후 지금까지 안정적으로 운영 중이다. 특히, 위성을 통해 획득한 자료는 국내 정부기관과 관련 연구기관에 실시간 위성자료 배포서비스로 제공하고 있고, 1,000여 명 이상의 국내외 과학자들에게는 위성센터 홈페이지를 통하여 자료를 제공 중이다. 뿐만 아니라 대국민 서비스의 일환으로, 네이버 테마지도 서비스를 통해서도 GOCI 칼라합성 영상과 분석영상을 제공하고 있다.

GOCI 위성 개발의 큰 특징 중 하나는 위성 개발과 동시에 위성자료처리 시스템을 개발하고, 지속적인 개선을 통해 다양한 산출물을 제공하고 있다는 점이다. 전 세계적으로 해색위성을 보유한 나라는 여럿 있으나, 자료처리 시스템을 개발하고 지속적으로 유지하는 나라는 많지 않다. 그중 극궤도 해색위성은 미국과 EU가 주도하고 있는 데 반해, 정지궤도 해색위성 분야는 전 세계에서 우리나라가 유일하다. GOCI 위성자료처리 시스템(GOCI Data Processing System, 이하 GDPS)은 한반도 해역에 특화된 해양환경 분석 알고리즘을 구현하였다. 그리고 HDF-EOS5라는 일반 자료 포맷을 활용하면 누구든 쉽게 위성자료를 분석/표출할 수 있도록 개발하였다. 현재까지 GDPS Version 1.4가 출시된 상태이고, 해수신호(Lw,

KIOST-NASA 해색위성 공동현장조사(2016년 5월)

nLw), 엽록소 농도(CHL), 총부유물질 농도(TSS), 용존 유기물 농도(CDOM) 등의 기본산출물과 함께 적조, 어장지수, 해류벡터, 일차생산력 자료 등의 2차 산출물 분석도 가능하다. 지금은 다양한 GOCI 위성의 연구결과를 적극 반영하여 GDPS의 자료 분석 기능을 강화하는 한편, 산출물의 정확성을 높이는 개발 연구도 계속 추진 중이다. 또한 GDPS 사용자 교육을 지속적으로 실시하고 있다. 2011년 이후 현재까지 21회 이상 교육한 바 있고, 참여 실습생 500여 명 이상을 배출함으로써 GOCI 활용연구의 저변확대를 위해 노력 중이다.

특히, GOCI 위성자료를 다양한 분야에 활용하려면 신뢰성 있는 위성자료의 제공이 필요하다. 이를 위해 위성센터에서는 선박, 부이, 해양관측타워 등에 설치된 해수 및 광 관측 장비를 통한 위성자료와의 검·보정 연구를 수행하고 있다. 대기 보정 및 해양 환경 분석 알고리즘 검증을 위해 GOCI 위성자료와 현장관측 자료의 매칭자료를 확보하는 데도 주력하고 있다. 이어도 해양종합과학기지에 설치된 Aeronet-OC 자료를 이용함으로써 고정정점의 확보를 통한 지속적이고 연속적인 위성-현장관측 간의 매칭자료를 확보하고 있다. 국내외 검·보정 협의체를 구성하여 공동현장조사 및 자료 공유 등을 수행함으로써 GOCI 위성 관측영역 전체를 대표하는, 신뢰성 높은 알고리즘 및 검·보정 결과를 확보하기 위한 연구도 진행 중에 있다. 또한 현장자료의 신뢰도 향상 및 품질관리 기법 개선을 위한 현장시료 분석법에 대한 개선 및 검증 등의 연구를 수행하고 있다.

현재 활용되는 여러 위성자료 가운데 한반도를 중심으로 한 동북아의 해양 및 연안 해역 연구를 위한 최적의 자료는 GOCI 위성자료이다. 이러한 해양위성 자료의 과학적인 활용이 구체화된 성과로 나타나려면 수년에 걸친 지속적인 지원과 각 활용분야의 전문가들과의 공동연구가 필수적이다. 그간 산출물 기반 연구가 지속적으로 추진되었으며, 위성활용 초기 연구결과는 *Ocean Science Journal(OSJ)*의 GOCI 특별호〔47(3)호, 2012〕에 수록되었다. GOCI 특별호는 다른 국제저널에도 많이 인용됨으로써 2015년에는 *OSJ* 최다 인용상을 수상한 바 있다. 적조/녹조 감시, 저염수 검출, 급격한 수질변화 감시, 재해재난 감시 등 시급성을 요하는 활용분야는 현안대응 시스템 구축을 통한 감시체계 구축 방향으로 연구를 진행 중이다.

선진기관과의 협력체계를 구축하고, IOCCG, Aeronet-OC 등의 국제협력기구에도 참여하고 있다. 그런 한편, GOCI PI 워크숍, 한일해색원격탐사워크숍 등 국제워크숍을 개최하며, 국내/국제학회에서 특별 세션 및 홍보부스를 운영하는 등 다양한 국제활동을 통해 GOCI 위성자료 신뢰도 향상, 활용기술개발에 도움을 주고 있고, 국내 위성활용 분야의 연구역량 강화에도 기여하고 있다. GOCI 위성의 수명은 대략 8년으로 앞으로 2년 뒤인 2018년까지 운영된다. 그리고 이어서 정지궤도 복합위성(Geo-KOMPSAT-II)의 해양탑재체(GOCI-II)가 발사되어 임무를 계승할 예정이다. GOCI-II는 250m급 공간해상도를 갖추고 있고, 관측지역을 선택할 수 있어 동아시아와 호주를 포함하는 지역에서 재해·재난 시 훨씬 큰 활약을 할 것으로 기대된다. 또한 하루에 한 번 전구관측이 가능하여 태평양 지역의 수산활동 정보 제공과 함께 기후변화 연구에도 많은 기여를 할 것으로 예측된다. 한국해양과학기술원의 해양위성센터는 바야흐로 천리안 해양위성으로 인하여 국내외에 잘 알려진 주요연구 시설이자 해양연구의 한 축으로 발전하였다. 공공 서비스를 위한 위성 영상 자료는 해양영토 관리뿐만 아니라 모든 해양연구에 없어서는 안될 필요 자료로 자리매김하고 있다.

대형 해양과학연구선(이사부호) 건조

박동원·김채수(한국해양과학기술원 책임기술원)

2016년 우리나라는 5,000톤급 대형 해양과학연구선을 건조하였다. 이것은 본격적인 대양탐사시대의 개막과 전 지구적 차원의 해양연구개발을 우리가 주도적으로 선도하겠다는 의지의 표명이다. 그런 차원에서 대형 해양과학연구선의 이름도 국민공모로 이루어졌고, '이사부호'로 선명이 최종 결정되었다. 이사부는 지금의 울릉도인 우산국을 우리나라 역사에 최초로 편입시킨 신라 장수이다. 장수의 이름을 선명으로 결정한 데는 각별한 이유가 있다. 그것은 광개토대왕의 광활한 영토 개척정신을 계승한 신라 장군 이사부의 정신을 이어받아 더 멀고, 더 큰 바다로 진출함으로써 해양강국으로서의 우리의 위상을 실질적으로 제고하기 위해서다.

1992년에 건조된 온누리호가 대양탐사를 위한 광역 기초조사 시스템이라면, 대형해양과학연구선 '이사부호'는 '바다에 떠 있는 연구소' 개념의 인프라가 적용된 것으로서, 심해정밀탐사까지 가능한 시스템을 포함한다. 건조 사업 기간은 2010년 4월부터 2016년 11월까지 6년 7개월이었고, 사업비는 건조 비용 986억 원을 포함해 총 1,067억 원이었다. 대형 종합해양과학연구선 건조를 KIOST는 기관 차원에서 이를 지원하기 위해 '종합연구선 건조사업단'을 정식으로 출범시켰다. 그 뒤 국제 입찰을 통해 2012년 12월 12일 STX조선해양과 설계·건조계약을 체결하여 추진한 결과 2016년 5월 30일 최종 인수하였다. 지금은 2016년 11월 취항을 목표로 승무원과 연구원들이 선체 운영 적응 훈련, 장비통합 시험 검증, 심해 성능검증 시험 등 지속적인 장비운영 기술 습득과 검증을 통해 장비운영의 신뢰성과 안전성 확보에 최선을 다하는 중이다.

이사부호의 제원은 총톤수 5,894톤, 연속 항해 가능일수 55일, 이동 순항속

대형 해양과학연구선 '이사부호' 항해 광경

도 12kn, 승선 인원 승조원 22명 포함 60명이다. 조사 환경의 한계 조건은 파고 6~9m이고, 전 지구적 다목적 정밀 해양조사도 가능하다. 이사부호의 주된 특징은 최신 항해설비와 탐사장비를 갖춘 점이고, 파고 5미터 이상에서도 조사활동이 가능하며, 정밀도가 높은 자율위치 제어장치를 겸비하고 있어 거친 바다에서도 선체가 정해진 위치에서 크게 벗어나지 않고 1미터 이내에 머물게 할 수 있다는 점이다. 뿐만 아니라 관측 자료전송 및 지원설비가 뛰어나 해저 8,000미터까지 탐사 가능한 초정밀 염분·온도·수심측정기, 다중 해저퇴적물 채집기, 심해영상 카메라, 해저퇴적층심부를 관찰할 수 있는 다중 음향측심기 등 고성능 첨단 관측장비를 두루 갖춘 점이다. 또한 이사부호는 우리 기술로 만든 친환경 스마트조사선이라는 점도 매우 주목된다. 국산 엔진을 장착하고 저소음 저진동 설비로 수중방사소음 기준(ICES CRR 209)을 충족하여 고품질 해양자료의 획득이 가능하다. 게다가 친환경 연소처리장치를 갖추었을 뿐만 아니라 첨단 ICT 정보전달 시스템은 각종 관측장비를 통해 획득한 해양과학자료를 선내 과학자는 물론 선박에 탑승하지 않은 육상의 연구자들에게도 실시간으로 제공할 수 있다.

이런 첨단해양과학연구선을 우리의 조선기술로 건조할 수 있다는 것을 입증함으로써 새로운 전환점이 절실히 요구되는 우리나라 조선산업에 특수선 분야인 대형해양과학연구선 건조라는 새로운 길을 열어주었고, 나아가 해외시장으로의 진출의 주춧돌도 마련하였다. 향후 이사부호는 전 지구적 차원의 해양탐사 및 개발을 통해 해양강국 기반을 마련하는 데 활발히 활용될 것이다. 뿐만 아니라 지구환경 변화 예측, 신 해양자원 선점, 국제협력과 산·학·연 협력을 통한 대양과학기술 개발에도 적극 참여할 예정이다.

* 주요 제원

사양	전장	약 99.8m
	폭	18.0m
	흘수	6.30m (D.L.W.L)
총톤수		5,894톤
항해속력	최대	15.0kts (6.3m draft, 5,000kW S.S 2)
	순항 (경제)	12.0kts (6.3m draft, 2,000kW S.S 4)
추진방식		전기추진방식, Azimuth × 2
추진마력		5,000kW (2,500kW × 2)
항속거리		10,000 N.Mile 이상
항해시간		55일 (연구항해 포함)
최대 승선인원		60명 (승무원 22명 / 연구원 38명)
DP (정밀위치제어)		시스템 2
발전기		약 1,881kW 4대
정박용 발전기		약 850kW
비상 발전기		250kW
A-Frame		Stern 30톤, 170도 운용 / Starboard 25톤

종합해양과학기지

심재설 · 정진용 (한국해양과학기술원 책임연구원)

2003년에 구축된 이어도 종합해양과학기지(이하 이어도 기지)는 국내에서는 최초의 해양과학기지이다. 구축 당시에 세계 최대 규모였으며, 육지의 영향을 받지 않고 태풍의 경로상에 위치한 거의 유일한 해양과학기지이다. 이어도 기지의 구축 성공에 힘입어 2009년에는 가거초 기지, 2014년에는 소청초 기지가 건설되어, 황해중부부이(2007년 계류)와 더불어 우리나라의 서해 및 남해를 담당하는 장기 거점 해양관측시스템에 대한 구축이 완료되었다. 이어도 기지의 구축은 1995년부터 시작되었으며, 많은 연구자, 행정관료, 학계와 산업계의 노력이 그 근간을 이루고 있다.

한편, 이어도 기지가 있기까지의 과정을 반추해 보면 이어도 기지는 해양과학기지로서의 가치뿐만 아니라 우리 국민의 정서적인 부분과도 연결되어 있음을 발견할 수 있다. 이어도는 명칭과는 달리 실제로는 섬이 아니다. 이어도는 제주도민의 전설에 나오는 환상의 섬, 피안의 섬이다. 제주 여인들에게 이어도는 바다에 나가 돌아오지 않는 남편, 아들이 남겨진 섬이며, 자신들도 결국 그곳으로 갈 것이라고 굳게 믿고 있는 섬이다. 이어도의 정봉은 수심 4.6m에 위치하고 있는데, 파도가 10m 정도의 높이가 되면 수면 위로 드러난다. 아마 높은 파도에 시달려 육지를 갈구하던 그 옛날 어부들에게, 물 위로 모습을 보이는 이어도는 풍랑을 피할 수 있는 섬처럼 보였을지 모른다. 하지만 이어도가 보일 만큼 높은 풍랑 속에서는 많은 어부들이 돌아오지 못했을 것이며, 천우신조로 생존한 어부들에 의해 이어도는 전설의 섬으로 전해진 것으로 짐작된다.

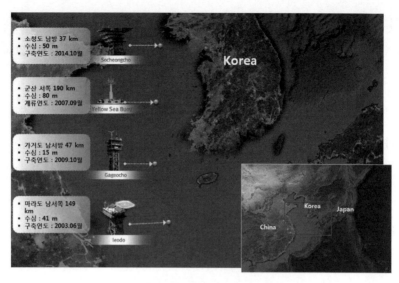

우리나라의 종합해양과학기지들의 위치.
황해중부부이와 더불어 위도 약 2도 간격의 관측망을 구성하고 있음

이어도에 대한 역사적인 기록은 1488년 최부의『표해록』을 통해 최초로 전해진다.『하멜 표류기』에도 이어도로 추정되는 내용과 해도가 일부 기술되어 있다. 근거를 가장 확실히 확인할 수 있는 역사적인 사건은 20세기에 들어서면서 발생하였다. 1900년, 영국 상선인 소코트라(Socotra) 호가 일본 큐슈지방에서 중국 상해로 항해 도중 암초에 의해 배 밑바닥에 손상을 입게 되었다. 이듬해인 1901년, 영국 해군의 측량선인 워터 위치(Water Witch) 호가 수심측량을 수행하여 수심 5.5m의 암초가 사고 해역에 있음을 확인됨에 따라 손상된 상선의 이름을 따 소코트라 암초로 국제적으로 명명되었다. 일본은 1938년, 해저케이블 부설 계획을 수립하면서 이어도에 해저전선 중계시설과 등대를 설치할 목적으로 직경 15m, 높이 35m의 콘크리트 인공구조물을 건설하고자 하였다. 하지만 이는 태평양전쟁의 발발로 무산되고 말았다. 우리나라에서 이어도의 실재론이 처음 대두된 것은 전란 중인 1951년으로, 국토규명사업을 벌이던 한국산악회와 해군이 공동으로 이어도

탐사에 나서면서부터이다. 그러나 이들은 높은 파도 때문에 이어도 탐사를 제대로 할 수 없었다. 대신 바닷물 아래 검은 바위만 확인하고, 그곳에 '대한민국영토 이어도'라고 새긴 동판 표지를 수면 아래 암초에 가라앉히고 돌아왔다.

그로부터 약 30년 후인 1984년 KBS, 제주대학교가 공동으로 전설 속의 이어도를 과학적으로 확인하기 위해 현재의 이어도 해역을 탐사하였다. 1986년에는 KBS, 제주대 연구팀과 당시 한국해양연구소가 공동으로 이어도를 탐사하였고 탐사 결과 확보된 과학적 근거들을 바탕으로 수심 4.6m 아래에 있는 수중암초가 전설 속의 이어도라고 잠정 결론지었다. 이듬해인 1987년에 해운항만청(현 해양수산부)는 이어도 암초로 인한 사고를 예방하고자 '이어도 등부표'를 설치하였고 이 사실을 국제적으로 공표하였다. 이후 이 부이는 두세 차례 태풍 및 폭풍으로 유실되었으나 주변국의 선점을 막기 위하여 지속적으로 설치하여 운영하였다. 이 등부표는 '이어도'라는 명칭이 최초로 사용된 시설로 기록되고 있다.

이어도 등부표(1987년)

이어도 해역은 우리나라에 직접적으로 영향을 미치는 태풍의 약 절반 정도가 지나가는 해역이다. 이어도 해역을 통과한 태풍은 진로와 속도에 따라 차이가 있으나 대략 8~10시간 정도면 남해안에 상륙한다. 특히 우리나라에 막대한 피해를 입힌 태풍(매미, 사라, 셀마, 베라, 브렌다 등)이 이 해역을 경유하였다. 이와 같이 이어도는 해양기상학적으로 태풍의 연구 및 예보에 최적의 장소이다. 또한 동중국해의 중앙에 위치하여 연중 수십만 여척의 선박의 안전항해, 어선의 안전조업을 위해 등대설치가 절실히 요구되는 곳이며, 풍부한 수산자원으로 한·중·일의 대형 조업장이 형성되어 수산학적으로도 어·해황예보가 필요한 지점이기도 하다. 그리고 북상하는 쿠로시오 해류, 남하하는 황해 냉수 및 중국대륙의 연안수가 접촉하는 해역이다. 이처럼 이곳은 계절에 따른 각 수괴에 의해 해양환경 변화가 심하게 나타나기 때문에 황해의 해수순환, 남해의 해수유동에 관한 메커니즘을 파악하기 위해 해양학적으로 매우 중요한 해역이다.

1990년대 초 국가해양관측 망구축사업이 진수됨에 따라 당시 한국해양연구소(현재 한국해양과학기술원)의 이동영 박사는 이어도 해역에 해양관측타워를 설치하여 운영하려는 계획을 가지고 있었다. 그 일환으로 등부표 및 해양기상부이를 이용한 기상 및 해양관측를 수행하였다. 1993년 4월, 당시 과학기술처 장관이던 김시중 장관은 한국해양연구소(KORDI)를 초도순시하면서 이동영 박사로부터 해양관측타워 설치에 대한 의견을 보고받았다. 이후 해양관측타워에서 해양과학기지로 규모가 확대되면서 건설계획은 급물살을 타게 되었다. 1995년부터 기지 건설을 위해 필요한 해양정보 획득을 위해 수심, 조위, 조류 등을 관측/분석하였다. 이를 바탕으로 1997년 이어도 기지에 대한 기본 설계안이 심재설 박사에 의해 제안되었다. 계획 초기에는 요동기둥형타워, 항형타워, 콘크리트 케이슨 구조, 재킷형 타워, 그리고 복합형 타워 등의 다섯 가지 공법이 논의되었다. 이 가운데 해양구조물의 안정성이 확보되고 과학기지로서 관측에도 가장 뛰어나며 국내 기술력도

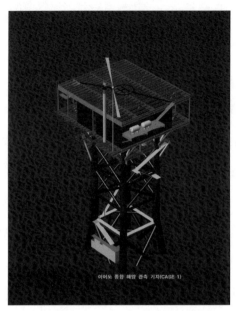

이어도 종합 해양 관측 기지(CASE 1)

이어도 기지의 초기 개념도(자료: 삼성중공업)

우수하게 갖춘 재킷형타워 공법으로 기지를 건설하는 것으로 결정되었다. 이후 1995년부터 정부예산이 본격 투입되어 이어도 기지 건설이 추진되다가 1996년 8월 해양수산부가 발족하면서 추진 업무가 이관되었다.

1997년에는 이어도 기지 설치 지점 확인을 위한 정밀 수심측량이 실시되었다. 이어도는 수심 50m를 기준으로 할 때, 남북으로 1.8km, 동서로 1.4km 정도, 면적은 약 2.0km² 정도, 축구장 약 260개 정도의 규모인 것으로 확인되었다. 수심 4.6m인 정봉은 이어도 암상의 북쪽에 위치하고 있어 해양과학기지를 설치하기 위해서는 이어도 암상의 남쪽으로 위치를 정하는 것으로 하였다. 하지만 이어도 기지를 건설하기 위해 검토해야 할 사항은 크게 몇 가지가 있었는데, 그중 관측의 대표성과 경제성이 상충하는 문제가 있었다. 해양관측의 대표성을 확보하기 위해서는 이어도를 벗어나 보다 깊은 지점으로 이동을 해야 하는데, 이렇게 되면 수심이 깊어지면서 기지 구조물의 크기가 매우 커지게 되어 막대한 건설비가 투입되어야 하는 문제와 더불어 이어도 기지의 정체성에 문제가 있었다. 수차례 논의 끝에 이어도 기지를 이어도 정봉으로부터 남쪽으로 700미터 떨어진 수심 41m에 설치하는 것으로 하였고, 해양관측의 대표성은 다양한 과학적 노력을 통해 확보하는 것으로 결정하였다. 이렇게 함으로써 이어도 기지는 한편으로는 이어도 암상에 놓이게 되어 '이어도 기지'라는 이름을 갖는 데 전혀 손색이 없게 되었다.

1998년에는 해저지반조사를 수행하였다. 해저지반 정보는 이어도 기지 구조물의 안정성을 확보하기 위해 반드시 필요한 것이었다. 조사 결과 이어도 해역의 해저지반은 단단한 암반이 아니라 표층 몇 미터 정도만 단단한 응회암으로 되어 있고, 그 아래는 모래와 점토로만 되어 있어 지반조건이 예상보다 약한 것으로 확인되었다. 약한 지반 위에서 강한 지지력을 얻기 위해 기존에 설계되었던 4개의 파일 외에 추가로 4개의 파일이 추가되는 Skirt Pile 공법이 반영되었다.

2000년 7월에는 설계된 구조물에 대한 축소모형 실험이 건설기술연구원의 삼차원 수조에서 실제크기의 1/120로 제작된 모형으로 수행되었다. 조위, 조류, 파랑에 대한 구조물 안정성을 검증하는 실험이었다. 2001년 5월에는 현대건설기술연구소에서 풍동실험도 실시하였다. 이것은 국내 해양구조물에 대한 최초의 풍동실험이었다. 이어도 기지는 이런 수리모형실험과 풍동실험을 거쳐 해양의 악조건과 거센 비바람에도 충분히 견딜 수 있는 해양구조물로 만들어질 수 있었다.

그런데 이어도 기지 건설이 한창 진행되던 2000년 11월 28일 중국 외교부가 이어도 기지 건설에 대해 이의를 제기하는 항의서한을 보내왔다. 당시 해양수산부와 한국해양연구원, 그리고 외교부는 국제법상 관례에 따라 배타적 경제수역을 따졌을 때 이어도 해역은 우리 영역에 포함된다는 것을 근거로 기지 제작을 계속 추진하였다. 그러자 2002년 9월 5일에도 주한 중국대사관에서는 이어도 기지 건설 관련하여 자국의 입장을 전달하였다. 하지만 중국의 계속된 이의제기에도 우리의 입장은 1차 이의제기 때와 동일했고, 변함이 없었다. 오늘날의 중국이었다

이어도 기지 구조물의 수리모형실험

이어도 기지 구조물에 대한 풍동실험

면 과연 우리가 이어도 기지 공사를 계속할 수 있을까? 돌이켜보면, 그 당시야말로 이어도 기지를 건설할 수 있는 절호의 기회였다.

　2001년부터 기지 구조물 제작이 시작되었다. 2001년 8월부터 2002년 9월까지 약 1년여 동안 울산의 현대중공업은 이어도 기지의 상부구조물인 데크 부분을, 목

444

포 현대삼호중공업에서는 해저에 고정되는 재킷 부분을 제작하였다. 그리고 이어도 기지 기능의 핵심이라고 할 수 있는 관측/제어/통신 시스템에 대한 설계와 제작도 병행되었다. 국내 순수 기술로 이어도 기지를 건설하겠다는 일련의 목표 아래 실제로 관측장비를 제외한 모든 분야에 국내 기술을 적용하여 건설하였다. 특히 해양구조물 형태로 이어도 기지의 제어/운영 시스템을 개발하는 것은 국내 기술 수준이면 몇 년 내에 가능할 것으로 생각되어 독자적인 관측제어 시스템 개발에 나선 이후 2년에 걸친 개발 과정을 거쳐 이어도 기지에 최적화된 시스템 개발에 성공하였고, 이를 적용할 수 있었다.

2002년 9월 30일, 마침내 이어도 기지 하부구조물인 재킷이 완성되어 먼저 목포에서 이어도 해역으로 출발하였다. 재킷은 10월 2일, 이어도 기지 설치 현장에 도착한 뒤 잔잔한 해상 상태에서 GPS 시스템을 이용하여 정위치에 내려졌다. 이어도 기지의 재킷 방향 오차는 1° 이내로 맞춰졌고, 계획된 오차 범위 내에 설치되었다. 수평 설계 오차범위도 맞춰 재킷을 정위치시켰다. 그러나 재킷 설치가 한창 진행되던 중 예상치 못한 일이 벌어졌다. 갑자기 10월에 휘몰아친 폭풍이 이어도 기지 설치 현장을 덮친 것이다. 일주일 이상 3m 이상의 파도가 몰아쳤고, 강풍은 초속 40m 이상까지 불어댔다. 위태롭던 설치 현장에선 결국 사고가 일어나고 말았다. 바지선 한 대의 앵커라인이 모두 끊어져 버린 일이다. 동력이 없는 바지선은 선장을 태우고 해류를 따라 남쪽으로 흘러갔다. 그러나 그런 가운데도 다행히 예인선이 상하이 인근 해상까지 흘러간 바지선을 찾아올 수 있었다. 다만, 찾아서 회수하긴 했으나 지금 돌이켜보면 참으로 아찔한 상황이 아닐 수 없었다. 우여곡절 끝에 재킷 설치가 마무리되었다. 당초 보름 정도 예상되었던 설치공사는 거의 한 달 만에 마무리되었다. 그러나 10월 말에 접어들자 북서계절풍이 불었고 해상상태는 급속도로 악화되었다. 2002년 상부구조물까지 올려 기지를 완공하려던 계획은 이듬해인 2003년으로 연기할 수밖에 없었다.

이어도 기지 구조물 설치 작업 완료

　2003년 4월, 이어도 기지의 상부인 데크가 울산항에서 이어도를 향해 출발하였다. 데크 설치 작업은 이어도 기지 설치 작업 중 가장 난이도가 높을 뿐만 아니라 위험한 작업이었다. 하지만 태풍 '구지라'가 발생하여 북상을 시작하였다. 4월에 태풍이 발생하여 북상하는 건 100년 만에 처음 있는 일이었다. 설치팀은 제주 한림항으로 피항하였다. 태풍이 잦아들자 데크를 실은 바지선이 다시 이어도 해상으로 이동하여 현장에 도착하였고, 8시간 동안의 노력 끝에 드디어 재킷 위에 데크를 결합하는 데 성공하였다. 목숨을 건 힘들고 위험한 공사과정이 마침내 마무리되었다.

　2003년 6월, 이어도 기지에 대한 첫 점검이 실시되었다. 통신, 관측, 전기 등 각종 시스템이 제대로 작동되는지, 연구원 및 운영요원들의 생활에는 지장이 없는

지를 꼼꼼히 살폈다. 잇달아 이어도 기지에 대한 수많은 언론사들의 취재와 언론 보도가 줄을 이었다. 이어도 기지가 태풍을 사전에 관측하여 태풍피해를 줄이는 데 크게 기여할 것이라는 내용이 중심이었다. 바로 이 시기에 마침 태풍 '매미'가 북상하였다. 이어도 기지로선 갖춰진 성능을 시험할 절호의 기회였다.

태풍 '매미'가 북상하고 있는 와중에 이어도 기지의 시스템 작동이 중단되었다. 그 동안 언론을 통해 태풍을 감시하는 첨병이라고 소개했던 내용이 모두 거짓말이 될 상황이었다. 어떻게든 기지를 정상화시키는 것이 필요했다. 그러나 태풍 '매미'로 기상이 악화된 탓에 해양경찰 헬기는 지원받을 수가 없었다. 어쩔 수 없이 기지 복구를 위해 운영요원들이 겨우 구한 10톤 크기의 소형선박으로 이어도 기지로 향했다. 운영요원들은 높은 파도로 인해 예정된 도착시간을 넘겨 이어도 기지에 어렵게 도착한 후 태풍 '매미'가 도착하기 직전에 무사히 기지 복구 작업을 마칠 수 있었다. 이어도 기지는 우리나라에 내습한 최대의 태풍 '매미'를 사전에 관측할 수 있었고, 각종 언론매체들을 통해 이어도 기지에서 관측되는 생생한 태풍 정보를 제공할 수 있었다. 한마디로 이어도 기지가 건설되자마자 그 가치를 발휘하는 순간이었다.

이후 2006년까지 한국해양과학기술원(전 한국해양연구원)에서 운영되던 이어도 기지는 2007년 이후 구축된 가거초 및 소청초 기지와 함께 2016년 1월을 기해 국립해양조사원으로 기지 운영권을 이관하였다. 국립해양조사원은 2011년 이후 지금까지 해양과학기지 전용선인 '해양누리호'를 진수하여 해양과학기지의 관리와 연구 활동을 지원 중이다. 그리고 한국해양과학기술원은 해양과학기지를 활용한 국가연구개발 과제를 지속적으로 수행 중이며, 해양물리, 태풍, 대기환경, 해양생지화학, 해양구조물 등의 분야에 약 20개의 연구과제를 수행하고 있다. 나아가 해양과학기지를 기반으로 한 학제간 연구의 활성화를 위해 국내외 연구자들과의 지속적인 교류 임무도 활발히 수행하고 있다.

2. 유관 대학

【 강릉원주대학교(해양생명공학부) 】

강릉원주대학교 내 개설된 해양생명공학부는 1988년 3월 수산자원개발학과에서 출발하였고, 1992년 10월에 제1회 졸업생을 배출하였다. 그 후 1994년 해양생물공학과를 신설한 뒤 수산자원개발학과와 통합되어 수산·해양자원학부로 개설되었으며, 이때 산업대학원 석사과정도 함께 개설하였다. 그런 다음 1997년 3월에 현 해양생명공학부로 명칭을 변경한 뒤 학부 내에 4개 전공을 두었는데, 2011년 해양생명공학부 예하의 전공 명칭을 다시 해양식품, 해양자원, 해양생물, 해양분자로 최종 결정하여 교육하고 있다.

1. 연혁

1988. 3. 　수산자원개발학과 개설

1991. 10. 　한국수산과학회, 한국양식학회 개최

1992. 2. 　제1회 졸업생 배출

1994. 12. 　해양생물공학과 신설

1996. 3. 　수산자원개발학과와 해양생물공학과를 통합, 수산·해양자원학부 개설

　　　　　　산업대학원 석사과정 개설

1997. 3. 　수산·해양자원학부를 해양생명공학부로 명칭 변경

　　　　　　해양식량공학·해양자원육성·해양생물공학·해양발생공학 전공으로 입학정원

　　　　　　100명 규모로 증원, 일반대학원 석사과정 개설

2004. 7. 　차세대해양생명산업 인력양성 선정

448

2011. 3. 해양생명공학부에서 해양식품, 해양자원, 해양생물, 해양분자로 분리

2012. 산학협력선도대학육성사업 특성화 분야 학과 선정 및 참여

2016. 현재 지방대학특성화(CK-1) 사업단 학과 선정 및 참여

2. 교과과정

국문명	영문명
일반화학	General Chemistry
생물학개론	Introduction of Biology
일반해양학	Introduction to Oceanography
해양무척추동물학 및 실험	Marine Invertebrates Biology & Lab.
해양생태학	Marine Ecology
미생물학 및 실험	Microbiology & Lab
부유생물학 및 실험	Planktonology & Lab
해양생태학 실습	Exercise of Marine Ecology
연안해양학	Coastal Oceanography
해양식물학 및 실험	Marine Plane & Lab
수산학 개론	Introduction to Fisheries Science
어류학 및 실험	Ichthyology & Lab
수산해양학	Fisheries Oceanography
수산생물학	Fisheries Biology
해양생태잠수학	Diving Technique for Marine Ecology
양식실습	Aquaculture
무척추동물양식학	Culture of Invertebrates

국문명	영문명
어류양식학	Aquaculture of Fish
해조양식학 및 실험	Algae Cultivation & Lab
수산해양교육론	Theories of subject education in Marine fishery
분자세포생물학	Molecular & Cellular Biology
수산해양 논리 및 논술	The Logic and Essay of Marine Fishery
해양동물생리학 및 실험	Comparative Animal Physiology & Lab
동물먹이생물학 및 실험	Animal Food Organisms & Lab
해양동물병리학 및 실험	Aquatic Animal Pathology & Lab
해양관측 및 실습	Marine Observation & Lab
해조바이오매스학	Seaweed Biomass
어류질병진단학	Fish Disease Diagnostics
위성해양학	Satellite Oceanography
수산해양교재 연구 및 지도법	Studies in teaching materials and teaching method of Marine Fishery
어장학	Fisheries hydrography
해양생명 취업과 현장실습	Employment and Practical Training in Marine Bioscience
양어사료학	Fish Feed
수산자원학	Biology of fisheries Resources
수산경영학	Fisheries Economics
해양생물과 기생충	Marine Parasitology
미세조류바이오매스학_캡스톤디자인	Microalgae Biomass_Capstone Design

3. 인원 현황

현재 교수는 6명, 학생은 131명이다.

【 경북대학교(지구시스템과학부 해양학전공) 】

경북대학교의 해양학과는 가장 최근 2012년에 설립되었다. 신설학과이지만 불과 2년 만에 경북대학교 내 우수학과로 선정된 학과이다.

1. 연혁

2011.　　초대 박종수 교수 생물학과 부임(생물해양학)

2012.　　경북대학교 해양학과 설립(정원 40명)

2012.　　박종진 교수 부임(해양물리학)

2013.　　박선영 교수 부임(화학해양학)

2013.　　차세대 수중글라이더 운영지원센터 사업 유치

2014.　　경북대학교 해양학과 부설 경북해양과학연구소 개소(참여 교수 18명)

2014.　　경북대학교 우수학과로 선정

2015.　　경북대학교 지구시스템과학부 통합(지질학전공, 천문대기과학전공, 해양학전공)

경북대학교 지구시스템과학부 해양학전공 현판

2. 교과과정

구분	국문명	영문명
학부1학년	지구시스템과학개론	Introduction to Earth System Sciences
학부2학년	생물해양학 및 실험 I & II	Biological Oceanography and Lab I & II
학부2학년	화학해양학 및 실험 I & II	Chemical Oceanography and Lab I & II
학부2학년	물리해양학 및 실험 I & II	Elementary Fluid Mechanics I & II
학부2학년	미생물해양학 I & II	Microbial Oceanography I & II
학부2학년	환경화학	Environmental Chemistry
학부2학년	매트랩강좌 기초	Introduction to Matlab
학부3학년	해양생명공학 I & II	Marine Biotechnology I & II
학부3학년	해양생지화학순환 I & II	Marine Biogeochemical Cycles I & II
학부3학년	해양역학 I & II	Ocean Dynamics I & II
학부3학년	해양기후학 I & II	Ocean Climate I & II
학부3학년	해양생태학	Marine Ecology
학부3학년	해수분석학 및 실험	Seawater Analysis and Lab
학부3학년	해양선상실습개론	Introduction to Field Oceanography
학부4학년	생물해양학특론 I & II	Special Topics in Biological Oceanography I & II
학부4학년	화학해양학특론 I & II	Special Topics in Chemical Oceanography I & II
학부4학년	물리해양학특론 I & II	Special Topics in Physical Oceanography I & II
대학원	미생물해양학특론 I	Special Topics in Microbial Oceanography I
대학원	미생물해양학특론 II	Special Topics in Microbial Oceanography II
대학원	환경해양학 I	Environmental Oceanography I
대학원	환경해양학 II	Environmental Oceanography II
대학원	해양유전체학 I	Marine Genomics I
대학원	해양유전체학 II	Marine Genomics II
대학원	해양생물정보학개론	Introduction to Marine Bioinformatics
대학원	바이오에너지특론	Special Topics in Bioenergy

구분	국문명	영문명
대학원	해양미소생물학	Marine Microbiology
대학원	극한생물학 I	Extreme Biology I
대학원	극한생물학 II	Extreme Biology II
대학원	해양원생생물학	Marine Protistology
대학원	해양순환론 I	Ocean Circulation I
대학원	해양순환론 II	Ocean Circulation II
대학원	해양순환론 III	Ocean Circulation III
대학원	해양순환론 V	Ocean Circulation VI
대학원	해양순환 특론	Special Topics in Ocean Circulation
대학원	해양난류학 I	Ocean Turbulence I
대학원	해양난류학 II	Ocean Turbulence II
대학원	해양 자료 처리	Data Analysis for Oceanographers
대학원	해양 모델링 기초	Introduction to Ocean Modelling
대학원	무인해양기기 활용기술 기초	Introduction to Application Technique of Autonomous Marine Platforms
대학원	매트랩 고급-알고리즘	Advanced Matlab Algorithm
대학원	자료처리 특론	Special Topics in Data Analysis
대학원	환경자료 분석 I	Environmental Data Analysis I
대학원	환경자료 분석 II	Environmental Data Analysis I
대학원	동위원소 생지화학 I	Stable Isotopes in Biogeochemistry I
대학원	동위원소 생지화학 II	Stable Isotopes in Biogeochemistry II
대학원	고급 수용액 화학	Advanced Aquatic Chemistry
대학원	영문/국문 과학 글쓰기	Introduction to Journal-Style Scientific Writing
대학원	대기화학 특론 I	Advanced Atmospheric Chemistry I
대학원	대기화학 특론 II	Advanced Atmospheric Chemistry II

3. 인원 현황

현재 지구시스템과학부 전체 교원 중 해양학전공 교원은 조교수 3명이며, 학생은 학사 129명, 석사 4명이 재학 중이다. 이 가운데 학부 및 대학원 과정의 인원은 지구시스템학부 전체 인원 중 해양학전공 학생 수이다.

4. 특이사항

경북대학교는 대한민국에서 가장 큰 규모의 국립대학이며, 세계적인 경쟁력을 갖춘 대학인데, 해양학과가 설립된 것은 2012년 불과 4년 전이다. 국내에서도 가장 최근에 신설된 해양학과이며, 428km의 해안선을 가지고 있는 대구-경상북도 권역 내에서도 해양학을 전문적으로 교육하는 유일한 학과이기도 하다. 앞으로 유능한 160여 명의 교수, 연구원, 대학원생 및 대학생으로 구성하여, 주로 생물해양학, 화학해양학, 물리해양학을 중심으로 연구 및 교육을 진행할 계획이다. 더불어 독도를 포함한 동해를 대상으로 창의적인 연구 및 교육을 진행하려 하고, 유수한 국내외 다른 학과 및 연구 기관과 협업 관계를 이루고자 한다.

향후 명실상부한 세계적인 경북대학교 해양학과로 발전시켜, 경쟁력이 있는 창의적 해양과학 전문 인재를 배출하고, 대한민국 해양학 발전에 크게 이바지하고자 한다.

경북대학교 해양학과 홈페이지(http://ocean.knu.ac.kr)와 학생을 중심으로 '아라주리'라는 블로그(http://blog.naver.com/arajuri)를 현재 운영 중이다.

경북대학교 해양학전공 학생들의 현장 견학

【 군산대학교(해양학과) 】

1. 연혁

 군산대학교 해양학과는 1988년 옛 군산대학에 신설된 해양학과에서 출범하였다. 1991년 종합대학으로 승격되면서 자연과학대학 해양학과로 개편된 이후 2000년 해양정보과학과로 명칭이 변경되면서 해양과학대학으로 소속이 변경되었다. 2006년부터 다시 해양학과로 학과의 명칭이 변경되었다.

1988.	해양학과 신설(정원 40명), 이원호 교수 해양개발학과에서 전보
1989.	이상호 교수 부임
1990.	최진용 교수 부임
1992.	양재삼, 노의근 교수 부임
1993.	해양학과 대학원(석사과정) 신설
1994.	이광훈, 최현용 교수 부임
1995.	정해진 교수 부임
1996.	해양학과 대학원(박사과정) 신설
	녹조·적조연구센터 설립 및 규정 제정(초대 연구소장 양재삼 교수 취임)
1999.	새만금환경연구센터 개소(초대 소장 이상호 교수 취임)
2000.	모집단위 소속변경(자연과학대학 해양학과 → 해양과학대학 해양정보과학과)
2003.	노정래 교수 부임
2005.	2006학년도 모집단위 명칭 변경(해양정보과학과 → 해양학과)
	박종규 교수 부임
2007.	최병주 교수 부임

2013. 해양과학대학 해양건설공학과와 통합하여 해양공학과로 명칭 변경

2015. 공과대학 건축공학과, 자연과학대학 주거 및 실내계획학과와 통합, 모집단위 소
속 변경(해양과학대학 해양공학과 → 공과대학 사회환경디자인공학부 해양건설공학
전공)

2. 교과과정 / 교육과정 (2016년도)

학년	학기	이수 구분	교과목명(영문)
1	1	전공	해양건설공학개론(Introduction to Coastal Construction Engineering)
			지구과학개론(1)(General Earth Sciences(1))
	2	전공	해양천연물학개론(Introduction to Marine Natural Products)
			지구과학개론(2)(General Earth Sciences(2))
2	1	전공	갯벌환경탐사 및 실습(Research for Tidal Flat and Lab)
			CAD 실습(Introduction to CAD)
			건설재료학(Construction Materials)
			생물해양학 및 실험(Marine Biology & Lab)
			물리해양학 및 실험(Physical Oceanography & Lab)
			산업안전관리론(Industrial Safety Management)
	2	전공	해양생태학 및 실험(Marine Ecology & Lab)
			산업심리 및 교육(Industrial Organizational Psychology)
			화학해양학 및 실험(Chemical Oceanography & Lab)
			지질해양학 및 실험(Geology Oceanography & Lab)
			공학영어실습(Engineering English Lab)
			인간공학(Human Engineering)
3	1	전공	건설시공학 및 실험(Construction & Lab)
			해안수리학(1)(Coastal Hydraulics(1))
			현장실습(1)(Field practice(1))
			해양관측 및 자료처리(Ocean Observation and Data Processing)
			건설안전기술(Construction Safety Engineering)

학년	학기	이수구분	교과목명(영문)
3	1	전공	해양퇴적환경학 및 실험(Sedimentology and Lab)
			해양환경화학 및 실험(Marine Environmental Chemistry & Lab.)
			재료공학(Mechanics of Engineering)
			해양환경생물학 및 실험(Marine Environmental and Biology & Lab.)
	2	전공	조석 및 파랑학(Tide & Wave Dynamics)
			해양구조공학(Coastal Structural Mechanics)
			해양선상실습(Ship-board training for oceanographic survey)
			해양오염생물학(Marine Pollution and Biology)
			현장실습(2)(Field practice(2))
			해수분석 및 실험(1)(Water Quality Analysis & Lab(1))
			시스템안전공학(System Safety Engineering)
			해안수리학(2)(Coastal Hydraulics(2))
			환경 및 유물탐사(Environment and relic exploration)
4	1	전공	임해실습(Marine Science Field Trip)
			토질역학(Soil Mechanics)
			해수분석 및 실험(2)(Water Quality Analysis & Lab(2))
			해양학 세미나(Oceanography Seminar)
			현장실습(3)(Field practice(3))
			캡스톤디자인(1)(Capstone Design(1))
			공학전산실습(Engineering Computation Lab)
			측량학(Surveying)
			현장종합실습(1)(Comprehensive Field Practice(1))
			영어로 배우는 해양과학(Learning Ocean Science in English)
			해양계측학(Coastal Surveying)
	2	전공	항만공학(Harbor Engineering)
			현장실습(4)(Field practice(4))
			해양광물자원(Marine Mineral Resources)
			캡스톤디자인(2)(Capstone Design(2))
			현장종합실습(2)(Comprehensive Field Practice(2))

학년	학기	이수구분	교과목명(영문)
4	2	전공	해양과 대기 및 실험(Ocean and Atmosphere & Lab)
			해양현장실습(Marine Field Workshop)
			해양자원학(Marine Resources)
			콘크리트 공학(Concrete Engineering)
			해양과학과 미래(Ocean Science and Future)

3. 인원 현황

현재 전임 교원은 9명이고, 학생은 학부(155명), 대학원(석사 9명, 박사 14명)을 합해 총 164명이다.

【 목포대학교(해양수산자원학과) 】

목포대학교 해양수산자원학과는 1994년 설립되었으며 현재 6개 연구실(해양생태연구실, 저서동물생태연구실, 해양환경화학연구실, 해양퇴적학연구실, 응용해조류학연구실, 양식생리학연구실)이 있으며, 부설기관으로는 갯벌연구소가 있다. 현재 어업손실액평가기관, 포락지 조사기관으로 지정되어 있으며, 교직과정(수산, 해양)을 개설하고 있다.

1. 연혁

1994.	자연과학대학 해양자원학과 신설(학과장 박경양 교수, 정원 40명)
1995.	임현식 교수 부임
1996.	조영길 교수 부임
1998.	장진호 교수 부임
1998.	해양자원학과 제1회 졸업생 배출
1999.	생명자원수산해양학과군 학부제 시행
1999.	해양자원학과 대학원 석사과정 신설
1999.	한국해양학회, 학구양식학회 추계 학술대회 개최
2001.	갯벌연구소 설립(소장 임현식 교수)
2002.	산업기술대학원 석사과정 해양수산자원전공 신설
2003.	박찬선 교수 부임
2003.	생명자원수산해양학과군에서 생물산업학부로 학부명칭 변경
2004.	생물산업학부에서 생명공학부로 명칭 변경
2004.	해양자원학과 대학원 박사과정 신설
2005.	해양자원전공에서 해양수산자원전공으로 전공명칭 변경

2005.	대학원 석·박사과정 명칭 변경(해양자원학과 → 해양수산자원학과)
2005.	갯벌연구소 어업손실액 평가기관 지정(해양수산부)
2006.	갯벌연구소와 국립수산과학원 갯벌연구센터 MOU체결
2007.	응용생명과학부에서 자연과학대학 생명과학부로 학부명칭 변경
2010.	자연과학대학 생명과학부 해양수산자원전공에서 자연과학대학 해양수산자원학과로 명칭 변경
2010.	갯벌연구소 포락지 조사기관 지정(국토해양부)
2010.	갯벌연구소 어업손실액 평가기관 재지정(농림수산식품부)
2013.	임한규 교수 부임
2014.	박경양 교수 정년퇴임
2015.	갯벌연구소 어업손실액 평가기관 재지정(농림수산식품부)

2. 교과과정

국문명	영문명
해양학개론	Introduction to Oceanography
해저해양학 및 실험	Submarine Oceanography & Exp.
물리해양학 및 실험	Physical Oceanography & Exp.
수산학개론	Introduction to Fisheries Science
환경해양학 및 실험	Environmental Oceanography & Exp.
양식학개론	Introduction to Aquaculture
해양생태학	Marine Ecology
해양무척추동물학 및 실험	Marine Invertebrate Zoology & Exp.
해산식물학 및 실험	Marine Botany & Exp.
기초정량분석	Basic Quantitative Analysis
해양동물발생학	Developmental Biology of Marine Animal
해수분석 및 실험	Seawater Analysis & Exp.
저서동물생태학 및 실험	Benthic Ecology & Exp.
해조류양식 및 실험	Seaweed Culture & Exp.

국문명	영문명
천해퇴적학	Shallow Marine Sedimentology
해양수질환경관리	Management of Marine Aquatic Environment
심해저환경론	Environments of Deep-Sea Floor
수산동물생리학	Aquatic Animal Physiology
수산자원학	Fisheries Science
해양퇴적학개론	Introduction to Sedimentology
해조류생리학	Seaweed Physiology
수산질병학개론	Introduction to Aquatic medicine
유영동물생산학	Finfish production
연안해양학	Coastal Oceanography
수산해양교육론	Introduction to education of fisheries and ocean sciences
조석파랑학	Physical processes of Wave and Tide
수산무척추동물양식학및실험	Aquaculture & Exp.
친환경수산자원복원론	Eco-friendly&Fisheries Restoration
수산해양교재및연구법	Introduction to teaching materials and methods of fisheries and ocean sciences
수산해양논리및논술	Logics of fisheries and ocean sciences
캡스톤디자인 1	Capstone design 1
창업실무	
먹이생물학	Biology of Food Organisms
오염생물학	Pollution Biology
해양환경오염론	Marine Environmental Pollution
친환경수산자원관리론	Eco-friendly Fisheries Management
해조이용학	Seaweeds Utilization
캡스톤디자인 2	Capstone design 2

3. 인원 현황

교원은 교수 4명, 조교수 1명 총 5명이며, 2016년 현재 학부생 재학생 123명, 석사과정 7명, 박사과정 3명, 산업기술대학원생 8명이다.

【 목포해양대학교(해양환경공학전공) 】

1. 연혁

1996. 학부제 도입으로 해양 및 조선공학부 신설

(해양조선, 해양환경, 해양토목 및 항만전공)

1997. 김도희 교수 부임(전공 : 해양환경)

1998. 김우항 교수 부임(전공 : 수처리)

1999. 해양시스템공학과 대학원 신설

2000. 해양시스템공학부 해양환경공학전공으로 명칭 변경

2001. 신용식 교수 부임(전공 : 해양환경미생물학)

2002. 한상국 교수 부임(전공 : 환경독성학)

2003. 김용진 교수 부임(전공 : 폐기물공학)

2005. 이경선 교수 부임(전공 : 환경생물학)

2005. 해양시스템공학부 해양환경공학전공에서

해양공과대학 환경·생명공학과로 모집단위 변경

2. 교과과정(예 : 2016년 개설 교과목)

국문명	영문명
분석화학	Analytical Chemistry
기기분석및실험	Marine algae
해양계측학	Marine Instrumentology
환경공학개론	Environmental Engineering
폐수처리공학	Wastewater Treatment Engineering
상하수도공학	Watersuppy Sewerage Engineering

국문명	영문명
수처리공정 및 실험	Water Treatment Process and Lab
해양미생물학 및 실험	Environmental microbiology and Lab
해양오염학	Oceanographical Pollution
생태모델링	Ecosystem modeling
세포생물학	Cell Biology
생태학	Ecology
환경독성학	Environmental Toxicology
환경에너지개론	Introduction of Environmental Energy
폐기물관리	Solid Waste Management
에너지와 환경계획	Energy and Environmental Design
일반생물학 및 실험	General Biology and Experiment
생화학	Biochemistry
해양생물학	Marine Biology
환경영향평가	Environmental Impact Assessment
해양생물자원 에너지학	Marine Biological Resources Energetics
유전학	Genetics
면역학	Immunology
환경CAD	Environmental CAD
전공영어1	Technical English I

3. 인원 현황

교원은 교수 6명이며, 2016년 현재 학생 수는 재학생 129명이다. 휴학생 42명을 포함하면 총 171명이다.

【 부경대학교(해양학과) 】

1. 연혁

1980.10.	해양학과 설립
1981. 3.	해양학과 제1회 입학
1985. 2.	해양학과 제1회 졸업
1985. 3.	해양학과 대학원 석사과정 개설
1987. 2.	해양학과 대학원 석사과정 제1회 졸업
1988. 3.	해양학과 대학원 박사과정 개설
1993. 2.	해양학과 대학원 박사과정 제1회 졸업
1996. 3.	해양과학부(해양학전공, 해양생물학전공)로 변경
1997. 1.	해양학과 교직과정 인가(표시과목: 지구과학)
1999. 3.	환경공학 및 해양시스템학과군으로 변경
	(해양학과, 해양공학과, 환경공학과)
2000. 3.	해양시스템학과군으로 변경
	(해양학과, 해양공학과, 조선해양시스템공학과)
2001. 3.	지구환경과학과군으로 변경
	(해양학과, 환경대기과학과, 환경지질과학과, 환경탐사공학과)
2016. 현재	해양학과 단일학과로 모집단위 변경

2. 교과과정

과목구분	과목명	과목명(영문)
전공필수	해양과 생명	Ocean & Life
전공필수	해양과 지구	Ocean & Earth
전공필수	생물해양학	Biological Oceanography
전공필수	화학해양학	Chemical Oceanography
전공필수	물리해양학	Physical Oceanography
전공필수	지질해양학	Geological Oceanography
전공필수	해양관측 및 실습	Ocean Observation & Training
전공필수	부유생물학 및 실험	Planktology & Lab
전공필수	해양물질순환	Global Geochemical Cycles in Marine Environment
전공필수	해수분석 및 실험	Seawater Analysis & Lab
전공필수	해양생태학 및 실습	Marine Ecology & Training
전공필수	유영생물학 및 실습	Taxonomy of Fishes & Training
전공필수	파동과 조석	Waves and Tide
전공필수	해양퇴적학 및 실험	Marine Sedimentology and Laboratory
전공선택	지구온난화와 바다의 역할	Global Warming and the Ocean
전공선택	해양과학영어	English for Marine Science
전공선택	해양유기화학	Marine Organic Chemistry
전공선택	연안환경학 및 실습	Coastal Environment & Training
전공선택	기초물리해양학	Basic Physical Oceanography
전공선택	오염생물학	Pollution Biology
전공선택	분석화학 및 실험	Analytical Chemistry & Lab
전공선택	지역해양학 및 실습	Regional Oceanography & Training
전공선택	천해지질학	Coastal Marine Geology
전공선택	해양자료분석	Oceanographic Data Analysis
전공선택	해양환경학	Marine Environment
전공선택	(지학)교과교육론	Earth Science Education Teaching Theory of Departmental Subject

과목구분	과목명	과목명(영문)
전공선택	(지학)교과교재연구 및 지도법	Earth Science Education Teaching Materials & Method
전공선택	천문학	Astronomy
전공선택	해양기상학	Marine Meteorology
전공선택	해양지구물리학	Marine Geophysics
전공선택	해양천연물화학	Marine Natural Products Chemistry
전공선택	해양생지화학	Marine Biogeochemistry
전공선택	해양자연재해	Natural Oceanic Disaster
전공선택	(지학)교과논리 및 논술	Earth Science Education Subject Matter Logic and Essay Education
전공선택	캡스톤디자인	Capstone design
전공선택	스마트 해양수산 리더십	SMART Leadership for Ocean and Fisheries
전공선택	글로벌 해양수산 탐사	Global Exploration for Ocean and Fisheries
전공선택	스마트 해외 현장실습	SMART Overseas Field Training
전공선택	해양원생생물학 및 실험	Marine Protistology & Lab
전공선택	해양미세생태학 및 실험	Marine Microbial Food-web Ecology & Lab
전공선택	해양분자생태학 및 실험	Marine Molecular Ecology & Lab

3. 인원 현황

교원 중 명예교수 3명, 교수 5명, 부교수 1명, 조교수 1명이며, 학생은 학부생 222명이고, 대학원생은 석사 7명, 박사 6명 총 13명이다.

【 부산대학교(해양학과) 】

1. 연혁

1985.   부산대학교 '해양과학과' 설립

1989.   대학원 석사과정 신설

1996.   자연과학부로 통합 후 해양과학전공으로 개편

1997.   해양학전공과 해양환경학전공의 복수전공으로 박사과정 신설

1999.   지구환경시스템학부가 신설되어 해양시스템과학전공으로 개편

             해양학전공으로 박사과정 단일화

2007.   대학원 지구환경시스템학부가 신설되어 해양학전공으로 변경

2009.   학부 과정 명칭이 해양시스템과학과로 변경

2011.   부산대학교 학과평가 우수학과로 선정

             해양연구소가 2011년도 연구소 평가결과 B등급

2012.   학부 과정 명칭이 해양학과로 변경

부산대학교 해양학과의 해양환경 현장조사 실습교육

2. 교과과정(전공과목 위주, 교양과목 등은 제외)

- 학부과정(해양학과)

국문명	영문명
해양학개론	Introduction to Oceanography
수리과학개론	Introduction to Computational Science
수학(Ⅰ)	Calculus(Ⅰ)
생명과학(Ⅰ)	Biological Sciences(Ⅰ)
일반화학(Ⅰ)	General Chemistry(Ⅰ)
지질환경과학개론(Ⅰ)	Introduction to Geological Environmental Science(Ⅰ)
통계학개론(Ⅰ)	Introduction to Statistics(Ⅰ)
대기환경과학개론	Introduction to Atmospheric Environmental Science
해양의 이해	Understandings of the Ocean
수학(Ⅱ)	Calculus(Ⅱ)
생명과학(Ⅱ)	Biological Sciences(Ⅱ)
일반화학(Ⅱ)	General Chemistry(Ⅱ)
지질환경과학개론(Ⅱ)	Introduction to Geological Environmental Science(Ⅱ)
통계학개론(Ⅱ)	Introduction to Statistics(Ⅱ)
물리해양학(Ⅰ)	Physical Oceanography(Ⅰ)
생물해양학(Ⅰ)	Biological Oceanography(Ⅰ)
화학해양학(Ⅰ)	Chemical Oceanography(Ⅰ)
해양지질학(Ⅰ)	Marine Geology(Ⅰ)
물리해양학(Ⅱ)	Physical Oceanography(Ⅱ)
해양지질학(Ⅱ)	Marine Geology(Ⅱ)
화학해양학(Ⅱ)	Chemical Oceanography(Ⅱ)
생물해양학(Ⅱ)	Biological Oceanography(Ⅱ)
해양조사 및 실습	Ocean Survey and Research Cruise
복합원격탐사	Multiple Remote Sensing Environment
해양광물학	Marine Mineralogy
해양유전체학	Marine Genomics

국문명	영문명
대륙연변부지질학	Geology of Continental Margins
해수분석법 및 실험	Seawater Analysis and Lab
해양미고생물학	Marine Micropaleontology
해양생태학	Marine Ecology
해수순환 및 실험	Ocean Circulation and Lab
부유생물학 및 실험	Planktonology and Lab
해양퇴적학 및 실험	Marine Sedimentology and Lab
해양조류학	Marine Algae
수산해양학	Fisheries Oceanography
해양자료해석	Ocean Data Interpretation
수산해양학	Fisheries Oceanography
해양자료해석	Ocean Data Interpretation
해산식물학 및 실험	Marine Botany and Lab
하구 및 연안생태학	Estuarine and Coastal Ecology
극지해양학	Polar Oceanography
해빙생태학	Sea Ice Ecosystem
해양지화학	Marine Geochemistry
지구시스템의 이해	Fundamentals of Earth System
해양무척추동물학 및 실험	Marine Invertebrate Zoology and Lab
해양기상학	Marine Meteorology
위성해양학	Satellite Oceanography
해양환경과 오염	Marine Environment and Pollution
수산해양교육론	Educational Theory in Fisheries Oceanography
수산해양 논리논술	Logic and Discourse in Fisheries Oceanography
수산해양교재 연구 및 지도법	Curriculum Materials & Teaching Methodology for Fisheries Oceanography

• 대학원 과정(지구환경시스템학부 해양학전공)

국문명	영문명
계산유체역학특론	Advanced Computational Fluid Dynamics
물리해양학특론	Advanced Physical Oceanography
부유생물생태학특론	Advanced Plankton Ecology
생물해양학특론	Advanced Biological Oceanography
논문연구	Thesis Research
조석학특론	Advanced Tidal Theory
심해지질학특론	Advanced Deep Sea Geology
해양학세미나 I	Seminar in Oceanography I
해양기초생산론	Marine Primary Production
해양미고생물학특론	Advanced Marine Micropaleontology
해양생지화학특론	Advanced Marine Biogeochemistry
해양생태학특론	Advanced Marine Ecology
해양저서생태계특론	Advanced Marine Benthic Ecosystem
해양지질학특론	Advanced Geological Oceanography
화학해양학특론	Advanced Chemical Oceanography
해양환경학특론	Advanced Marine Environments
수계화학론	Aquatic Chemistry
해류학특론	Advanced Theories of Ocean Current
고생태학	Paleoecology
지구변화특강	Topics in Global Change
수산해양학특론	Advanced Fisheries Oceanography
연안수리학	Coastal Hydraulics
응용미고생물학	Applied Micropaleontology
생층서학	Biostratigraphy
해수순환특론	Advanced Ocean Circulation
탄산염지화학특론	Advanced Carbonate Geochemistry
연안유기물순환	Organic Matter Cycling in Coastal Environments
고해양/고기후학특론	Advanced paleoooceanography/Paleoclimate

국문명	영문명
해양식물플랑크톤생태학특론	Advanced Marine Phytoplankton Ecology
해빙생태학특론	Advanced Sea Ice Ecology
해양영양염역학특론	Advanced Marine Nutrient Dynamics
안정동위원소생태학특론	Advanced Stable Isotope Ecology
기후변화특론	Climate Change
연안원격탐사특론	Coastal remote sensing
대기-해양-빙하교류특론	Air-sea-ice interaction
해양역학특론	Dynamical Oceanography
해양학세미나II	Seminar in Oceanography II
지구환경세미나(Ⅰ)	Earth Environment Seminar(Ⅰ)
지구환경세미나(Ⅱ)	Earth Environment Seminar(Ⅱ)

3. 인원 현황(2016년 3월 기준, 재학생 위주)

교원은 교수 8명, 명예교수 3명이고, 학생 중 학부생 161명, 대학원생 29명
이다.

【 서울대학교(지구환경과학부 해양전공) 】

1. 연혁

1968. 문리과대학 해양학과 신설

1975. 현 관악캠퍼스로 이전하면서 문리과대학 이학부가 자연과학대학으로 개편

2000. 지구환경과학부(지질, 해양, 대기, 천문전공 포함)로 출범

2006. 지구환경과학부가 지구시스템과학, 해양학, 대기과학 분야를 포함하여 새로운

체계로 개편

2. 교과과정

구분	국문명	영문명
학부1학년	해양학	Oceanography
학부1학년	해양학실험	Oceanography Lab.
학부2학년	바다의 탐구	Exploration of the Sea
학부2학년	기초유체역학	Elementary Fluid Mechanics
학부2학년	환경해양학	Environmental Oceanography
학부3학년	물리해양학 및 실험	Physical Oceanography and Lab.
학부3학년	생물해양학 및 실험	Biological Oceanography and Lab.
학부3학년	퇴적학 및 실험	Sedimentology and Lab.
학부3학년	조석과 파랑	Tides and Waves
학부3학년	화학해양학개론 및 실험	Introductory Chemical Oceanography and Lab.
학부3학년	해양유기화학 및 실험	Marine Organic Chemistry and Lab.
학부3학년	지질해양학 및 실험	Geological oceanography
학부3학년	표영환경생태학	The Ecology of Pelagic Environment
학부4학년	환경화학 및 실험	Environmental Chemistry and Lab.

구분	국문명	영문명
학부4학년	해양선상실습	Shipboard Training Course in Oceanography
학부4학년	해양천연물 신약 개론	Introduction to Marine Drugs
학부4학년	지구과학계산과 프로그래밍	Scientific Computing & Programming in Earth Sciences
학부4학년	연안해양역학	Coastal Dynamics
학부4학년	미생물해양학 및 실험	Microbial Oceanography and Lab.
학부4학년	해양오염 및 실험	Marine Pollution and Lab.
교양	지구환경변화	Global Environment Change
교양	자연재해의 관측과 이해	Observation and Understanding of Natural Disaster
교양	바다과학기행	Voyage to the Sea
대학원	고급수용액화학	Advanced Aquatic Chemistry
대학원	해수분석 및 실험특강	Topics on Seawater Analysis and Lab.
대학원	고급유기물분광분석	Advanced Spectroscopic Analysis of Organic Compounds
대학원	해류학	Ocean Currents
대학원	조석이론과 분석	Tide Theory and Analysis
대학원	퇴적학	Sedimentology
대학원	해저퇴적물지구화학	Geochemistry of Marine Sediments
대학원	해양오염론	Marine Pollution
대학원	해양저서생태학	Marine Benthic Ecology
대학원	해양미생물생태학	Marine Microbial Ecology
대학원	추적자화학	Tracer Chemistry
대학원	해양천연물화학특론	Advanced Marine Natural Products Chemistry
대학원	천해해양물리학	Physical Oceanography of the Coastal processes
대학원	해양순환특강	Topics in Theory of Ocean Circulation
대학원	해양파동특강	Topcis in Ocean Waves
대학원	해양지구동역학	Marine Geodynamics

구분	국문명	영문명
대학원	분지해석	Basin Analysis
대학원	해양생태학특강	Topics in Marine Ecology
대학원	퇴적물평가특강	Topics in Sediment Assessment
대학원	지구환경과 해양미생물특강	Topics in Earth Environments and Marine Microbes
대학원	생물해양학특강	Topics in Biological Oceanography
대학원	환경화학특론 및 실험	Advanced Environmental Chemistry and Lab.
대학원	해양신약특강	Topics on Marine Drugs
대학원	해양지구화학특강	Topics in Marine Geochemistry
대학원	화학해양학특강	Topics in Chemical Oceanography
대학원	해양학 세미나	Seminar in Oceanography

3. 인원 현황

지구환경과학부 전체 교원 중 해양전공 교원은 조교수(4명), 부교수(3명), 교수 (5명) 총 12명이다. 학생 수는 학사 197명이며, 석사 9명, 박사 16명, 석·박사통합 20명이 재학 중이다. 여기서 대학원 과정 총 45명은 지구환경과학부 전체 인원 중 해양전공 인원이다.

【 안양대학교(해양바이오시스템공학과) 】

1. 연혁

안양대학교 해양바이오시스템공학과는 21세기 해양 무한경쟁 시대에 우리나라 해양생명자원을 보존하고 지속가능한 이용을 담당할 전문가를 양성하기 위해 2003년에 설립되었다. 2013년 현재 7인의 전임교수와 140명의 학생들이 천혜의 갯벌과 서해바다를 끼고 있는 강화캠퍼스에서 해양생태환경과 해양바이오 분야의 교육과 연구에 전념하고 있다. 해양생태환경 분야에서는 해양환경-해양생태계-인간과의 유기적인 관계에 대한 이해를 바탕으로 우리나라 해양생태계를 건강하게 보전하고 관리할 수 있는 전문 인력을 배출하고 있다. 또한 해양바이오 분야에서는 생물에 대한 포괄적인 이해와 생명현상에 대한 생화학적·분자생물학적 이해를 바탕으로 해양생물 유래 신소재 및 신기능물질을 발굴하는 21세기형 해양바이오 전문가를 양성하고 있다. 해양바이오시스템공학과 학생들은 해양수산계통의 소정의 교직과목 이수 시 중등교사 2급 정교사 자격증을 취득할 수 있다.

2003.	안양대학교 문리과학대학 해양미생물공학과 설립
2004.	안양대학교 문리과학대학 해양생명공학과로 명칭 변경
2013.	안양대학교 문리과학대학 해양바이오시스템공학과로 명칭 변경
2014.	안양대학교 공과대학 환경에너지공학과 해양생태전공 석사과정 설립
2015.	안양대학교 부설 해양연구소 설립 및 해양환경관리공단과 MOU 체결
2016.	안양대학교 도시환경바이오공학부 해양바이오공학전공으로 명칭 변경

2. 교과과정

국문명	영문명
공학기초	Introduction to Engineering
생물학 I	Biology I
일반화학 I	General Chemistry I
도시와 환경생태	Urban, Environment and Ecology
생물학 II	Biology II
일반화학 II	General Chemistry II
미생물학 I	Microbiology I
미생물실험	Microbiological Experimental
해양생물학	Marine Biology
바이오공학	Biotechnology
해양학개론	Introduction to Oceangraphy
미생물학 II	Microbiology II
유기화학	Organic chemistry
동물학	Zoology
해양오염론(실험)	Marine Pollution (Experiment)
해양사 및 해양문화	Maritime History and Marine Culture
생화학 I	Biochemistry I
저서생물학	Benthic Biology
양식학개론	Introduction of Aquaculture
분자생물학	Molecular Biology
천연물화학	Natural Products Chemistry
수산자원학	Fisheries Resources
생화학 II	Biochemistry II
생물통계학	Biostatistics
부유생물학	Planktology
생태학	Ecology
해양생명공학실험	Marine Biotechnology Experiment
생명정보학	Bioinformatics

국문명	영문명
기기분석	Instrumental Analysis
수산교육론	Marine Education Theory
해양생태환경정책특론	Marine Ecological and Environmental Policy
해양바이오공학	Marine Biotechnology
면역학	Immunology
어장학	Fisheries Hydrography

3. 인원 현황

교수 7명(정년트랙 전임교수 3명, 강의 전임교수 1명, 연구 전임교수 3명), 학생 수는 학부생 140명이며, 대학원생(석사과정) 8명이다.

【 인천대학교(해양학과) 】

1. 연혁

2012. 3.	인천대학교 자연과학대학 해양학과 신설(기준정원 32명)
	해양학과 학과장 한태준 교수 부임
	해양학과 김승규 교수 부임
	해양학과 2012학번 입학(총 33명)
2013. 2.	해양학과 김연정 교수 부임
2013. 3.	해양학과 2013학번 입학(총 34명)
2014. 2.	해양학과 이재성 교수 부임
2014. 3.	해양학과 2014학번 입학(총 34명)
2015. 2.	해양학과 김일남 교수 부임
2015. 7.	해양학과 김장균, 김태욱 교수 부임

2. 교과과정

국문명	영문명
다이빙사이언스 1	Diving Science 1
전공기초수학(1)	Calcuus(1)
일반물리학(1)	General Physics(1)
일반물리학실험(1)	Laboratory in General Physics(1)
일반생물학(1)	General Biology(1)
일반생물학실험(1)	Laboratory in General Biology(1)
일반화학(1)	General Chemistry(1)
일반화학실험(1)	General Chemistry Laboratory(1)

국문명	영문명
해양학개론	Introduction to Oceanography
해양생태학 및 실험	Marine Ecology and Experiment
수학(2)	Calculus(2)
일반물리학(2)	General Physics(2)
일반물리학실험(2)	Laboratory in General Physics(2)
일반생물학(2)	General Biology(2)
일반생물학실험(2)	Laboratory in General Biology(2)
일반화학(2)	General Chemistry(2)
일반화학실험(2)	General Chemistry Laboratory(2)
생물통계학	Biostatistics
화학해양학 및 실험	Chemistry Marine and Experiment
수환경보존학	Aquatic Environmental Conservation
해수순환의 이해 및 실험	Ocean Circulation and Experiment
해양어류학	Fish Biology
해양연구 및 실습	Marine Excursion
해양자료분석	Basic ocean data analysis
생물해양학 및 실험	Marine Biology and Experiment
다이빙사이언스 2	Diving science 2
해수분석학 및 실험	Analytical Chemistry of Seawater
해양무척추생물학	Marine invertebrates
해양물질순환론	Material Cycles in Oceanography
해양생화학 및 실험	Marine Biochemistry
조류생리생태학 및 실험	Algal Ecophysiology
변화하는 해양환경	Changing Ocean Environment (past-present-future)
양식과 환경	Aquaculture and the Environment (with lab)
해양대기물질교환	Surface Ocean Lower Atmosphere Processes
해양미생물생리생태학 및 실험	Ecophysiology of Marine Microorganisms
해양분자생물학 및 실험	Marine Molecular biology and Experiment
해양오염론 및 실험	Marine Pollution and Experiment
수생태독성학 및 실험	Aquatic Toxicology

국문명	영문명
해양환경분석화학 및 실험	Environmental Analytical Chemistry
극지생물학	Polar Biology
논문연구 및 실험	Dissertation
선상연구 및 실습	Field Studies in Marine Bio/Geochemistry
수생태환경생물학 및 실험	Aquatic Environmental Biology and Lab work
지구탄소순환	Global Carbon Cycles
논문작성법	English Writing-up
영어컨퍼런스	English Conference
퍼스널에세이 및 VIVA	Personal Assay and VIVA
해양산업이슈	Marine Industrial Issue
해양연구방법론	Marine Research
CEO강좌	CEO Seminar

3. 인원 현황

교원 중 교수 7명이고, 학생 중 학부생 123명, 대학원생 석사 4명이다.

【 인하대학교(해양과학과) 】

1. 연혁

1978. 해양의 자연현상에 관한 학문적 연구와 수산진흥, 해양자원 개발 및 환경 보전

등에 필요한 전문인력을 양성하기 위하여 설치(10월 7일 인가)

1979. 이학계열 해양학과로 신입생 입학

1982. 대학원 석사과정 설치

1987. 해양과학기술연구소 개설

대학원 박사과정 설치

1991. 중국과학원 해양연구소와 자매결연

1993. 입학정원 50명으로 조정

1994. 해양연구원과 학연과정 개설

1998. 생물학과와 통합하여 생물·해양학부 해양학전공으로 명칭 변경

1999. 국립수산과학원 학연과정 개설

국책연구센터로 서해연안환경연구센터 개소(최중기 소장)

2001. 해양학전공을 해양과학전공으로 명칭 변경

2007. 경기씨그랜트 사업단 개설

2013. 자연과학계열에서 생명해양과학부 모집으로 변경

2014. 생명해양과학부에서 해양과학과 단일 전공모집으로 변경

2. 교과과정

구분	국문명	영문명
전공필수	해양수학 및 실습	Mathematics for Oceanographers and Practice
	지질해양학 및 실험	Geological Oceanography and Lab
	물리해양학 및 실험	Physical Oceanography & Lab.
	화학해양학 및 실험	Chemical Oceanography & Lab.
	생물해양학 및 실험	Bio Oceanography & Lab.
	해양관측 및 실습	Ocean Survey and Practice
	해양과학캡스톤 프로젝트	Ocean Science Capstone Project
	학사논문작성 및 발표	Bachelor Degree Thesis Composition and Presentation (Capstone Design)
전공선택	해양잠수조사의 이론과 실제	Scientific SCUBA Diving
	해저지형학 및 실험	Coastal Geomorphology and Lab
	해양기상학	Marine Meteorolgy
	해양환경분석 및 실험	Marine Environment Analysis & Lab.
	해양저서생물학 입문 및 실험	Introduction to Marine Benthology
	어류생물학 및 실험	Fish Biology and Lab
	퇴적학 및 실험	Sedimentology and Lab
	해양지구물리학	Marine Geophysics
	퇴적역학 및 실험	Sediment Dynamics and Lab
	해양환경유체역학 및 실험	environmental Fluid Mechanics for Ocean Science
	해양순환개론	Introduction to Ocean Circulation
	조석파랑론 및 실험	Water wave and tidal hydrodynamics
	해양수치해석 및 프로그래밍	Numerical analysis and programming for ocean science
	해양역학자료분석	Ocean dynamics data analysis
	해양지화학 및 실험	Marine Geochemistry & Lab.
	연안생지화학	Coastal Biogeochemistry
	환경지화학 및 실험	Environmental Geochemistry and Lab.

구분	국문명	영문명
전공선택	식물플랑크톤학 및 실험	Phytoplanktonlogy and Lab.
	해양무척추동물의 다양성 및 실험	Marine Invertebrate Zoology and Lab
	해산식물학 및 실험	Marine plant and experiment
	동물플랑크톤학 및 실험	Marine zooplanktonlogy and Lab.
	어류생태학 및 실험	Fish Ecology and Lab
	수산생물학 입문 및 실험	Fisheries Biology and Lab
	어류생리학 및 실험	Fish Physiology and Lab
	과학교육론	Science Education
	과학교재연구 및 지도법	Teaching Materials and Methods of Science
	과학논리 및 논술	Logic of Science education
	연안퇴적환경론	Coastal Sedimentary Environments
	지구환경과학	Earth Science
	퇴적환경자료분석 및 실험	Data Analysis in Oceanography and Lab
	층서 및 고퇴적환경론	Sequence of strata and Paleo-depositional environments
	하구 및 연안물리학	Estuarine and Coastal Hydrodynamics
	연안공학	Coastal Ocean Engineering
	해양오염론	Marine Pollution
	동위원소지화학	Isotope geochemistry
	극지환경과학	Polar Environment in the Global System
	해양영양염론	Marine Nutrient Chemistry
	원생물학 및 실험	Protistology and Lab.
	해양환경미생물학	Marine Environmental Microbiology
	하구생태학 및 실험	Estuarine Ecology and Lab
	적조 및 유해생물학 및 실험	Harmful Algal Blooms and Lab.
	수산양식학 및 실험	Marine Aquaculture and Lab
	해양현장실습 1	Field training in Oceanography 1
	해양현장실습 2	Field training in Oceanography 2

구분	국문명	영문명
전공선택	해양과학실무연수 1	Ocean Science Practical Training 1
	해양과학실무연수 2	Ocean Science Practical Training
교양필수	해양학 1	Oceanography I
	해양학실험 1	Oceanography Lab I
	해양학 2	Oceanography 2
	해양학실험 2	Oceanography Lab. II
	일반해양학	General Oceanography

(*2016년 1학기 기준)

3. 인원 현황

전임 교원은 11명으로 명예교수(4명), 교수(5명), 부교수(1명), 조교수(1명)가 재직하고 있다. 학생 수는 학부생 154명, 대학원생(석사과정 11명, 박사과정 8명, 석·박사 통합과정 4명) 총 23명이 재학 중이다.

【 전남대학교(해양학과) 】

1. 연혁

1981. 10.   자연과학대학 해양학과 신설

1996. 3.   자연과학대학 해양학과와 지질학과를 지구환경과학부로 통합

1999. 2.   자연과학대학 부속 해양연구소 설치

2012. 5.   기초과학특성화과학관 B동으로 신축 이전

2. 교과과정

학기	과목	구분	교과명 (국문명)
	전체	전선	현장실습1
2학년	1학기	전선	미분방정식
2학년	1학기	전필	물리해양학 및 실험 1
2학년	1학기	전필	생물해양학 및 실험 1
2학년	1학기	전선	지질해양학 및 실험 1
2학년	1학기	전필	화학해양학 및 실험 1
2학년	1학기	전선	해양분석화학 및 실험
2학년	2학기	전선	물리해양학 및 실험 2
2학년	2학기	전선	생물해양학 및 실험 2
2학년	2학기	전선	지질해양학 및 실험 2
2학년	2학기	전선	화학해양학 및 실험 2
2학년	2학기	전필	기후해양빅데이터처리 및 실습
2학년	2학기	전선	해산동물학 및 실험
3학년	1학기	전필	해양생태학 및 실험
3학년	1학기	전선	해양퇴적암석학 및 실험
3학년	1학기	전선	어류생태학 및 실험
3학년	1학기	전선	저서동물생태학 및 실험
3학년	1학기	전선	생태독성학개론

학기	과목	구분	교과명 (국문명)
3학년	1학기	전선	부유생물학 및 실험 1
3학년	1학기	전선	해양조사방법론 및 선상실습
3학년	1학기	전선	대기해양역학 및 실험
3학년	2학기	전선	퇴적학 및 실험
3학년	2학기	전선	해수분석학 및 실험
3학년	2학기	전선	해조류학 및 실험
3학년	2학기	전선	개체군생태학 및 실험
3학년	2학기	전선	해양미생물학 및 실험
3학년	2학기	전선	부유생물학 및 실험 2
3학년	2학기	전선	대기해양수치해석 및 실습
3학년	2학기	전선	기후역학 및 기후변화모델링
4학년	1학기	전선	해양고생물학 및 실험
4학년	1학기	전선	해양지구화학
4학년	1학기	전선	연안보전생태학 및 실험
4학년	1학기	전선	육수생태학 및 실험
4학년	1학기	전선	해양생태공학 및 실험
4학년	1학기	전선	해양과학총론
4학년	1학기	전선	대기물리학 및 실험
4학년	1학기	전선	해양기상기후학 및 실험
4학년	1학기	전선	기후빅데이터프로그래밍 및 실습
4학년	2학기	전선	해양오염론 및 실험
4학년	2학기	전선	심해저지질학 및 실험
4학년	2학기	전선	조석과 파랑
4학년	2학기	전선	대기해양자료분석 및 연습
4학년	2학기	전선	해양생태계모델링 및 실험
4학년	2학기	전선	기후자료시공간분석 및 실습

3. 인원 현황

현재 교수 8명이고, 학생 중 학부생 94명, 대학원생 17명이 재학 중이다.

【 전남대학교(환경해양학전공) 】

1. 연혁

1989.   여수수산대학교 해양학과 신설

1994.   여수수산대학교 해양학과 대학원 석사과정 신설

1996.   여수수산대학교 대학원 수산과학과 해양학전공으로 명칭 변경

1997.   여수수산대학교 대학원 수산과학과 해양학전공 박사과정 신설

1998.   여수대학교 교명 변경

2003.   여수대학교 수산해양대학 개교, 해양시스템학부 해양시스템보전전공으로 조직

및 명칭 변경

2006.   전남대학교와 통합(2006. 03. 01.)

전남대학교 수산해양대학 해양기술학부 해양시스템보전전공으로 조직 변경

2007.   전남대학교 수산해양대학 해양기술학부 환경해양학전공으로 전공 명칭 변경

2009.   전남대학교 대학원 환경해양학과로 명칭 변경

전남대학교 환경해양학전공 학생 한국해양학회 참가(2012년)

2. 교과과정

학년	학기	구분	교과목명
전체	전체	교필	지구과학 1
		교필	지구과학 2
2학년	1학기	전선	해양화학 및 실습
		전선	해양생물다양성 및 실습
		전필	환경해양학 및 실습 1
		전필	해양생태환경학 및 실습 1
		전선	해양생태독성학 및 실험
		전선	물리해양학 및 실습
	2학기	전선	해양관측실습 1
		전선	해양안전 및 실습
		전선	해양퇴적학 및 실습
		전선	해양동물플랑크톤학 및 실습
		전필	해양생태환경학 및 실습 2
		전선	해양동물행동학 및 실험
		전필	환경해양학 및 실습 2
3학년	1학기	전선	수산해양학 및 실습
		전선	해수분석 및 실험
		전선	해양계측학 및 실습
		전선	해양기상학 및 연습
		전선	해양지구조학 및 실습
		전선	해양관측실습2
		전선	식물플랑크톤학 및 실습
		전선	하구생태학
		전선	해양저서생물생태학 및 실습
	2학기	전선	수산과학개론
		전선	해양오염학 및 실습
		전선	생물해양통계학
		전선	연안환경해양학 및 실습

학년	학기	구분	교과목명
3학년	2학기	전선	조간대생태학 및 실습
		전선	해양생물유전학 및 실습
		전선	심해생물학
		전선	해양고생물학 및 실습
4학년	1학기	전선	해양생태학 및 실습
		전선	저서생물학연습
		전선	수산자원생태학 및 실습
		전선	화학해양학연습
		전선	물리해양학연습
		전선	해양부유생물학연습
		전선	연안보전생태학 및 실습
		전선	천해지질학 및 실습
	2학기	전선	해양유영생물학 및 실습
		전선	해양환경공학개론 및 실습
		전선	생물해양학연습
		전선	지질해양학연습
		전선	해양에너지개발 및 실습
		전선	해양생물독성학
		전선	환경보전생물학 및 실습

3. 인원 현황

2015년 기준, 교원은 명예교수 1명, 교수 6명, 부교수 1명으로 총 8명이고, 학생은 해양기술학부에 속한 1학년(140명)과 환경해양학전공 61명이 재학 중이다.

【 제주대학교(지구해양과학과) 】

1. 연혁

1980. 해양자원학과 1기생 입학

1983. 해양자원학과를 해양학과로 명칭 변경, 대학원 해양학과(이상 석사과정) 신설

1990. 대학원 해양학과(박사과정) 신설

1996. 산업대학원 해양생산학과(해양학, 증식학, 어업학) 석사과정 신설

2000. 학부통합 인가(학부제 실시)

해양생산과학부, 해양산업공학부, 지구환경시스템공학부를 해양과학부로 통합

2009. 해양생산과학전공 지구해양과학과로 명칭 변경

학과 단위로 학사조직 개편(학과제 실시)

2. 교과과정

국문명	영문명
진로와 취업상담 I-1	Career Consulting I-1
진로와 취업상담 I-2	Career Consulting I-2
진로와 취업상담 II-1	Career Consulting II-1
진로와 취업상담 II-2	Career Consulting II-2
대기과학개론	Introductionto Atmospheric Sciences
생물해양학승선실습	On-Board Practicein Biological Oceanology
지질학개론	Principlesof Geology
해양물리학 및 실험	Physical Oceanography & Lab.
해양생물학 및 실험	Marine Biology & Lab.
해양화학 및 실험	Marine Chemistry & Lab.

국문명	영문명
대기과학자료처리 및 실습	Data Analysisand Laboratoryin Atmospheric Sciences
해류론	Ocean Currents
해양조사장비실습 I	Practice in Marine Survey Instrumentation I
해양지질학 및 실험	Marine Geology & Lab.
환경미생물학	Environmental Microbiology
환경해양학	Environmenta loceanography
진로와 취업상담 III-1	Career Consulting III-1
진로와 취업상담 III-2	Career Consulting III-2
부유생물학	Plankton Biology
중규모기상학	Mesoscale Meteorology
지구해양과학 캡스톤디자인 I	Earth and Marine Science Capstone Design I
지구해양과학현장실습 I	Earth and Marine Science Field Practice I
지하수학개론	Principles of Groundwater
해양조사장비실습 II	Practice in Marine Survey Instrumentation II
환경오염론	Environmental Pollution
대기관측분석 및 실험	Atmospheric Observation Analysisand Laboratory
원양관측실습	Practicein Ocean Survey
지구물리탐사론	Principlesof Geophysical Exploration
지하수오염관리	Pollution Control Groundwater
파랑과 조석	Ocean Waves & Tide
해수분석 및 실험	SeawaterAnalysis & Lab.
해양생물계통분류학	Marine Organism Systematics
진로와취업상담 IV-1	Career Consulting IV-1
진로와취업상담 IV-2	Career Consulting IV-2
대기환경 및 모델링	Atmospheric Environment and Modeling
물순환과 지하수학	Water Circulation and Underground Water
지질도학	Geological Mapping
퇴적층서학	Sedimento logyand Stratigraphy
해양생지화학 및 실험	Marine Biogeochemistry & Lab.
해양생태학	Marine Biology

국문명	영문명
해양역학	Ocean Dynamics
응용기상학	Applied Meteorology
지구해양과학 캡스톤디자인 II	Earth and Marine Science Capstone Design II
지구해양과학현장실습 II	Earth and Marine Science Field Practice II
해양무기화학 및 실험	Marine General Chemistry & Lab.
해양보전론	Marine Conservation
해양생산론	Marine Production
해양순환과 기후변화	Ocean Circulation and Climate Change
화산지질학	Volcanic Geology

3. 인원 현황

교원 중 교수는 5명, 학생 중 학부생은 108명, 대학원생은 9명이다.

【 제주대학교(해양의생명과학부 해양생명과학전공) 】

1. 연혁

1965. 국립 제주대학 농학부 수산학과(40명) 신설

1971. 수산학부 설치(증식학과)

1981. 대학원 수산생물학과 박사과정 설치인가

1982. 종합대학 승격('제주대학교'), 해양과학대학 7개 학과(어로·증식·해양자원·식품·기

관공·통신공·생물학과)로 편재 개편

1995. 해양생물공학과(50명) 신설, 어업·증식학과를 해양생산학부

(해양생산시스템학전공, 증식학전공)로 통합

1999. 3개 학부(해양생산과학부, 해양산업공학부, 지구환경시스템공학부), 1개 학과(해양학

과)를 해양과학부(해양생산과학전공, 해양산업공학전공, 토목환경공학전공)로 통합

2006. 석·박사과정 학과명칭 변경

(수산생물학과 ⇒ 해양생명과학과, 해양생물공학과 ⇒ 수산생명의학과)

2009. 1개 학부(해양과학부) 3개 전공(해양생산과학전공, 해양산업공학전공, 토목환경공학전

공)을, 1개 학부 해양의생명과학부(해양생명과학전공, 수산생명의학전공) 5개 학과

(해양산업공학과, 지구해양과학과, 환경공학과, 토목공학과, 해양시스템공학과)로 개편.

해양생명과학과, 수산생명의학과가 해양생명과학과로 통합(석·박사과정)

2. 교과과정

국문명	영문명
진로와 취업상담 I-1	Career Consulting I-1
진로와 취업상담 I-2	Career Consulting I-2
해양생명과학개론 I	Introductionto Marine Life ScienceI
일반생물학 I	General biology I
해양생명과학기초영어 I	Basic English I in Marine Biomedical Science
일반생물학 II	Generalbiology II
일반화학	Chemistry
해양생명과학개론 II	Introduction to Marine Life Science II
해양생명과학기초영어 II	Basic English II in Marine Biomedical Science
진로와 취업상담 II-1	Career Consulting II-1
진로와 취업상담 II-2	Career Consulting II-2
어류양식학 및 실습	Finfish Aquaculture & Lab
유기화학	Organic Chemistry
해양생물통계학 및 실습 I	Introductory Statistics I for Marine Biology & Lab
해조류학 및 실습	Marine Phycology & Lab
물질대사론 I	Metabolism I
무척추동물학 및 실습	Aquatic Invertebrate Zoology & Lab
수산질병학개론	Introduction to Aquatic Medicine
조직학 및 실습	Histology & Lab
해양생물통계학 및 실습 II	Introductory Statistics II for Marine Biology & Lab
진로와취업상담III-1	Career Consulting III-1
진로와취업상담III-2	Career Consulting III-2
수산생물생태학 및 실습	Fisheries Ecology & Lab
수산양식현장실습	Practicein Aquaculture Fields
수산해양교과논리 및 논술	Logicand Statementsin Fisheries & Marine Science
물질대사론 II	Metabolism II
발생학 및 실습	Embryology & Lab
수산자원학 및 실습	Fisheries Resources & Lab

국문명	영문명
해양생명과학산업체현장실습 I	Field Practice I on Marine Life Science
비교세포생물학	Comparative cell biology
수산해양교과교육론	Educational Theories in Teaching Fisheries & Marine Science
수서식물학 및 실습	Aquatic Botany & Lab
양어사료학 및 실험	Fish Feed Nutrition & Lab
진로와 취업상담 IV-1	Career Consulting IV-1
진로와 취업상담 IV-2	Career Consulting IV-2
해양생명연구지도법 I	Study of Marine Life Science Materialand Teaching Methods I
해양생명과학산업체현장실습 II	Field Practice II on Marin eLife Science
기후변화와 수산	Climatic change and Fisheries
무척추동물양식 및 실습	Shellfish Aquaculture & Lab
번식생물학	Reproductive Biology
비교면역학	Comparative Immunology
수산해양교과교재연구 및 지도법	Survey & Guidance of Textbooks in Fisheries & MarineScience
해양생명과학 캡스톤디자인 I	Capstone Design I on Marine Life Science
해양생명연구지도법 II	Study of Marine Life Science Material and Teaching Methods II
수산생태계현장실습	Practice in Ecology
해양생물공학현장실습	Practice in Marine Biotechnology
연안수산생물학 및 실습	Estuarine Biology & Lab
해양생명과학 캡스톤디자인 II	Capstone Design II on Marine Life Science

3. 인원 현황

교원 중 교수 5명, 학생 수는 2016년 4월 기준 127명이 재학 중이다. 대학원생은 52명(석·박사 총합)이다.

【 충남대학교(해양환경과학과) 】

1. 연혁

1979.	충남대학교 자연과학대학 해양학과 신설
1982.	해양학과 내 석사과정 신설(해양학전공, 환경해양학전공)
1992.	해양학과 내 박사과정 신설(해양학전공, 환경해양학전공)
1992.	충남대학교 부설 해양연구소 설립
1999.	해양학과를 해양학전공으로 명칭 변경
2000.	해양학전공을 해양환경과학전공으로 명칭 변경
2003.	기초과학부 해양환경과학에서 지구환경과학부 해양환경과학전공 명칭 변경
2009.	국토해양부 지원 충청 Sea Grant 사업단 출범
2010.	학부에서 학과 모집단위로 변경(해양환경과학과 명칭 변경)

2. 교과과정

국문명	영문명
해양학개론 1	Introduction to Oceanography 1
미래설계상담 1	Counseling for Future Planning 1
해양학개론 2	Introduction to Oceanography 2
미래설계상담 2	Counseling for Future Planning 2
물리해양학	Physical Oceanography
물리해양학실험	Physical Oceanography Lab.
생물해양학	Biological Oceanography
생물해양학실험	Biological Oceanography Lab.
연안실습	Nearshore Oceanographic Observation
미래설계상담 3	Counseling for Future Planning 3

국문명	영문명
화학해양학	Chemical Oceanography
화학해양학실험	Chemical Oceanography Lab.
지질해양학	Geological Oceanography
지질해양학실험	Geological Oceanography Lab.
미래설계상담 4	Counseling for Future Planning 4
해양실습	Oceanographic Observation
유영생물학 및 실험	Nekton Ecology & Lab.
해양지구물리학 및 실험	Marine Geophysics & Lab.
해양퇴적학 및 실험	Marine Sedimentology & Lab.
해양무척추동물학 및 실험	Marine Invertebrate Zoology & Lab.
해양무기화학 및 실험	Marine Inorganic Chemistry & Lab.
연안물리해양학 및 실험	Coastal Physical Oceanography & Lab.
해양역학 및 실험	Ocean Dynamics & Lab.
해수분석 및 실험	Seawater Analysis & Lab.
해양오염학	Marine Pollution
미래설계상담 5	Counseling for Future Planning 5
해양구조지질학 및 실험	Marine Structural Geology & Lab.
해양생태학 및 실험	Marine Ecology & Lab.
해저층서학 및 실험	Submarine Stratigraphy & Lab.
부유생물학 및 실험	Planktonology & Lab.
전산해양학 및 실험	Computer Methods for Oceanography & Lab.
하구역학 및 실험	Estuarine Dynamics & Lab.
해양방사화학 및 실험	Marine Radiochemistry & Lab.
해양생지화학 및 실험	Marine Biogeochemistry & Lab.
해양조사 방법론	Method of Oceanographic Survey
미래설계상담 6	Counseling for Future Planning 6
해양지구화학 및 실험	Marine Geochemistry & Lab.
해양탄성파탐사학 및 실습	Marine Seismic Exploration & Practice
해양학세미나 1	Seminar in Oceanography 1
고해양학 및 실험	Paleoceanography & Lab.

국문명	영문명
조석과 파랑학 및 실험	Waves ans Tides & Lab.
원격탐사학 및 실험	Remote Sensing & Lab.
해양대기화학 및 실험	Marine Atmospheric Chemistry
해양미생물학 및 실험	Marine Microbiology & Lab.
환경영향평가론 및 실습	Environmental Impact Assessment & Practice
과학 교육론	Science Education
과학 논술	Science Essay
과학 교육과정 및 교재연구	Study in Curriculum and Instructional Resources of Science
과학 교수법 및 평가	Teaching Methods and Evaluation of Science
수산자원학 및 실험	Fishery Dynamics & Lab.
해양학세미나 2	Seminar in Oceanography 2
해양자료분석 및 연습	Oceanographic Data Analysis & Practice
해양환경화학 및 실험	Marine Environmental Chemistry & Lab.
연안퇴적환경론 및 실험	Coastal Sedimentary Environmental & Lab.
지역해양학 및 실험	Regional Oceanography & Lab.
지역물리해양학 및 실험	Regional Physical Oceanography & Lab.
해양공학	Ocean Engineering

3. 인원 현황

교원 중 교수 3명, 부교수 1명, 조교수 2명으로 총 6명이며, 명예교수는 4명이다. 학부생은 139명, 대학원생은 총 14명이다.

【 한양대학교(해양융합과학과) 】

1. 연혁

1978. 10.	한양대학교 안산캠퍼스 설치 승인
1984. 3.	한양대학교 지구해양과학과 학과 개설, 김소구 교수 부임(초대 학과장)
1986. 3.	이광우, 나정열 교수 부임
1987. 3.	최청일 교수 부임
1988. 3.	안산캠퍼스 내 '이공대학'에서 '이과대학'으로 분리
1994. 7.	지진연구소 설립
1995. 3.	석동우 교수 부임
1996. 3.	학부제 시행(수학, 물리학, 화학, 생화학, 지구해양과학)
	5개 학과 '이학부'로 통합 운영
2001. 3.	'이과대학'을 '과학기술대학'으로 명칭 변경
	'이학부'를 '과학기술학부'로 명칭 변경
	'과학기술학부' 내 '지구해양과학전공'으로 운영
2001. 8.	이광우 교수 정년 퇴임
2003. 3.	신경훈 교수 부임
2005. 3.	'지구해양과학 전공'을 '해양환경과학전공'으로 명칭 변경
2006. 2.	최청일 교수 정년 퇴임
2006. 3.	현정호 교수 부임
2007. 8.	김소구 교수 정년 퇴임
2007. 9.	최지웅 교수 부임
2008. 2.	나정열 교수 정년 퇴임

2009. 12.	'안산캠퍼스'에서 'ERICA캠퍼스'로 명칭 변경

	* 의미 : Education Research Industry Cluster at Ansan(학·연·산 클러스트)

2009. 12. '안산캠퍼스'에서 'ERICA캠퍼스'로 명칭 변경

　　　　　* 의미 : Education Research Industry Cluster at Ansan(학·연·산 클러스트)

2010. 3. 예상욱, 문효방 교수 부임

2013. 3. 학부제 종료, 학과제 시행

　　　　　'해양환경과학전공'에서 '해양융합과학과'로 학과명 변경

2013. 9. BK21+ '해양융합과학기술 인재양성팀' 1단계 선정

2013. 3. 교내 학과평가 2위(이공계 분야 경쟁)

2014. 11. '해양융합과학과' 30주년 기념행사 개최

2015. 3. 교내 학과평가 3위(이공계 분야 경쟁)

2015. 9. 해양·대기과학연구소 설립(초대 소장: 신경훈 교수)

2016. 3. BK21+ '해양융합과학기술 인재양성팀' 2단계 선정

2. 교과과정

국문명	영문명
석사논문연구	Master's Thesis Study
박사논문연구 1	Doctoral Thesis Study 1
박사논문연구 2	Doctoral Thesis Study 2
판구조론	Plate Tectonics
고급기후역학	Advanced Climate Dynamics
기후물리	Climate Physics
대기대순환역학	Dynamics of Larges Scale Atmospheric Circulation
해양미생물생태과정	Processes in Marine Microbial Ecology
해양유기지구화학	Marine Organic Geochemistry

국문명	영문명
해양융합과학초청세미나 1	Invited Lecture for Marine Sciences and Convergent Technology 1
해양융합과학초청세미나 2	Invited Lecture for Marine Sciences and Convergent Technology 2
수중음향학원론	Fundamentals of Underwater Acoustics
천해음파전달이론	Acoustic wave Propagation in Shallow water
해양-대기상호작용의 이해	Ocean-Atmosphere interactions
잔류성유기오염물질특론	Advanced Lecture on Persistent Orgnaic Pollutants
해양환경화학자료분석처리	Marine Environmental Chemistry Data Analysis
해양융합과학논문연구	Thesis study on Marine Sciences and Convergent Technology
하천호수오염론	Pollution of Lake sand Rivers
수중음향신호처리	Underwater Acoustic Signal Processing
해양미생물학특론	Advanced Marine Microbiology
지질해양학방법론	Methods in Geological Oceanography
암석자기학	Rockmagnetism
해양물리탐사특론	Advanced Marine Geophysical Exploration
층서-퇴적학특론	Advanced Stratigraphy and Sedimentology
화학생태학	Chemical Ecology
해양생태통계학특론	Advanced Statistics for Marine Ecology
해양미생물생지화학특론	Advanced Marine Microbial Biogeochemistry
해양생태계먹이망구조특론	Marine Food Web Structures
안정동위원소환경과학	Stableisotope in Environmental Science
경계면음파산란이론	Theory of waves cattering from rough surfaces
해양지음향역산이론	Geoacoustic inversion theory
해양학특수연구 1	Special Topics in Oceanography 1
해양학특수연구 2	Special Topics in Oceanography 2
해양환경독성학특론	Advanced Marine Enviornment Toxicology
해양환경위해성평가	Marine Environment Risk Assessment

국문명	영문명
해양환경화학특론	Advanced Marine Environmental Chemistry
해양퇴적물생지화학특론	Marine Benthic Biogeochemistry
고해양학및고기후학	Paleoceanography and Paleoclimatology
기후시스템의 이해	An Elementary of Climate System

3. 인원 현황

교원 가운데 명예교수 1명, 교수 4명, 부교수 2명이 재직 중이며, 학생은 학부 109명, 석사 19명, 박사 3명, 석·박사 통합 5명이 재학 중이다.

【 해군사관학교(해양학과) 】

해군사관학교 해양학과는 일반 대학의 학사운영 체계와 조금 다르다. 일단 사관생도 전원은 해양학에 대한 기본적인 지식을 갖춰야 한다. 해양에 대한 지식은 해군장교에겐 필수적이다. 졸업 후 해군장교로 임관하는 사관생도들은 다양한 함정을 운용하거나 해양을 통해 각종 정보를 수집, 처리, 분석해야 한다. 즉, 사관생도 전원은 개인별 전공과는 관계없이 해양학에 대한 기본적인 지식을 반드시 교육받고, 해양학 전공자는 좀 더 체계적이고 전문적인 내용을 심화 학습하고 있다.

해양학 전공자들은 해수의 물리적 성질, 물질의 순환과정 및 해수 중 음파의 전달에 대한 기초지식을 함양하고, 연안해역의 물리, 화학, 생물, 지질 및 기상환경과 관련된 다양한 사례 중심으로 해군 실무생활과 연계하여 해양학적 지식에 근거한 문제해결 능력을 배양하며, 한반도 주변 해역에 대한 해양환경 특성 분석을 통해 해군작전에 미치는 영향 등을 학습한다. 이를 위해, 해군사관학교 해양학과는 바다에 대한 물리, 화학, 생물, 지질분야의 순수과학적인 연구를 통해 미래의 첨단 해군 활동을 위한 보다 과학적이고 이론적인 근거들을 제시하는 한편, 공학분야와 연계시켜 잠수함, 해상구조물 등 각종 첨단 분야 연구에도 큰 역할을 하고 있다.

1. 연혁

1946.　　해군병학교로 설립(1기 입교)

1949.　　해군사관학교로 개칭

1953.　　4년제 교육과정 시행

1956.　　이학사 학위 수여

1976.	이학·공학사 학위 수여
1980.	해양학과 신설. 제1회 해양학술세미나 개최
1987.	이학·공학·문학사 학위수여
2005.	전공학사 및 군사학사 복수학위 수여

2. 교과과정(*과목별 3학점 기준 : 강의＋실습)

필수과목	선택과목
물리해양학	환경해양학
화학해양학	위성해양학
해양기상학	해양역학
지질해양학	연안해양학
수중음향학	해양오염론
군사해양학	해양수치모델링
자료분석	해양퇴적물지구화학
	퇴적학

3. 인원 현황

2016년 현재 기준 교수는 4명이고, 기본적인 해양학 교육은 사관생도 전원(640명)이 이수해야 한다. 이 가운데 해양학 전공자는 46명이다.

3. 유관 기관

【 국립기상과학원(기상청) 】

1. 연혁

1978. 4.	기상청에서 분리, 기상연구소 설립(2부 1과)
1985. 7.	기상연구소 5실, 1과, 1관측소로 직제 개편
1986. 12.	소백산기상관측소 신설(5실 1과 2관측소)
1992.	기상연구소 와룡동(서울) 이전
1998. 12.	기상연구소 신청사로 이전(서울특별시 신대방동)
2007. 3.	국립기상연구소로 개칭(7팀 1센터)
2008. 10.	직제개정(1팀 6과), 서울 황사감시센터 신설
2012. 6.	직제개정(7과)
2013. 12.	국립기상연구소 제주도 이전(7과)
2015. 1.	국립기상과학원 조직 확대 개편(1부 8과)
2015. 6.	직제개정(1부 8과)

서울 신대방동 청사(1998.12.~2013.12.)   제주도 서귀포 혁신도시(2013.12.~현재)

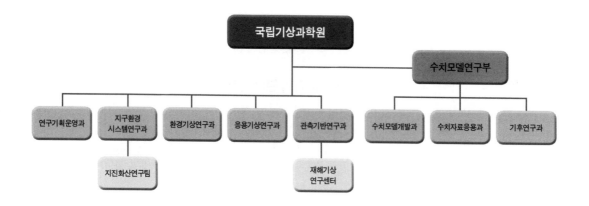

2. 사명

자연재해로부터 국민을 보호하며 지구환경을 보존하는 혁신적인 연구를 선도·증진·촉진시킨다.

사회적 요구를 충족시키는 상세하고 정확하며 신뢰할 수 있는 가치지향의 기상·기후 정보를 개발한다.

3. 비전 및 목표

융합과 다학제적인 접근이 필요한 지구시스템 연구를 수행할 수 있는 국내 유일의 거점기관

• 융합연구

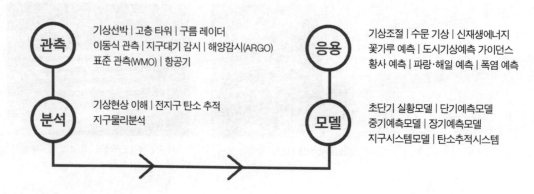

• 다학제적연구

기상·기후학-지구물리학-해양학-생태역학-수문학-화학-원격탐사학

4. 주요업무

• 설립근거 : 정부조직법 제29조 및 기상청과 그 소속기관 직제 제2조 1항

〔대통령령 제8944호(1978. 4. 15.)〕

• 기상업무에 관한 연구기획 및 조정, 미래전략, 정책의 기획 및 조사연구

• 중·단기 기상예보 및 대기의 역학구조에 관한 연구

• 장기예보, 기후예측·감시 및 기후변화에 관한 연구

• 해양기상·지진·지진해일 및 위성, 레이더, 고층대기 관련 연구

• 황사의 관측 및 예측에 관한 연구

• 산업 및 미기상, 보건환경 등 생활기상에 관한 연구 등

• 수치예보 모델 및 자료응용에 관한 사항

• 수치예보자료의 생산·지원 및 관리

5. 특이사항

• 최초 인공강우 실험(1963)

• 국내 첫 기상관측선 '기상 1호'

 - 항행구역 : 남위 11°~북위 63°, 동경 94°~175°의 근해

 - 계절에 따라 위험기상의 종류가 달라 항행구역도 달라짐

 - 총 톤수 498t, 길이 64.32m의 특수 관측선

 - 고층, 해상, 해양, 대기 환경을 종합적으로 관측할 수 있는 10여 가지 관측 장비

   탑재

• 다목적 기상항공기 운영 및 복합 관측자료를 이용한 기상현상 특성 규명

- 다목적 기상항공기 운영을 통한 기상현상별 항공관측 기술 개발

- 위험기상 항공관측 기반 구축, 에어로솔 및 온실반응가스 항공관측 기술개발, 구름물리 항공관측전략 개발

• 기상자원지도

- 국가 신재생에너지 정책지원을 위한 기상자원 정보 산출

- 기후변화 시나리오 기반 미래 기상자원 전망 분석

최초 인공강우 실험(1963)

국내 첫 기상관측선 '기상 1호'

황사 & 연무 예보

다목적 기상항공기(2016)

국가표준 기후변화 시나리오

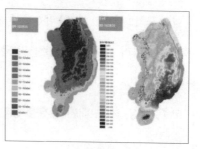

기상자원 지도

【 국립수산과학원 】

1. 국립수산과학원의 역사

서영상 (국립수산과학원기후과장)

금년 창립 96주년을 맞이한 국립수산과학원의 역사는 우리나라 해양조사의 역사와 궤를 같이한다고 할 수 있다. 우리나라 해양의 과학적인 조사연구는 1915년 7월 중앙행정부 수산과에서 연안에 위치한 수산조합 12개소에 위탁하여 정지관측을 시행한 것이 시초이고, 1917년 2월 어업조사를 목적으로 중앙행정부 소속의 해양관측선이 국내 최초로 건조되면서, 근해해양조사를 수시로 실시하게 되었다. 그 후 1921년 5월 중앙행정부 수산시험장(현 국립수산과학원)이 창설되면서 중앙행정부 수산과로부터 연안정지 및 근해 해양조사 사업을 이관받아 본격적인 해양조사를 실시하였다.

1921년부터 1940년대까지는 우리나라 근대 해양 및 수산분야 연구의 기틀을 마련한 시기로, 국립수산과학원은 연근해 해양관측조사와 더불어 명태, 고등어 어획을 위한 어구와 어법을 개발하고 어패류 양식 시험 등의 사업을 수행하였다.

1921년 부산 영도에 설립된 수산시험장(현 국립수산과학원) 전경

1920년대 Ekman 유속계를 이용한 해양조사 모습

　1945년 광복 이후 수산시험장에 남아 있던 시험선과 조사장비를 점검 및 정비하는 과정에 6·25 전쟁이 발발하여 본격적인 해양조사는 거의 중단되었다. 그러나 해군에 징발된 시험선 지리산호와 북한산호로 해군의 수로업무조사를 수행하면서 휴전 시까지 시험선과 조사장비를 보존할 수 있었고, 휴전 후 어려워진 국가재정으로 최소한의 해양조사만을 실시하였다. 광복 이후 1949년 4월에 상공부 중앙수산시험장으로 소속이 변경되었다.

설립 30주년 기념사진(1949년 중앙수산시험장)

1950~1960년대는 6·25 전쟁 후 우리나라 경제발전과 국민의 먹거리를 해결하기 위해 힘쓰던 시기로, 국립수산과학원은 1955년 3월 해무청 중앙수산시험장으로 소속이 변경되었다. 그 후 1961년 10월 농림부 국립수산진흥원으로 개원되고, 1966년 3월에 수산청 국립수산진흥원으로 소속이 변경되었다.

해양관측에 있어서는 1961년 기존 도 단위의 14개 관측정선(예: 충남선, 전남선, 경북선 등) 체계를 전면 개편하여 22개 정선을 신설하고 연 6회 조사를 실시하

1960년대 이전의 한국근해 해양관측(정선해양관측)

였다. 이러한 조사를 통해 해·어황예보(속보, 월보 등)를 제공함으로써 우리나라 해양학의 새로운 도약을 위한 전기를 마련하였다.

이 시기에는 국제적으로도 해양 분야에 대한 관심이 높아져 UN/UNESCO 산하에 해양과학을 위한 최상위 국제기구인 정부간해양학위원회(IOC, Intergovernmental Oceanographic Commission)가 설립되었다. 그리고 1964년 UNESCO/IOC 제3차 총회에서 서태평양의 주된 해류인 쿠로시오와 그 주변 해역에 대한 국제합동조사를 위해 CSK(Cooperative Study of the Kuroshio and Adjacent Regions) 프로젝트 결의안이 채택되었고, 또한 13개국(한국, 미국, 일본, 소련, 중국, 영국, 필리핀, 인도네시아, 태국, 말레이시아, 싱가포르, 베트남, 프랑스)이 참가하는 쿠로시오 전역에 대한 공동조사 프로젝트가 시작되었다. 이러한 CSK는 1965~1978년까지 수행되었고, 국립수산과학원이 CSK 국제합동 해양조사에 참여함으로써 해양조사 전용선 5척(백두산호, 태백산호, 지리산호, 천마산호, 한라산호)이 신조되고 최신 해양조사 기법 및 장비가 도

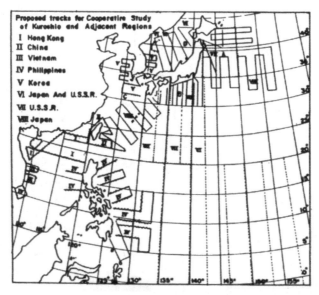

CSK 나라별 관측정점도

입되는 등 우리나라 연근해 관측 인프라를 한 단계 함양하는 계기가 되었으며, 한국근해 해양조사(정선해양관측)의 질적 향상과 우리나라와 동아시아 해양학의 발전에 크게 기여하였다. 또한 조사자료는 국제적 자료교환 및 국내외 CSK 심포지움의 학술연구논문 발표 등으로 우리나라의 국위 선양과 해양 발전에 큰 공헌을 하였다.

CSK 국제 프로젝트 참여를 통해 1961년에 개편되었던 정선해양관측이 한층 발전되었다. 1965년 한·일 국교정상화가 이루어진 이후, 1968년 한·일 어업자원 전문가 회의에서 남해안 정선관측 해역에 한·일 공동 해양관측점(400선)을 증설하였고, 그 조사 자료는 일본 서해구수산연구소와 교환하기로 하였다. 당시 추가된 400선은 현재에도 정선관측정점으로 유지되고 있으며, 1994년에 동중국해 2개 정선(315, 316), 2000년에 동중국해 1개 정선(317선)이 추가되어, 현재 25개 정선 207개 정점으로 구성된 한국근해 해양관측(정선해양관측, NIFS Serial Oceanographic observations, NSO) 시스템이 유지되고 있다.

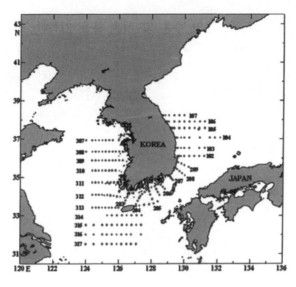

한국근해 해양관측(정선해양관측) 정점도(1960년~)

    국립수산과학원의 한국근해 해양관측은 2011년에 POMA(북태평양해양과학기구 해양모니터링 서비스, PICES Ocean Monitoring Service Award)상을 수상하여 국제적으로도 그 우수성을 인정받았다.

    또한 한국근해 해양관측 자료가 수록된『해양조사연보』는 2013년에 우리나라

POMA상 및 수상 장면(2011년 PICES 총회)

(왼쪽) 『해양조사연보』 제1·2호(1954), (오른쪽) 1952년 부산-대마도간 해양관측 결과 표

해양환경을 90년 넘게 체계적으로 기록한 학술적 가치를 인정받아 해양수산과학 분야 최초로 근대문화유산 등록문화재 제554호로 등록되었다. 『해양조사연보』 는 1921년 국립수산과학원 전신인 수산시험장 설립 이후부터 한반도 주변 해양 의 수온, 염분, 기상요소 등에 대한 조사를 정기적으로 실시하고 그 결과를 체계적 으로 정리해 발간한 정기간행물이다. 1928년부터 1942년까지 『해양조사요보』 총 9호가 발간되었고, 1954년부터 현재까지 『해양조사연보』가 발간되고 있다. 연보 에는 우리나라 연안 32개 관측점의 수온 및 기온 등을 기록한 '연안정지 해양관측 자료'와 연근해의 표준 수층별 수온, 염분, 용존산소, 기상요소, 영양염류, 동물플 랑크톤 등 물리, 화학, 생물학적 해양관측 자료로 구성된 '한국근해 해양관측자료' 가 수록되어 있다. 96년간 관측된 우리나라 영해의 해양과학자료는 국내 해양환 경변화, 기후변화에 따른 우리나라 주변 해역의 영향 및 해양생태계 및 수산자원 의 변동 특성 등을 이해하고, 해양주권을 확립하는 데 중요하게 이용되고 있다.

국립수산과학원은 우리나라 바다를 모니터링하기 위하여 지속적으로 첨단 관 측장비를 도입하고 있다. 1986년 12월 우리나라 최초로 NOAA 위성영상 노자동

수신장비(APT)를 도입하여 한반도 표면수온의 일변화를 파악할 수 있게 되었다. 그러나 아날로그 영상자료의 한계를 넘어 1990년부터 현재까지 NOAA 위성의 고해상도(AVHRR) 수온영상 자료를 디지털로 실시간 수신하여 광역 표층수온 정보를 서비스하고 있다. 그리고 2015년에는 NOAA 위성 수신 25주년을 기념하여 1990년부터 2014년까지 25년간의 위성수온 영상정보를 담은 『위성에서 본 우리바다』 책자를 발간하여 배포하였다.

『위성에서 본 우리바다』(국립수산과학원, 2015)

NOAA위성 이외에도 일본의 정지기상위성인 GMS-5, MTSAT-1R, 미국 해양수색관측위성(Orbview)의 SeaWiFS 자료, NASA TERRA 위성의 MODIS 자료, 우리나라 천리안 위성의 GOCI 자료 등 다양한 종류의 해표면수온과 해색 위성자료를 수신하여 활용 및 서비스하고 있다. 또한, 조사선을 이용한 근해관측도 Nansen 전도채수기와 전도온도계를 이용한 관측 방식에서 출발하였으며, 1965년 CSK 프로젝트에 참여하면서 BT(수심수온기록계)를 보조기기로 사용하기 시작하였다. 이후 1980년대에 Neil Brown MK-IIIB CTD, MBT, DBT, Micom BT, STD, SeaBird 19plus CTD 등을 거쳐 현재는 SeaBird사의 911plus CTD 시스템과 Niskin 채수기 장착 로젯샘플러 연동을 통해 최신의 정밀도 높은 관측 자료를 생산할 수 있도록 업그레이드되었다. 뿐만 아니라 국립수산과학원은 2000년대 초부터 전국 연안에 실시간 관측 부이를 설치하여 연안역에서 빈번히 발생하는 여름철 냉수대 및 고수온 발생, 겨울철 한파에 따른 저수온 발생, 적조생물 출현 등 다양한 수산재해에 대응하고 있으며, 더불어 표층해류의 움직임, 해파리와 같은 유해생물 이동에 대한 추적이 가능한 표류부이 실시간 관측, 대형 해파리 또는 대형 어류 및 고래류 등의 해양생물 몸체에 관측 장비를 장착하는 Biotelemetry 관측에도 지속적으로 힘을 쏟고 있다. 최근에는 HF 레이더를 설치하여 연안역의 유동 및 해양변동을 모니터링하고 수치모델의 입력자료 또는 비교검증 자료로 활용하기 위한 관측도 수행하고 있다. 그 밖에 국제적으로 수행되고 있는 프로젝트에도 적극적으로 참여하고 있다. 전 지구해양의 실시간 관측을 목표로 하고 있는 Argo 프로젝트에 참여하여 우리나라에서 투하한 Argo 플로트에 대한 지연모드품 질관리와 서비스를 지원하고 있다. 관측 자료에 대한 디지털화가 이루어지기 이전에 수집되어 소실될 가능성이 있거나 관리가 제대로 이루어지지 않는 자료들을 복원하기 위한 GODAR(Global Oceanographic Data Archaeology and Rescue) 프로젝트에도 참여하여 1960년대 이전의 한국근해 해양조사자료 및 연안관측 자료들을 복원하고 디지털화하는 사업도 수행하였다.

국립수산과학원은 이와 같이 오랜 기간 축적한 방대한 양의 해양관측자료를 효율적으로 수집·관리 및 서비스하기 위한 노력을 지속해왔다. 그리고 국내에서 가장 오랫동안 많은 해양조사자료를 생산하고 관리하고 있다는 점을 인정받아, 1980년 한국해양학위원회(KOC) 회의의 의결을 통해 현재까지 국립수산과학원이 한국해양자료센터(KODC)를 운영해오고 있다. 최근에는 수치모델을 기반으로 해양변동을 예측하기 위한 연구에도 많은 노력을 기울여 단기 해양변동예측시스템을 구축하고, 2014년 3월부터 수온, 염분, 유향유속 예측정보를 제공하고 있다. 더불어 우리나라 주변 해역의 장기 기후변화를 예측하기 위하여 IPCC 5차평가 보고서(AR5)에 사용된 기후모델에 대한 다운스케일링을 통해 RCP(대표농도경로) 시나리오별 2100년까지의 고해상도 해양변동예측 정보를 생산하여 수산분야 기후변화 대응 연구에 활용하고 있다.

【 국립해양생물자원관 】

1. 전경

2. 씨큐리움

3. 씨큐리움 내부

1 제3전시실 2층(해양주제영상) **2, 3** 상징 조형물 1층 **4** 제1전시실 4층(해양생물의 다양성을 보여주는 제1전시실 '해양생물다양성실'에는 해조류, 플랑크톤, 무척추동물, 척삭동물, 어류_포유류 등의 표본전시) **5** 제1전시실(3층 포유류)2 **6** 제1전시실(무척추동물) **7** 제1전시실(어류)1 **8** 제2전시실–'미래해양산업실'은 해양생물자원의 미래를 보여주는 곳

2. 설립목적

해양생물자원의 수집·보존·전시 및 연구 등을 체계적으로 수행함으로써 해양생물자원의 보전 및 해양산업발전에 기여

  * 설립 근거 : 「국립해양생물자원관의 설립 및 운영에 관한 법률」

3. 연혁

국립해양생물자원관은 2007년 6월, 정부대안사업 추진을 위한 정부와 서천군 간 공동협약 체결을 시작으로 해양수산부의 지원 아래, 약 9년 동안의 치밀한 준비와 공사를 거쳐 완공되었습니다.

2009년 토목공사 착공, 2010년 건축공사 착공과 해양생물표본 확보 및 운영계획 용역 완료, 2011년 진입도로 및 토목, 조경 등 주요 시설의 건립을 마쳤습니다.

2013년 4월에는 「정부조직관리지침」에 따라 법인화 추진이 결정되었으며, 12월에 연구행정동·씨큐리움(전시동)·교육동으로 구성된 국립해양생물자원관의 모든 시설이 완공되었습니다.

법인출범 전, '국립해양생물자원관건립추진기획단'은 다양한 유관 기관과의 MOU체결을 진행하였으며, 주민초청 현장견학 및 시범운영을 통해 약 7만 400여 명이 방문하는 등 많은 관심과 호응을 이끌어냈습니다. 7월에는 국립해양생물자원관 법인화를 위한 법안의 국회 통과, 10월에는 「국립해양생물자원관의 설립 및 운영에 관한 법률」이 공포되어 정식 개관을 위한 법 제정도 완료되었습니다.

2015년 4월 20일 법인 설립과 함께 초대 관장이 취임하였으며, 마침내 4월 30일 해양생물자원 수집·보존·전시 및 연구 등을 체계적으로 수행함으로써 해양생물자원의 보전 및 해양산업발전에 기여하기 위한 설립목적을 가진 국립해양생물자원관이 공식 개관하였습니다.

개관 이후 해양생물자원 국가 자산화, 가치창출, 대국민서비스를 위한 연구과제

를 수행하고 있으며 효율적 연구 수행을 위한 장비 및 수장고 등의 연구 기반을 구축해나가고 있습니다.

지난 1년여 동안 연구·전시·교육에 전념한 결과 약 47만 점의 해양생물자원을 확보하였고, 개관 첫해 약 24만 명의 전시관람객과 약 5천 명의 교육참가생이 방문하였습니다.

또한 2016년 1월에는 기타 공공기관으로 신규 지정되었으며, 2016년 3월에는 해양생명자원 책임기관으로 지정받아 명실상부한 해양생물자원 국가 전담기관으로서의 역할을 수행하기 위해 노력하고 있습니다.

2006.~2007. 장항산업단지 축소·지연으로 국무조정실 주관 관계부처 간 대응방안 논의

2007. 06. 정부와 서천군간 "서천발전 정부대안사업 공동협약" 체결

2008. 01.

~ 2013. 12. 국립해양생물자원관 건립공사

2013. 07. 「정부조직관리지침」('13. 4.)의 신설 전시·연구조직의 법인화 원칙에 따라 법인화 추진 결정

2014. 05. 28. 전시관 시범 운영

2014. 10. 15. 「국립해양생물자원관의 설립 및 운영에 관한 법률」 공포(2015. 4.16. 시행)

2015. 04. 20. 국립해양생물자원관 법인 설립

2015. 04. 20. 초대 관장 취임

2015. 04. 30. 국립해양생물자원관 개관

2016. 01. 29. 기타공공기관 지정

2016. 03. 18. 해양생명자원 책임기관 지정

4. 주요사업

5. 인원 현황

3본부, 7실, 1센터, 24팀으로 이루어져 있고, 정원은 108명이다.

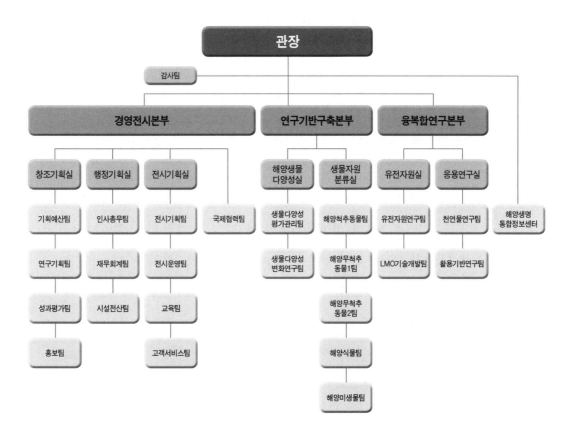

【 국방과학연구소 (제6기술연구본부) 】

국방과학연구소 제6기술연구본부의 목표는 국가안전과 해양방위에 필요한 무기체계와 관련 기술을 개발하는 것이다. 제6기술연구본부(이하 제6본부)는 이 목표를 이루기 위해 현재 첨단 해군무기체계와 핵심기술을 개발하고 있으며, 동시에 해군의 무기체계 획득에 관한 Think Tank 역할도 하고 있다.

지금까지 제6본부가 걸어온 길을 간단히 소개하면 다음과 같다.

제6본부는 1976년 3월 8일, 3개실과 행정관리실 등 120명의 인력 조직안에 대한 대통령 재가를 받게 된다. 그해 5월 13일 서울에서 '진해연구소'가 창설되고 3개실 21명의 인력으로 출발하게 된다. 1977년 9월에 진해에 연구시설에 준공되고 1980년 9월에 인력이 213명으로 늘어나면서 제2사업단으로 조직이 개편된다. 1989년 6월과 1999년 5월 각각 제2연구개발본부와 제2체계개발본부로 개편되고 2004년 제6기술연구본부로 개편되어 현재까지 유지되고 있다. 현재 제6본부는 국방과학연구소 내 10개 본부의 하나로서 340여 명의 인력이 해군전력 및 전투력 증강에 기여하기 위해 매진하고 있다.

제6본부에서 현재까지 연구개발한 무기체계와 해양학 분야 기술들을 소개하면 다음과 같다.

1980년대까지는 북한의 위협에 대비한 재래식 무기획득이 최우선인 시기였고 이에 부응하고자 소형잠수함, 한국형 경어뢰, 항공기 부설 기뢰 등을 개발하는 데 주력하게 되었다. 해양학 분야에서는 1970년대 후반부터 '해양특성조사사업'을 해군 수탁사업으로 수행하였다. 이 사업은 우리나라 주변 해역에 대해 해양 물리 및 지질뿐만 아니라 생물과 화학 분야까지 망라한 종합적인 조사 및 분석이 이뤄져 해군의 대잠수함 작전 과학화에 큰 공헌을 하였다. 이 사업은 1989년 연구소 핵심임무 변경에 따라 해군으로 이관되어 현재까지 해군이 자체적으로 수행 중이다. 1980년대 후반 제6본부는 미국 NOAA-11 위성으로부터 한반도 주변 표층수온 정보를 수신/분석할 수 있는 시스템을 구축하여 국내 해양 관련 연구소/대학/기관에 분석 결과를 제공하였다. 위성으로부터 표층수온 정보를 분석하는 데 그 당시로써는 최첨단 장비인 VAX-730/ 750 컴퓨터 시스템을 운용하였다.

1990년대엔 해군 주요 무기체계를 독자개발하는 시기였으며, 이에 부응하고자 해양학 분야 기술개발도 무기체계 탑재형 분석시스템 개발에 초점이 맞춰졌다. 이 시기에 해상시험장이 건설되고 연구시험선 '선진호'가 취역하였다. 무기체계로는 중구경 함포, 중어뢰(백상어), 예인형 음탐기체계(소나), 어뢰음향대항체계 등이 개발되었다. 소나를 비롯한 환경의존형 무기체계에는 해양정보를 수집/분석하여 현장 지휘결심을 지원하는 시스템이 필수적으로 탑재되었다. 이 시기 제6본부는 미국 해군연구소(Naval Research Lab.)와 포항 및 거제 인근 해역에서 수중감시 기술개발을 위한 공동실험을 수행함으로써 이후 항만감시체계 개발에 필요한 핵심 기술들을 확보하였다. 제6본부는 급속히 증가하는 해양학 분야 기술개발을 충족시키기 위해 국내 연구소/대학과 위탁연구 등을 통해 활발하게 협력하는 전략을 취하였으며, 그 결과 내부파, 와동류, 자료동화 분야 모델링 기술을 확보하는 성과를 거두었다.

2000년대 제6본부는 주요 무기체계의 첨단화를 내걸고 경어뢰 청상어, 항만감시체계, 독도함 및 유도탄고속함 전투체계, 음향정보관리체계 등을 개발하였다. 특히 음향정보관리체계에는 통계적 EOF(Empirical Orthogonal Function) 기법에 기반을 둔 3차원 수온구조 예측모델을 국내에선 처음으로 시스템에 탑재하여 해군 전력에 기여하였다. 또한 시스템에 탑재된 제한된 해양환경 분석 기능을 보완할 수 있는 작전 전후 분석시스템을 해군이 지속적으로 요구함에 따라 제6본부는 해군 해양특성조사사업의 일환으로 수상함용 및 잠수함용 음향탐지환경분석시스템을 개발하여 해군에 제공하였다. 이 시스템들은 해군 해양특성조사사업으로부터 확보되는 DB와 제6본부가 확보한 해양 분야 모델을 탑재함으로써 향후에도 지속적으로 발전시킬 계획이다. 이 시기 제6본부는 음파전달 정보를 활용하여 수층의 해양정보(수온과 음속)를 역산하는 핵심기술과 수동선배열 음향센서를 활용하여 수중표적의 3차원적 위치를 추정하는 핵심기술을 개발하였다.

2010년대에 제6본부는 주요 무기체계의 첨단화를 본격적 궤도에 올림과 동시에 수출을 고려한 연구개발에 초점을 두게 되었다. 이 시기 새로운 연구시험선 청해호와 미래호가 취역하였고 모델링 & 시뮬레이션 기반 무기체계 연구개발의 산실 청해관이 신축되었다. 주요 무기체계로는 한국형 호위함 소나체계와 전투체계가 개발되었고 현재 장보고-III급 소나체계/전투체계, 통합소나체계 등이 개발 중이다. 이미 개발되었거나 개발 중인 무기체계에는 해양환경을 수집/분석하여 신속한 현장 지휘결심을 지원하는 시스템이 탑재된다. 또한 해군 항공전투비행단의 요청에 따라 처음으로 항공기용 음향탐지환경예보시스템을 개발하고 있으며, 2017년 말 해군에 제공할 계획이다. 2010년대 국방 분야 주요 이슈는 한정된 시간과 자원을 효율적으로 투자함으로써 주요 무기체계를 '더 싸게, 더 빠르게, 더 좋게'라는 모토로 모델링 & 시뮬레이션 기법을 도입하려는 시도였다. 제6본부는 이에 부응하여 지난 30여 년간 확보된 해양 분야 모델과 DB를 종합화함으로써 실시간 첨단 무기체계 설계에 활용할 수 있는 '합성해양환경모의시스템(SBESS, Synthetic Battle Environment Simulation System)'을 개발하여 운용 중이다. 이 시스템은 기상청자료와 주요 재분석자료를 연동함으로써 자료동화 기반 광해역 해양환경모델링(MOM4, Modular Ocean Model)과 고해상 국지 해양환경모델링(MOHID) 등 기본 해양환경을 생산하고, 주요 무기체계 설계 및 해군작전에 활용될 수 있는 고차원의 음향탐지 및 전술 환경을 생산하여 실시간 제공이 가능하다. 향후 단계적으로 모델 및 H/W를 보완함으로써 현업 지원이 가능한 해양환경예보시스템으로 발전시킬 계획이다.

해군 무기체계는 특성상 가장 성숙된 기술의 적용을 요구하고 있다. 그러나 제6본부의 한정된 연구 인력으로는 무기체계에 바로 적용 가능한 응용연구 단계 이상의 기술개발에 집중할 수밖에 없다. 기초단계 연구는 국내 연구소/대학 등에서 담당해야 할 것으로 보이며, 향후에도 이러한 추세는 계속될 것으로 보인다. 현재까지 제6본부가 주요 무기체계를 성공적으로 개발할 수 있었던 것은 기초연구를 맡아 국방기술 확보에 일익을 담당해온 국내 해양 분야 연구소/대학의 기여가 있었기에 가능했다. 향후에도 국방 특화연구센터, 위탁연구, 기술용역, 순수/일반 기초연구 등을 통해 지속적으로 긴밀한 협력관계를 유지한다면 선진 국방건설도 조만간 이뤄질 것으로 보인다.

【 한국해양과학기술원(KIOST) 】

국가출연 연구기관인 한국해양과학기술원은 1973년 한국과학기술연구소 (KIST) 부설 해양개발연구소로 출발하여 1990년 한국해양연구소로 독립하였다. 2001년 한국해양연구원으로 명칭이 변경되었고, 2012년 7월 1일 「한국해양과학 기술원법」에 의해 단독법인인 한국해양과학기술원(KIOST: Korea Institute of Ocean Science and Technology)으로 새롭게 출범하였다. 한국해양과학기술원 설립 목적 은 해양에 대한 기초 원천 연구, 응용 개발연구, 실용화 연구를 수행하고, 해양자 원의 개발과 우수 인력 양성, 국가 해양과학기술의 발전과 국제 경쟁력을 확보하 는 데 있다.

1976년 5월 15일 정부는 한국과학기술연구소 부설 선박연구소와 해양개발연 구소를 통합, 한국선박해양연구소로 독립시킨다는 계획을 발표하였다. 통합에 앞 서 한국과학기술연구소 이사회는 연구소에서 확보한 모든 예산, 인원, 연구과제, UNDP 지원 사업, 장비와 기기 등 전부를 선박해양연구소로의 이관(안)을 승인했 다. 그 후 정부는 1976년 10월 25일 연구소의 주무부처를 과학기술처에서 상공부 로 변경하고, 한국과학기술연구소에서 분리하여 재단법인 한국선박해양연구소 (KRISO: Korea Research Institute of Ship and Ocean)로 발족시켰다(1976. 11. 4).

선박연구소와 해양개발연구소의 통합은 시간이 지나면서 불합리성이 차츰 드 러나기 시작했다. 게다가 해양연구의 중요성이 점차 사회적으로 부각되자 정부나 민간기업에서 연구소를 찾는 빈도도 높아졌다. 상공부에서도 연구소를 오랫동안 관리, 감독할 필요가 없다고 인식했다. 이는 해양에 관한 연구 자체가 산업이라기 보다는 과학 연구라는 올바른 인식이 확산된 데 따른 것이다. 이에 따라 정부에서 는 1978년 초 해양연구 분야를 다시 분리시켜 한국과학기술연구소 부설기관으로 존속시키는 문제를 검토하기 시작하였다. 결국 1978년 2월 4일 상공부 장관은 해양연구 분야를 분리하여 한국과학기술연구소에 이관하기로 과학기술처장관과 합의하고 제반 조치를 신속하게 취했다. 분리안에 대한 경제기획원의 검토의견서는 1978년 2월 9일에 상공부에 통보되었다. 4월 19일 최종적으로 상공부 장관에게 이런 내용을 명시한 공문이 발송되었다. 이로써 해양 부문의 모든 직원(해외 훈련생 포함 72명)은 한국과학기술연구소 부설 해양개발연구소로 복귀하였다. 선박연구소는 1978년 4월 초 대덕으로 이전했다.

해양개발연구소가 한국과학기술연구소 부설기관으로 다시 복귀되었지만 근무지를 더 이상 한국과학기술연구소 내에 유지하기는 어려웠다. 본소의 연구실이 협소했기 때문이었다. 그리하여 1979년 8월 1일 해양개발연구소는 강남구 역삼동 소재 과학기술회관으로 옮겼다. 연구소가 서서히 자리를 잡고 연구 역량을 쌓아가던 중에 일대 변란을 겪었다. 1979년 12·12사태가 일어났다. 우리나라 기관의 모든 조직과 기능도 변화가 불가피했다. 그 과정에서 한국과학기술연구소(KIST)는 한국과학원(KAIS)과 합쳐져 한국과학기술원(KAIST, 1981. 1. 5)이 되었다. 해양개발연구소는 우여곡절 끝에 한국과학기술원(KAIST : Korea Advanced Institute of Science and Technology) 부설 해양연구소(KORDI : Korea Ocean Research and Development Institute)로 존속되었다. 그 이후 한국과학기술원에서 다시 한국과학기술연구원(통합하기 전 한국과학기술연구소)이 분리(1989. 6. 12)되면서 연구소도 한국과학기술연구원 부설 해양연구소로 분리되었다.

연구소가 안산에 독립적인 청사로 옮겨오기 위한 기공식은 1983년 3월 11일에 안산시 연구학원단지 건설 부지에서 가졌다. 이때 허형택 소장을 비롯하여 이정오 과학기술처 장관과 임관 한국과학기술원 원장 등 많은 인사들이 참석하였다. 완공식은 1986년 3월에 본관동과 제1연구동, 부속 건물 등 약 2,500평의 건물이 완공되고, 최종적으로 연구소가 독립 청사로 이전한 것은 1986년 4월 30일이다. 연구소 개소 이후 약 13년 만에 자체 건물의 새 보금자리를 마련함으로써, 안산 캠퍼스는 명실상부한 국내 해양개발연구의 총 본산으로 자리 잡았다. 이후 건설 사업은 1988년 말까지 진행되어, 부지 총 2만 8,163평에 건물 4,767평을 완공함으로써 제1단계 건설 사업은 순조롭게 마무리되었다.

한국해양과학기술원은 산하 기관으로 국내에 동해 및 독도 관련 연구를 수행하는 동해연구소(경북 울진)와 울릉도와 독도 해양연구의 전진기지인 울릉도·독도해양연구기지(경북 울릉), 남해특성 연구와 연구선 운항 및 해양시료도서관을 운영하는 남해연구소(경남 거제) 등을 두고 있다. 또한 국외에는 중국 칭다오에 한·중해양과학공동연구센터, 미국 워싱턴에 KIOST-NOAA연구실, 영국에 KIOST-PML연구실, 태평양 마이크로네시아 축주(Chuuk 洲)에 태평양해양연구센터 등 해외 연구거점을 설치 운영 중이다. 부설기관으로는 극지 환경 및 자원 조사와 남·북극 과학기지를 운영하는 극지연구소(인천), 조선공학 및 해양플랜트 등을 연구하는 선박해양플랜트연구소(대전)를 두고 있다.

한국해양과학기술원(안산 캠퍼스)

【 한국해양수산개발원(KMI) 】

KMI 신청사 전경

1. 연혁

1984. 2. 1. '한국해운기술원' 개원

1984. 5. 15. 양해경 초대 원장 취임

1987. 5. 15. 송희연 제2대 원장 취임

1988. 12. 31. '해운산업연구원'으로 기관 명칭 변경

1990. 5. 15. 송희연 제3대 원장 취임

1991. 7. 13. 배병태 제4대 원장 취임

1993. 11. 23. 조정제 제5대 원장 취임

1997. 4. 18. '한국해양수산개발원(Korea Maritime Institute)' 설립(5개 기관 통합)

　　　　　　 - 해운산업연구원

　　　　　　 - 한국해양연구원 해양정책연구부

- 한국농촌경제연구원 산림수산연구부(수산부문)

- 국립수산진흥원 수산경제연구실

- 수협중앙회 수산경제연구원

1997. 4. 18. 조정제 초대 원장 취임

1997. 8. 19. 홍승용 제2대 원장 취임

1999. 1. 29. 「정부출연연구기관 등의 설립·운영 및 육성에 관한 법률」에 의거,

국무총리 산하로 소속 변경

1999. 6. 10. 이정욱 제3대 원장 취임

2002. 6. 9. 이정욱 제4대 원장 취임

2004. 4. 1. '수산업관측센터'설치

2005. 9. 23. 이정환 제5대 원장 취임

2005. 12. 12. '독도연구센터' 설치

2005. 12. 20. '중국연구센터' 개소

2006. 5. 10. 해양수산기술관리센터 한국해양과학기술진흥원으로 이관

2006. 8. 30. '항만수요예측센터' 설치

2008. 8. 29. 강종희 제6대 원장 취임

2009. 7. 1. '해운시장분석센터' 설치

2010. 7. 14. 김학소 제7대 원장 취임

2013. 8. 16. 김성귀 제8대 원장 취임

삼성동 청사(1997)　　　　　　　　한국해운기술원 현판식

2. 설립목적

설립근거법 : 「정부출연연구기관 등의 설립·운영 및 육성에 관한 법률」
(법률 제5733호, 1999. 1. 29 제정)

- 소관부처 : 국무총리실 산하 경제·인문사회연구회
- 주요 업무 관련부처 : 해양수산부, 국토교통부, 외교부, 환경부

　해양, 수산 및 해운항만 산업의 발전과 이와 관련된 제부문의 과제를 종합적·체계적으로 조사·연구하고, 해양, 수산 및 해운항만관련 각종 동향과 정보를 신속히 수집·분석·보급함으로써 해양, 수산 및 해운항만 관련 국가의 정책수립과 국민경제의 발전에 이바지

3. 주요기능

- 조사연구 기능
  - 해양, 수산 및 해운항만 정책에 관한 조사·연구 및 컨설팅

- 국내외 해양, 수산 및 해운항만 관련정책의 비교·연구

- 해운·항만 관련 국제물류 및 복합운송에 관한 조사·연구

- 국내외 유관 기관과의 공동연구 및 정부, 국내외 공공기관, 민간단체 등으로부

  터의 연구용역 수탁

• **해양산업정보 기능**

  - 국내외 해양, 수산 및 해운항만산업의 동향과 정보의 수집·분석 및 보급

  - 국내외 해양, 수산 및 해운항만분야 연구자료의 데이터베이스화

  - 각종 세미나, 토론회 등을 통한 해양산업관련 업계·학계·연구기관 및 정부와

    의 정보교환과 의견수렴

• **정부위탁사업 수행 기능**

  - 수산물의 생산·유통 및 소비에 관한 관측사업(해양수산부)

  - FTA 이행지원센터 운영에 관한 사업(해양수산부)

4. 유관 협의회 및 포럼

한국해양과학기술협의회

조현서(한국해양과학기술협의회 회장, 전남대학교 교수)

먼저 한국해양학회 50주년을 진심으로 축하드립니다.

모든 회원님들 노력의 결실로 해양학회는 명실상부한 우리나라 해양과학의 발전을 주도적으로 견인해 왔습니다. 한국해양학회의 50년은 한국 해양과학의 역사와 그 맥을 같이하고 있습니다. 50년이란 길면 길고, 짧다면 짧은 기간 동안 해양과학 분야의 여러 선배 학자님들께서 불모지나 다름없는 우리나라 해양과학의 학문 발전을 위하여 노심초사 노고를 마다하지 않은 결과라고 생각합니다. 지금 최고 수준의 경쟁력을 갖추고 있는 해양강국의 청사진이 우리 한국해양학회로부터 출발했다고 생각합니다. 우리나라의 급속한 산업발전과 함께 해양과학 분야의 과학기술도 빠르게 성장해 왔습니다. 그 결과 이제 우리나라는 세계 수준의 해양과학기술을 보유하고 있고 국제 해양과학기술의 발전을 선도하고 있습니다.

이제 한국해양학회는 선후배 연구자들이 어우러져 우리나라 해양과학의 발전을 위하여 불철주야 노력하고 있습니다. 그 결과 한국 해양과학기술은 질적, 양적으로 비약적으로 발전해 왔으며, 한국해양학회가 토대가 되어 해양 관련 많은 학회가 태동되어 각 해양 관련 학문 분야의 과학기술 발전과 산업화에 진력하고 있습니다.

한국해양학회는 지금까지 이룬 성과를 토대로 한 단계 더 발전해야 합니다. 끊임없는 해양과학기술의 발전을 위하여 더 한층 노력하여 우리의 미래를 열어갈 최첨단 해양과학기술 발전과 해양산업의 성장을 위해 선도적인 역할을 해야 한다고 생각합니다.

해양은 우리가 도전하고 해결해야 할 많은 숙제를 던져주고 있습니다. 무한한 해양자원의 개발, 지속가능한 해양자원의 이용과 보전, 기후변화와 해양의 역할 등 아직 해결해야 할 과제가 산더미로 남아 있습니다. 한국해양학회 여러분이 진정한 해양과학기술 발전을 견인하는 주춧돌이 되어 주시길 바랍니다.

마지막으로 한국해양학회 50주년의 기념비적 발전을 이끌어 오신 김웅서 현 회장님과 전임 회장님들, 선후배 회원님들께 진심으로 감사 말씀과 축하 말씀을 드리며, 앞으로도 한국해양학회의 더 큰 발전과 회원 여러분들의 건승을 기원합니다. 감사합니다.

해양수산부는 해양과학과 해양기술개발을 진작시키기 위하여 해양과학기술 관련 학회들의 협의체 구성을 관련학회에 요청하였습니다. 이를 계기로 1998년 한국해양학회, 한국수산학회, 대한조선학회, 한국해양공학회, 한국해안해양공학회, 한국해양환경공학회 등 6개 학회 대표들이 모여 한국해양과학기술협의회준비 기획단을 구성하였습니다. 한국해양학회에서는 오임상 부회장이 대표로 참석하여 1998년 12월 11일 개최된 학술발표대회에서 '21세기 해양과학 발전 방향'을 발표하였고, 고철환 회원은 '해양환경기준개선안'을 발표하였습니다.

1999년 2월 해양과학기술협의회가 정식 발족되어 한국해양학회는 1999년 3월 22일 이사회에서 연회비를 납부한 후 정식 가입하기로 결의하였습니다. 협의회 회장은 각 학회 회장이 매년 순번으로 맡기로 하였습니다. 2000년에는 오임상 회장, 2005년에는 최중기 회장, 2010년에는 박철 회장이 협의회 회장을 맡았습니다. 2001년에는 '제6회 바다의 날'을 기념하여 해양과학기술 심포지엄을, 2002년에는 '현 해양수산 정책의 평가와 향후과제'란 제목 아래 워크숍을, 2003년에는 해양과학기술심포지엄을 매년 특색 있게 개최하였습니다. 2005년 춘계에 한국해양기술협의회와 5개 학회의 공동 주최로 춘계 공동학술대회를 부산 벡스코(BEXCO)에서 최초로 개최하여 2,300여 명에 이르는 전국의 해양과학기술인이 함께 모여 국회바다포럼과 함께 '해양강국으로 가는 길'이란 주제로 공동심포지엄을 가졌을 뿐만 아니라, 이 자리에서 「바다헌장」을 채택하고 대규모 학술대회를 펼쳤습니다. 이후 매년 춘계 때마다 6개 학회 공동학술대회를 해양수산부와 국토해양부의 후원으로 개최함으로써 학술적인 해양정책과 발전하는 해양과학기술을 조명하는 대규모 학술대회를 개최하고 있습니다.

한국해양과학기술협의는 학술적 역량을 육성하기 위해 국제학술 잡지를 발간하기로 기획하여 2004년부터 *JOST*(*Journal of Ocean Science and Tehnology*)를 발간하기도 했다가 원고 모집의 어려움과 신생잡지로서의 학술지 등재평가가 어려워 결국 포기하고 현재는 공동학술대회 개최에만 주력하고 있습니다. 또한 협의회 구성도 2008년 해양수산부가 국토해양부와 농림수산부로 개편됨에 따라 한국수산학회가 협의회를 이탈하는 바람에 5개 학회로 구성되었다가 한국항해항만학회가 신규 가입함으로써 한국해양과학기술협의회는 2016년 현재 6개 학회로 구성, 운영되고 있는 중입니다.

한국해양과학기술협의회의 설립은 해양수산부가 원래 목적하였던 우리나라의 해양과학기술을 진작시키기 위한 것인 만큼 해양수산부는 관련학회의 발전을 위하여 좀 더 협의회와 학회의 건의사항을 경청할 필요가 있을 것입니다.

한국해양수산기업협회

김홍선(한국해양수산기업협회 회장)

　우리나라 해양과학기술의 발전을 견인해 온 한국해양학회 창립 50주년을 축하합니다.

　'한국해양수산기업협회'는 해양수산기업의 역량 향상, 해양수산산업 발전을 위한 기업 간 및 산학연관 교류·협력 확대, 정부와 해양수산기업간의 소통 연계 확보, 해양수산기업 위상제고, 지속성장을 위한 해양수산정책 제시, 정책추진의 실효성 확대에 기여함을 목적으로 하는 해양수산부 인가 사단법인입니다.

　협회의 설립 경위는 다음과 같습니다. 한국해양과학기술진흥원(이하, KIMST) 기업진흥팀과 해양수산산업계 몇몇 대표들은 해양수산기업들이 서로 교류할 수 있는 계기가 필요하다는 인식을 함께 하게 되어 2007년 11월 2일 '해양기업교류협력 증진 협의회'라는 모임을 결성하게 되었습니다. 이후 교류협력 모임보다 더욱 공고한 단체가 필요하다는 의견을 수렴하여 2008년 12월 17일 '한국해양기업협회' 창립총회를 개최하고 초대 회장으로 ㈜세광종합기술단 이재완 회장님을 선출한 뒤, 2009년 6월 10일에 해양수산부의 설립허가를 취득하여 126개 회원사로 구성된 법적 단체의 모습을 갖추게 되었습니다. 2016년 정기총회에서는 수산업계의 중요성을 강조하고 참여를 독려하고자 협회의 명칭을 '한국해양기업협회'에서 '한국해양수산기업협회'(이하, 해수협)로 개명하게 되었습니다.

　해수협에는 현재 200여 회원사들이 해양환경분과, 해양자원·에너지분과, 해양토목분과, 선박·해운·물류분과. 해양관광분과, 해양바이오분과, 수산분과 등의 7개 분과에서 활동하고 있으며, 해양수산부, KIMST 등의 협력 및 지원 하에 해양수산산업 발전 및 교류, 리더십 함양, 인력확보 및 일자리 창출, 해외진출 공동 모

536

색 등의 사업들을 추진해 오고 있습니다.

한국해양학회와 해양수산업계는 밀접하게 연관되어 있고, 해양수산기업체 종사자들의 많은 분들이 한국해양학회의 회원으로 활동하고 계십니다.

앞으로 한국해양학회와 해수협이 다양한 방면에서 협력해 나가면 좋겠습니다. 특히, 해양과학기술의 발전을 위한 협력, 해양수산산업계 발전 및 역량강화를 위한 협력, 과학기술의 산업화를 위한 협력, 인력양성 및 교육을 위한 협력, 국제적 네트워킹 강화를 위한 협력, 해양 환경보호와 지속가능한 개발을 위한 협력 등이 가시화되길 희망합니다.

다시 한 번 한국해양학회의 창립 50주년을 축하드리며, 앞으로 해양과학기술의 발전뿐만 아니라 해양과학기술 후속세대 육성과 해양수산산업계 발전도 견인해 주시는 학회가 되어주시길 부탁드립니다.

한국여성해양포럼

이희일(한국해양과학기술원 책임연구원)

우선 한국해양학회 50주년을 축하드립니다. 사람으로 치면 인생에서 가장 황금기에 접어들었고 원숙하면서 새로운 도약을 하는 것이 쉰 살이 아닐까 생각합니다. 한국해양학회가 해양 여성과학기술인들의 모임인 한국여성해양포럼 창립을 도와준 것을 지면을 통하여 감사드립니다.

2008년 한국해양학회 회장으로 선출되신 김대철 교수님께서 4명의 부회장을 선정하시면서 최초로 여성과학기술인을 결정하셨고, 제가 한국해양학회의 최초 여성 부회장으로 선임되는 영광을 안게 되었습니다. 이에 용기를 얻었고 2009

2009년 5월 28일 '한국여성해양포럼' 창립 및 '해양과 여성의 만남' 창립 심포지움 참석자 단체사진
(앉은 자리 왼쪽부터 대한여성과학기술인회 원미숙 회장, 국토해양부 서병규 국장, 한국해양학회 김대철 교수, 한국여성해양포럼 이희일 초대 회장. 왼쪽 세 번째 김석구 마산지방해양항만청장, 양희철 박사, 안인영 박사, 한명수 한국해양학회 부회장, 박철 한국해양학회 차기 회장, 한국해양연구원 최상화 연구원)

년 춘계 해양과학기술협의회 공동학술대회가 개최될 때 한국해양학회 특별 세션에서 '한국여성해양포럼'을 창립하고 '여성과 해양의 만남'이라는 주제로 심포지엄을 개최하였고 올해로 7주년을 맞이했습니다. 한국여성해양포럼 영문 약자는 KSWOOF로 'Korea Society of Women Ocean Forum'입니다. 한국여성해양포럼은 한국여성과학기술인총연합회(여과총)에 단체회원으로 등록되어 지금까지 여과총의 40개 단체 중 하나로 활동하고 있고 제가 여과총 부회장 등을 역임하였습니다.

한국여성해양포럼은 그동안 한국여성과학기술인총연합회(여과총)으로부터 단체지원사업 등에 참여해서 해양 여성전문인력의 현주소를 파악하고 어떻게 양성하는 것이 좋은가 논의하여 왔습니다. 그 예로써 여과총에서 지원하는 여성과학기술인단체지원사업의 일환으로 2010년부터 시작하여 '네트워크 구축을 통한 여성해양과학기술인 활성화방안', 2011년 '사회참여확대를 위한 해양여성과학기술인 네트워크 구축', 여과총의 '여성과학기술인의 사회참여 확대를 위한 리더십 개발 및 역량 증대사업'의 일환으로 '다문화가정 자녀의 해양과학기술 이해증진 및 활성화 방안' 사업 등 다양한 사업에 참여하여 여성 해양과학기술인들의 전문인력양성 및 확대방안의 노력과 지역사회의 소외계층의 과학기술인 양성의 문을 열고자 노력하였습니다. 그리고 WIST(여성과학기술인지원센터)로부터 기관혁신사업을 포함하여 다양한 지원을 받으면서 활동을 하였고, 2012년, 2015년과 2016년에는 해양분야에 관심을 갖고 있는 대학교와 대학원의 여학생들이 멘티로 참여하여 멘토-멘토 매칭하는 '취업멘토링사업'을 꾸준히 진행하고 있습니다.

무엇보다도 여성이 과학기술인 전문직으로 진입하여 성장하여 나아가는 것이 어려움은 이미 알려져 있지만, 그중에서 해양분야의 여성 과학기술인의 전문영역의 진입은 그 숫자나 조직의 성향으로 그렇게 녹록잖은 영역입니다. 그 이유로 해양분야는 현장조사가 많은데 그 현장이 바다라는 것입니다. 바다는 오래전부터 남성 전유물이었고, 배에 여성이 타는 것을 금기시해온 역사가 있어왔다는 것도 정서적으로 해양분야, 특히 해양 여성 과학기술인 분야의 진입을 어렵게 한 것이 아닌가 생각합니다. 따라서 유리천장이라고 부르는 보이지 않는 장벽에 대하여 우리 사회가 좀 더 열린 마음으로 이 문제 직면할 필요가 있고, 이 장벽을 깨는 선두에 우리 한국해양학회가 중심에 서서 다음 세대를 위한 미래발전을 이끌어 준다면 우리 한국해양학회의 발전뿐만 아니라 국가와 세계의 발전에 큰 공헌을 할 수 있다고 믿습니다.

이제 저출산 고령화시대로 진입하면서 바다 현장에서는 이미 남녀의 구별이 없을 뿐만 아니라 어선에도 부부어부들이 함께 일을 하는 것이 현실입니다. 따라서 아직 열악하고 험준한 바다현장에 여성 전문인들이 용감하게 뛰어들 수 있는 여러 가지 환경이 조성되도록 한국해양학회가 좀 더 적극적으로 한국여성해양포럼과 함께 손을 잡고 앞으로 여성 해양과학기술인의 인력양성과 어려운 점(출산으로 인한 경력단절의 복원, 육아휴직, 어린이집 설립 등등) 등 문제해결을 도와주십사 청하면서 다시 한 번 한국해양학회 50주년을 축하드립니다.

편집후기

|

바다의 시간은 강물처럼 흐르지 않는다.

한 생명이 사라지며 다른 생명에게 이어지는 속도로 흐른다.

함께하는 혼자의 시간으로 깃들며 흐른다.

한국해양학회 창립 50주년, 그 역사의 현장을 누빌『한국해양학회 50년사』호가 2016년 신년교례회를 시작으로 출항했다. 제26대 김웅서 학회장 취임과 더불어 닻이 오른 뒤, 편찬위원장 최중기 인하대 명예교수님의 동참으로 목표 항로가 정해졌다. 여기에 오랫동안 염원하던 회원들의 묵시적 기대와 격려가 더해지자 지성의 바다도 출렁거렸다.

회원들의 서재마다, 연구실 곳곳마다, 해묵은 자료들이 외출을 서둘렀다. 학회 사무실에서 오래 잠자던 서류들도 눈을 떴고, 다른 것과 뒤섞여 없는 듯 있던 문헌들도 생기가 돌았다. 평소 컴퓨터 바탕 화면에서 클릭되지 않은 아이콘도 창을 열고 학회 관련 사진들이 튀어나와 철지난 인사를 했다. 마치 Times 커버스토리에 나온 아인슈타인의 혀[舌]처럼 앙증맞은 사진들이었다. IT기술 덕분에 시간을 머금은 사진들이었지만 전혀 탈색되지 않았다. 낯선 문헌과 생경한 사진을 보노라니, 불현듯 직접 낳은 자식인데도 후손으로 남기지 않겠노라고 했던, 시간의 신 (God) 크로누스(Cronos)의 결정적 착오가 생각났다.

그러나 애석했다. 행복한 우연으로 찾았지만 그대로 '50년사'호에 싣지 못했다. 별도의 확인 작업을 거쳐 배치할 곳에 따라 재분류해야 했다. 게다가 다른 것과의 관계도 고려하지 않을 수 없었다. 이를 위해, 학회장과 편찬위원장과 함께 초원을 따라 옮기며 사는 유목민, 즉 호모 노마드(Homo Nomad)의 삶을 살아야 했다. 만남의 장소와 시간을 정함에 있어서는 각자 자기 욕망만 내세울 수 없었다. 새로 발견되는 초원에 따라 옮겨 다니며 사는 호모 노마드의 삶이 그러하듯, 편집회의는 새롭게 찾아진 자료와 각자 정리한 내용을 점검하고 재배치하는 문제가 생길 때 그때그때 정해졌다. 각자 뛰면서 생각하고 앉으면서 글을 쓸 수밖에 없었다. 흩어졌다 만나면 정리된 자료와 내용들을 일별했고, 그때마다 '50년사'호가 가야 할 항로를 재확인하고 수정했다. 양재동 학회사무실, 덕수궁 돌담길 카페, 광화문 세종회관 지하 카페, 서울역 KTX 역사 내 중국집, 그리고 코엑스 홀과 곳곳의 스타벅스 지점들……. 편집회의가 열린 장소는 매번 달랐지만 나누는 논의 주제는 같았다. 그때마다 마음은 다급했지만, 덕수궁 경내를 고즈넉이 걷는 호사 아닌 호사도 누렸다. 이색적인 심적 풍경이었다. 물론 호모 노마드의 정신은 지켜졌다. 가는 곳마다 쓰레기를 남기는 이주민과 달리, 가는 곳마다 새로운 문화를 창조한다는 바로 그 호모 노마드의 정신!

과연, 훗날 이 긴긴 항해를 끝낸 '50년사'호가 우리가 머무른 시간과 장소도 기억할 수 있을까? 특히나 학회 관련 값진 자료를 남다른 성실성으로 집대성한 허성회 교수님의 연구실을 찾았던 그 기억도? 허 교수님의 열정과 노력에 입을 다물지 못했던 그 순간도? 자료와 문헌 수집에 얽힌 숨겨진 얘기를 듣느라 미리 끊은 서울행 KTX표를 거듭 물렸던 기억까지? 이 모두는 결과가 아닌 과정의 기억들이다. 사실, 과학철학자 화이트헤드(Whitehead)는 "과정(Process)이 곧 실재(Reality)"라고 했는데…….

편집과정은 손닿는 대로 자료를 모으는 일과 켜켜이 쌓인 먼지를 털어내고 주요 내용을 섭렵하는 일부터 진행되었다. 그 과정에서 50년간 행해진 학회 활동의 이면을 볼 수 있었다. 그 하나하나를 되짚으며 눈앞에 보이지 않는 시간들을 복기했다. 복원된 시간 지평 위에서 전체적인 내용을 파악하는 게 순서였다. 어느 것이 '50년사'호에 실을 만한 내용인지는 그 다음 순서였다. 일목요연하게 정리된 내용을 보여줄 목차도 잇달아 정했다. 이 목차는 '50년사'호가 항구적으로 유지해야 할 항로였다. 옛날 그리스 철학자 아리스토텔레스(Aristotles)가 한 편의 서사극이 성사되려면 갖춰야 할 '처음-중간-끝'의 구조와 같았다.

따로 발견한 자료, 어렵게 구한 문헌, 회원들의 경험담과 가슴 속 얘기는 정해진 항로를 점검하고 수정하는 데 중요했다. 그러나 항로의 좌표를 정확히 가늠하는 것은 자료와 문헌, 경험담에서 접한 객관적인 사실과 상황적 진실이었다. 개인의 사적 감정보다 더 중요한 것은 늘 사실의 객관성과 이성적인 판단이었다. 새로운 자료가 발견되면 반가움보다 앞선 것이 그 자료의 객관적 의미와 역사적 가치였다. 세부 목차는 이런 과정을 거쳐 정해졌다.

사실 모든 항해가 그렇지 않은가! 일단 목표 항로를 정했다 하더라도 쉬지 않고 계속 항해하기란 힘들다. 중간 기항지에 입항해 필요한 것을 구해야 했고, 내용들 가운데 동어반복과 중복된 내용은 하역시켜야 했다. 어느 것을 싣고 어느 것을 내려야 할지를 정해야 한다. 그 방편으로 결정한 것이 세부 목차였다. 세부 목차는 전체 내용을 좀 더 체계적으로 보여줄 마중물이었다.

그런데 문제가 생겼다. 세부 목차를 정한 뒤 세부 내용을 집필할 분들을 찾기가 어려웠다. 어느 분에게 의뢰해야 할지 난감했다. 그렇다고 항해 후 귀항 날짜는 미룰 수 없었다. 편찬위원장의 고민은 날로 깊어졌다. 밤낮도 없었고, 반송되는 이메일도 수시로 받았다. 핸드폰에선 불이 났다. 정년퇴직 후 예정된 '인천지역 섬 연구' 답사도 주춤거렸다. 몸은 섬에 가 있었으나 마음은 온통 섬이 아닌 사람과 사람 사이를 누볐다. 가도 가도 실체가 불분명한 '50년사'호는 후진할 줄 몰랐다. 아니, 후진 기어 자체가 없었다. 후진은 곧 항해의 포기였기 때문이다. 지난 1996년에 이미 한 번의 쓰린 경험을 겪은 바 있다.

원래 마음먹고 일을 행하려면 보이는 것보다 보이지 않은 것을 논할 때 더 많은 시간이 걸린다. 제대로 일을 수행하기 위한 절대적인 시간이며, 일의 의미와 가치가 그렇게 요청한다. 사전 논의가 치밀할수록 실행 시 허비되는 시간이 단축된다. 그래서 수많은 선각자들이 말했다. "세상에서 가장 갚기 힘든 빚은 돈이 아닌 '글빚'이라고!"

문제는 세부 내용을 집필할 분의 선정이었다. 실로 까다로웠다. 찾는다 하더라도 선뜻 응해줄지도 알 수 없었다. 자신의 일을 미루고 나서줄지도 의문이었다. 철지난 시간의 기억 너머에서 우리가 정한 세부 목차에 걸맞게 세부 내용을 집필해 줄 수 있을지가 가장 큰 문제였다. 상당한 시간이 예상되었다. 그렇다고 좌고우면할 시간이 없었다. 집필자가 정해지면, 곧장 청탁서를 보냈다. 바다 한 가운데서 타전되는 S.O.S 구조신호였다. 당사자들로선 자다가 봉창 두드리는 소리였으리라. 시간이 지나도 응답이 없었다. 편집회의 때마다 마음은 소금밭이었다. 그러던 중 원고들이 하나 둘 도착했다. 기항지에 묶였던 '50년사'호로선 적재적소에 필요 물품을 싣는 격이었다. 차제에 다급한 청탁에 적극적으로 응해주신 회원 여러분들께 이 자리를 빌려 깊이 감사드린다.

'50년사'호의 주된 목표는 해양학회 창립 당시부터 지금까지 이룩한 학회 관련 자료의 바다를 누비며 그 역사적 과정과 의미 있는 부분의 발굴이다. 그런데 출항할 배의 상태는 부실했다. 수많은 연구자들이 해양을 연구하기 위해 지성의 닻을 드리운 지점을 정확히 알려줄 해도(海圖)도 불충분했다. 긴급 상황 발생 시 구조신호를 보낼 무선장비도 업그레이드가 되지 않았다. 불가피한 문제는 이를 수리하거나 체계적으로 정비할 시간 부족이었다. 출항 이후 복귀할 때까지 남은 시간은 불과 10개월! 귀항일자는 2016년 10월 26일이었다.

'50년사'호의 항해는 학회 활동의 면면을 확인하고, 현장에서 활발히 논의된 연구의 중점과 시사점, 그리고 그 의의를 찾는 지적 탐사였다. 어디에 집중적인 연구로 지성의 닻을 내렸는지, 국제적인 학술 활동은 어떤 수준으로 거행되었는지 등을 일별하는 작업이었다. 그러나 사람의 흔적이 사라진 문헌 기록들에서 구체적인 표정까지 감별할 수는 없었다. 거기엔 철지난 시간의 흔적과 부재로 존재하는 학회 활동의 자취만 있었다. 다행히 손에 잡히는 것도 대개 오래된 모습들이었고, 손을 갖다 대면 사람의 향기가 사라지기 일쑤였다. 난감했다. 붙잡을라치면 뿔뿔이 달아났고, 촉수를 대면 바스러지기 쉬운 것들이었다. 출항도 지난했지만, 그냥 돌아서기도 민망했다.

　하지만 '50년사'호의 위도 경도는 정확한 자료가 관건이었다. 그러나 가도 가도 망망대해였다. 우선적으로 해결해야 할 문제는 '50년사'호가 정확히 어디에 위치하는지를 알아야 했다. 먼 바다로 나가려면 가장 중요한 게 자기 위치다. 어디에 있는지를 정확히 알아야 앞으로 갈 방향도 정해진다. 그럴 때 바닷사람들은 바다나 땅이 아닌 '하늘(天)'을 올려본다. 하늘엔 움직이지 않는 별자리가 있어서다. '50년사'호의 자기 위치는 이런 별자리처럼 존재하는 두 분에게 큰 신세를 졌다. 평소 몸소 체득한 성실성과 자료에 대한 남다른 관심을 갖고 계신 한상복 박사님과 허성회 교수님이셨다. 한 분은 학회 창립 초기 역사를 정리하는 데 크게 도움을 주셨고, 다른 한 분은 1980년대 초반부터 지금까지의 학회 공문 및 뉴스레터를 빠짐없이 전해주셨다. 이 자료들이 '50년사'호의 항로를 최종 결정했다. 또한 학회의 사단법인 등록 과정을 소상히 알려주고, 기억 저편의 시간을 더듬되 철저한 고증과 검증을 되풀이 하며 학회의 역사를 낱낱이 감별해준 허형택 박사님, 박병권 박사님, 변상경 박사님, 역대 회장님들을 포함해 임원 및 회원 여러분의 적극적인 도움과 배려는 몇 마디 말로 감사 인사를 올릴 수 없어 가슴에 담을 수밖에 없다. 아울러 '50년사'호의 성공적인 항해를 접을 즈음, 바쁜 일정을 미루고 집필하신 분과별 위원장님들께도 머리 숙여 감사드린다.

'50년사'호의 항해 도중에 덤으로 탑재한 것도 있다. 하나는 해양관련 유관 기관 소개 부분이다. 그러나 기관들로부터 받은 원고는 많지 않았다. 다만, 국내 대학에 설치된 해양학과 관련된 부분은 가능한 한 소개했다. 대학마다 해양인재들이 어떤 가르침 아래 양성되는지를 일별하려 했다. 다른 하나는 「한국해양학회 창립 50주년 기념 : 한국해양학회, 미래와 발전을 위한 대담」이다. 치밀성이 부족한 기획 대담이었지만, 학회의 미래와 발전을 위해 참석자들이 나눈 격의 없는 대담이었다.

아울러 이 자리를 빌려 학회의 역사를 회원 및 후학들이 어디서든 보고 배울 수 있도록 흔쾌히 제작비를 지원해 주신 국립수산과학진흥원 서영상 박사님께 감사드린다. 이는 학회가 갚아야 할 마음의 빚이다. 또한 학회 창립 50주년 행사를 위해 보내주신 기념품(USB)에 가는 곳마다 '50년사'호가 찾은 내용을 널리 활용할 수 있도록 힘써 주신 ㈜오션테크 홍성두 대표이사님께도 감사드린다.

『한국해양학회 50년사』호의 무사 항해를 마치며, 이를 계기로 한국해양학회가 앞으로 50년, 그리고 100년이 아닌, 날마다 해마다 새롭게 혁신, 또 혁신하는 학회로 항진하길 기원한다. 범선으로 항해하던 시절, 가장 두렵고 무서운 것은 '바람〔風〕' 한 점 없는 무풍지대였다. 학회의 일상적 혁신은 해양학의 발전적 항해를 위한 또 다른 '바람〔所願〕'일 것이다. 그간 시시각각, 곳곳에서, 물심양면으로 도움 주신 분들에게 일일이 인사드리지 못한 점 널리 양해바라며, 두서없는 '편집후기'를 여기서 접는다.

2016년 10월 26일

편집위원장 **최 영 호**(해사 명예교수)

「한국해양학회 창립 50년사」 발행

발행위원장	김웅서
편찬위원회	편찬위원장: 최중기
	편집위원장: 최영호
	편집위원: 주세종, 조양기, 최광식, 이기택, 박찬홍, 이호진, 박명길, 이경은, 김영옥, 강성길, 정희동,
	홍성두, 서영상, 윤석현
	간　　　사: 문혜영, 안지혜
집필위원	박용안, 박주석, 허형택, 정종률, 박병권, 홍성윤, 오임상, 최중기, 변상경, 한상복, 김대철, 박 철, 노영재,
	김성필, 한명수, 이동섭, 조양기, 김태인, 최광식, 이기택, 신홍렬, 박찬홍, 이원호, 서영상, 심원준, 이호진,
	주세종, 강형구, 이영주, 윤호일, 강성길, 박명길, 신경훈, 김영옥, 김수암, 허성회, 유신재, 문재운, 심재설,
	유주형, 정회수, 노재훈, 홍재상, 강정훈, 정해진, 현정호, 박동원, 김채수, 이희일, 정진용, 김홍선, 강성호,
	홍종국, 신형철, 김길영, 박태수
자료 제공	한상복, 허성회

한국해양학회 50년사

초판 1쇄 발행일 2017년 7월 2일

엮은이 (사)한국해양학회
펴낸이 이원중
펴낸곳 지성사 **출판등록일** 1993년 12월 9일 **등록번호** 제10-916호
주소 (03408) 서울시 은평구 진흥로1길 4(역촌동 42-13) 2층
전화 (02) 335-5494 **팩스** (02) 335-5496
홈페이지 지성사.한국 | www.jisungsa.co.kr **이메일** jisungsa@hanmail.net

ⓒ (사)한국해양학회, 2017

ISBN 978-89-7889-334-3 (03500)

이 도서의 국립중앙도서관 출판시도서목록(CIP)은 서지정보유통지원시스템 홈페이지(http://seoji.nl.go.kr)와
국가자료공동목록시스템(http://www.nl.go.kr/kolisnet)에서 이용하실 수 있습니다. (CIP 제어번호: CIP CIP2017014349)

● 해양관련 도서목록 ●

책명	저자	가격(원)	추천 사항
상어	최윤	15,000	아침독서용 추천도서
바다는 왜?	장순근, 김웅서	16,000	우수과학도서, 서울시교육청 추천도서
미래를 나르는 배_LNG선	채수종	12,000	
바다에 오르다	김웅서	16,000	우수과학도서, 책읽는교육사회실천회의 선정도서
과학으로 만드는 배	유병용	14,900	우수과학도서, 간행물윤리위원회 추천도서 외
태평양 바다 속에 우리 땅이 있다고?	김기현, 지상범	12,000	우수교양도서
한국의 배	김효철 외	54,000	한국과학기술도서상 저술부문 수상
바다생물 이름 풀이사전	박수현	22,000	우수교양도서
내추럴 셀렉션	데이브 프리드먼/ 김윤택·김유진 옮김	17,800	
우리 어멍 또돗한 품, 서귀포 바다	강영삼	17,000	
바다의 비밀	NOAA/ 김웅서·전동철 외 옮김	60,000	우수환경도서
우리나라 최초의 쇄빙선 북극 척치 해를 가다	장순근	19,800	올해의 청소년 도서, 과학독서아카데미 주제도서
남극은 왜?	장순근	17,000	
갯벌에도 뭇 생명이…	권오길	16,000	
망둑어	최윤	16,000	
제주 물고기 도감	명정구, 고동범, 김진수	30,000	
하늘이 내린 선물, 순천만	강병국 글 최종수 사진	19,000	세종도서 교양부문, 아침독서추천도서
다이버, 제주 바다를 걷다	강영삼	35,000	우수환경도서
상어는 왜?	나카야 가즈히로/ 최윤·김병직 옮김	13,000	학교도서관저널 추천도서
플랑크톤도 궁금해하는 바다상식	김웅서	18,000	제16회 대한민국 독서토론, 논술대회 지정도서 선정

미래를 꿈꾸는
해양문고

바다의 방랑자 플랑크톤	김웅서	8,000	아침독서 추천도서
바다에서 찾은 희망의 밥상	김혜경, 이희승	8,000	아침독서 추천도서
울릉도 보물선 돈스코이호	유해수	8,000	아침독서 추천도서
세상을 바꾼 항해술의 발달	김우숙 외 1	8,000	아침독서 추천도서
바다의 정글 산호초	한정기, 박흥식	8,000	아침독서 추천도서
세계를 움직인 해전의 역사	허홍범, 한종엽	8,000	
바다로 간 플라스틱	홍선욱, 심원준	8,000	아침독서 추천도서
바다의 맥박 조석 이야기	이상룡, 이석	8,000	아침독서 추천도서
하늘을 나는 배 위그선	강창룡	8,000	
꿈의 바다목장	명정구, 김종만	8,000	
포세이돈의 분노	김웅서	8,000	
파도에 춤추는 모래알	전동철	8,000	
바다, 신약의 보물창고	신희재	8,000	
생물다양성과 황해	최영래, 장용창	8,000	우수환경도서
갈라파고스의 꿈－다윈의 비글호 항로를 따라서	권영인, 강정극	8,000	우수과학도서
도심 속 바다생물	김웅서, 최승민	8,000	우수과학도서
자연 습지가 있는 한강하구	한동욱, 김웅서	8,000	우수과학도서
자연 속 야누스, 하구	조홍연	8,000	아침독서 추천도서
아기 낳는 아빠 해마	최영웅, 박흥식	8,000	

바다 위 인공섬, 시토피아	권오순, 안희도	8,000	아침독서 추천도서
배는 어디에서 자나요?	오영민, 한정기	8,000	아침독서 추천도서
삽화로 보는 심해 탐사	박정기	8,000	
남극 그리고 사람들	장순근, 강정극	8,000	
바다의 터줏대감, 물고기	명정구	8,000	
바다가 만든 보석, 진주	박흥식, 김한준	8,000	
인도양에서 출발하는 바다 이름 여행	조홍연	8,000	우수과학도서, 아침독서 추천도서
상상력의 마술상자, 섬	최현우, 최영호	8,000	세종도서 교양부문
잠수정, 바다 비밀의 문을 열다	김웅서, 최영호	8,000	청소년교양도서 북토큰 도서 100선정
바닷길은 누가 안내하나요?	오영민, 조정현	8,000	

과학으로 보는 바다

미래 자원의 보물 창고, 열대바다	박흥식, 이희승	17,000	우수과학도서, 아침독서 추천도서
울릉도, 독도에서 만난 우리 바다생물	명정구, 노현수	17,000	올해의 청소년도서 과학독서아카데미 주제도서
바다가 만든 자연에너지	이광수, 박진순	17,000	우수교양도서
물과 땅이 만나는 곳, 습지	김웅서	17,000	
바다를 보는 현미경, 해양과학기지	심재설, 정진용	17,000	
바다에서 만나는 인공 구조물	조홍연	17,000	

지성사